Leitfäden der angewandten Informatik

G. Weck
Datensicherheit

Leitfäden der angewandten Informatik

Herausgegeben von

Prof. Dr. L. Richter, Dortmund
Prof. Dr. W. Stucky, Karlsruhe

Die Bände dieser Reihe sind allen Methoden und Ergebnissen der Informatik gewidmet, die für die praktische Anwendung von Bedeutung sind. Besonderer Wert wird dabei auf die Darstellung dieser Methoden und Ergebnisse in einer allgemein verständlichen, dennoch exakten und präzisen Form gelegt. Die Reihe soll einerseits dem Fachmann eines anderen Gebietes, der sich mit Problemen der Datenverarbeitung beschäftigen muß, selbst aber keine Fachinformatik-Ausbildung besitzt, das für seine Praxis relevante Informatikwissen vermitteln; andererseits soll dem Informatiker, der auf einem dieser Anwendungsgebiete tätig werden will, ein Überblick über die Anwendungen der Informatikmethoden in diesem Gebiet gegeben werden. Für Praktiker, wie Programmierer, Systemanalytiker, Organisatoren und andere, stellen die Bände Hilfsmittel zur Lösung von Problemen der täglichen Praxis bereit; darüber hinaus sind die Veröffentlichungen zur Weiterbildung gedacht.

Datensicherheit

Methoden, Maßnahmen und Auswirkungen
des Schutzes von Informationen

Von Dr. rer. nat. Gerhard Weck
Infodas GmbH, Köln

Mit 29 Abbildungen

 B. G. Teubner Stuttgart 1984

Dr. rer. nat. Gerhard Weck

1947 geboren in Trier. Von 1966 bis 1971 Studium der Physik an der Universität des Saarlandes. 1971 Diplom in experimenteller Festkörperphysik. 1971 bis 1972 wiss. Mitarbeiter im Institut für Experimentalphysik der Universität des Saarlandes. 1972 bis 1975 wiss. Mitarbeiter im Digitalelektronischen Praktikum der Universität des Saarlandes. 1975 Promotion über abstrakte Modelle von Datenstrukturen. 1975 bis 1976 wiss. Mitarbeiter in der Forschungsgruppe Graphische Datenverarbeiten der Technischen Hochschule Darmstadt. 1976 bis 1977 Assistant Teacher am Departamento de Engenharia Elètrica der UNICAMP (Universidade Estadual de Campinas) in Campinas, São Paulo, Brasilien. 1977 bis 1980 wiss. Mitarbeiter am Rechenzentrum der Universität des Saarlandes. Seit 1980 wiss. Mitarbeiter der Infodas GmbH, Köln, für die Entwicklung von Datenbank-Software und von Systemkonzepten für sichere Systeme.

CIP-Kurztitelaufnahme der Deutschen Bibliothek

Weck, Gerhard:
Datensicherheit : Methoden, Maßnahmen u. Auswirkungen
d. Schutzes von Informationen / von
Gerhard Weck. – Stuttgart : Teubner, 1984.
 (Leitfäden der angewandten Informatik)
 ISBN 3-519-02472-1

Printed in Germany
Gesamtherstellung: Zechnersche Buchdruckerei GmbH, Speyer
Umschlaggestaltung: W. Koch, Sindelfingen

Vorwort

Datensicherheit ist in gewissem Sinne die Kehrseite des Datenschutzes; waehrend man zum Datenschutz im engeren Sinne die rechtlichen und sozialen Vorgaben fuer den Schutz von Informationen zaehlt, befasst sich der Themenkreis der Datensicherheit mit den technischen und organisatorischen Massnahmen, die diesen Schutz realisieren. Insbesondere rechnet man alle Vorgehensweisen zur Sicherung von Informationen in Datenverarbeitungsanlagen und deren Umfeld zur Datensicherheit.

Da jede Kombination von Schutzmassnahmen nur so stark ist wie ihr schwaechstes Glied, muessen in die Betrachtungen zum Thema "Datensicherheit" alle Aspekte des Betriebs von Datenverarbeitungsanlagen einschliesslich der internen Arbeitsweise dieser Geraete eingehen. Dies macht eine umfassende Darstellung der Methoden, Massnahmen und Auswirkungen des Schutzes von Informationen notgedrungen ziemlich komplex und umfangreich.

Um dennoch zu einer ausgewogenen und verstaendlichen Beschreibung zu kommen, habe ich das Buch in verschiedene Themenkreise unterteilt, die einem gemeinsamen Schutzmodell unterstellt sind. Jeder dieser Bereiche behandelt einen in sich relativ abgeschlossenen Aspekt der Datensicherheit bis zu einem solchen Detaillierungsgrad, dass einerseits die spezifische Bedeutung dieses Bereiches fuer die insgesamt zu erreichende Sicherheit deutlich wird und dass andererseits die Basis fuer eine Verfeinerung durch Studium weiterfuehrender Spezialliteratur gegeben ist. Wechselseitige Abhaengigkeiten der verschiedenen Aspekte sind durch zahlreiche Querverweise kenntlich gemacht, und ein umfangreiches Schlagwortverzeichnis erlaubt eine Verwendung des Buches als Nachschlagewerk. Kurze Zusammenfassungen am Ende jedes Kapitels bieten Hilfen zur Rekapitulation und Memorierung des jeweils behandelten Stoffes.

Die Behandlung der Sicherheit auf den Ebenen der Hard- und Software erfolgt in allgemeiner Form, unabhaengig von einem bestimmten Rechnertyp oder einem bestimmten Betriebssystem. Wo es zur Verdeutlichung der allgemeinen Prinzipien sinnvoll oder notwendig erschien, ergaenzen spezifische Beispiele die Darstellung der generellen Konzepte. Diese Beispiele stuetzen sich weitgehend auf modernere Rechner- und Betriebssystem-Architekturen ab, weil an diesen die Schutzprobleme und deren Loesungen ueberschaubarer und leichter erkennbar sind als an den meist wesentlich unuebersichtlicheren aelteren Systemen. Die Gueltigkeit der zugrundeliegenden Prinzipien ist jedoch in keiner Weise auf die in den Beispielen verwendeten Systeme beschraenkt.

Zum Verstaendnis des Buches werden keine speziellen EDV-Kenntnisse vorausgesetzt; die Darstellung ist mehr um die Verdeutlichung allgemeiner Konzepte als um die detaillierte und formale Untersuchung spezifischer Einzelheiten bemueht. Die wesentlichsten Lernziele, die bei der Durcharbeitung des Buches erreicht werden sollen, sind ein globales Verstaendnis der Schutz-

problematik und deren Aufgliederung in jeweils logisch zusammenhaengende Teilbereiche, sowie hinreichend detaillierte Kenntnisse
der jedem Bereich zugrundeliegenden Prinzipien, um seine Bedeutung
fuer den Gesamtzusammenhang beurteilen zu koennen.

Dieser Ansatz erlaubte es, weitgehend auf mathematische
Formulierungen und explizite Angabe von Algorithmen zu verzichten,
so dass der Text auch ohne weitergehende Informatik-Kenntnisse
verstaendlich sein sollte. Das Buch ist daher fuer Studenten der
Mathematik, Informatik, Betriebswirtschaft, Naturwissenschaften
sowie fuer EDV-Praktiker geeignet; wenn Programmierkenntnisse
oder Detailwissen ueber ein spezielles EDV-System vorhanden sind,
so ist dies zwar vorteilhaft, aber nicht unbedingt erforderlich.

Das vorliegende Buch entstand im Anschluss an ein vom BMFT
gefoerdertes Forschungsprojekt, dessen Ziel die Erarbeitung allgemeiner Konzepte fuer sichere Informationssysteme und deren Ein-
bringung in ein konkretes System war; eine Reihe der hier dargestellten Ideen wurde im Rahmen dieses Projektes erarbeitet oder
der Fachliteratur zu diesem Thema entnommen und beurteilt. Ich
moechte daher an dieser Stelle allen Mitarbeitern des Projektes
fuer zahlreiche und intensive fachliche Diskussionen ueber das
Thema "Sicherheit" danken.

Besonderer Dank gebuehrt Frau Dr. B. Wiesner, die durch kritische Durchsicht des Manuskriptes und durch zahlreiche konstruk-
tive Anmerkungen erheblich zur Lesbarkeit und Korrektheit des
Textes beigetragen hat. Schliesslich danke ich der Infodas GmbH,
die mir in grosszuegiger Weise die technischen Mittel zur Erstellung der druckfertigen Vorlage zur Verfuegung gestellt hat.

Koeln, im Januar 1984

G. Weck

Inhalt

KAPITEL 5   SCHUTZ AUF DER HARDWARE-EBENE

KAPITEL 6   SCHUTZFUNKTIONEN DES BETRIEBSSYSTEMS

Abbildungen

1 Einführung

1.1 Problemstellung

1.1.1 Der Wert der Information

Seit den sechziger Jahren stellt man ein zunehmendes Interesse fuer Fragen des Datenschutzes fest. Mit der immer staerkeren "Verdatung" aller Aspekte des menschlichen Lebens, insbesondere jedoch des Geschaeftslebens waechst ueberall das Bewusstsein fuer den Wert und die Gefaehrdung von und durch Information. Schon Mitte der sechziger Jahre gab es im amerikanischen Repraesentantenhaus eine Anhoerung ueber "Computer und den Einbruch in die Privatsphaere" im Rahmen der Plaene fuer eine nationale Datenbank [33]. Seitdem ist das Gebiet des Datenschutzes von einem Spezialgebiet, mit dem sich nur einige EDV-Spezialisten beschaeftigten, rasch zu einer grundlegenden Problemstellung fuer moderne Industriegesellschaften geworden.

Gegen Ende der siebziger Jahre wurden in verschiedenen Staaten Gesetze erlassen, die den Umgang mit Daten, insbesondere deren Manipulation und Verbreitung reglementieren. Ehe wir die Ziele des so zu einer juristischen Frage gewordenen Datenschutzes betrachten koennen, muessen wir uns klar machen, wieso Informationen ueberhaupt schutzwuerdige Objekte sind und auch weshalb Probleme dieser Art erst mit zunehmender Verbreitung der elektronischen Datenverarbeitung derart an Bedeutung gewonnen haben.

Es ist unbestritten, dass es gewisse Informationen gibt, deren alleiniger Besitz fuer eine bestimmte Person einen hohen Wert hat. Dabei liegt das Gewicht auf dem Wort "alleiniger"; es kann sein, dass diese Information fuer ihren Eigentuemer in dem Augenblick wertlos wird, wo eine andere Person darauf zugreifen kann.

Beispiel: Ein Codewort, mit dem ich von meinem Konto Geld abheben kann, wird voellig wertlos fuer mich, wenn jemand anderes dieses Wort erraten und mit seiner Hilfe mein Konto geleert hat.

Dieses Beispiel zeigt eine wichtige Eigenschaft von Informationen, die sie von physischen Guetern unterscheidet: Es ist ohne weiteres moeglich, Informationen zu duplizieren und dadurch ihren Wert zu veraendern. Mein "Gegner" in diesem Beispiel brauchte mir die Information nicht in dem Sinne zu entwenden, in dem er etwa mein Auto stehlen koennte. Es genuegte, dass er durch Duplizieren meines Wissens sich selbst in die Lage versetzte, sich einen Vorteil zu verschaffen; dagegen erwaechst mir durch diese

Tat ein Schaden, obwohl ich selbst auch im Nachhinein noch ueber
dieselbe Information verfuege - die Information hat nicht den
Besitzer gewechselt, sondern ihren (subjektiven) Wert geaendert.

Man sieht hier, dass es ein Problem des Wertes von Informationen gibt und dass dieser Wert - zumindest teilweise - andere
Eigenschaften hat als der Wert physischer Dinge. Es gibt jedoch
noch einen weiteren wesentlichen Unterschied, den das folgende
Beispiel klarmacht:

Beispiel: Die Tatsache, dass ich an einem bestimmten Tag eine
bestimmte Strasse entlangfahre, hat einen gewissen - eventuell
sehr kleinen - Informationswert. Ist aber bekannt, dass ich dies
sehr oft und zu festen Zeiten tue, so koennen daraus moeglicherweise Rueckschluesse auf mein Privatleben gezogen werden, die mir
vielleicht gar nicht angenehm sind - eine Tatsache, aus der
beispielsweise Detekteien Vorteile ziehen koennen.

Man sieht an diesem zweiten, ebenfalls bewusst ohne jeglichen
Bezug auf elektronische Datenverarbeitung konstruierten Beispiel,
dass sich der Wert von Informationen wesentlich aendern kann, wenn
sich nur ihre Menge aendert. Informationen, die einzeln genommen
relativ bedeutungslos sind, koennen einen sehr hohen Wert
bekommen, wenn sie zu anderen - fuer sich ebenfalls bedeutungs-
losen - Informationen in Bezug gesetzt werden koennen.

Die drei bis hierhin festgestellten Eigenschaften von Informationen:

- der potentielle Wert ihres alleinigen Besitzes,

- ihre Duplizierbarkeit und

- der moegliche Wertzuwachs durch Akkumulation

machen die wesentlichen Gruende dafuer aus, dass die zunehmende
Verbreitung der elektronischen Datenverarbeitung wesentliche
Probleme des Schutzes von Informationen aufwirft:

- Gerade bei der Benutzung von Datenverarbeitungsanlagen ist es
  fuer den einzelnen Benutzer schwer bis unmoeglich festzustellen, ob er im alleinigen Besitz der Daten geblieben ist,
  die er dem Rechner anvertraut hat, wenn ausser ihm selbst
  noch andere denselben Rechner benutzen.

- Datenverarbeitungsanlagen sind ideale Werkzeuge zur Verviel-
  faeltigung von Daten. Es ist - zumindest in der Theorie -
  nichts einfacher, als einen Datenbestand zu kopieren und
  damit zu duplizieren.

- In Datenverarbeitungsanlagen sind oft enorme Mengen von
  Informationen abgespeichert, die eventuell sogar verschiedene
  Eigentuemer haben. Gleichzeitig stellen diese Anlagen oft
  sehr leistungsfaehige Werkzeuge zur Arbeit mit grossen Daten-
  mengen zur Verfuegung, so dass es moeglich wird, aus solchen
  Datenmengen gezielt einzelne Informationen zu extrahieren.

Fasst man diese Ueberlegungen zusammen, so sieht man, dass das Problem des Datenschutzes zwar im Prinzip schon immer da war, dass es jedoch durch die moderne Datenverarbeitung eine nie zuvor dagewesene Brisanz erhalten hat.

Nachdem wir so den Begriff des Datenschutzes ein wenig beleuchtet haben, soll im folgenden Abschnitt der Begriff der Datensicherheit dagegen abgegrenzt werden.

1.1.2 Datenschutz und Datensicherheit

Waehrend sich der Datenschutz im wesentlichen mit Fragen moralischer, politischer und juristischer Art bezueglich des Umgangs mit Informationen befasst, sind unter "Datensicherheit" die technischen Aspekte zu verstehen, die eine Realisierung eines - wie auch immer gearteten - Datenschutzes mit sich bringt. Datenschutz beschaeftigt sich folglich mit Fragen einer Zielsetzung, also **was** gemacht werden soll, wogegen Datensicherheit als Thema das **Wie** einer Realisierung dieser Zielsetzung hat.

Wegen der besonderen Bedeutung, die nach dem im vorigen Abschnitt Gesagten die Problematik des Datenschutzes im Umfeld der elektronischen Datenverarbeitung hat, stellen sich auch die wesentlichen Probleme der Datensicherheit in diesem Kontext. Aus diesem Grunde wird hier der Begriff der Datensicherheit auf die Sicherheit des Umgangs mit Informationen mithilfe moderner elektronischer Mittel eingeschraenkt. Dabei werden nicht nur die innerhalb eines Rechners ablaufenden Vorgaenge betrachtet, sondern es werden auch alle fuer den Schutz von Informationen wesentlichen Aspekte im Umfeld der EDV mit beruecksichtigt.

Dabei sind mehrere Ebenen des Schutzes von Daten zu beruecksichtigen:

- Rechner sind (im allgemeinen) keine Objekte, die im luftleeren Raum um ihrer selbst willen betrieben werden; sie erfuellen irgendeinen Zweck im Kontext allgemeinerer Ziele. Entsprechend sind sie in ein <u>organisatorisches</u> Umfeld eingebettet, das auf die mit der EDV befassten Vorgaenge einen bestimmten Einfluss hat und von diesen selbst wieder beeinflusst wird. Aus diesem Grund muessen bei der Betrachtung von Sicherheits-Aspekten im Zusammenhang mit EDV die organisatorischen Randbedingungen mit beruecksichtigt werden.

- Ein weiterer Aspekt der Datensicherheit ist die <u>physische Sicherheit</u> der bearbeiteten Daten und ihrer Bearbeiter, also der Rechner und der Speichermedien selbst. Ohne deren physische Sicherheit sind alle weiteren Schutzmassnahmen nur noch von sehr fragwuerdigem Wert.

- Ueber diesen physischen Schutz hinaus gehen Massnahmen, die auf Eigenschaften der <u>Hardware</u> der verwendeten Rechner und Speichermedien beruhen. Sie bilden die Basis fuer viele Schutzmassnahmen, die in den auf dieser Hardware laufenden Programmen realisiert sind.

- Da heute Rechner fast ausnahmslos nicht   mehr   als   "nackte"
   Hardware-Kisten geliefert werden, sondern ueber ein - mehr
   oder weniger umfangreiches - Angebot an   mitgelieferter
   <u>Software</u> verfuegen, kommt den in diese Software eingebauten
   Schutzfunktionen eine besondere Bedeutung zu. Auf dieser
   Ebene des Schutzes unterscheidet man verschiedene Software-
   Gebiete, die jeweils eigene Probleme aufwerfen und auch
   eigene Schutzmethoden anbieten:

   o Betriebssystem
   o Dateisystem
   o Datenbanksysteme
   o Anwendungsprogramme
   o Datenfernuebertragung
   o Rechnernetze

   Wegen der sehr grossen Unterschiede, die zwischen diesen
   einzelnen   Software-Gebieten   bestehen,   ist   es sinnvoll,
   speziell auf die einzelnen Problemkreise der Schutz-Aspekte
   auf der Software-Ebene einzugehen.

   Ehe jedoch eine Behandlung der hier kurz   angerissenen
konkreten Probleme der Datensicherheit erfolgen kann, ist es notwendig, sich mehr Klarheit ueber die Notwendigkeit und die Ziele
des Datenschutzes zu verschaffen.

1.2 Ziele des Datenschutzes

1.2.1 Die Verpflichtungen des Informationsbesitzes

   Es wurde schon dargelegt, dass durch die Verwendung computer-
gestuetzter Datenverarbeitung die Notwendigkeit fuer Datenschutz
erheblich angewachsen ist. Hier entsteht insbesondere auch das
Problem, dass oft Rechner oder Rechenzentren zur Bearbeitung
<u>fremder</u> Daten betrieben werden und dass in einem Rechner oft
<u>grosse</u> Mengen von Informationen ueber einen umfangreichen Perso-
nenkreis gespeichert sind. Derartige Informationsmengen stellen
nicht nur fuer den Betreiber und den Benutzer eines Rechenzentrums
einen grossen Wert dar, sondern auch fuer moegliche Gegner wie
etwa Konkurrenten und schliesslich auch fuer die betroffenen
Personen selbst. Es ist daher wesentlich, dass:

- die gespeicherten Daten nicht Personen in die Haende fallen,
   die - etwa aufgrund der Datenschutzgesetzgebung oder allgemeiner moralischer Prinzipien - vom Zugriff auf diese Daten
   auszuschliessen sind;

- die gespeicherten Daten in einer solchen Form bearbeitet
   werden, dass sie nicht verfaelscht werden, sondern den
   Zustand der durch sie erfassten Realitaet moeglichst korrekt
   widerspiegeln;

- die gespeicherten Daten vor unwiederbringlicher Zerstoerung
   durch absichtliche Einwirkung oder durch Fehler moeglichst
   geschuetzt sind.

Die Verantwortung fuer eine entsprechende Behandlung eines Datenbestandes liegt bei:

- dem "Eigentuemer" dieses Datenbestandes, also derjenigen physischen oder juristischen Person, fuer die diese Daten aus irgendeinem Grunde gesammelt wurden und bearbeitet werden, aber auch bei

- dem "Bearbeiter" der Daten, also dem Betreiber des EDV-Systems, in dem diese Daten gehalten und manipuliert werden, sowie bei seinen Angestellten.

In vielen Faellen laesst sich diese Unterscheidung zwischen Eigentuemer und Bearbeiter nur schwer oder gar nicht treffen, insbesondere in den haeufigen Faellen, in denen der Eigentuemer selbst die EDV-Anlage betreibt. Laesst eine dieser beiden Figuren - aus welchem Grund auch immer - die notwendige Sorgfalt bei der Sicherung des Datenbestandes vermissen, so koennen hieraus Probleme entstehen, die zur Zerstoerung, Verfaelschung oder Weitergabe des Datenbestandes an Dritte fuehren, also der Datenschutzgesetzgebung unterliegen.

1.2.2 Der Schutz der Privatsphaere

Intuitiv ist zwar klar, was man unter "Schutz der Privatsphaere" als Ziel des Datenschutzes versteht, doch zeigen die Schwierigkeiten, die die Gerichte bei der Behandlung komplizierterer Datenschutzvergehen haben, dass es gar nicht so einfach ist, diese intuitive Vorstellung zu praezisieren. Noch schwieriger ist es, konkrete Handlungsvorgaben fuer einen Umgang mit Daten zu machen, der diesen Schutz realisiert.

Einer der ersten Vorschlaege, die in diese Richtung gehen, wurde vom amerikanischen Ministerium fuer Gesundheit, Erziehung und Wohlfahrt im Jahre 1973 gemacht [33]:

- Es darf keine Informationssysteme zur Bearbeitung personenbezogener Daten geben, deren Existenz geheim ist.

- Jede Person muss die Moeglichkeit haben herauszufinden, was ueber sie gespeichert ist und wie diese Daten verwendet werden.

- Jede Person muss die Moeglichkeit haben zu verhindern, dass Daten ueber sie selbst, die sie zu einem bestimmten Zweck gegeben hat, fuer andere Zwecke gebraucht werden.

- Jede Person, muss die Moeglichkeit haben, falsche Information, die so abgespeichert ist, dass sie als Person anhand dieser Information identifiziert werden kann, korrigieren oder verbessern zu lassen.

- Jede Organisation, die personenbezogene Informationen, deren Bezugspersonen anhand dieser Informationen identifizierbar sind, erzeugt, bearbeitet, benutzt oder weiterverbreitet, muss die Zuverlaessigkeit dieser Daten fuer den beabsichtigten Zweck sicherstellen, und sie muss geeignete Vorsichts-

massnahmen ergreifen, um Missbrauch dieser Daten zu verhindern.

Diese "Grundprinzipien einer fairen Informationspraxis" koennen als die Grundlage der Gesetze und Verfahrensvorschriften des
Datenschutzes betrachtet werden. Diese Grundregeln wurden von der
"Studienkommission zum Schutz der Privatsphaere" folgendermassen
zu einer Gruppe genereller Prinzipien verfeinert [33]:

- Das Offenheits-Prinzip: Es darf keine Informationssysteme
  zur Bearbeitung personenbezogener Daten geben, deren Existenz
  geheim ist, und es muss eine explizite Offenheit in Bezug auf
  die Verfahren, Praktiken und Systeme geben, die in einer
  Organisation zur Bearbeitung personengebundener Daten eingesetzt werden.

- Das Prinzip individuellen Zugangs: Eine Person, ueber die
  Informationen gespeichert sind, muss ein Recht haben, in
  diese Information Einsicht zu nehmen und sie zu kopieren.

- Das Prinzip individueller Teilhaberschaft: Eine Person,
  ueber die Informationen gespeichert sind, muss ein Recht
  haben, diese Information zu korrigieren oder zu verbessern.

- Das Prinzip der Begrenzung des Daten-Sammelns: Es muss
  Grenzen fuer die Arten personenbezogener Informationen geben,
  die eine Organisation sammeln darf; ebenso muss die Art, wie
  diese Informationen gesammelt werden duerfen, bestimmten Einschraenkungen unterworfen werden.

- Das Prinzip der Gebrauchsbeschraenkung: Der Gebrauch von
  personenbezogenen Informationen muss Grenzen unterworfen
  sein, die eine Organisation nicht ueberschreiten darf.

- Das Prinzip der Weitergabebeschraenkung: Es muss Grenzen
  geben, die festlegen, inwieweit eine Organisation personenbezogene Informationen nach aussen weitergeben darf.

- Das Informations-Management-Prinzip: Eine Organisation, die
  personenbezogene Daten bearbeitet, hat die Verpflichtung,
  geeignete Verfahren und Praktiken für den Umgang mit Informationen einzusetzen, um sicherzustellen, dass das Sammeln,
  die Bearbeitung, die Benutzung und die Weitergabe von
  personenbezogenen Daten notwendig und legal ist und dass
  diese Daten aktuell und korrekt sind.

- Das Verantwortlichkeits-Prinzip: Eine Organisation, die
  personenbezogene Informationen verarbeitet, ist fuer die
  dabei zum Einsatz kommenden Verfahren, Praktiken und Systeme
  verantwortlich.

Wenn auch diese Prinzipien fuer den Umgang mit personenbezogenen Daten generelle Richtlinien - die uebrigens nicht nur
auf EDV-Systeme anzuwenden sind - geben, so ist ihre Umsetzung in
die Praxis doch nicht ganz problemlos. Insbesondere geht aus
diesen Prinzipien noch nicht hervor, in welcher Weise ihre Anwendung in einem konkreten Fall sichergestellt werden kann, etwa

welche Verfahren notwendig und vorzusehen sind, um die Einhaltung der einzelnen Prinzipien ueberwachen zu koennen. Weiterhin ist es viel zu schwach, nur die Weitergabe von Informationen nach aussen zu beschraenken: Speziell in den Faellen, in denen Eigentuemer und Bearbeiter personenbezogener Daten uebereinstimmen, ist es oft wesentlich wichtiger, auch die **interne** Verwendung der Informationen zu beschraenken, um Missbrauch dieser Informationen durch die Organisation selbst einzuschraenken.

An dieser Stelle konnten die Probleme des Umgangs mit personenbezogenen Informationen nur grob angerissen werden; weiterfuehrende Diskussionen finden sich in der inzwischen schon sehr umfangreichen Literatur zum Datenschutz, etwa in [34,66]. Um jedoch diesen Problemkreis noch etwas abzurunden, ist es erforderlich, auch auf die kommerziellen Aspekte des Datenschutzes und seiner Realisierung einzugehen.

1.2.3 Kommerzielle Aspekte

Verfahren, die die Einhaltung eines wie auch immer gearteten Datenschutzes garantieren sollen, fallen nicht vom Himmel, und sie wirken auch nicht von selbst ohne jegliches Zutun des Rechners und seiner Benutzer. Dies bedeutet, dass alle Verfahren der Datensicherheit ihren Preis haben, der sich in zusaetzlichen Kosten fuer Hardware und/oder Software der verwendeten EDV-Anlage oder in verringerter Performance bzw. erhoehten Betriebskosten bemerkbar macht. Dabei ist es leider so, dass dieser Aufwand umso groesser ist, je hoeher die erreichbare Sicherheit sein soll, mit anderen Worten, dass Produktivitaet und Sicherheit oft zueinander in umgekehrtem Verhaeltnis stehen. Im Extremfall bedeutet dies:

Absolute Sicherheit ist nur bei Stillstand des Systems zu erreichen!

Ehe man also Verfahren installiert, die Datensicherheit in irgendeiner Form realisieren sollen, muss man sich ueber die Risiken klarwerden, die man erwartet, und man muss darunter diejenigen Risiken auswaehlen, die man bereit ist, noch in Kauf zu nehmen. Generelles Ziel einer solchen Kosten-/Nutzen-Analyse muss es daher sein, moeglichst solche Verfahren auszuwaehlen, die fuer die gegebene Anwendung bei vertretbarem Aufwand alle diejenigen Risiken abdecken, gegen die man sich schuetzen will oder muss. Es ist ein Hauptziel dieses Buches, fuer diese Auswahl Richtlinien zu geben, indem verschiedene Verfahren und die Auswirkungen ihrer Installation oder Nicht-Installation beschrieben werden.

Der wesentlichste Effekt guter Schutzverfahren ist dabei, die Kenntnis-Schwelle, die ein moeglicher "Gegner" ueberschreiten muss, um sich in irgendeiner Weise auf meine Informationen Zugriff zu verschaffen, moeglichst anzuheben. Gleichzeitig muss ihm der fuer einen solchen, von mir ungewollten Zugriff notwendige Aufwand moeglichst in die Hoehe getrieben werden, wobei im Idealfall dieser Aufwand hoeher als der zu erwartende Nutzen wird, so dass sich ein Angriff nicht mehr lohnt. Man bezeichnet dieses Verhaeltnis zwischen dem Aufwand, den ein Gegner treiben muss, und dem Nutzen, den er vom Zugriff auf die Informationen hat, als seinen "Arbeitsfaktor" ("work factor"); Ziel der Schutzmassnahmen ist es also, diesen Arbeitsfaktor moeglichst in die Hoehe zu treiben.

Es gibt jedoch noch einen weiteren Aspekt der Datensicherheit, der von der Datenschutz-Problematik, also der Frage, was **andere** mit den eigenen Daten anfangen koennten, relativ unabhaengig ist: Wenn die eigenen Daten aus irgendeinem Grund unwiederbringlich zerstoert werden, so ist dies primaer ein wirtschaftlicher Verlust, dessen Groesse von dem Wert abhaengt, den die Daten fuer ihren Eigentuemer haben. Fuer die Groesse des Verlustes ist es dabei zunaechst einmal unerheblich, ob die Zerstoerung durch eine gewollte Aktion irgendeiner Person oder eher zufaellig durch einen Bedienungsfehler, einen Fehler des verwendeten EDV-Systems oder durch ein "nicht vorhersehbares" Ereignis, wie etwa einen Wasserrohrbruch, verursacht wurde. ("Nicht vorhersehbar" wurde dabei absichtlich als Begriff in Frage gestellt; das vierte Kapitel befasst sich explizit mit der Vorsorge gegen solche Ereignisse, die - wie man hin und wieder in der Zeitung lesen kann - eben doch manchmal vorkommen und daher vom Standpunkt der Datensicherheit mit eingeplant werden muessen.) Datensicherheit hat sich daher nicht nur mit dem Schutz irgendwelcher Daten vor unbefugtem Zugriff, sondern auch mit dem Schutz vor unwiederbringlicher Zerstoerung zu beschaeftigen.

Es ist in der Theorie relativ einfach, diese zweite Funktion der Datensicherheit zu realisieren: Es genuegt, die Daten zu kopieren und die Kopie an einer sicheren Stelle aufzuheben. In der Praxis stellen sich hier jedoch eine Reihe von Problemen:

- Die Kopie der Daten verdient wenigstens denselben Schutz wie die Daten selbst; wenn ein Spion eine Kopie der Kopie anfertigen kann, ist ihm damit ebenso gedient, als wenn er die Daten selbst kopiert. Das Anlegen von Sicherheits-Kopien vervielfacht also die Menge der zu schuetzenden Daten.

- Kopien koennen relativ teuer sein. Dies betrifft bei den heutigen Preisen magnetischer Medien weniger die Kosten fuer die zusaetzlichen Datentraeger, die man benoetigt, sondern die Kosten fuer den Kopiervorgang selbst, der:

  o Rechenzeit benoetigt
  o Kopierprogramme benoetigt
  o Bediener benoetigt (etwa zum Montieren/Demontieren der Medien)
  o eventuell anderen Benutzern den Zugriff auf die Daten entzieht
  o eventuell irgendwelchen Anwendungen den Zugriff auf diese Daten fuer eine gewisse Zeit verwehrt

- Schliesslich ist es in manchen Anwendungen gar nicht ohne weiteres moeglich, solche Kopien zu erstellen: Wenn sich die betreffenden Daten permanent im online-Zugriff etwa durch ein Transaktions-System befinden, muss dieses Transaktions-System oft fuer die Dauer des Kopierens stillgelegt werden, was nicht unter allen Umstaenden akzeptabel ist.

Diese Ueberlegungen zeigen, dass auch diese Seite der Datensicherheit ihre kommerziellen Aspekte hat, die bei einer sinnvollen Planung von Sicherungs-Massnahmen zu beruecksichtigen sind.
Es macht wenig Sinn, Daten zu sichern, die von geringem Wert oder
nur fuer wenige Stunden gueltig sind; andererseits kann es sein,
dass der Verlust wesentlicher Daten ein Unternehmen ruinieren
kann. Auch hier sind also Kosten und Nutzen der Datensicherung
gegeneinander abzuwaegen.

Es gibt schliesslich noch einen dritten Aspekt, der die Wirt-
schaftlichkeit der Datensicherheit betrifft: Nicht nur die eingesetzten Methoden und Verfahren selbst verursachen direkte oder
indirekte Kosten, letztere etwa durch Leistungseinbussen oder
umstaendlichere Systembedienung, sondern auch die Anwendung dieser
Methoden und Verfahren durch ihre Bediener ist nicht kostenlos.
Es ist notwendig, die einzusetzenden Schutzmassnahmen zu installieren und ihre korrekte Anwendung sicherzustellen; dazu ist eine
entsprechende Ausbildung der jeweiligen Personen erforderlich,
fuer die die Schutzmassnahmen in irgendeiner Form sichtbar werden.
Auf diesen Aspekt der Datensicherheit wird im dritten Kapitel noch
ausfuehrlicher eingegangen.

1.3 Die Art der Bedrohung

1.3.1 Die Bedroher

Um besser abschaetzen zu koennen, welchen Bedrohungen sich
die Daten in der Obhut ihres Eigentuemers oder ihres Bearbeiters
ausgesetzt sehen, ist es zweckmaessig, sich ein Bild vom potentiellen Gegner zu machen. (Dabei werden im weiteren zunaechst
Betrachtungen des Datenverlustes durch Unfaelle, Katastrophen und
aehnliche ungewollte Ereignisse ausgeklammert.)

Betrachtet man die ausloesenden Faktoren, die bei einem Diebstahl zusammenkommen muessen, so stellt man generell drei notwendige Voraussetzungen fest:

1. Bedarf: Der Dieb benoetigt den betreffenden Gegenstand aus
   irgendeinem Grund (im allgemeinen, um sich einen wirtschaftlichen Vorteil zu verschaffen).

2. Gelegenheit: Der Dieb hat eine Gelegenheit, sich den
   betreffenden Gegenstand auf irgendeine Weise zu beschaffen,
   und wenn es durch rohe Gewalt geschieht.

3. Haltung: Der Dieb vertritt (bewusst oder unbewusst) eine
   moralische Haltung, die es ihm erlaubt, sich den betreffenden
   Gegenstand anzueignen.

Dieselben Faktoren gelten fuer den potentiellen Gegner irgendwelcher Datenschutz-Massnahmen; man braucht nur das Wort "Gegenstand" durch "Daten" zu ersetzen, wobei man beruecksichtigen muss,
dass es in diesem Kontext eben nicht nur um Aneignung, sondern
auch um Modifikation von Daten gehen kann.

Von diesen drei Faktoren soll hier nur der dritte kurz skizziert werden; der erste Faktor ergibt sich mehr oder weniger zwangslaeufig aus dem Wert der Daten, waehrend die Beeinflussung des zweiten Faktors das eigentliche Ziel der Datensicherheit ist. Eine Betrachtung des dritten Faktors gibt dagegen einen groben Anhaltspunkt, in welcher Umgebung Angriffe auf die Datensicherheit am ehesten zu erwarten sind und wie man die Wahrscheinlichkeit solcher Angriffe durch geeignete organisatorische Massnahmen verringern kann.

Eine grobe, aber durchaus plausible Schaetzung [9] geht davon aus, dass nur jeweils etwa 10 % der Bevoelkerung voellig ehrlich oder voellig unehrlich sind, waehrend die restlichen 80 % zwar im Prinzip ehrlich sind, dies jedoch unter geeigneten Umstaenden auch einmal vergessen koennen. Die "geeigneten Umstaende" sind dabei solche, in denen die beiden ersten der oben genannten Faktoren - Bedarf und Gelegenheit - hinreichend dominant werden. Leider ist genau dies in der Datenverarbeitung der Fall: Unter oft nur sehr unzureichenden Sicherheits-Randbedingungen wird mit Daten operiert, die einen hohen Wert darstellen koennen. Wenn es dabei noch wahrscheinlich ist, dass eine illegale Operation nicht bemerkt wird oder zumindest ihr Urheber nicht identifiziert werden kann, so ist hier die Computer-Kriminalitaet gewissermassen schon vorprogrammiert.

Dabei wird unter "Computer-Kriminalitaet" allgemein

die Benutzung eines Rechners zu einem anderen als dem vorgesehenen Zweck

verstanden. Diese Definition ist jedoch problematisch, wie die beiden folgenden Beispiele zeigen:

- Ein Angestellter benutzt einen Rechner waehrend einer Leerzeit und ausserhalb seiner Arbeitszeit, um sich an einem Spielprogramm zu ergoetzen. Hierdurch entsteht niemand ein materieller Schaden, da der Rechner sich durch die Ausfuehrung dieses Programms keineswegs mehr abnutzt, als wenn er waehrend dieser Zeit die Warteschleife ausgefuehrt haette - was er sonst auch getan haette.

- Eine Schwindelfirma schafft sich eine EDV-Anlage an, um ihre Betruegereien effizienter und glaubhafter durchfuehren zu koennen. In diesem Fall wird der Rechner bestimmungsgemaess eingesetzt, doch kann man die Firma trotzdem wohl nicht vom Vorwurf der Computer-Kriminalitaet freisprechen.

Diese Beispiele zeigen, dass es durchaus nicht so einfach ist, eine korrekte und in jedem Falle zutreffende Definition dieses Begriffes zu geben. Fuer unsere Zwecke reicht jedoch die intuitive Vorstellung, die sich damit verbindet, im allgemeinen aus, so dass es sich nicht lohnt, hier weiter ins Detail zu gehen.

Es ist vielleicht noch interessant, die wesentlichen Charakteristiken des "typischen" Computer-Kriminellen anzugeben, wie sie aus einer amerikanischen Statistik vieler Faelle gemittelt wurden [9]: Der "typische" Delinquent ist maennlich, 35 Jahre alt, verheiratet, hat zwei Kinder und wohnt in einer respektablen Gegend. Er arbeitet schon drei Jahre bei derselben Firma und wird

im oberen Gehaltsdrittel bezahlt. Auch ueber seine kriminellen
Aktivitaeten gibt es "typische" Aussagen: Er stiehlt schon seit 8
Monaten, wobei sein Profit im Durchschnitt 120 % seines Gehalts
betraegt.

Wenn es auch im Einzelfall beliebige Abweichungen von den
hier genannten Mittelwerten gibt, so laesst sich doch eine wesentliche Tatsache aus diesen Aussagen erkennen: Der "typische"
Computer-Kriminelle hat eben **keine** ihn als solchen identifizierenden Eigenschaften; im Prinzip kann sich hinter jedem, der
in irgendeiner Form mit EDV zu tun hat - und wer hat das heute
nicht ? - ein Computer-Krimineller verbergen. Diese Tatsache
macht es vom Standpunkt der Datensicherheit aus so wichtig, **ohne
Ansehen der beteiligten Personen** moeglichst jede Gelegenheit zur
Entstehung von Kriminalitaet zu vermeiden.

1.3.2 Die Motive

Um das Zustandekommen von Computer-Kriminalitaet noch etwas
besser zu verstehen, empfiehlt es sich, einen Blick auf die Motive
zu werfen, die in konkreten Faellen zur Tat gefuehrt haben [9].
Dabei lassen sich fuenf Motive feststellen, die in der ueberwiegenden Mehrzahl der Faelle im Spiel waren:

- Habgier: Dieses Motiv ist mit Abstand der wesentlichste
  Beweggrund fuer alle die Faelle, in denen sich der Taeter
  nennenswerte finanzielle Vorteile verschafft hat.

- Finanzielle Probleme: Wenn der finanzielle Druck, dem sich
  ein potentieller Taeter ausgesetzt sieht, hoch genug ist,
  steigt seine Bereitschaft, die ihm anvertrauten Daten zur
  Sanierung seiner Situation in der einen oder anderen Form zu
  missbrauchen.

- Der Reiz der Sache an sich: Die Varianten dieses Motivs
  reichen von der Freude daran, ein bestimmtes System oder eine
  Organisation "ausgetrickst" zu haben, bis hin zu der
  Steigerung des eigenen Selbstwertgefuehls, dass man ein
  kompliziertes Problem bewaeltigt hat. Das Vorkommen dieses
  Motivs ist relativ unabhaengig vom wirtschaftlichen Aspekt
  der betreffenden Tat; dies kann soweit gehen, dass der
  Taeter selbst gar keinen finanziellen Vorteil von seiner Tat
  hat.

- Das "Robin-Hood-Syndrom": Vereinzelt wurden auch Faelle
  berichtet, in denen Computer-Kriminalitaet zu einer Umver-
  teilung finanzieller Werte, etwa durch Veraenderung von Bank-
  konten von Dritten, benutzt wurde. Fuer Taten dieser Art
  sind wohl eher weltanschauliche Gruende massgebend, so dass
  solche Taten nur schwer in ein allgemeines Schema gepresst
  werden koennen.

- Rache: Dieses letzte der fuenf Hauptmotive hat in den
  Faellen, in denen die Tat primaer das Ziel hat, Schaden zuzu-
  fuegen, das hoechste Gewicht. Im allgemeinen entstehen
  solche Taten als Reaktionen auf vermeintliches oder tatsaech-
  liches Unrecht, das der Taeter von Seiten des Eigentuemers

oder Bearbeiters der Daten erlitten hat.

Waehrend sich von der Seite des Datenschuetzers an den Motiven seines Gegners wohl keine wesentlichen Aenderungen errei-chen lassen, hilft eine Kenntnis dieser fuenf Hauptmotive doch, potentielle Problemfaelle zu identifizieren und durch geeignete organisatorische Vorkehrungen zu entschaerfen. Genauere Aussagen zu diesem Problemkreis werden im dritten Kapitel erarbeitet.

1.3.3 Die Faelle

1.3.3.1 Taten ohne den Computer oder mit seiner Hilfe - Da die potentiellen Taeter auf sehr verschiedene Art und Weise mit der Datenverarbeitung befasst sein koennen, erweisen sich auch verschiedene Formen des Vorgehens zur Ausfuehrung der Tat als die jeweils geeigneten, so dass sich eine Klassifizierung der Faelle von Computer-Kriminalitaet nach der Relation des Taeters zur "Tat-waffe" ergibt.

Man muss hier zunaechst beachten, dass es eine Reihe von Faellen gibt, die zwar in der einen oder anderen Art von der Datenverarbeitung beruehrt werden, aber dennoch nicht zur Computer-Kriminalitaet im engeren Sinne gerechnet werden duerfen. In einem derartigen Fall [9], der dieser Randzone zuzuordnen ist, wurden in mehreren Banken Einzahlungsscheine ausgelegt, auf denen schon eine Kontonummer in dem Feld fuer den Klarschriftleser eingedruckt war - mit dem Erfolg, dass alle Einzahlungen, die mithilfe dieser Formulare gemacht wurden, diesem Konto gutge-schrieben wurden, obwohl sie fuer andere Konten bestimmt waren. (Es ist wohl ueberfluessig zu sagen, dass das betreffende Konto sehr bald von seinem Eigentuemer, der eine falsche Identitaet angegeben hatte, wieder geleert wurde.) Bei einem solchen Fall macht sich der Taeter zwar bestimmte Eigenschaften der auto-matischen Datenverarbeitung zunutze - wie hier etwa die auto-matische Bestimmung der Kontonummer -, doch kann dies nicht als Computer-Kriminalitaet im engeren Sinne angesehen werden, da weder das System noch seine Daten direkt manipuliert werden.

Auf einer anderen Ebene liegen diejenigen Faelle, bei denen ein Rechner eigens zu dem Zweck betruegerischer Operationen einge-setzt wird. Wenn hier auch kein Zweifel daran besteht, dass es sich dabei um Computer-Kriminalitaet handelt, so stehen Faelle dieser Art doch insofern gesondert da, als bei ihnen der Rechner und seine Informationen durchaus genau in der Art und Weise gebraucht werden, die fuer sie geplant ist - allerdings ist diese selbst kriminell. Bei Faellen dieses Typs wird der Rechner haupt-saechlich deshalb eingesetzt, weil es mit ihm moeglich ist, mit nur wenigen Leuten grosse Mengen authentisch aussehenden Papiers zu erzeugen, das dazu noch nach aussen ein in sich konsistentes Bild bietet. Damit werden zwei der Hauptziele eines Betruegers verwirklicht:

  - Er gibt sich selbst den Anschein, vertrauenswuerdig zu sein, und

- er erschwert gleichzeitig die Ueberpruefung der vorgespiegelten Fakten.

Waehrend die erste der Wirkungen dieses Vorgehens zum Teil
auf der - aus Unkenntnis geborenen - zu grossen Ehrfurcht vor der
EDV herruehrt, beruht die zweite Wirkung gerade auf der Ausnutzung
derjenigen Eigenschaften von Computern, in denen diese dem menschlichen Gehirn ueberlegen sind: der konsistenten und korrekten
Verwaltung grosser Informationsmengen. Eben diese Eigenschaften
der Datenverarbeitung machen sich auch diejenigen Taeter zunutze,
deren Aktionen im engeren Sinne zur Computer-Kriminalitaet zu
rechnen sind und sich dadurch von den bisher besprochenen Faellen
unterscheiden,   dass sie gezielt die im Rechner vorhandenen Informationen oder deren Verarbeitung entgegen ihrer eigentlichen
Bestimmung veraendern.

1.3.3.2 **Taten von Anwendern, Programmierern und Fremden** - Man
unterscheidet diese Faelle von Computer-Kriminalitaet im engeren
Sinne am besten nach der Funktion, die der Taeter gegenueber dem
System hat:

- Hier sind die <u>autorisierten</u> <u>Benutzer</u>, also die "Insider", die
  wahrscheinlichste Quelle illegaler Operationen [9]. Das am
  haeufigsten angewandte Verfahren dieser Gruppe von Taetern
  beruht darauf, dass sie - ganz im Rahmen ihrer Berechtigungen
  vorgehend - durch Verfaelschung der Eingaben an den Rechner
  dessen Bild der aeusseren Realitaet in ihrem eigenen Sinn
  veraendern und aus dieser Veraenderung Nutzen ziehen.   Dabei
  sind vor allem zwei generelle Vorgehensweisen zu unterscheiden, die hier am Beispiel einer Bank erlaeutert werden:

  o Relativ einfach ist es, durch Eingabe einer falschen
     Transaktion eine Kontoveraenderung zum eigenen Nutzen
     durchzufuehren. Allerdings setzt dieses Verfahren
     voraus, dass sich der Taeter vor der Entdeckung absetzen
     kann.

  o Kompliziertere Verfahren sind dagegen auf laengere und
     wiederholte Anwendbarkeit hin angelegt; sie beinhalten
     oft geschickte Bewegungen mehrerer Konten gleichzeitig,
     doch setzen sie im allgemeinen eine kontinuierliche
     Anwendung des Verfahrens voraus, um eine Entdeckung zu
     vermeiden.

  Bei Taten dieser Art stellt man im allgemeinen fest, dass
  sich die Taeter bei ihrer Tat meist im Umkreis ihrer normalen
  Verpflichtungen bewegen, also auf dem Gebiet, auf dem sie
  sich auskennen. So wird etwa ein unehrlicher Lagerverwalter
  am ehesten die Daten der Lagerverwaltung manipulieren, nicht
  jedoch die des Personalbueros - selbst wenn er vom System her
  darauf prinzipiell Zugriff hat -, da ihm dazu haeufig die
  notwendigen Detailkenntnisse fehlen und er eher eine Entdeckung befuerchten muesste.

- Die naechste Klasse von Taten wird von <u>autorisierten Program-</u>
  <u>mierern</u> begangen, die in die Anwendungsprogramme, die sie
  schreiben, zusaetzliche Vorgaenge einbauen, die nicht in
  Auftrag gegeben wurden, sondern in ihrem eigenen Interesse
  liegen. Geschickte Programmierer schaffen es dabei sogar,
  ihre illegalen Operationen auch vor den eventuell im System
  vorhandenen Ueberwachungsfunktionen (wie etwa Auditing, siehe
  Abschnitt 6.6.2) zu verbergen. Ein Beispiel eines Betruges
  dieser Art ist der ziemlich bekannte Fall, in dem ein
  Programm alle beim Runden von Zehntelpfennigbetraegen anfal-
  lenden Werte einem bestimmten Konto gutschrieb. Meist erfordert jedoch eine Tat dieser Art das Zusammenspiel von einem
  Programmierer mit einem Benutzer des Systems, der etwa Ueberweisungen auf ein fiktives Konto durchfuehrt, die dann vom
  Programm nicht auf ihre Zulaessigkeit hin ueberprueft werden.

  Auch hier ist ein Charakteristikum dieser Faelle, dass
  bewusst eine Diskrepanz zwischen der aeusseren Realitaet und
  deren Abbild in den Datenbestaenden des Rechners herbei-
  gefuehrt wird, doch wird diese Diskrepanz hier durch die
  verfaelschten Programme nach aussen hin aktiv kaschiert.
  Entsprechend sind Faelle dieser Art schwieriger zu entdecken
  als die der letztgenannten Art; oft fallen sie nur mehr oder
  weniger zufaellig dadurch auf, dass die Beteiligten ihres
  Tuns muede werden oder sich zerstreiten.

  Zu dieser Klasse von Taten zaehlt auch ein grosser Teil
  der Faelle, bei denen Programme und/oder Daten so veraendert
  werden, dass die Funktionsweise des Gesamtsystems zeitweilig
  oder auf Dauer in Frage gestellt wird. Solche Taten haben im
  wesentlichen das Ziel zu verhindern, dass bestimmte Datenverarbeitungsleistungen ueberhaupt oder innerhalb eines gewissen Zeitraums erbracht werden koennen. Durch ein solches
  "denial of service" kann sich der Angreifer unter Umstaenden
  Vorteile unterschiedlicher Art verschaffen, sofern der
  Angriff nicht einfach aus Rache oder einem verwandten Motiv
  heraus erfolgt.

- Gegen diese von "Insidern" veruebten Taten sind die Aktionen
  <u>externer</u> <u>Personen</u> zu unterscheiden, die rechtmaessig ueberhaupt keinen Zugang zu einer bestimmten Datenverarbeitungsanlage besitzen, sich aber diesen Zugang auf irgendeine Weise
  verschaffen koennen und dann illegal als Anwender oder
  Programmierer agieren. Bei Faellen dieser Art geht es, neben
  dem Ehrgeiz, ein bestimmtes System zu "knacken", vor allem um
  den Diebstahl von Informationen und Rechenleistung, teilweise
  jedoch auch um illegale Modifikation von Daten und/oder
  Programmen oder deren Zerstoerung.

  Eine besondere Rolle in dieser Kategorie spielt der Diebstahl lizenzierter Software oder von deren Verarbeitungsleistung. Beruecksichtigt man, dass die Lizenzpreise fuer
  manche Software-Pakete im sechsstelligen Bereich liegen, so
  laesst sich allein durch das unzulaessige Ueberspielen einer
  Kopie dieser Software zur Verwendung auf einer anderen
  Maschine ein erheblicher Gewinn erzielen.

Wesentlich fuer die Durchfuehrbarkeit von Taten dieser
Klasse ist die Moeglichkeit des Zugangs zum Rechner, sei es
physisch in der Form von Zutritt zu einem Rechenzentrum oder
logisch durch Ausnutzung einer ungenuegend abgesicherten
Fernzugriffsmoeglichkeit. Gerade diese zweite Form des
Zugangs gewinnt durch die zunehmende Verbreitung von Rechner-
und Terminalnetzen eine immer groessere Bedeutung, so dass
Faelle dieser Art wahrscheinlich immer haeufiger werden,
falls die Datenfernuebertragung nicht geeignet abgesichert
wird.

- Als seltenster (???), dabei gleichzeitig gefaehrlichster Typ
  von Computer-Kriminalitaet ist schliesslich der technologische Angriff auf ein System zu nennen, bei dem Kenntnisse
  der Interna eines Systems und seiner eventuellen Schwaechen
  zu seiner Unterwanderung benutzt werden. Waehrend sich aka-
  demische Sicherheitsstudien oft auf diese spezielle Form des
  Angriffs auf ein System konzentrieren, muss zugegeben werden,
  dass zumindest im kommerziellen Bereich bis jetzt keine
  Faelle dieser Art bekannt geworden sind [9]. (Dies kann
  allerdings auch bedeuten, dass diese Angriffe so erfolgreich
  waren, dass sie voellig unbemerkt blieben, doch ist es
  naturgemaess schwer, dies definitiv zu bestaetigen oder zu
  widerlegen.) Die Folgen eines erfolgreichen Angriffs dieser
  Art koennen allerdings aeusserst gravierend sein, zumal die
  Wahrscheinlichkeit seiner Entdeckung wesentlich niedriger ist
  als bei den anderen Klassen von Faellen.

Angriffe dieses Typs haben vor allem zum Ziel, durch die
Ausfuehrung eigenen Codes in einem privilegierten Maschinen-
zustand (siehe hierzu Abschnitt 5.3) die voellige Kontrolle
ueber die Maschine zumindest fuer die Dauer einer illegalen
Operation zu erlangen. Ist dies moeglich, so kann der
Angreifer im Prinzip beliebige Aenderungen am System vornehmen, die es unter anderem auch ihm selbst zu jedem spaeteren Zeitpunkt ermoeglichen koennen, in das System einzudringen. Man spricht hier vom Einbau sogenannter "Falltueren" in das System. Angriffe dieser Art sind vor allem
deshalb so schwer abzuwehren, weil es dem Angreifer im Prinzip freisteht, sich jede beliebige Schwachstelle der Software
oder eventuell sogar der Hardware als Zielpunkt seiner
Attacke auszusuchen.

Neben Systemen, die explizit mit dem Ziel einer moeglichst hohen inneren Sicherheit entworfen wurden, besteht der
einzige Schutz gegen solche technologische Angriffe in der
Tatsache, dass es nicht viele Personen gibt, die ueber die
dazu notwendigen Kenntnisse verfuegen - an vielen Installationen nicht einmal eine einzige derartige Person. Allerdings ist dies nur ein schwacher Trost, denn genau diese
Tatsache verringert in wenigstens demselben Masse auch die
Wahrscheinlichkeit fuer die Entdeckung der Tat; dies ist
umso gravierender, wenn die Tat von einem Aussenstehenden
veruebt wird, der ueber groessere Systemkenntnisse als die
Betreiber des Systems verfuegt.

Man stellt bei dieser Klassifikation fest, dass die Wahrscheinlichkeit einer Tat mit wachsender Schwierigkeit ihrer Duch-
fuehrung bzw. mit wachsender dazu benoetigter Systemkenntnis
abnimmt; gleichzeitig wird sie jedoch auch schwieriger zu entdecken und kann prinzipiell groesseren Schaden anrichten.

1.3.3.3 Das Risiko – Um die im letzten Abschnitt gemachten quali-
tativen Aussagen auch quantitativ zu untermauern, seien noch
einige Statistiken ueber Faelle von Computer-Kriminalitaet
gegeben, die sich in den Vereinigten Staaten ereignet haben.
(Durch die wesentlich staerkere Verbreitung der elektronischen
Datenverarbeitung sind die USA uns auch in Bezug auf die Verbreitung der Computer-Kriminalitaet voraus, so dass dort ein umfang-
reicheres Material fuer Statistik verfuegbar ist.) Die Daten der
folgenden Abschnitte sind [9] entnommen.

Computer-Kriminalitaet ist beim derzeitigen Stand der Datensicherheit und der in weiten Bereichen des Datenschutzes noch
herrschenden Unsicherheit in der Rechtsprechung ein sehr sicheres
Verbrechen mit geringem Risiko: Nur schaetzungsweise 1 % aller
Faelle wird ueberhaupt entdeckt, und von den entdeckten Faellen
werden wiederum nur etwa 7 % gemeldet, wobei diese Zurueckhaltung
als Hauptgrund den der Angst vor Vertrauensverlust bei Aufdeckung
einer Tat hat. (Wie werden die Kunden einer Bank reagieren, die
zugeben muss, dass die Kontostaende durch einen ihrer Mitarbeiter
seit Monaten manipuliert wurden?)

Noch finsterer sieht es in Bezug auf die Folgen einer Tat
aus: Nur in einem von 33 Faellen kommt es tatsaechlich zu einer
Verurteilung; in den restlichen 32 Faellen laesst sich die Tat
nicht eindeutig genug nachweisen, oder die Rechtslage laesst sich
nicht mit hinreichender Genauigkeit feststellen, oder es ist –
etwa aus den vorhin genannten Gruenden - fuer alle Beteiligten
guenstiger, zu einem Vergleich zu kommen. Eine Verurteilung zu
einer Gefaegnisstrafe erfolgt sogar nur in einem von etwa 22000
Faellen, so dass das Risiko einer Strafe, die nicht mit –
eventuell sogar ergaunertem - Geld bezahlt werden kann, verschwin-
dend gering ist. Schliesslich gab es Faelle, in denen verurteilte
Computer-Kriminelle nach Verbuessung ihrer Strafe eben die
Tatsache einer "einschlaegigen" Erfahrung als beste Referenz fuer
ihre Karriere als Datensicherheits-Experten verwenden konnten
[53].

1.3.3.4 Die Haeufigkeitsverteilung – Um die verwundbarsten
Stellen der verwendeten EDV-Systeme zu finden, kann man sich ganz
pragmatisch die Stellen ansehen, die in konkreten Faellen am
haeufigsten zur Unterwanderung des Systems eingesetzt wurden [9]:

Haeu-figkeit	Notwendige Kenntnisse	Angriffspunkt
7 %	Spezialist	Terminal-Leitungen Betriebssystem
35 %	Generelles Verstaendnis	Sekundaerspeicher Anwendungsprogramme
58 %	Gering	Bedienung der Anlage Manipulation von Ein- und Ausgaben

Hierbei faellt auf, dass die am haeufigsten vorkommenden Faelle gleichzeitig diejenigen sind, die zu ihrer Ausfuehrung die geringsten Kenntnisse erfordern. Dies ist insofern nicht verwunderlich, als sich hier fuer den Taeter im allgemeinen die geringsten Hindernisse in den Weg stellen. Andererseits kann bei dieser Statistik auch die Tatsache mitspielen, dass die Faelle, in denen Spezialisten etwa durch Manipulation des Betriebssystems vorgehen, nur sehr schwer nachweisbar sind, so dass hier eventuell mit einer hohen Dunkelziffer zu rechnen ist.

Um diese grobe Statistik zu verfeinern und einen genaueren Eindruck vom Vorgehen der Taeter zu bekommen, ist es sinnvoll, die bekannten Faelle in Klassen einzuteilen und diese Klassen auf die Haeufigkeit ihres Vorkommens und die Groesse des angerichteten Schadens hin zu betrachten:

A. Manipulation von Eingabedaten:
    1. Hinzufuegung betruegerischer Daten   21 %
    2. Veraendern gueltiger Eingabedaten   5 %
    3. Entfernen gueltiger Eingabedaten   3 %

B. Manipulation von Programmen:
    4. Falsche Durchfuehrung einer Transaktion   4 %
    5. Erzeugung gefaelschter Daten   3 %
    6. Stehlen vieler kleiner Betraege   3 %
    7. Unterdrueckung oder Aenderung von Ausgaben   3 %
    8. Hinzufuegung oder Aenderung von Datensaetzen   1 %
    9. Umgehung interner Pruefungen   2 %
   10. Hinzufuegung gewollter Fehler   2 %
   11. Teilweise Durchfuehrung einer Transaktion   0 %

C. Manipulation von Ausgaben:
   12. Zerstoerung gedruckter Ausgaben   3 %
   13. Diebstahl gedruckter Ausgaben   2 %
   14. Unterschieben gefaelschter Ausgaben   2 %

D. Stammdaten:
   15. Diebstahl von Stammdaten   16 %
   16. Zerstoerung der Stammdaten-Datei   4 %
   17. Temporaere Manipulation von Stammdaten   0 %
   18. "Kidnapping" der Stammdaten-Datei   2 %

E. Verschiedenes:
19. Ausnuetzen von Systemfehlern   1 %
20. Physische Sabotage der Geraete   15 %
21. Diebstahl von Rechenleistung   10 %

Waehrend die Bedeutung der meisten dieser Faelle sich mehr oder weniger aus ihrer Kurzbezeichnung ergibt, muss der Punkt 18 etwas ausfuehrlicher erklaert werden: In diesen Faellen stiehlt der Taeter einen Datentraeger mit den Stammdaten, loescht oder vernichtet alle Kopien dieser Daten bei ihrem Eigentuemer und erklaert sich nur gegen Uebergabe eines "Loesegeldes" bereit, diese Daten zurueckzugeben. Bezueglich der Eintraege mit "0 %" als Haeufigkeit ist noch anzumerken, dass es sich hierbei um extrem seltene, aber doch bekanntgewordene Faelle handelt.

Sieht man sich die haeufigsten der Faelle an:

 1. Hinzufuegung betruegerischer Daten   21 %
15. Diebstahl von Stammdaten   16 %
20. Physische Sabotage der Geraete   15 %
21. Diebstahl von Rechenleistung   10 %

so stellt man fest, dass allein hierdurch schon fast zwei Drittel aller Faelle abgedeckt werden. Alle diese Taten zeichnen sich dadurch aus, dass sie:

- einfach zu tun sind,

- einfach zu entdecken sind,

- zu einem grossen Teil veroeffentlicht werden.

Anders sieht es mit den Faellen aus, in denen der meiste Schaden angerichtet wird:

 7. Unterdrueckung oder Aenderung von Ausgaben   3 %
 8. Hinzufuegung oder Aenderung von Datensaetzen 1 %
 9. Umgehung interner Pruefungen   2 %
10. Hinzufuegung gewollter Fehler   2 %
11. Teilweise Durchfuehrung einer Transaktion   0 %
13. Diebstahl gedruckter Ausgaben   2 %
17. Temporaere Manipulation von Stammdaten   0 %

Fuer diese Taten gilt generell:

- sie sind schwierig zu entdecken,

- sie koennen sich im Nachhinein als Fehler herausstellen;

- sie werden nur zu einem kleinen Teil veroeffentlicht.

In diesen Statistiken zeigt sich eine Vielfalt von Methoden, mit denen ein Computer-Krimineller vorgehen kann. Dabei richten sich bestimmte Gruppen von Taten gegen identifizierbare System-teile (etwa die Gruppe B gegen die auf einer Anlage laufenden

Programme), waehrend andererseits Vorgehensweisen, wie sie in der Gruppe E zusammengefasst sind, sich nur schwer einordnen lassen. Aus diesem Grund ist es notwendig, vor einer konkreten Abhandlung der Moeglichkeiten zur Sicherung von Daten und EDV-Anlagen ein allgemeines Modell zu entwickeln, in das sich die Taten der Angreifer, die verwundbaren Stellen der Systeme und die moeglichen und sinnvollen Schutzmassnahmen ohne allzugrosse Muehe einordnen lassen. Ziel des naechsten Kapitels ist es, ein derartiges Modell darzustellen.

1.4 Zusammenfassung

Die Betrachtungen dieses Kapitels hatten das Ziel, in die Problematik der Datensicherheit einzufuehren und die wichtigsten Begriffe dieses Gebietes der Informationsverarbeitung zu beleuchten. Dabei wurde "Datensicherheit" als eine Zusammenfassung aller **technischen** Aspekte des Schutzes von Informationen definiert, waehrend sich der bekanntere Begriff des Datenschutzes hauptsaechlich mit der juristischen Behandlung dieses Fragenkomplexes befasst.

Der durch Datensicherheit zu erreichende Schutz von Informationen bezieht sich dabei auf die Verhuetung oder zumindest die nachtraegliche Entdeckung von illegalen Zugriffen, von Verfaelschung und von Zerstoerung beliebiger schuetzenswerter Daten. Gegenueber dem Schutz physischer Objekte ergibt sich hier die zusaetzliche Komplikation, dass Informationen auch durch Kopieren gestohlen werden koennen und dass sich der Wert dieser Informationen allein dadurch fuer ihren rechtmaessigen Eigentuemer aendern kann. Durch die Angabe allgemeiner Prinzipien fuer den Umgang mit Informationen wurde ein begrifflicher Rahmen gegeben, innerhalb dessen der Schutz durch Massnahmen zur Erhaltung oder Steigerung der Datensicherheit zu wirken hat.

Eine Betrachtung von Statistiken tatsaechlicher Faelle von Datenmissbrauch erlaubte eine grobe Klassifizierung der Motive und Vorgehensweisen der Taeter, also der Personen, die die Sicherheit schuetzenswerter Daten durch einen Akt der Computer-Kriminalitaet verletzen. Dabei zeigt sich als generelles Muster, dass die Haeufigkeit bestimmter Vorgehensweisen umso hoeher ist, je geringere System-Kenntnisse sie voraussetzen, waehrend andererseits komplexere Taten im allgemeinen weniger leicht zu entdecken sind. Aus diesem generellen Schema laesst sich ableiten, dass es bei der Planung von Datensicherheits-Massnahmen nicht zuletzt darauf ankommt, die Risiken, denen die betreffenden Daten bzw. ihre Verarbeitung ausgesetzt sind, zu analysieren, um in der gegebenen Situation mit vertretbaren Kosten einen moeglichst hohen Schutz zu erreichen.

2 Ein Sicherheits-Modell

2.1 Begriffe

2.1.1 Eine Taxonomie

Der Begriffskomplex "Sicherheit" laesst sich durch Einfuehrung einer Taxonomie in dreidimensionaler Form ordnen. Diese drei Dimensionen sind die folgenden:

- Alle Formen der Datenverarbeitung stellen Werte dar, die durch geeignete Angriffe oder auch durch innere Fehler oder Maengel zerstoert oder gemindert werden koennen. Die Stellen, an denen eine solche Zerstoerung angreifen kann, werden als "Verwundbarkeit" bezeichnet. Die Verwundbarkeit laesst sich wieder in verschiedene Klassen einteilen, entsprechend der Form der zerstoerbaren Werte:

    o intellektuelles Eigentum (Daten/Programme)
    o physisches Eigentum (Rechner, Datentraeger, Dokumentation)
    o Datenverarbeitungsleistung (die Leistungen der Hardware zusammen mit der darauf installierten Software)

- Die Zerstoerung der Werte selbst erfolgt durch innere und/oder aeussere Einwirkung auf diese Werte. Man bezeichnet diese Einwirkungen als "Bedrohungen" der Werte und kann auch hier verschiedene Klassen unterscheiden:

    o Veraenderung (so dass ein Objekt seine Aufgabe nicht oder falsch erfuellt oder unzulaessige Leistungen erbringt)
    o Zerstoerung (so dass ein Objekt keinerlei Funktion mehr wahrnehmen kann; hierzu zaehlt auch die Blockierung der Datenverarbeitungsleistung)
    o Weitergabe (so dass ein Objekt nicht berechtigten Personen verfuegbar wird; hierzu zaehlt auch Diebstahl)

- Zur Abwendung der moeglichen Zerstoerung von Werten kann eine Reihe von "Gegenmassnahmen" getroffen werden. Diese lassen sich wieder in verschiedene Gruppen einteilen, je nach dem Gebiet, auf dem sie wirksam werden:

    o Hardware
    o Software (Betriebssystem/Informationssystem/Anwendungsprogramm)

o Organisation (unterteilt in die Datenverarbeitung selbst und ihr Umfeld)

Wird eine Bedrohung gegen eine Verwundbarkeit wirksam oder kann sie dort wirksam werden, so spricht man von einer "Gefaehrdung". Eine Gefaehrdung stellt somit eine Kombination von zwei Elementen der beiden ersten der beschriebenen Dimensionen dar, nicht jedoch eine eigene Dimension.

Zur Beschreibung der Wirksamkeit von Schutzmassnahmen ist daher anzugeben, durch welche Massnahmen welche Verwundbarkeiten gegen welche Bedrohungen geschuetzt werden koennen. Diese Angabe kann in Form einer dreidimensionalen Verwundbarkeits-/Bedrohungs-/Massnahmen-Matrix (auch kurz "Sicherheits-Matrix" genannt) geschehen.

2.1.2 Klassen von Bedrohungen

2.1.2.1 Grundlagen der Klassifizierung - Die Bedrohungen, die sich gegen die Sicherheit eines Datenverarbeitungssystems richten, lassen sich zunaechst in abstrakter Weise einmal in unerlaubte Benutzung des Systems sowie in unerlaubte Veraenderung (einschliesslich Zerstoerung) des Systems einteilen. Als Grundlage fuer die Auswahl von Schutzmassnahmen ist eine solche Klassifikation jedoch zu grob und zu fern von der Praxis.

Ein praktischerer Ansatz unterscheidet zunaechst einmal zwischen unerlaubtem Zugang zum System einerseits und unerlaubter Ausfuehrung von Operationen nach Erreichen des Zugangs andererseits, wobei hier nicht zwischen Benutzung und Veraenderung des Systems bzw. seiner Datenbestaende unterschieden wird. Bedrohungen der ersten Art konzentrieren sich auf die Zugangswege des Benutzers zum System, waehrend Bedrohungen der zweiten Art eher Kompetenz-Ueberschreitungen berechtigter Benutzer beschreiben.

Wegen ihres Gewichtes und der anderen Qualitaet von Gefahren, die von ihr ausgehen, ist es sinnvoll, noch eine dritte Art von Bedrohungen separat zu betrachten. Diese Form der Bedrohungen, die hier als "Technologische Attacke" bezeichnet werden soll, fasst alle die Gefaehrdungen der Sicherheit zusammen, die von einem "Insider" ausgehen, der seine Kenntnisse ueber das System zur Umgehung oder Lahmlegung der Schutzmassnahmen bis hin zur voelligen Zerstoerung des Systems ausnuetzt.

Die folgenden Abschnitte beschreiben diese drei Klassen von Bedrohungen eingehender.

2.1.2.2 Zugang zum System - Im Falle abgeschlossener, lokaler Datenverarbeitungssysteme beinhaltet der Zugang zum System den physischen Zugang zu Sicherheitsbereichen. In jedem Fall wird mit physischem Zugang zur Rechner-Hardware (insbesondere Zentraleinheit und Systemplatten), ein gewisser Zugang auch zu den von dieser Hardware verarbeiteten Daten gegeben. Hieraus folgt, dass dieser physische Zugang in jedem Falle geschuetzt werden muss, wenn ein System ueberhaupt den Anspruch auf Sicherheit erheben will.

Das Problem des Zugangs verschaerft sich erheblich, wenn Fernzugriff auf die Leistungen des Systems moeglich ist, da in diesem Fall entweder alle Fernzugriffsstationen (z.B. Terminals) und die Leitungen zu ihnen gegen physischen Zugang geschuetzt werden muessen - was nur in wenigen Faellen ueberhaupt durchfuehrbar ist - oder geeignete Zugangskontrollen innerhalb des Systems selbst realisiert werden muessen. Diese Kontrollen muessen sicherstellen, dass keine unbefugte Benutzung der legalen Zugaenge zum System moeglich ist.

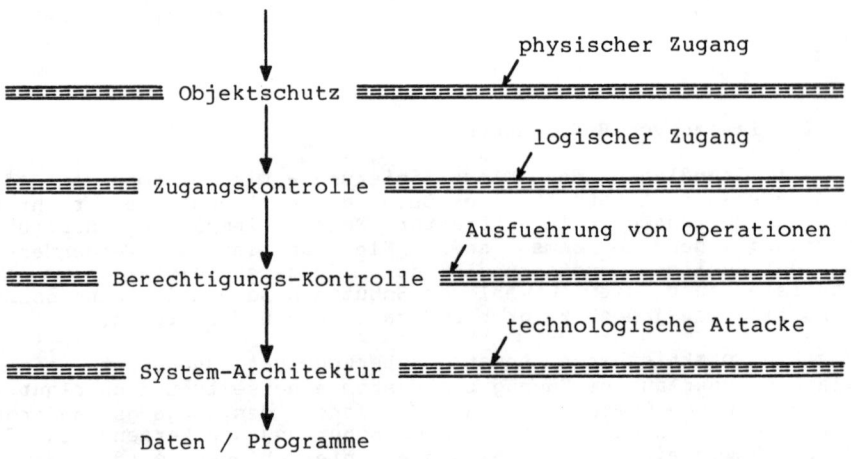

Fig. 2-1 Ebenen des Schutzes

Speziell wenn Waehlanschluesse vorhanden sind, stellt sich das Problem, dass vom System normalerweise nicht mehr feststellbar ist, wo sich das zugreifende Terminal befindet. Die Terminals verlieren in diesem Fall fuer das System ihre Identitaet, so dass sich die Zugangskontrolle auf den Terminal-Benutzer beziehen muss, damit dieser nicht - etwa unter Vorspiegelung einer falschen Identitaet - legale Zugriffswege unbefugt benutzen kann.

Eine besondere Form der Bedrohung geht hierbei von passiver Zugangsverletzung - etwa durch Abhoeren einer Telephonleitung - und von illegaler Manipulation existierender Zugangswege - zum Beispiel durch Benutzen von Ruhepausen auf legal zugreifenden Leitungen - aus. Bedrohungen dieser Art richten sich im wesentlichen gegen die Kommunikationsfaehigkeit eines Informationssystems und sind entsprechend durch Massnahmen in den Kommnunikations-Komponenten des Systems zu schuetzen.

Das gemeinsame Element aller dieser Bedrohungen ist dabei, dass sie an den Zugaengen zum System angreifen und zur Benutzung des Systems durch dazu nicht berechtigte Personen fuehren koennen.

2.1.2.3 Berechtigung zur Systembenutzung - Eine zweite Klasse von
Bedrohungen wird durch die Moeglichkeit der Kompetenz-Ueber-
schreitung von Personen gegeben, die bestimmte Rechte zur
Benutzung des Systems haben. Man kann zunaechst einmal zwei
Formen unberechtigter Benutzung von Systemleistungen unter-
scheiden, naemlich:

- der unerlaubte Zugriff auf im System gespeicherte Daten, wozu
  auch deren Abspeicherung, Veraenderung und Loeschen gehoert,
  und

- die unerlaubte Benutzung von Systemleistungen, sei es durch
  unberechtigte Ausfuehrung irgendwelcher Funktionen, sei es
  durch unzulaessigen Verbrauch an Betriebsmitteln.

Wegen der moeglichen Nebenwirkungen, die die Manipulation von
Benutzerrechten hat - hierdurch koennen insbesondere neue Bedrohungen entstehen -, ist es ratsam, die unberechtigte Benutzung von
Systemverwalter-Funktionen als eine eigene Gruppe von Bedrohungen
zu betrachten, obwohl es sich hierbei, technisch gesehen, nur um
Kompetenz-Ueberschreitungen in solchen Formen handelt, die schon
oben aufgefuehrt wurden.

Bedrohungen dieser Klasse sind dadurch zu kennzeichnen, dass
sie sich auf die Berechtigungen zur Benutzung des Systems beziehen
und zum Verlust der Kontrolle ueber die Aktivitaeten der System-
benutzer fuehren koennen.

2.1.2.4 Technologische Attacke - Die letzte der hier zu betrach-
tenden Klassen von Bedrohungen ergibt sich durch die Moeglichkeit,
dass Kenntnisse ueber den Aufbau und die Funktionsweise des
Systems dazu benutzt werden, die eingebauten Schutzmassnahmen zu
umgehen oder lahmzulegen, um sich auf diese Art unbefugt Zugang
zum System zu verschaffen oder unberechtigt Kompetenzen anzueignen. Ein solcher "technologischer Angriff" auf das System hat
zwar im Prinzip keine anderen Ziele als die, die auch hinter den
anderen Klassen von Bedrohungen stehen, doch ist der Angriffspunkt
ein anderer, und auch die Waffen des Angreifers sind andere - und
im allgemeinen gefaehrlichere.

Hat ein solcher Angriff Erfolg, so bestehen fuer den
Angreifer Moeglichkeiten, die von unerlaubtem Datenzugriff ueber
die Veraenderung von Systemeigenschaften bis hin zur voelligen
Verhinderung des Systembetriebs oder zur totalen Zerstoerung des
Systems reichen. Das Gefaehrliche solcher Bedrohungen ist dabei,
dass sie unter Umstaenden zu einem voelligen Zusammenbruch
jeglichen Schutzes fuehren koennen, wobei eine solche "Penetration" sogar so geschehen kann, dass sie fuer die Benutzer des
Systems lange Zeit unbemerkt bleiben kann.

Die Abwehr technologischer Angriffe wird dadurch zu einem
schwierigen Unterfangen, dass ein solcher Angriff nicht an einer
bestimmten Stelle des Systems - etwa einem Zugangskontroll-
Mechanismus - ansetzt, sondern jeden einzelnen Teil des Systems
als Angriffspunkt waehlen kann. Andererseits verdient ein System,
das keinen Schutz gegen Bedrohungen dieser Art bietet, nicht den

Namen "sicher", da ein Versuch eines solchen Angriffs nie ausgeschlossen werden kann, wenn nur die im System enthaltenen Daten
die Muehe lohnen.

2.1.3 Verwundbarkeiten

Man kann die Verwundbarkeitsstellen eines Datenverarbeitungssystems in aehnlicher Weise wie die Bedrohungen klassifizieren,
wobei zwischen beiden Klassifikationen gewisse Entsprechungen
bestehen.

2.1.3.1 Zugang zum System – Damit eine Bedrohung eines Systems
wirksam werden kann, muss die Person, von der diese Bedrohung
ausgeht, in irgendeiner Weise Zugang zu diesem System haben bzw.
sich verschaffen koennen. Dabei muss man zwei Ebenen des Zugangs
unterscheiden:

- <u>Physikalischer</u> Zugang besteht dann, wenn Moeglichkeiten zur
  Manipulation der dem System zugrundeliegenden Hardware wie
  zum Beispiel Terminal-Leitungen oder Datentraeger bestehen.

- <u>Logischer</u> Zugang besteht dagegen immer dann, wenn ueberhaupt
  mit dem System gearbeitet werden kann, wenn also das System
  einen potentiellen Benutzer als befugt akzeptiert.

Die wichtigsten Verwundbarkeitsstellen des System-Zugangs
sind also die physikalischen Bestandteile des Systems selbst sowie
das Verfahren zur Identifikation befugter Benutzer.

2.1.3.2 Berechtigung zur Systembenutzung – Den Bedrohungen, die
sich auf Kompetenz-Ueberschreitung von Benutzern beziehen, stehen
moegliche Verwundbarkeiten in der Kontrolle der Benutzer-Aktivi-
taeten gegenueber. Bedrohungen dieser Art koennen wirksam werden,
wenn es einem Benutzer moeglich ist, die ihm zugeteilten Rechte
der Systembenutzung in irgendeiner Weise zu ueberschreiten oder
sogar Operationen auszufuehren, fuer die er keine Berechtigung
besitzt. Dies wird insbesondere dann fuer die Sicherheit des
Systembetriebs gefaehrlich, wenn es Moeglichkeiten zur Umgehung
oder Ausserbetriebsetzung der Berechtigungspruefungen oder zur
unkontrollierten Manipulation der Rechte selbst gibt.

2.1.3.3 Modifikation des Systems – Da Datenverarbeitungssysteme
im allgemeinen keine einmal als statische Gebilde erzeugten und
dann nie mehr veraenderten Systeme sind, sondern dauernd an neue
Anforderungen und/oder von ihnen selbst verwendete Hilfsmittel
angepasst werden muessen, sind Moeglichkeiten zur Modifikation des
Systems vorhanden bzw. vorzusehen. Eben diese Moeglichkeiten
stellen jedoch eine relativ gefaehrliche Verwundbarkeitsstelle
dar, da jede Modifikation eines Systems Fehler, insbesondere auch
"Loecher" in den Schutzmassnahmen, einfuehren kann. Speziell sind

die Moeglichkeiten zur Veraenderung des Systems einer der Haupt-
angriffspunkte fuer eine technologische Attacke, und sie sind
daher in Bezug auf Bedrohungen dieser Art besonders gefaehrdet.

2.1.3.4 Zerstoerung des Systems - Schliesslich stellt die
Existenz des Systems selbst eine Verwundbarkeit dar, da es Ziel
eines Angreifers sein kann, eben diese Existenz zu vernichten.
Dies kann im Prinzip auf zwei Arten geschehen, naemlich durch
Zerstoerung der Hardware einschliesslich der Datentraeger, die die
Systemsoftware und/oder die im System gespeicherten Daten enthalten, oder durch Zerstoerung der Systemsoftware bzw. des Datenbestandes. Zerstoerungen der zweiten Art koennen subtiler sein,
indem etwa die betreffenden Daten bzw. Programme nicht geloescht,
sondern durch geschickte Einfuehrung von Fehlern unbrauchbar oder
auch nur unzuverlaessig gemacht werden. Diese Verwundbarkeitsstelle des Systems ist wieder besonders durch die technologische
Attacke gefaehrdet.

2.1.4 Gegenmassnahmen

Die in einem Datenverarbeitungssystem vorzusehenden Schutzmassnahmen werden in den folgenden Abschnitten in Bezug auf die
hier durchgefuehrte Klassifikation der Bedrohungen und der moeglichen Verwundbarkeiten des Systems diskutiert.

2.1.4.1 Objektschutz - Wie schon im Abschnitt 2.1.2.2 erlaeutert,
ist eine der Voraussetzungen, die an ein sicheres System gestellt
werden muessen, dass die System-Hardware und die Datentraeger, auf
denen die System-Software ruht, gegen physischen Zugriff unbe-
fugter Personen geschuetzt werden muessen, da es sonst unmoeglich
ist, die kontinuierliche Einhaltung der System-Spezifikationen und
damit die dauernde Wirksamkeit der Schutzmassnahmen zu garantieren.

Dies bedeutet, dass zum Betrieb eines Datenverarbeitungssystems die Realisierung eines gewissen Objektschutzes notwendig
ist. Ein solcher Objektschutz ist zwar selbst kein Bestandteil
der rechnerbezogenen Systemkomponenten, doch ist er zu deren
Betrieb eine notwendige Voraussetzung, und seine Leistungen und
insbesondere deren Einschraenkungen muessen mit beruecksichtigt
werden.

Die Anforderungen, die an diesen Objektschutz gestellt
werden, umfassen organisatorische Massnahmen und physikalischen
Systemaufbau, die zusammen gewaehrleisten muessen, dass keine
unerlaubte und keine unkontrollierte Manipulation der Rechner-
Hardware, der Datentraeger mit der System-Software, des Datenbestandes und eventuell vorhandener Verschluesselungseinrichtungen
moeglich sind. Es muss sichergestellt sein, dass das System
selbst nicht in unerlaubter Weise physikalisch veraendert werden
kann, weil es durch eine solche Veraenderung seine Identitaet und
damit moeglicherweise seine Schutzeigenschaften verlieren kann.
Speziell ist zu verhindern, dass der Datentraeger, der die

laufende Systemversion enthaelt, unerlaubt ausgetauscht werden kann. Ebenso darf es nicht moeglich sein, den Datenbestand des Systems physikalisch auszutauschen, ohne dass dies explizit erlaubt ist.

Zum Objektschutz gehoeren jedoch keine Massnahmen, die von der Hardware und/oder System-Software realisiert werden, wie etwa logische Zugangskontrolle oder Ueberpruefung der Benutzerrechte. Massnahmen dieser Art gehoeren zum System selbst und sind daher keine Voraussetzungen zu seinem Betrieb.

2.1.4.2 Zugangskontrolle - Die Gefaehrdungen des System-Zugangs muessen durch geeignete Massnahmen zum Schutz des Zugangs im System selbst ausgeschlossen werden. Um eine hinreichende Allgemeinheit des hier dargestellten Schutz-Modells zu erreichen, ist dabei vom Vorhandensein von Fernzugriffsmoeglichkeiten auszugehen, was eine Zugangskontrolle auf logischer Ebene erfordert.

Die Sicherheit der Zugangswege zum System wird dabei an dieser Stelle aus den Betrachtungen ausgeklammert; die erforderliche Sicherheit kann durch entsprechende Hardware-Einrichtungen zur Verschluesselung des Datentransportes auf den Leitungen erreicht werden, was jedoch zur Zeit noch bestimmte Hoechstgrenzen fuer die Kapazitaet dieser Leitungen bedingt und insbesondere Hochgeschwindigkeitsleitungen ausschliesst.

Die Aufgabe des hier zu realisierenden Zugangsschutzes laesst sich daher durch eine sehr einfache Aussage charakterisieren: Es muss sichergestellt werden, dass genau die Personen Zugang erhalten, die die Berechtigung dazu haben, und dass die Identitaet dieser Personen dem System zweifelsfrei bekannt ist. Dies bedeutet, dass das Verfahren zur Zugangskontrolle zwangsweise die Identitaet der Benutzer bestimmen ("Identifikation") und durch ein geeignetes Verifikationsverfahren ("Authentikation") die Korrektheit der angegebenen Identitaet sicherstellen muss.

2.1.4.3 Benutzerrechte - Die Kontrolle der Aktivitaeten der Systembenutzer ist durch die Vergabe geeigneter "Benutzerrechte" (oder auch Berechtigungen) und die Abpruefung ihrer Einhaltung zu realisieren. Diese Benutzerrechte haben insbesondere alle Zugriffe auf im System vorhandene Informationen auf der Basis von "Zugriffsprofilen" fuer einzelne Benutzer zu regeln. Weiterhin ist festzulegen, welche Operationen bzw. Typen von Operationen den einzelnen Systembenutzern zugestanden werden. Zur Erhoehung der Zuverlaessigkeit des Betriebs und zur Verhinderung von Angriffen mit dem expliziten Ziel der Blockierung des Systems ist es ausserdem erforderlich, die von den einzelnen Benutzern durch ihre Operationen erzeugte Systembelastung durch die Vergabe von Verbrauchsrechten kontrollierbar zu halten; nur so kann eine Ueberlastung und damit eine Benachteiligung anderer Benutzer oder sogar ein daraus resultierender Systemzusammenbruch zuverlaessig vermieden werden.

2.1.4.4 Einfluss der System-Architektur – Die bis jetzt besprochenen Schutzmassnahmen gewaehrleisten einen sicheren Betrieb, solange sie selbst und der Aufbau des Systems nicht in Frage gestellt sind. Eine technologische Attacke kann jedoch genau hier angreifen, so dass gegen Bedrohungen dieser Klasse zusaetzlich noch eigene Schutzmassnahmen in den Systemaufbau zu integrieren sind. Ziel solcher Schutzmassnahmen muss es sein, die Schwierigkeit eines technologischen Angriffs moeglichst zu erhoehen und gleichzeitig moegliche Auswirkungen eines solchen Angriffs in ihrem Umfang zu begrenzen. Dies bedeutet insbesondere, dass der Aufbau des Systems und die Wirksamkeit der Schutzmassnahmen unempfindlich gegen interne Systemfehler sein muessen, da solche Fehler nicht auszuschliessen sind bzw. sogar bei einer technologischen Attacke als Angriffspunkte explizit in das System eingebracht werden koennen.

Die Struktur des Systems muss erzwingen, dass die an die einzelnen Benutzer vergebenen Berechtigungen von diesen auch tatsaechlich eingehalten werden und dass keine Moeglichkeiten zur Umgehung der Zugangskontrolle bestehen. Insbesondere muss die System-Architektur den Einbau von "Falltueren", also einzelnen Benutzern bekannten und zur Unterwanderung der Sicherheit nutzbaren Schwachstellen, in die Verfahren zur Kontrolle des Zugangs und der Benutzerrechte moeglichst zuverlaessig verhindern. Dies verlangt auch, dass das System in der Lage sein muss, sich selbst, etwa durch die Verwendung eines abgestuften Schutzes und durch zeitweise Ueberpruefung der eigenen Korrektheit und Konsistenz, vor Manipulationen durch Benutzer zu schuetzen. Gleichzeitig muessen moegliche Wechselwirkungen zwischen verschiedenen Benutzern und die Moeglichkeit unkontrollierter wechselseitiger Beeinflussungen der Benutzer durch eine strikte Trennung der einzelnen Benutzer gegeneinander weitgehend ausgeschlossen werden.

Schutzmassnahmen dieser Art sind nur sehr schwer zu realisieren, und es ist auch nicht zu erwarten, dass sie einen voelligen Schutz gegen jede Art von technologischer Attacke bieten. Ihr Vorhandensein ist jedoch zur Erzielung einer hinreichenden Sicherheit unabdingbar, so dass der Architektur des Gesamtsystems unter Einbeziehung aller beteiligten Komponenten, also auch der zugrundegelegten Hardware und Betriebssystem-Software, besondere Beachtung geschenkt werden muss.

2.2 Schutz-Ebenen

2.2.1 Die organisatorische Ebene

Die in einem Datenverarbeitungssystem realisierten Schutzmassnahmen koennen nur dann zur Erzielung eines sicheren Betriebes wirksam werden, wenn dieser Betrieb in ein geeignetes organisatorisches Umfeld eingebettet ist. Dieses Umfeld muss zumindest die physische Unversehrbarkeit des Systems und damit die Wahrung seiner Identitaet sicherstellen, da sonst die Existenz keiner einzigen der in das System eingebauten Massnahmen zuverlaessig garantiert werden kann. Hinzu kommen die allgemeinen Aspekte des Objektschutzes, die unter anderem auch Massnahmen gegen absichtliche oder unabsichtliche Zerstoerung des Systems und seiner Datenbestaende enthalten muessen.

Eine genauere Untersuchung der organisatorischen und physischen Schutzaspekte erfolgt in den naechsten beiden Kapiteln.

2.2.2 Externe Schutzmassnahmen

Die Schutzmassnahmen innerhalb des Datenverarbeitungssystems
lassen sich in zwei grosse Gruppen einteilen:

- die externen Massnahmen, die im wesentlichen die Kontrolle
  darueber ermoeglichen, **wer was** mit dem System tun darf, und

- die internen Massnahmen, die die Wirksamkeit der externen
  Massnahmen garantieren und Schutz gegen technologische
  Angriffe bieten.

Die hier zunaechst betrachteten externen Massnahmen haben
also das Ziel der Realisierung einer sicheren Benutzerschnittstelle. Sie muessen dazu gegen die beiden ersten Klassen von
Bedrohungen wirksam werden, also eine sichere Kontrolle des
Zugangs zum System und der Aktivitaeten der Benutzer des Systems
ermoeglichen.

Die Aufgabe der Zugangskontrolle besteht in diesem Zusammen-
hang darin, eine sichere "Identifikation" der potentiellen
Benutzer zu ermoeglichen, wobei durch eine geeignete Verifikation
der Identifizierung durch ein "Authentikationsverfahren" deren
Korrektheit ueberprueft werden muss. Ist so die Identitaet eines
Benutzers sicher erkannt, so ist diesem Benutzer durch eine
"Autorisierung" ein Berechtigungsprofil zuzuweisen, das die ihm
erlaubten Zugriffsrechte und Operationen fuer die anschliessende
Berechtigungskontrolle festlegt.

Die Aktivitaeten der Benutzer des Systems lassen sich in
einer recht fein abgestuften Weise steuern, wenn man verschiedene
Aspekte dieser Taetigkeiten separaten Kontrollen unterwirft:

- Der "Funktionsumfang" der Benutzerumgebung laesst sich durch
  geeignete Auswahl bzw. Modifikation der ihm gebotenen
  Moeglichkeiten der Eingabesprache bestimmen.

- Durch die Vergabe sogenannter "Privilegien", d.h. formaler
  Rechte zur Ausfuehrung bestimmter Taetigkeiten, laesst sich
  eine weitere Kontrolle der erlaubten Funktionen auf einer
  niedrigeren logischen Ebene realisieren.

- Die Menge der einem Benutzer bekannten Objekte sowie die ihm
  gebotenen Moeglichkeiten zur Beeinflussung dieser Objekte
  kann durch die Vergabe von "Zugriffsrechten" festgelegt
  werden.

- Schliesslich ist durch "Verbrauchsrechte" der Einfluss, den
  der Benutzer ueber Verbrauch von Betriebsmitteln auf das
  Verhalten des Gesamtsystems ausuebt, in Grenzen zu halten.

Die hier angegebenen Formen von Berechtigungen sind keineswegs als
die einzige Moeglichkeit zur Realisierung einer zuverlaessigen

Berechtigungskontrolle zu verstehen; sie sind jedoch eine
Moeglichkeit, dieses Ziel zu erreichen.

2.2.3 Interne Schutzmassnahmen

Die internen Massnahmen haben demgegenueber die Aufgabe, die
Konsistenz des Systems gegen seine Benutzer zu schuetzen; ihr
Aufbau und ihre Wirkung sind in hohem Masse von der zugrundegelegten Hardware und Betriebssystem-Software abhaengig. Es
lassen sich jedoch einige allgemeine Anforderungen an diese Ebene
des Schutzes festhalten:

Das System muss in der Lage sein, seine eigenen internen
Datenstrukturen vor Zugriffen durch die Benutzer zu schuetzen;
hierzu gehoert insbesondere auch der Datenbestand der Zugangs- und
Berechtigungskontrolle. In gleicher Weise muss der Aufruf von
Funktionen geschuetzt werden, speziell solcher Funktionen, die nur
zur internen Verwendung im System vorgesehen sind und dem Benutzer
verborgen bleiben muessen.

Um einen unkontrollierten Datentransfer von einem Benutzer zu
einem anderen unter Umgehung der Zugriffsrechte zu verhindern,
muss die Architektur des Systems eine sichere Trennung zwischen
den einzelnen Benutzern erzwingen. Es muss insbesondere sichergestellt sein, dass keine Daten, die ein Benutzer gerade bearbeitet, unter Umgehung der Zugriffsrechte an einen anderen
Benutzer weitergegeben werden koennen.

Eine solche strikte Trennung der Benutzer gibt dem Problem
der Koordination paralleler Zugriffe auf denselben Datenbestand
eine neue Dimension, da die Mechanismen zur Synchronisation dieses
Parallelzugriffes so aufgebaut werden muessen, dass sie auch bei
dieser strikten Trennung noch funktionieren und gleichzeitig keine
Moeglichkeit der Nachrichtenuebermittlung zwischen zwei Benutzern
bieten. (Dabei wird eine Nachrichtenuebermittlung ueber sogenannte "Timing Channels" an dieser Stelle jedoch aus den
Betrachtungen ausgeklammert.)

Schliesslich stellt sich auf dieser Ebene das Problem der
Verwaltung der Zugriffsrechte. Diese Verwaltung muss so geschehen, dass sie einerseits die Realisierung sehr fein abgestufter
Rechte erlaubt, andererseits aber dadurch nicht so umfangreich
wird, dass ihre Handlichkeit und Effektivitaet verloren geht. Im
allgemeinen laesst sich eine solche Verwaltung unter Verwendung
einer Hierarchie von Rechten realisieren.

2.2.4 Schutz gegen Gefaehrdungen

Durch die Realisierung der verschiedenen Ebenen des Schutzes
durch einen Katalog von abgestuften, aufeinander abgestimmten
Schutzmassnahmen laesst sich eine Systemstruktur erreichen, die
moeglichen Bedrohungen einen Widerstand entgegensetzt, der mit der
Gefaehrlichkeit dieser Bedrohungen waechst.

Die Identitaet des Systems und damit die primaere Wirksamkeit
der vorhandenen Schutzmassnahmen ist durch einen ausreichenden
Objektschutz zu gewaehrleisten. Dies hat zur Folge, dass alle
Zugaenge zum System notgedrungen die Zugangskontrolle passieren
muessen und damit auf ihre Befugnis ueberprueft werden koennen.

Wenn ein Benutzer Zugang zum System erlangt hat, so ist daher
sichergestellt, dass er einer dem System bekannten Identitaet
entspricht, also ueber ein bestimmtes Berechtigungsprofil
verfuegt. Die von ihm durchgefuehrten Aktivitaeten koennen also
durch die Berechtigungskontrolle mit diesem Profil verglichen
werden, so dass alle Operationen und Zugriffe auf Daten, zu denen
er nicht autorisiert ist, zurueckgewiesen werden koennen.

Damit bleiben fuer eine technologische Attacke nur noch zwei
Angriffswege:

- Versuche, illegale Operationen unter den Restriktionen eines
  gueltigen Berechtigungsprofils durchzufuehren, sind bei einem
  sinnvollen Aufbau dieser Profile in ihrer Wirksamkeit und den
  Moeglichkeiten ihrer Auswirkungen sehr eingeschraenkt oder
  sogar ausgeschlossen.

- Damit muss ein technologischer Angriff groesseren Umfangs
  versuchen, bestehende Luecken in den Schutz-Mechanismen und
  Fehler im Systemaufbau auszunutzen. Die Schwierigkeit eines
  solchen Vorgehens wird jedoch durch eine geeignete System-
  Architektur erheblich erhoeht, und gleichzeitig lassen sich
  moegliche Auswirkungen begrenzen, solange eine Manipulation
  der Berechtigungsprofile verhindert werden kann.

Mit dem hier dargestellten Schutz-Modell ist es moeglich, in
abstrakter Form die fuer das Feld der Datensicherheit relevanten
Begriffe zu ordnen. Insbesondere lassen sich hiermit die
Gefahren, denen man durch Methoden der Datensicherheit begegnen
will, und diese Methoden selbst zueinander in Beziehung setzen,
ohne dass man sich an dieser Stelle schon auf eine bestimmte
Anwendung, ein bestimmtes Schutzverfahren oder ein bestimmtes
Datenverarbeitungssystem festlegen muesste.

2.3 Ziele des Schutzes

2.3.1 Zu schuetzende Informationen

Vor einem Uebergang auf die naechste Detaillierungsstufe ist
es noch zweckmaessig zu betrachten, welche Informationen ueberhaupt geschuetzt werden sollen. Diese Betrachtung sollte einerseits unabhaengig von den durch die Datenschutzgesetzgebung
gemachten Vorgaben erfolgen, aber andererseits diese Vorgaben als
allgemeine Randbedingungen beruecksichtigen.

Waehrend diese Betrachtung fuer militaerische Systeme
aufgrund fester externer Klassifizierungen (siehe Abschnitt 7.5)
relativ unproblematisch ist, kann es in zivilen Umgebungen ziemlich kompliziert werden, Schutzkriterien fuer bestimmte Informationen festzulegen und die Informationen, die einer solchen

Klassifizierung genuegen, eindeutig zu identifizieren [45]. Noch schwieriger ist es, die von der zu bearbeitenden Information sicherheitstechnisch abhaengige Sekundaer-Information, wie etwa die verarbeitenden Programme, in diese Betrachtungen mit aufzunehmen.

In einer kommerziellen Umgebung koennte man z.B. unter "schuetzenswerte Information" alle die Information verstehen, die

im eigenen Betrieb gebraucht wird und nicht als oeffentlich einzustufen ist, die die Produkte, Dienstleistungen, Strategien, Techniken, Verfahren oder Personen dieses Betriebs betrifft, und die, wenn sie in den Besitz eines Konkurrenten oder potentiellen Konkurrenten kaeme, die eigene Wettbewerbsposition oder den eigenen Profit negativ und die des Konkurrenten positiv beeinflussen koennte [9].

Diese Definition deckt sich nur in gewissem, ziemlich geringem Umfang mit dem der personenbezogenen Information; beruecksichtigt man jedoch, dass durch die Datenschutzgesetzgebung personenbezogene Informationen einen Schutz geniessen, der zu Nachteilen fuer denjenigen fuehrt, ueber den ein Missbrauch dieser Informationen offenkundig wird, so ist die hier gegebene Definition (zumindest in der Theorie) allgemeiner als die der Datenschutzgesetze. In einem weiteren Sinn fallen unter die hier gegebene Definition auch die oben genannten Sekundaer-Informationen, da auch ein Zugriff auf Programme letztlich den Zugriff auf die damit verarbeiteten Informationen gestattet.

Betrachten wir in einer kommerziellen Umgebung diejenige Information, die nach der obigen Definition als schuetzenswert zu betrachten ist, dabei jedoch nicht unter den Begriff der personenbezogenen Information faellt, so gehoeren dazu im wesentlichen drei Kategorien:

- Patente
- Geschaeftsgeheimnisse
- kommerzielle Information

Waehrend die Bedeutung der beiden ersten dieser Kategorien relativ klar ersichtlich ist, lohnt es sich, ueber die dritte Kategorie einige Betrachtungen anzustellen.

Kommerzielle Information ist potentiell fuer die Konkurrenz von besonderer Bedeutung; sie ist daher auch eines der Hauptziele der Industriespionage. Diese Spionage versucht im wesentlichen die Antworten auf fuenf Fragen zu finden [9]:

- Plaene: **Was** macht die Konkurrenz?

- Ertragslage: **Wie gut** steht die Konkurrenz geschaeftlich da?

- Kosten: **Wie billig** kann die Konkurrenz arbeiten?

- Probleme: **Was funktioniert** bei der Konkurrenz **nicht** recht?

- <u>Personal:</u> **Wer** macht **was** bei der Konkurrenz?

Fasst man dies zusammen, so stellt man drei Ziele der Industriespionage fest:

- Personen

- direkt verwertbare Informationen

- Informationen ueber den relativen Stand der/zur Konkurrenz

Diese Betrachtungen zeigen, dass nicht nur personenbezogene
Daten schutzwuerdig sind; in vielen Faellen kann das Ueberleben
eines Unternehmens davon abhaengen, was mit Daten geschieht, die
nicht unter die Datenschutzgesetzgebung fallen. Da hier jedoch
oft die Rechtslage bei einem Delikt noch viel unklarer als bei
einem Verstoss gegen Datenschutzgesetze ist - so dass es entsprechend schwierig ist, einen einmal eingetretenen Schaden
ersetzt zu bekommen -, muss auch der Sicherheit solcher Daten
Beachtung geschenkt werden.

2.3.2 Gefahren

Um zu sehen, an welchen Stellen wirksame Schutzmassnahmen
ansetzen muessen, ist es erforderlich, die Methoden zu betrachten,
mit denen potentielle Gegner an die zu schuetzende Information
herankommen koennen. Dabei stellt sich heraus, dass es hier
ausser einem Angriff auf die EDV-Anlage selbst und die in ihr
gespeicherten Daten noch eine Reihe weiterer Moeglichkeiten gibt,
die zur Erzielung eines wirksamen Schutzes mit in Betracht gezogen
werden muessen:

- Hier ist zunaechst <u>Diebstahl</u> von Geraeten, Datentraegern,
  Listen bis hin zum Diebstahl ganzer Rechner zu nennen. Gibt
  sich der Dieb als Mitglied des Service-Personals aus, so wird
  ihm nicht selten mit unvorstellbarem Vetrauen, d.h. Leicht-
  sinn, begegnet, so dass Diebstahl in Rechenzentren oft gar
  nicht so schwer ist, wie es der Betreiber des Rechenzentrums
  glaubt. (Es wurde sogar schon einmal eine ganze CPU von
  einem angeblichen Wartungstechniker ausgebaut und gestohlen!
  [9])

- Traditionelle Rechenzentren, vor allem solche, bei denen
  Batch-Verarbeitung vorherrscht, erzeugen betraechtliche Mengen an bedrucktem Papier, das nach Gebrauch nicht selten
  achtlos herumliegt oder auf den naechsten Muellplatz wandert.
  Durch <u>Einsichtnahme in</u> diese <u>Abfaelle</u> kann ein Gegner oft
  leicht an wertvolle Informationen gelangen.

- Oft ist es sogar mit voellig <u>legalen Mitteln</u> moeglich, an
  Informationen zu gelangen, die geheim bleiben sollten. Hier
  ist etwa an die Auswertung geeigneter Anfragen an statistische Datenbanken zu denken, wie sie im Abschnitt 7.4
  beschrieben wird.

- Eine weitere Informationsquelle fuer den Gegner kann abge-
wandertes Personal sein, das nicht mehr der Kontrolle seines
ehemaligen Arbeitgebers unterliegt. Insbesondere ehemalige
Angestellte, die nicht im Guten ausgeschieden sind und daher
eventuell einen Groll auf ihren frueheren Arbeitgeber haben,
stellen eine Gefahr in dieser Hinsicht dar.

- Schliesslich bleibt noch die Penetration der EDV-Anlage
selbst als Methode der Spionage, doch wie diese Aufzaehlung
zeigt, ist sie durchaus nicht die einzige Methode.

Nur wenn die verwendeten Schutzmassnahmen auch diese Vorgehensweisen des Gegners abdecken, ist ihnen in Bezug auf die
Sicherheit der zu schuetzenden Daten Erfolg beschieden.

2.3.3 Voraussetzungen fuer die Wirksamkeit des Schutzes

Um Daten wirksam schuetzen zu koennen, muessen eine Reihe von
Bedingungen erfuellt sein, die durchaus nicht alle direkt als
Schutzmassnahmen bezeichnet werden koennen, sondern zum Teil dem
psychisch/sozialen Umfeld der Eigentuemer und der Bearbeiter der
Daten zugerechnet werden muessen. Als wesentlichster Punkt ist
hier zu nennen, dass allen Beteiligten die Wichtigkeit des
Schutzes der Informationen **bewusst** ist, und dass entsprechend
diesem Bewusstsein verfahren wird.

Dazu gehoert vor allem, dass diejenigen, die die Verarbeitung
der Daten leiten, also die Management-Ebene, sich ihrer Verantwortung bewusst sind und zu dieser Verantwortung stehen. Dazu
gehoert, dass sie:

- geeignete Schutzmassnahmen installieren lassen und deren
Wirksamkeit und Anwendung ueberpruefen;

- auf Verletzungen des Datenschutzes in jedem Fall reagieren;

- bereit sind, vor Gericht zu gehen, falls sich dies als
notwendig erweist.

Nur wenn allen Beteiligten klar ist, dass die fuer die Daten
verantwortlichen Personen ihre Verantwortung in dieser Weise ernst
nehmen, ist zu erwarten, dass auch ihre Untergebenen ihren
Verpflichtungen, die sich aus der Forderung der Datensicherheit
ergeben, gewissenhaft nachkommen.

Die Bearbeiter der Informationen selbst muessen dafuer Sorge
tragen, dass die vorgesehenen Schutzmassnahmen korrekt und sinnvoll angewendet werden. Dazu gehoert insbesondere, dass sie sich
ueber die Bedeutung des Schutzes und auch die der Schutzmassnahmen
im Klaren sind; ohne Sinn und Verstand angewandte Massnahmen sind
oft so unkoordiniert, dass sie einem potentiellen Gegner die
erwuenschten Luecken bieten. Da die Durchfuehrung der Schutzmassnahmen im allgemeinen mit zusaetzlicher Arbeit verbunden ist und
sogar Unbequemlichkeiten verursachen kann, ist es erforderlich,
die diesbezuegliche Motivation der Mitarbeiter zu staerken, wozu

nicht zuletzt das Bewusstsein gehoert, dass Verstoesse gegen die Schutzbestimmungen zu Sanktionen fuehren.

Diese Betrachtungen zeigen, dass es darauf ankommt, dass alle Ebenen der Hierarchie eines Betriebs, der mit sensitiven Informationen arbeitet, sich dieser Tatsache bewusst sind und entsprechend ihren jeweiligen Aufgaben geeignete Funktionen zur Sicherung des korrekten Ablaufs der Informationsverarbeitung beitragen. Wird nur eine Ebene mit der Wahrnehmung dieser Aufgabe betraut, ohne dass sich die anderen Ebenen hinreichend damit befassen, so wird genau diese Ebene die schwache Stelle im Schutz sein.

2.3.4 Ein wirksames Schutzprogramm

Um Daten wirksam schuetzen zu koennen, muss dieser Schutz, wie schon dargestellt, auf verschiedenen Ebenen wirksam werden. Dazu ist es erforderlich, dass der Schutz nach einem durchdachten, alle notwendigen Aspekte umfassenden Schutzprogramm realisiert wird.

Es ist sicherzustellen, dass sich der Schutz auf die folgenden Aspekte erstreckt [9]:

- Physischer Schutz: Durch geeignete Massnahmen muss dafuer gesorgt werden, dass Verlust der Daten durch physische Einwirkung wie Feuer, Wasser, Rauch, Schmutz, Sturm, Erdbeben und aehnliche Katastrophen nicht eintreten kann. Gleichzeitig muss dieser Teil des Schutzes durch geeignete Zugangskontrollen auch garantieren, dass keine unbefugten Personen zu den Daten selbst oder den die Daten verarbeitenden Einrichtungen Zugang erhalten, damit diese physischen Einwirkungen nicht gewollt verursacht werden - abgesehen von allem anderen, was durch Eindringlinge sonst noch geschehen kann.

- Personalkontrolle: Sowohl bei der Einstellung von Personal als auch bei der Beschaeftigung und insbesondere bei der Entlassung sind geeignete Vorsichtsmassnahmen zu treffen, denn ein nicht unbetraechtlicher Teil, wenn nicht sogar die Mehrzahl der Datenschutzvergehen wird von Insidern veruebt.

- Software-Schutz: Diese Ebene des Schutzes ist die komplexeste; zu ihr gehoeren alle Arten von Schutz der Daten und Programme vor unberechtigter Veraenderung, Verarbeitung und Verbreitung. Wesentlich ist hier vor allem, dass alle Aktionen durch geeignete Zugangs- und Berechtigungskontrollen auf die sie verursachenden Personen zurueckgefuehrt werden koennen.

- Schutz der Datenuebertragung: Bei Rechenzentren, die von aussen ueber Fernzugriffsleitungen zugaenglich sind, muss der Sicherheit dieser Leitungen, oder, wo dies wie bei oeffentlichen Netzen nicht moeglich ist, dem Zugriff ueber solche Leitungen besondere Aufmerksamkeit geschenkt werden, bis hin zur ausschliesslichen Uebertragung verschluesselter Daten ueber externe Leitungen oder Netze.

- Organisatorische Schutzmassnahmen: Das ganze Schutzprogramm muss in einen solchen organisatorischen Rahmen eingebettet sein, dass:

  o alle Verantwortlichkeiten klar feststehen;

  o auch die Rechte zur Ausfuehrung EDV-unterstuetzter Vorgaenge feststehen und eindeutig feststellbar sind;

  o insbesondere die Verantwortlichkeiten fuer Sicherheits-Massnahmen innerhalb und ausserhalb des EDV-Systems klar sind;

  o geeignete Duplikate der lebensnotwendigen Informationen **ausserhalb** des EDV-Bereiches, am besten sogar in einem separaten Gebaeude, an einem sicheren Platz vorhanden und hinreichend aktuell sind;

  o fuer den Notfall geeignete Vorgehensweisen ueberlegt und auch bekannt sind.

Nur wenn ein Schutzprogramm entsprechend diesen Richtlinien aufgebaut ist, kann man sich im Notfall darauf verlassen. Ist der Notfall erst eingetreten, so ist es zur Installation eines Programms zu spaet.

Um einen ersten Eindruck von den in einem solchen Schutz-programm zu beruecksichtigenden Bedrohungen und den dagegen zu planenden Schutzmassnahmen zu geben, werden diese in der folgenden Tabelle, die teilweise an [33] angelehnt ist, einander gegenueber-gestellt:

Bedrohung	Gegenmassnahme
Physischer Schutz	
Hoehere Gewalt	Wahl des Ortes
	Feuer-, Wasser-, Rauchmelder
	Sprinkler-, Halon-Systeme
	Planung fuer den Notfall
	Datensicherung
Eindringlinge	Schutz des Gelaendes
	Schutz der Eingaenge
	Eingangskontrollen
	Fernsehueberwachung
	Alarmanlagen
Abhoeren	Elektromagnetische Abschirmung
	Physischer Leitungsschutz
	Verschluesselung

Bedrohung	Gegenmassnahme
Hardware-Schutz	
Hauptspeicherinhalt	Parity- und ECC-Codes
	Grenz- und Laengenregister
	Speicherschutzschluessel
	Zugriffskontrollbits
	virtuelle Speicherverwaltung
	objekt-orientierte Verwaltung
	Capabilities
Prozessoroperation	Binaere Prozessor-Zustaende
	Hierarchische Zustaende
	Ringschutz
Ein-/Ausgabe und Medien	Medien-Identifikation
	Intelligente Controller
	Verlagerung von Systemfunktionen
	dezentrale Architekturen
Betriebssystemschutz	
Zugang zum System	Identifikation
	Authentikation
	Logging
	Passwort-Einweg-Verschluesselung
Benutzung des Systems	Accounting
	Auditing
	Monitoring
Zugriff auf Daten	Passwoerter
	Zugriffsrechtsmatrizen
	Zugriffsrechtslisten
	Capabilities
	File-Daemon
Funktionalitaet	Eingabesprache
	Privilegien
	Zugriffsrechte fuer Funktionen
	geschlossene Subsysteme
Betriebsmittelverbrauch	Zeitschranken
	Betriebsmittel-Quoten
	Hauptspeicher-Partitions
	Working-Set-Strategien
	feste/begrenzte Plattenbereiche
Propagation einer Sicherheitsverletzung	Prozesse
	separate Adressraeume
	virtuelle Maschinen
	Zugriffsrechte
Fehler im System	Verifikation
	Sicherheits-Kerne
	Penetrations-Tests

Bedrohung	Gegenmassnahme

Schutz von Daten

Korrektheit	Typpruefung
	Wertebereichskontrollen
	Plausibilitaetskontrollen
Konsistenz	Vergleiche
	Plausibilitaetskontrollen
	Redundanz
	Transaktionen
wertabhaengiger Zugriff	Views
	Modifikation von Anfragen
	Subschemata
Ableitung aus stati- stischen Daten	Beschraenkung der Fragen
	Modifikation der Anfragen
	Modifikation der Ergebnisse
	Bezug auf statistische Teilmengen
Sicherheitsklassen	Periods-Processing
	Mehr-Ebenen-Zugriffsmodelle
	Informationsflussmodelle
	dezentrale Systeme

Schutz von Fernzugriff und Rechnernetzen

Zugang zum System	Authentikation
	Verschluesselung
	Rueckruf-Systeme
Abhoeren	Verschluesselung
	Paket-Vermittlung
Attacke durch Fremd- rechner	lange Passwoerter
	Begrenzung der Zugangsversuche
	Verzoegerung nach Zugangsversuch
Rechnernetze	Zugang zum Fremdsystem
	globale Dienstleistungen
	Fernzugriffsrechte
Identifikation des Partners	Frage- und Antwortspiele
	oeffentliche Schluessel
	Rueckruf-Systeme
Schluesselverwaltung	Schluesselverwaltungszentrum
	Einmal-Schluessel
	oeffentliche Schluessel

Wenn diese Liste auch keinesfalls vollstaendig ist, so gibt sie doch einen ersten Eindruck von der Komplexitaet und Vielschichtigkeit des Sicherheitsproblems und entsprechend von der Groesse der Aufgabe, der sich der Planer eines Schutzprogramms im konkreten Fall gegenuebersieht.

Die folgenden Kapitel betrachten jeweils einzelne der hier
genannten Aspekte genauer, um fuer die vielen in der Praxis
auftretenden Moeglichkeiten und deren Kombinationen Hinweise zu
geben, zu zeigen, was machbar und was zu beachten ist. Diese
naechste Stufe der Detaillierung beginnt mit einer Beschreibung
der organisatorischen Schutzaspekte beim Betrieb eines EDV-
Systems.

2.4 Zusammenfassung

In diesem Kapitel wurde ein allgemeines Modell fuer die
Sicherheit der Datenverarbeitung und die der verarbeiteten Informationen entwickelt. Das Modell stuetzt sich auf die Begriffe der
Verwundbarkeit und der Bedrohung (zusammengefasst unter dem Ober-
begriff der Gefaehrdung) einerseits und den Begriff der Schutz-
oder Gegenmassnahmen andererseits. Unter Verwendung dieses
begrifflichen Rahmens ist es moeglich, durch geeignete Klassifizierungen der sicherheitsrelevanten Vorgaenge und Situationen den
Begriff der Datensicherheit so zu strukturieren, dass er auf die
Realitaet anwendbar wird.

Bei den Bedrohungen wurde in erster Linie unterschieden, ob
sie das Ziel haben, sich illegalerweise Zugang zu einem Rechner zu
verschaffen oder ob sie durch Kompetenz-Ueberschreitung legaler
System-Benutzer wirksam werden. Als dritte Klasse von Bedrohungen
wurde die technologische Attacke, bei der interne System-Kenntnisse zur Unterwanderung der Sicherheit benutzt werden, genannt.
Entsprechend diesen Bedrohungen wurden als Verwundbarkeitsstellen
die Zugaenge zum System, die Berechtigungen der Systembenutzer
sowie die generelle Schaedigung durch bzw. bei Modifikation sowie
durch Zerstoerung genannt.

Gegenmassnahmen sind Objektschutz zur Wahrung der physischen
Integritaet, Zugangskontrolle mit einem geeigneten Authentikations-Verfahren und Berechtigungskontrolle durch eine explizite Autorisierung der identifizierten Benutzer. Gegen technologische Attacken hilft im wesentlichen nur eine sichere und
fehlerfrei realisierte Architektur des Gesamtsystems.

Die fuer die Schutzmassnahmen relevanten Informationen wurden
im wesentlichen als die im kommerziellen bzw. militaerischen Sinn
als wichtig eingestuften Daten identifiziert; hinzu kommen alle
Arten personenbezogener Daten, die generell geschuetzt werden
muessen. Damit dieser Schutz wirksam realisiert werden kann, ist
es erforderlich, die Verantwortung hierfuer einwandfrei festzulegen und bei Verletzungen der Datensicherheit entsprechende
Sanktionen wirksam werden zu lassen. Daraus folgt, dass ein
wirksamer Schutz nicht nur durch physische Massnahmen und entsprechende Vorkehrungen innerhalb der Hardware und Software realisiert
werden kann; vielmehr muessen diese Massnahmen in ein geeignetes
organisatorisches Umfeld integriert sein, das unter anderem auch
eine sicherheitsbewusste Personalpolitik beinhaltet.

3 Schutzaspekte beim Betrieb eines Rechners

3.1 Die Umgebungsbedingungen

3.1.1 Organisation des Rechenzentrums

Die Schutzmassnahmen, die zur Gewaehrleistung eines "sicheren" Betriebs eines Rechenzentrums erforderlich sind, lassen sich nur dann angeben, wenn man neben den rein technischen Massnahmen auch die organisatorische Einbettung dieses Rechenzentrums in seine Umgebung beruecksichtigt. Umgekehrt laesst sich auch nur unter Beruecksichtigung dieser Randbedingungen angeben, inwieweit technische Schutzmassnahmen ueberhaupt wirksam werden und zum Schutz beitragen koennen. (Der ausgekluegelste Verschluesselungs-Algorithmus zum Schutz der Benutzer-Passwoerter nuetzt relativ wenig, wenn die Benutzer ungestraft Zettel mit ihren Passwoertern an ihr Terminal haengen koennen, damit sie sich nichts zu merken brauchen!) Es ist daher zunaechst wichtig, die Einbettung des Rechenzentrums in seinen organisatorischen Gesamtrahmen zu betrachten, um die verschiedenen sich daraus ergebenden Anforderungen an ein Sicherheits-System beurteilen zu koennen.

Als erster Aspekt, der hier zu behandeln ist, muessen die verschiedenen Kategorien von Rechenzentren betrachtet werden:

- Man spricht dann von einem "geschlossenen" Betrieb ("closed shop"), wenn nur eine kleine Anzahl von Operateuren physischen Zugang zum Rechner hat. Alle durchzufuehrenden Aufgaben werden - als Batch-Laeufe - einem der Operateure uebergeben, der ihre Durchfuehrung uebernimmt und ueberwacht.

- Eine Erweiterung dieses voellig geschlossenen Systems hat man dann, wenn (zusaetzlich) Dialog-Betrieb von lokal angeschlossenen, in geschuetzten Raeumen aufgestellten Terminals aus moeglich ist, aber kein physischer Zugang zum Rechnerraum gewaehrt wird.

- Von einem "offenen" Betrieb ("open shop") spricht man dagegen dann, wenn alle Mitarbeiter physischen Zugang zum Rechner haben, dabei jedoch eventuell einer Sicherheits-Ueberpruefung beim Zutritt und beim Weggehen unterworfen werden.

- "Unbegrenzten" Zutritt ("unlimited") hat man dagegen, sobald der Rechner ueber ein Kommunikationssystem, insbesondere ueber ein oeffentliches Netz, benutzt werden kann.

Welche dieser Alternativen den gegebenen Anforderungen, sowohl was die Art der vom Rechenzentrum zu erbringenden Dienstleistungen als auch die benoetigte Sicherheit betrifft, in einem Einzelfall am ehesten genuegt, haengt von den aktuellen Gegebenheiten ab. Je offener der Zugang zum Rechner ist, um so flexibler kann mit diesem Instrument gearbeitet werden, doch steigt mit dieser Flexibilitaet gleichzeitig das Sicherheitsrisiko an. Dabei kann es, insbesondere bei der Wahl zwischen den beiden mittleren Alternativen, schwierig sein, den aktuellen Sicherheits-Gewinn durch die Einfuehrung der einen oder der anderen Alternative abzuschaetzen.

Ein weiteres Problem ist, dass durch die staerkere Abschliessung des Rechenzentrums nicht automatisch die Rechnerbenutzung unbedingt sicherer werden muss; im Gegenteil verschiebt man einen Teil der Sicherheitsrisiken nur von den Gefahren durch Aussenstehende auf den Missbrauch der Einrichtungen durch Insider, so dass eine ungeeignete Organisation eines geschlossenen Betriebes unsicherer sein kann als ein gut geschuetztes System mit unbegrenztem Zutritt. Insbesondere bei einem System, bei dem alle Arbeiten im Fernzugriff durchgefuehrt werden, ist es moeglich, den physischen Zugang zum Rechner extrem zu beschraenken, bis hin zum vollautomatischen, operateurlosen Betrieb, bei dem zum laufenden Rechner ueberhaupt kein Zutritt besteht, waehrend das Personal, das notwendige Wartungsarbeiten durchfuehrt, waehrend dieser Zeit einer scharfen (und kompetenten!) Ueberwachung unterworfen sein kann. Es ist zu erwarten, dass diese Art des geschuetzten Betriebs mit unbegrenztem Zutritt durch die zunehmende Verbreitung von Rechnernetzen und dem Fernzugriff ueber oeffentliche Netze, wie etwa Datex-P, eine immer wichtigere Rolle spielen wird. Daher ist es erforderlich, gerade die Sicherheitsprobleme und zugehoerigen Schutzmassnahmen eines derartigen Betriebes eingehend zu untersuchen; hier sei insbesondere auf die Abschnitte 6.4 und 9.2 verwiesen.

3.1.2 Kontrolle der Benutzer-Berechtigungen

Um in der Lage zu sein, eindeutig festzustellen, ob eine Datenverarbeitungsanlage bestimmungsgemaess benutzt wird, ist es notwendig, eben diese Bestimmung klar zu definieren. Dazu gehoert insbesondere, dass die Berechtigungen der einzelnen Benutzer - zunaechst auf der organisatorischen Ebene - zweifelsfrei festzulegen sind. Diese Festlegung muss die folgenden Aspekte umfassen:

- **Wer** darf mit dem System arbeiten, Informationen lesen und/ oder veraendern?

- **Welche** Information ist zu schuetzen?

- **Was** darf mit dieser Information gemacht werden oder nicht?

- **Wann** duerfen diese Operationen durchgefuehrt werden?

- **Wo** darf ein Auftrag zu einer bestimmten Operation gegeben werden?

- **Warum** muss eine bestimmte Operation ausgefuehrt werden?

Man sieht an diesen schlagwortartig formulierten Fragen, dass es meist nicht nur darauf ankommt, bestimmte Operationen auf bestimmten Informationen insgesamt zu kontrollieren, sondern dass oft noch zusaetzliche Kontrollen erforderlich sind, um die Sicherheit des Betriebes zu garantieren. Um dies deutlicher herauszuarbeiten, sollen nun diese einzelnen Fragen naeher betrachtet und zueinander in Beziehung gesetzt werden.

Um eine Kontrolle des "Wer?" zu erreichen, muss der Rechner in der Lage sein, die ihm angegebene Identitaet zu verifizieren. Verfahren hierzu werden im Abschnitt 6.4.3 beschrieben; an dieser Stelle interessiert die **organisatorische** Bedeutung dieser Identifikation. Man stellt dabei fest, dass sich hinter einer Benutzer-Identifikation die folgenden logischen Einheiten verbergen koennen:

- eine einzelne Person ("Xaver Bimslechner")

- eine Rolle ("Materialausgabe")

- eine funktionelle Einheit ("der Beamte an Schalter 17")

- ein Surrogat fuer eine Person ("die Sekretaerin fuer den Chef, d.h. an seiner Stelle")

Waehrend sich im ersten Falle die Verantwortung fuer eine bestimmte Operation relativ leicht auf eine bestimmte Person zurueckfuehren lassen kann, ist dies in den anderen Faellen oft erheblich schwieriger, da man dazu dann feststellen muss, wer zum Zeitpunkt der Operation die betreffende Rolle oder Funktion innehatte oder ob die Operation vom Surrogat oder Original (von der Sekretaerin oder vom Chef selbst) ausgefuehrt wurde. Diese Probleme der Verantwortlichkeits-Bestimmung lassen es vom Standpunkt der Nachvollziehbarkeit her geraten erscheinen, immer nur einzelnen Personen eine Benutzer-Identifikation zu geben. Leider stoesst dies haeufig an praktische Grenzen, so etwa dann, wenn die Inhaber einer Rolle sehr oft wechseln oder einzelne Personen zeitweise verschiedene Funktionen innehaben. Speziell wenn in einer grossen Organisation die Anzahl potentieller Rechnerbenutzer in die Tausende oder mehr geht, wird es schwierig, jedem dieser Benutzer eine eigene Identitaet im Rechner zu geben, und man muss zur Erhoehung der Sicherheit auf die anderen Schutzaspekte zurueckgreifen.

Dazu zaehlen vor allem die Kontrollen des **"Wann?"** und des **"Wo?"**, durch die erreicht werden kann, dass bestimmte Operationen nur von bestimmten Eingabe-Geraeten aus geschehen koennen, etwa nur von Terminals aus, die in einem Sicherheits-Bereich stehen, zu dem nur Personen Zutritt erhalten, die zu diesen Operationen berechtigt sind und sich eventuell noch gesonderten Kontrollen unterwerfen muessen. Hinzu kommt die Moeglichkeit, durch geeignete Einschraenkung der Zeiten, in denen bestimmte Operationen zugelassen werden, zu verhindern, dass die Datenverarbeitungsleistungen ausserhalb der offiziellen Dienstzeiten in Anspruch genommen werden. So laesst sich etwa verhindern, dass nach Dienstschluss, wenn die betreffenden Raeume leer und damit die Gefahr einer Beobachtung durch Kollegen geringer ist, illegale Operationen vorgenommen werden.

Die weiteren Kontrollen, die hier genannt wurden, naemlich die des **"Was?"** und des **"Welche?"**, muessen die zu schuetzenden Informationen und die auf ihnen erlaubten Operationen festlegen; hierzu werden im Abschnitt 3.3.1 und im Kapitel 7 noch genauere Aussagen gemacht, so dass sich ihre Eroerterung hier eruebrigt.

Dagegen ist es, gerade auf der organisatorischen Ebene, sehr wichtig, sich nicht nur diese beiden Fragen, sondern auch noch die letzte Frage, naemlich die nach dem **"Warum?"**, zu stellen. Es ergibt wenig Sinn, alle zu bearbeitende Information in derselben Weise zu schuetzen; ein solches Vorgehen fuehrt in der Praxis entweder zu einem zu geringen Schutz oder zu einem System, dessen Schutzmassnahmen so restriktiv sind, dass sie die Nutzung des Systems unnoetig einschraenken und seine Performance sinnlos verringern. Es ist daher erforderlich, sich den relativen Wert und die relativen Schutzbeduerfnisse der einzelnen Informationen klar zu machen und diese gegen die Notwendigkeit abzuwaegen, bestimmten Benutzern - im oben genannten Sinn - das Recht zu bestimmten Operationen auf diesen Informationen zuzugestehen. Man kann sich hier von dem aus der Praxis militaerischer Systeme bekannten "need to know"-Prinzip leiten lassen: Eine Person darf nur dann auf eine bestimmte geschuetzte Information Zugriff haben, wenn sie diesen Zugriff zur Durchfuehrung ihrer Aufgaben benoetigt. Allerdings kann es im Einzelfall durchaus schwierig sein, dieses allgemeine Prinzip auf die aktuellen Gegebenheiten anzuwenden. Noch schwieriger wird diese Bewertung, wenn man Kosten und Nutzen des Schutzes mit in die Betrachtungen einbezieht. Dennoch kommt man bei der Planung der anzuwendenden Schutzmassnahmen nicht umhin, sich diese Fragen bewusst zu machen und sie beantworten zu muessen.

3.1.3 Aufwand fuer die Schutzmassnahmen

Die anzuwendenden Schutzmassnahmen verursachen eine Reihe von expliziten und impliziten Kosten, die bei der Planung des Schutzes zu beruecksichtigen sind; als generelle Leitlinie kann man hier festhalten, dass diese Kosten zum Wert der zu schuetzenden Information in einem vernuenftigen Verhaeltnis stehen muessen.

Was die expliziten Kosten betrifft, so sind diese im Falle organisatorischer und technischer Sicherheits-Einrichtungen wie etwa Wachtposten, Zugangskontrollen, Fernsehueberwachung, Sprinkler-Systeme bis hin zur Bereitstellung eines Ersatz-Rechenzentrums relativ klar zu erfassen, so dass ihre Erfassung bei der notwendigen Kosten-/Nutzen-Analyse nicht allzu problematisch wird. Dagegen ist es schon erheblich schwieriger, die direkten Kosten, die durch die Installation von Schutzmassnahmen auf der Hardware- oder Software-Ebene entstehen, abzuschaetzen oder in den Griff zu bekommen. Ein zusaetzliches Problem auf diesen Ebenen ist, dass der Betreiber eines Rechenzentrums in vielen Faellen nach der Auswahl eines Rechnertyps gar keine Moeglichkeit hat, diese Kosten zu beeinflussen; sehr haeufig ist es nicht einmal moeglich, in Erfahrung zu bringen, wie hoch sie tatsaechlich sind, da sie vom

Hersteller in die Anschaffungskosten oder Mietpreise fuer die
Hardware bzw. in die Lizenzgebuehren fuer die Software einge-
rechnet und gar nicht separat ausgewiesen werden. Dies macht es
insbesondere schwierig, die Schutzkosten verschiedener Systeme
miteinander zu vergleichen, wenn die Schutzmassnahmen bei dem
einen System in das Betriebssystem integriert und daher von diesem
gar nicht zu trennen sind, waehrend bei einem anderen System
eigens die Anschaffung eines separaten Schutz-Moduls erforderlich
ist.

Noch erheblich schwieriger wird die Abschaetzung der impli-
ziten Kosten, die sich auf organisatorischer Ebene durch die
Bedienung der Schutzmassnahmen, auf der Hardware- und der
Software-Ebene durch Performance-Verlust - der sich letztlich auch
hier durch den Rechenaufwand zur Bedienung bzw. Durchfuehrung der
Schutzmassnahmen ergibt - bemerkbar machen. Zur Abschaetzung der
Kosten und auch der Wirksamkeit der Schutzmassnahmen auf der organisatorischen Ebene ist nicht nur zu bedenken, dass mit wachsendem
Aufwand auch die Kosten, insbesondere durch den Ausfall der
Arbeitszeit, die zur Bedienung der Schutzmassnahmen erforderlich
ist, anwachsen, sondern auch unter Umstaenden die Wirksamkeit des
Schutzes nachlaesst. Schutzmassnahmen, die zu ihrer Bedienung
langwierige oder komplizierte Vorgaenge erfordern, werden naemlich
in der Praxis gerne unterlaufen oder ausser Kraft gesetzt, sei es
aus Bequemlichkeit, oder weil andere Dinge als dringender
empfunden werden:

- Wenn der Zugang zum Rechnerraum durch eine Tuer erfolgt, die
  nur mit mehreren Schliessvorgaengen zu oeffnen ist, und wenn
  haeufig Zugang benoetigt wird, besteht die Gefahr, dass sehr
  bald ein Karton in der Tueroeffnung steht, um die Tuer am
  Zuschnappen zu hindern und damit den unbequemen Oeffnungs-
  vorgang zu vermeiden.

- Wenn, wie es bei einem bestimmten EDV-System der Fall ist,
  eine verdeckte Eingabe von Timesharing Passwoertern nur
  dadurch geschehen kann, dass man von Hand die Helligkeit des
  Bildschirms herunterdrehen und den Bildschirm nach der
  Eingabe, ebenfalls von Hand, loeschen muss, ehe man die
  Helligkeit wieder aufdrehen darf, so wird es sehr schwer, dem
  Benutzer eine verdeckte Eingabe nahezubringen.

- Wenn die Vergabe und die Veraenderung von Passwoertern
  umstaendlich ist und eventuell noch die Mitarbeit eines
  Systemverwalters erfordert, ist zu erwarten, dass einmal
  vergebene Passwoerter hoechst selten veraendert werden, was
  ihre Schutzwirkung praktisch aufhebt.

Generell ist zu erwarten, dass Schutzmassnahmen, die den
Benutzer des Rechners in seiner Arbeit behindern oder von ihm als
unangenehm empfunden werden, dazu verfuehren, nach Wegen zu ihrer
Umgehung oder Ausserbetriebsetzung zu suchen. Dies ist zwar eine
Binsenweisheit, doch wird gerade dieser Aspekt beim Entwurf von
Schutzsystemen auf der Software-Ebene nur zu haeufig ausser Acht
gelassen. Dies kann dazu fuehren, dass zu den hohen Betriebskosten des Schutzsystems noch die Kosten des Schadens hinzukommen,
der durch die Unwirksamkeit des Schutzes entstehen kann.

3.1.4 Zuverlaessigkeit und Massnahmen fuer den Notfall

Zur Gewaehrleistung von Datensicherheit gehoert auch, dass man die Zuverlaessigkeit des Betriebs und die Verfuegbarkeit der Informationen und der Verarbeitungsleistung im Rahmen der operationellen Anforderungen sicherstellen muss. Dies kann in verschiedenen Systemen und auch fuer verschiedene Daten zu ganz unterschiedlichen Anforderungen fuehren, die im Extremfall, vor allem in Prozess-Steuerungs-Systemen, nicht einmal einen Ausfall fuer einige Sekunden tolerieren, waehrend andererseits bei Batch-Verarbeitung zum Teil noch Ausfallzeiten bis zu einer Woche hingenommen werden koennen.

Es ist daher notwendig, der Zuverlaessigkeit des Datenverarbeitungssystems (Hardware und Software), der Verfuegbarkeit der benoetigten Hilfsmittel wie etwa Strom, Kuehlwasser oder -luft und auch spezieller Druckformulare und nicht zuletzt der Verfuegbarkeit kompetenten Personals einige Aufmerksamkeit zu widmen. Insbesondere die Frage der Verfuegbarkeit ist nicht nur fuer den Normalbetrieb, sondern gerade auch fuer die Situation in oder nach einer Betriebsunterbrechung zu stellen. Hinzu kommt selbstverstaendlich, dass man auch die Verfuegbarkeit der zu schuetzenden Informationen selbst durch geeignete Vorsorgemassnahmen sicherstellen muss.

Die Zuverlaessigkeit moderner EDV-Systeme ist, dank des zunehmenden Einsatzes hochintegrierter Schaltkreise und der damit verbundenen Reduktion der Anzahl der Komponenten eines Rechners, in den letzten Jahren erfreulich angewachsen. Hinzu kommt, dass durch Fortschritte, die beim Verstaendnis des Aufbaus und der Funktion von Betriebssystemen gemacht wurden, und durch zunehmende Verbreitung gut ausgetesteter Standard-Software an Stelle selbstgestrickter Anwendungsprogramme zum Teil auch die Software erheblich stabiler geworden ist. Dies hat dazu gefuehrt, dass es inzwischen Systeme gibt, fuer die eine festgesetzte Mindestverfuegbarkeit von 99 % und mehr erreicht wird, wobei sich diese Verfuegbarkeit durch redundante Auslegung der Hardware und geeignet strukturierte Software – allerdings dann mit einigem Aufwand – noch erheblich erhoehen laesst (siehe hierzu auch [61]).

Eine sehr wichtige Frage an dieser Stelle ist die Verfuegbarkeit von Wartungspersonal und Ersatzteilen, fuer die auch hier zum Teil garantierte Werte in den Wartungsvertraegen der Hersteller angeboten werden – wobei natuerlich die Kosten mit der geforderten Verfuegbarkeit anwachsen.

Dennoch nuetzt eine hohe Verfuegbarkeit der EDV-Anlage allein noch wenig, wenn nicht auch dafuer gesorgt ist, dass die notwendigen Betriebsmittel kontinuierlich vorhanden sind. Fuer Systeme, die nur extrem kurze Ausfallzeiten tolerieren, stellt schon die Frage der Stromversorgung ernste Probleme. Der Strombedarf groesserer Anlagen ist so hoch, dass eine Batteriepufferung hoechstens fuer den Hauptspeicher, und auch da nur fuer relativ kurze Zeiten (im Minutenbereich) moeglich ist; fuer die Ueberbrueckung laengerer Stromausfaelle und zum Betrieb der Peripheriespeicher bei Stromausfall ist im allgemeinen der Einsatz eines Notstrom-Aggregats erforderlich.

Ebenso kann bei wassergekuehlten Rechnern wie den grossen IBM-Systemen der Ausfall des Kuehlwassers dazu fuehren, dass der Rechner abgeschaltet werden muss, obwohl dies elektrisch nicht notwendig waere. Luftgekuehlte Maschinen sind in dieser Hinsicht unkritischer, doch kann auch bei ihnen der Ausfall der Klimaanlage zu unliebsamen Folgen fuehren. Hier gilt leider generell, dass die Frage der Kuehlung umso kritischer ist, je mehr Hitze ein Rechner erzeugt, und gerade mit der Geschwindigkeit eines Rechners steigt sein Energiebedarf und damit die Menge der abzufuehrenden Waerme, bis hin zu Maschinen wie der CRAY-1 [58], bei denen die Frage der Kuehlung schon im Normalbetrieb zu einem Problem eigener Art wird.

Vor allem in der kommerziellen Datenverarbeitung, bei der oft eines der wesentlichsten Arbeitsergebnisse die Erzeugung grosser Mengen von Druckausgaben auf speziellen Formularen (Rechnungen, Ueberweisungen, Lastschriften usw.) ist, muss man sich zusaetzlich Gedanken ueber die Verfuegbarkeit dieser Formulare auch im Notfall machen. Gerade physischen Bedrohungen gegenueber sind Druckformulare sehr gefaehrdet, da sie durch Feuer leicht zerstoerbar sind und durch Wassereinwirkung - auch durch Loescharbeiten bei einem Feuer - meist unbrauchbar werden. Hier ist zu bedenken, dass Spezialformulare oft eine nicht unbetraechtliche Lieferfrist haben, so dass nach einer Zerstoerung der Formulare unter Umstaenden die Datenverarbeitung wochenlang nur aus dem Grund ausfallen muss, dass ihre Ergebnisse nicht in verwendbarer Form ausgegeben werden koennen. Wenn dieses Problem auch auf den ersten Blick trivial erscheint, so sind dennoch schon Firmen daran zugrundegegangen, dass sie nach einer Zerstoerung ihrer Formularbestaende eine zu lange Zeit nicht in der Lage waren, bestimmte Taetigkeiten wieder durch ihre Datenverarbeitung durchfuehren zu lassen.

Schliesslich ist noch der Verfuegbarkeit kompetenten Personals die notwendige Aufmerksamkeit zu schenken: Es ist sehr riskant, das Wissen um bestimmte Arbeitsvorgaenge nur in der Person eines einzigen Mitarbeiters konzentriert zu haben. Waehrend dies fuer den Fall evident ist, dass dieser eine Mitarbeiter durch Krankheit, Unfall oder auch Kuendigung ausfaellt, ist zusaetzlich zu beachten, dass gerade nach groesseren Problemen, die etwa durch den Eintritt einer Gefaehrdung akut werden, eine sehr schnelle Einleitung von Notmassnahmen durch eine kompetente Person erforderlich wird; werden aufgrund von Inkompetenz die falschen Massnahmen ergriffen, so wird unter Umstaenden der bereits eingetretene Schaden noch erheblich vergroessert. Diese Hilfsmassnahmen koennen vom Wiederherstellen einer zerstoerten wichtigen Datei ueber die Neugenerierung eines kompletten Systems bis hin zur Organisation eines Notbetriebs nach einer Zerstoerung des Rechenzentrums reichen; entsprechend umfangreich kann der Personenkreis sein, der im Notfall zu erreichen sein muss.

Dabei ist ausserdem noch zu beachten, dass durch die Art des eingetretenen Notfalls die Verfuegbarkeit dieser Personen ebenfalls reduziert sein kann:

- Zum einen kann es sein, dass diese Personen selbst durch den Notfall in Mitleidenschaft gezogen wurden, indem sie zum Beispiel bei einem Brand im Rechenzentrum verletzt wurden oder indem bei einem Hochwasser, das in das Rechenzentrum eingedrungen ist, auch ihre Privatwohnung unter Wasser steht.

- Zum anderen ist es auch moeglich, dass sie waehrend oder
  aufgrund des Notfalls vom Rechenzentrum aus nicht erreichbar
  sind oder das Rechenzentrum selbst nicht erreichen koennen,
  weil etwa die Telephonverbindungen unterbrochen sind oder -
  um beim Beispiel des Hochwassers zu bleiben - die Zufahrt von
  ihrer Wohnung zum Rechenzentrum unpassierbar ist.

Damit die von einer Organisation fuer den Notfall zu
treffenden Massnahmen in diesem Notfall wirksam werden koennen,
ist es notwendig, rechtzeitig im Voraus fuer die Verfuegbarkeit
der hier angesprochenen Hilfsmittel und Personen zu sorgen; dabei
ist es zweckmaessig, sich fuer jedes dieser Hilfsmittel eine Zeit-
schranke zu setzen, innerhalb deren die Notfall-Massnahmen dieses
Hilfsmittel verfuegbar machen muessen.

3.1.5   Sicherung der Daten

Zusaetzlich zu den organisatorischen Massnahmen, die hier
angesprochen wurden und die die Wiederherstellung der Datenverar-
beitungsleistung nach einem Notfall zum Ziel haben, ist es noch
erforderlich, sich rechtzeitig Gedanken um die Verfuegbarkeit der
zu verarbeitenden Informationen selbst in der Situation dieses
Notfalls zu machen. Waehrend die Frage der Kriterien, nach denen
diese Information auszuwaehlen ist, im Abschnitt 3.3.1 untersucht
wird, sollen hier die Verfahren beschrieben werden, die zur
Sicherstellung der Verfuegbarkeit angewendet werden muessen.

Da sich Information gerade mithilfe von EDV-Systemen nahezu
beliebig kopieren und vervielfaeltigen laesst, sind die beiden
moeglichen Wege zur Sicherstellung der Datenverfuegbarkeit auch
schon vorgezeichnet:

- die redundante Abspeicherung und

- das Anlegen von Kopien.

Waehrend das erste dieser Verfahren den Vorteil hat, dass es
parallel zum laufenden Betrieb erfolgt und diesen - bei effizienter Realisierung des Verfahrens - kaum belastet, lassen sich
Kopien vor allem raeumlich staerker verteilen, was gegenueber
physischen Gefaehrdungen zusaetzlichen Schutz bieten kann. Es
gibt im Bereich der Datenbanken vereinzelt Systeme, die Verfahren
zur Datensicherheit realisieren, die die Vorteile beider Alternativen in sich vereinen [70], doch stellen Systeme dieser Art
heute noch eine Ausnahme dar.

Redundante Abspeicherung erfolgt durch das Verfahren des
"Doppelschreibens": Jeder vom System angestossene Schreibvorgang
auf einen Peripheriespeicher erfolgt zweimal, und zwar auf
getrennte Medien, so dass eine Rekonstruktion des Datenbestandes
auch nach der Zerstoerung eines der beiden Medien sofort moeglich
ist. Problematisch ist dabei nur, dass die beiden Medien im
allgemeinen raeumlich benachbart sein muessen, um die benoetigten
Schreibgeschwindigkeiten zu erreichen; dies bedeutet aber, dass

bei einer physischen Zerstoerung groesseren Ausmasses mit einiger
Wahrscheinlichkeit beide Medien vernichtet werden. Abhilfe
schafft hier nur die Moeglichkeit, jeweils eines dieser Medien aus
dem System herauszuloesen und durch einen leeren Datentraeger zu
ersetzen, der allmaehlich auf den aktuellen Bestand gebracht wird;
dieses Verfahren wird von den genannten Systemen angewandt. Die
herausgeloeste Kopie kann dann, wie dies gleich fuer den Fall der
Datensicherung mit Kopien beschrieben wird, an einen sicheren Ort
gebracht werden.

     Bei der Datensicherung durch Kopien stellen sich dagegen zwei
Probleme ganz anderer Art:

   - Es ist unter Umstaenden sehr schwierig, einen konsistenten
     Datenbestand, der eine Rekonstruktion des Anwendungssystems
     erlaubt, auf einen Datentraeger zu sichern; speziell bei
     Systemen, bei denen waehrend der Laufzeit des Systems dauernd
     Aenderungen des Datenbestandes erfolgen, kann es durchaus
     sein, dass ein solcher global konsistenter Zustand der Daten
     im laufenden Betrieb ueberhaupt nie erreicht wird. Dies kann
     zur Folge haben, dass das Anwendungssystem wahrend der Zeit
     stillgelegt werden muss, in der die Kopie erzeugt wird.

   - Hinzu kommt, dass - insbesondere bei umfangreicheren Datenbe-
     staenden im Bereich von einigen 100 bis einigen 1000 Megabyte
     - das Erzeugen der Kopie selbst bei Einsatz sehr schneller
     Geraete und effizienter Kopier-Software ein ziemlich lang-
     wieriger Vorgang ist, der einige Stunden in Anspruch nehmen
     kann.

Treffen beide Probleme zusammen, so kann dies durchaus zu unzumut-
baren oder nicht mehr tolerierbaren Betriebseinschraenkungen
fuehren. Werden aus diesen Gruenden nur in sehr grossen Zeitabstaenden Kopien erzeugt, so kann deren Wert wegen mangelnder
Aktualitaet zweifelhaft werden.

     Eine gewisse Abhilfe kann hier durch inkrementelle
Sicherungsverfahren geschaffen werden, bei denen nur in laengeren
Zeitabstaenden die Erzeugung einer Gesamtkopie erforderlich ist.
In der Zwischenzeit werden eine oder mehrere "Differenzkopien"
erzeugt, die nur die Veraenderungen des Datenbestandes seit der
letzten Kopie enthalten und im allgemeinen einen erheblich
geringeren Umfang als eine Gesamtkopie haben; die Erzeugung der
Differenzkopien kann daher bei Zugrundelegung geeigneter Datenstrukturen und schneller Kopierverfahren erheblich schneller
erfolgen. Der Nachteil dieses Verfahrens ist jedoch, dass es zur
Rekonstruktion des Datenbestandes nun nicht mehr ausreicht, nur
die Gesamtkopie zurueckzuladen; vielmehr muessen anschliessend
alle seit dieser Kopie erzeugten Differenzkopien (in der richtigen
Reihenfolge!) nachtraeglich eingespielt werden, um wieder auf
einen aktuellen Datenbestand zu kommen.

     Generell laesst sich die Menge der zu sichernden Daten auch
dadurch reduzieren, dass man nicht den gesamten Platteninhalt
kopiert, sondern nur den - nach den Kriterien des Abschnitts 3.3.1
ausgewaehlten - relevanten Teil, wobei man noch zwischen
statischen und dynamischen Daten unterscheiden kann. Zu den in
diesem Sinne statischen Daten zaehlen die Programme und konstanten
Datenbereiche des Betriebssystems und der Anwendungs-Software, die

man, auch zur Neugenerierung des Systems, am besten sowieso als
eigene Kopie vorliegen hat. Die dynamischen Daten sind dagegen im
allgemeinen die Informationen, die zur Zeit vom Anwendungssystem
fuer dessen aktuelle Bearbeitung benoetigt werden; die Bestimmung
dieser Daten muss im Rahmen einer Analyse des jeweiligen Systems
geschehen.

An dieser Stelle ist noch ein Wort ueber die Aufbewahrung der
Kopien angebracht: Es ist **unter keinen Umstaenden** sinnvoll, die
Kopien an derselben Stelle oder auch nur im gleichen Gebaeude wie
die Originale aufzubewahren. Tritt naemlich einmal der Notfall
ein, so ist die Gefahr sehr gross, dass **alle** Datentraeger in
demselben Gebaeude zerstoert werden; die Kopien sind nutzlos,
wenn sie zusammen mit den Originalen vernichtet wurden. Andererseits ist zu beachten, dass die Kopien fuer einen potentiellen
Gegner, der am Inhalt der Information und nicht an ihrer Zerstoerung interessiert ist, denselben Wert wie die Originale haben;
sie sind also ebenso gegen Fremdzugriff zu schuetzen wie die
Originale, und zwar sowohl an ihrem Aufbewahrungsort wie auch auf
dem Transport dorthin oder von dort.

Ein weiterer Fehler, der oft gemacht wird, ist der Verzicht
auf ausreichend aktuelle und ausreichend viele Kopien. Die
Aktualitaet der Sicherheitskopien hat sich nach dem Wert und dem
Aktualitaetsbeduerfnis der gesicherten Information zu richten;
hier ist wieder auf die Analyse des Wertes der Information hinzu-
weisen. Die notwendige Anzahl der Kopien richtet sich dagegen im
wesentlichen nach der Gefaehrdung einer Kopie bei ihrer Nutzung
zur Wiederherstellung des operationellen Betriebs. Falls nur eine
Sicherheitskopie vorhanden ist und diese bei der Wiederaufnahme
des Betriebs demselben Fehler zum Opfer faellt, der das Original
zerstoert hat, so ist unter Umstaenden aus einer reinen Unbequemlichkeit ein Notfall erster Ordnung geworden. Ein Verfahren, dass
sich hier bewaehrt hat, ist das "Vater-Grossvater-Prinzip", bei
dem mindestens zwei Kopien, allerdings verschiedener Aktualitaet
eingesetzt werden:

- Vom aktuellen Datenbestand wird eine Kopie erzeugt, die als
  der "Vater" bezeichnet wird; diese Kopie wird an den Aufbewahrungsort gebracht.

- Die vorherige Kopie, die bislang "Vater" war, wird nun als
  "Grossvater" bezeichnet; sie ist weniger aktuell als der
  Vater, aber immer noch viel besser als gar nichts.

- Die Kopie davor, die bislang "Grossvater" war, kann nun
  freigegeben werden und vom Aufbewahrungsort in das Rechenzentrum zurueckgebracht werden.

Wesentlich bei diesem Verfahren ist, dass prinzipiell **nie** beide
Kopien gleichzeitig den Aufbewahrungsort verlassen duerfen, da
sonst die Schutzwirkung des Verfahrens verschwindet. Bei Bedarf
laesst sich die Sicherheit durch die Aufbewahrung zusaetzlicher
Generationen von Kopien noch weiter erhoehen, zumal die Kosten
fuer die dafuer benoetigten Datentraeger, insbesondere bei der
Verwendung von Magnetbaendern, in ueberhaupt keinem Verhaeltnis
zum Wert und den Wiederherstellungkosten der gesicherten Information stehen.

3.1.6 Spezielle Betriebszustaende

Vom organisatorischen Gesichtspunkt her ist der Sicherheit zweier besonderer Betriebszustaende eines Rechenzentrums spezielle Aufmerksamkeit zu schenken:

- Bei der notwendigen Wartung des Rechners und seiner Peripherie befindet sich im allgemeinen installationsfremdes Personal, naemlich das Wartungspersonal des Herstellers, im Rechenzentrum. Gleichzeitig wird mit dem System notgedrungen in einer Weise gearbeitet, die viele der im Normalbetrieb eingesetzten Sicherheitsmassnahmen ausser Kraft setzt. Beide Aspekte fuehren zu einer erheblichen Zunahme der Gefaehrdung der Sicherheit und verdienen daher eine gesonderte Betrachtung.

- In aehnlicher Weise ist nach einem Notfall, der die Durchfuehrung spezieller Massnahmen zur Wiederherstellung des Normalbetriebs erfordert, die Datensicherheit besonders gefaehrdet, und zwar im allgemeinen wieder durch die Anwesenheit fremden Personals und die Aufhebung von Schutzmassnahmen des Normalbetriebs.

Man kann zwar bei renommierten Herstellern davon ausgehen, dass sie gerade in einem so sensitiven Bereich, schon um sich selbst vor Regressanspruechen zu schuetzen, nur zuverlaessiges Personal einsetzen. Dennoch fuehrt die Anwesenheit betriebsfremder Personen, die nicht unbedingt den Sicherheitsvorschriften des Rechenzentrums und den dort eventuell benoetigten Sicherheits-Ueberpruefungen unterworfen sind, zu einem erhoehten Risiko. Wird dieses Risiko wegen hoher Sensitivitaet der bearbeiteten Daten als nicht tragbar empfunden, so muessen die zu schuetzenden Datenbestaende aus dem Rechenzentrum, oder zumindest aus dem Direktzugriff des Rechners, entfernt werden, ehe das Wartungspersonal Zutritt erhaelt was allerdings wieder einen Eingriff in die Verfuegbarkeit des Systems bedeutet. Ein Verfahren, das diesen Schutzaspekt formalisiert, ist das sogenannte "periods processing" im militaerischen Bereich, bei dem jede Information einer bestimmten Sicherheitsklasse (siehe Abschnitt 7.5.1) aus dem Rechner entfernt wird, ehe Operationen einer niedrigeren Sicherheitsklasse zugelassen werden.

Es gibt jedoch noch eine subtilere Gefahr, die durch den notwendigen Zutritt fremder Personen entsteht: Es ist unter Umstaenden moeglich (und auch schon vorgekommen), dass der "Wartungstechniker", der zur Durchfuehrung irgendeiner wirklichen oder vorgespiegelten Wartungsarbeit kommt, gar kein Angehoeriger des Wartungspersonals, sondern ein fremder Eindringling mit eigenen, meist wohl schaedlichen, Interessen ist. Gegen diese Gefahr hilft nur, dass der Zutritt zum Rechnerraum nur solchen Personen gestattet wird, die sich entsprechend ausweisen oder persoenlich als Wartungspersonal bekannt sind.

Auf einer ganz anderen Ebene liegt das Problem, dass zur Durchfuehrung der Wartungsarbeiten, zu denen auch Veraenderungen und Erweiterungen der System- und/oder Anwendungs-Software gehoeren, im allgemeinen Taetigkeiten erforderlich sind, die den Rechner oder seine Peripherie in Betriebszustaende versetzen, in

denen jeder Schutz praktisch aufgehoben ist. Dies reicht vom Test
der Funktionen des Zentralprozessors "auf der nackten Maschine"
ueber die direkte Kontrolle physikalischer Ein-/Ausgabe-Vorgaenge
bis hin zum Austausch sicherheitssensitiver Hardware-Komponenten
und, auf der anderen Seite, bis zur Generierung neuer Betriebs-
system- und sonstiger Software. Auch hier hilft als Schutzmassnahme nur die physische Entfernung aller sensitiven Informationen
und zusaetzlich das Vorhandensein einer Sicherheitskopie des
aktuellen Systems.

Schliesslich ist noch die die folgende Warnung angebracht,
denn es ist fuer die vollkommene Katastrophe gar nicht unbedingt
notwendig, dass die Datentraeger und ihre Sicherheitskopien durch
Unfall oder Manipulation zerstoert werden; hierzu kann es schon
ausreichen, dass sie alle mit dejustierten Geraeten erzeugt
wurden. Deshalb:

**Unter keinen Umstaenden duerfen alle Band- und Platten-
geraete gleichzeitig neu justiert werden - moeglicherweise ist sonst kein einziger Datentraeger mehr lesbar,
und die alte Justierung laesst sich nicht wiederherstellen!**

3.2 Einfluß auf die Umgebung

3.2.1 Die Haltung der Benutzer

Auf organisatorischer Ebene ist fuer die Sicherheit eines
Datenverarbeitungssystems und der damit bearbeiteten Informationen
die Einstellung und das Verstaendnis der Personen wichtig, die mit
diesem System direkt - als Betreiber und/oder Benutzer - oder
indirekt - durch die Verantwortung fuer seinen Betrieb - zu tun
haben. Dieser Aspekt wurde schon im Abschnitt 2.3.3 kurz angesprochen, und er soll hier vertieft werden.

Es ist fuer die Datensicherheit einer Installation schon viel
gewonnen, wenn es den hier genannten Personen ueberhaupt bewusst
ist, dass an dieser Stelle ein Problem vorliegt. Umfragen unter
den Benutzern und Betreibern von Rechenzentren haben eine erstaun-
liche Unkenntnis in dieser Hinsicht zu Tage gebracht [33]:
Waehrend Systemspezialisten die Sicherheit der Systeme, mit denen
sie arbeiteten, in diesen Untersuchungen oft vernichtend beur-
teilten und dementsprechend ihrer Sorge um die Sicherheit der
Daten und des Systembetriebs Ausdruck gaben, war es der Mehrzahl
der Benutzer und auch dem Management ueberhaupt nicht bewusst,
dass die Daten im Rechenzentrum gar nicht oder nur hoechst mangel-
haft geschuetzt waren und dass sie mit ihrem Vertrauen auf die
Datenverarbeitung ein hohes Sicherheitsrisiko eingingen!

Diese Haltung ist insofern verstaendlich, als es die Benutzer
und die Betreiber des Rechenzentrums nicht interessiert, welche
Operationen im Rechner und um ihn herum ablaufen; was diesen
Personenkreis primaer interessiert, sind die Ergebnisse, die sie
von der Datenverarbeitung erwarten, nicht aber die Verfahren,
durch die diese Ergebnisse zustandekommen. Dieses Unverstaendnis
den tatsaechlichen Ablaeufen gegenueber hat aber - neben dadurch
verursachten Fehlentscheidungen - die unangenehme Folge, dass auch

keine Vorstellung ueber moegliche Sicherheitsprobleme und -risiken
vorhanden ist, zumindest, solange keines davon akut wurde. Der
hier beobachtete Effekt laesst sich mit den Worten zusammenfassen:
"Ich sehe keine Sicherheitsrisiken - also werden wohl auch keine
da sein." Es ist offenkundig, dass diese Haltung nur durch bessere
Ausbildung der Benutzer und auch der Betreiber von Rechenzentren
verbessert werden kann - doch wird hierzu Lernbereitschaft vorausgesetzt.

Zu diesem Problem der Unkenntnis der Situation kommt noch
eine gewisse Feindseligkeit, die sich - weitgehend aus emotionalen
Gruenden - oft der Einfuehrung von Sicherheitsmassnahmen entgegen-
stellt. Dies reicht von dem unguten Gefuehl, das einen Rechen-
zentrumsbenutzer ueberfaellt, wenn er sich weitergehenden Ueberpruefungen beim Eintritt in den Rechnerraum unterziehen muss oder
wenn er einer Ueberwachung durch Fernsehkameras unterliegt, bis
hin zum aktiven Widerstand gegen die Einfuehrung von Sicherheits-
massnahmen im Rechner selbst.

In einem System, in dem irgendwelche Schutzmassnahmen installiert sind, hat der einzelne Benutzer eben nicht mehr die volle
Kontrolle ueber die Maschine, mit der er arbeitet. Diese Tatsache
wird von manchen Benutzern als Einschraenkung ihrer Rechte aufgefasst und entsprechend abgelehnt, da dies als Verlust von Macht
oder Prestige empfunden wird. Aus diesem Grund kann sich gegen
die Einfuehrung von Schutzmassnahmen betraechtlicher Widerstand
erheben, obwohl bei einer korrekten Zuteilung der Benutzungsrechte
keiner der Benutzer in den Taetigkeiten eingeschraenkt wird, die
seine Aufgabe sind. Auch hier ist eine gewisse Erziehung der
Benutzer notwendig; es wird wohl nur wenige Benutzer geben, die
sich auch dann noch gegen die Schutzmassnahmen sperren, wenn ihnen
hinreichend klargemacht wurde, welchen Gefahren ihre eigenen
Programme und Dateien ohne einen derartigen Schutz ausgesetzt
sind.

3.2.2 Auswahl und Verantwortlichkeit des Personals

3.2.2.1 Sicherheitsrisiken durch das Personal - Betrachtet man
die Faelle von Computer-Kriminaliaet und sonstigen Schaeden in
Rechenzentren ihrer Anzahl nach, so stellt man fest, dass weitaus
der groesste Teil nicht auf die Taten fremder Eindringlinge
zurueckzufuehren ist, sondern auf illegale Operationen von
Insidern, die die ihnen gegebenen Rechte ueberschritten oder missbraucht haben, und auf falsches oder gefaehrliches Verhalten des
Personals. Diese Tatsache zeigt, dass einer der wesentlichsten
Faktoren der Datensicherheit das Personal ist, das in der einen
oder anderen Weise fuer die Datenverarbeitung zustaendig ist. Es
ist daher von besonderer Wichtigkeit, durch geeignete organisatorische Massnahmen im Bereich der Personalpolitik potentielle
Probleme von vornherein auszuschliessen.

Um einen ersten Ansatz zu einer Loesung dieses Problems zu
finden, empfiehlt es sich, die Faelle von Sicherheits-Verletzungen
durch Insider nach ihrer Art zu klassifizieren [7]:

- **Diebstahl:** Diese Kategorie erfasst die Faelle, in denen
  Eigentum des Betreibers des Rechenzentrums durch seine Angestellten entwendet und an Aussenstehende weiterverkauft
  wurde. Dies kann den Diebstahl von Geraeten und Arbeits-
  materialien, aber auch den von Programmen oder Daten
  umfassen, wobei der zweite Fall subtiler und schwerer zu entdecken ist als der erste, weil dabei im allgemeinen Kopien
  der Information im Spiel sind, so dass der Diebstahl nicht so
  leicht durch das Fehlen eines Objektes auffaellt.

- **Betrug:** Hier wird die dem Personal anvertraute Information
  in einer Weise verwendet und/oder veraendert, die nicht dem
  vorgesehenen Zweck entspricht, sondern dem Vorteil der
  betreffenden Person dient - etwa durch Veraendern der Zahlen
  auf einer Gehaltsueberweisung.

- **Missbrauch:** Bei dieser Kategorie wird die Information in
  einer nicht bestimmungsgemaessen Form verwendet, etwa durch
  Ausnutzung der Kenntnis firmeninterner, geheimer Informationen zum eigenen Vorteil; die Grenzen zum Betrug sind
  hier oft fliessend.

- **Sabotage:** Neben der Zerstoerung materieller Objekte faellt
  auch die Vernichtung, Falsifizierung oder Unbrauchbarmachung
  von Informationen wie Daten oder Programmen unter diese Kategorie.

- **Ungehorsam:** In derartigen Faellen werden explizit vorge-
  schriebene Verfahren ausser Acht gelassen, unter anderem
  auch, um vorherige Fehler zu vertuschen; durch derartige
  Verletzung von Sicherheits-Vorschriften kann unter Umstaenden
  betraechtlicher Schaden entstehen.

- **Unfaelle:** Rechenzentren bieten jede Menge von Moeglichkeiten, sich durch Unachtsamkeit oder Sorglosigkeit zu
  verletzen oder umzubringen, vom Kontakt mit Starkstrom bis
  zur Kravatte, die sich in einem rotierenden Plattenstapel
  verfaengt. (Diese Kategorie, die sich eher mit der Sicherheit der Mitarbeiter und weniger der der Daten befasst,
  sollte dennoch in die Sicherheits-Ueberlegungen mit einbe-
  zogen werden, da auch sie Schaeden betrifft, die durch
  Verletzung von Schutzmassnahmen entstehen.)

- **Notfaelle:** Wie schon erwaehnt, kann fehlerhaftes Verhalten
  bei oder nach Notfaellen wie Zerstoerung wichtiger Dateien
  oder einem Brand im Rechenzentrum den eingetretenen Schaden
  noch wesentlich vergroessern, indem etwa auch noch die Kopie
  der zerstoerten Datei unbrauchbar gemacht wird.

3.2.2.2 Aufteilung der Verantwortlichkeit – Ausgehend von diesen
Kategorien lassen sich Organisationsstrukturen ueberlegen, die die
Wahrscheinlichkeit fuer Schaeden dieser Arten drastisch reduzieren. Eine wesentliche dabei zu beachtende Regel ist dabei,
neben einer klaren Festlegung der Aufgaben und Verantwortlichkeiten, eine Aufteilung der einzelnen Operationen und Arbeitsvorgaenge auf die einzelnen Mitarbeiter in einer solchen Weise,

dass zur Durchfuehrung einer illegalen Operation immer die Zusammenarbeit mehrerer Personen erforderlich ist. Hierdurch wird ein Grossteil potentieller Taeter von vornherein abgeschreckt, da zu einer Tat dann das gegenseitige Vertrauen wenigstens zweier Taeter innerhalb derselben Organisation erforderlich ist. Eine sinnvolle Aufteilung der Verantwortlichkeiten in einem groesseren Rechenzentrum ist die folgende [7]:

- Trennung zwischen Systemanalyse und Programmierung: Waehrend sich die Systemanalyse vornehmlich mit den Fragen der zu erbringenden Systemleistungen beschaeftigt, ist die Programmierung mit der technischen Realisierung dieser Leistungen befasst. Eine personelle Trennung zwischen beiden Funktionen macht es wesentlich schwerer, unerwuenschte Eigenschaften in ein System einzubauen, ohne dass dies einer anderen Person auffaellt.

- Trennung zwischen Entwicklung und Wartung: Hierdurch verhindert man das unkontrollierte Einbringen von (potentiell gefaehrlichen) Aenderungen in ein Produktionssystem.

- Trennung zwischen Wartung und Operating: Eine solche Trennung verhindert, dass Operateure im Rahmen von Wartungsarbeiten unkontrolliert Aenderungen an einem System oder seinen Daten vornehmen.

- Trennung zwischen Operating und Programmierung: Dadurch wird verhindert, dass Operateure die Moeglichkeit haben, selbst Programme zu schreiben, die unkontrollierte Operationen ausfuehren - etwa das Drucken zusaetzlicher Gehaltsanweisungen.

Wesentlich zum Durchhalten einer solchen Trennung ist dabei, dass moeglichst auch keine familiaeren Bindungen zwischen Personen in den zu trennenden Bereichen bestehen, da sonst der durch die Trennung zu erreichende Effekt, naemlich die Notwendigkeit der Zusammenarbeit fremder Personen, wieder verlorengeht.

Der hier beschriebene Ansatz zur Erhoehung der Sicherheit gegenueber dem eigenen Personal erfordert das Vorliegen klarer Beschreibungen der von den einzelnen Personen durchzufuehrenden Taetigkeiten und der Verantwortlichkeiten dieser Personen; ohne derartige formale Abgrenzungen ist eine sichere Aufteilung der Arbeiten nicht moeglich.

Zur Absicherung gegen betruegerische Operationen, die eine kontinuierliche Manipulation bestimmter Datenmengen erfordern (siehe Abschnitt 1.3.3.2), kann es zusaetzlich erforderlich sein, bestimmte Verantwortlichkeiten in gewissen Zeitabstaenden zwischen verschiedenen Personen nach einem Rotationsprinzip auszutauschen. Alternativ dazu kann auch verlangt werden, dass ein bestimmter Teil des Jahresurlaubs jedes Jahr an einem Stueck genommen wird, damit in der Zwischenzeit eine Vertretung die Moeglichkeit hat, auf Unregelmaessigkeiten zu stossen.

Mit der zunehmenden Verbreitung kleinerer und billiger EDV-Systeme entstehen allerdings immer mehr Rechenzentren in Organisationen, die so klein sind, dass eine derartige Funktionsaufteilung oder Personalrotation gar nicht moeglich ist; oft steht fuer alle der obengenannten Funktionen zusammen nur eine

einzige Person zur Verfuegung. Hier kann nur durch eine starke
Bindung dieser Person(en) an die Organisation ein gewisser Schutz
erreicht werden, wenn dadurch sichergestellt wird, dass eine
Verletzung der Datensicherheit nicht nur den Interessen der Organisation, sondern auch denen der fuer die Datenverarbeitung
zustaendigen Mitarbeiter direkt zuwider laeuft.

3.2.2.3 Personalwechsel - Ein kritischer Faktor fuer die Zuverlaessigkeit des Personals sind die bei Einstellung und Entlassung
ausgeuebten Praktiken. Einzustellende Personen, die im Rahmen
ihrer spaeteren Arbeit potentiell Zugriff auf sensitive Informationen erhalten werden, sollten einer geeigneten Sicherheits-
Ueberpruefung unterzogen werden. Diese Ueberpruefung sollte die
wesentlichen oeffentlich ueber diese Personen zugaenglichen Informationen umfassen, zu denen insbesondere moegliche Vorstrafen
gehoeren. Auch die generelle Zahlungsmoral der Personen ist von
Interesse; haeufige Zahlungsversaeumnisse deuten auf finanzielle
Probleme hin, die diese Personen eher zu illegalen Operationen
geneigt machen koennen, wenn sie sich dadurch ihrer finanziellen
Sorgen entledigen koennen.

Auch der Leumund der einzustellenden Person kann wertvolle
Hinweise auf moegliche Sicherheitsrisiken geben; sofern dies
moeglich und in der gegebenen Situation zu rechtfertigen ist,
sollten auch Informationen vom vorherigen Arbeitgeber und von
langjaehrigen Bekannten des potentiellen neuen Mitarbeiters einge-
holt werden. Dabei ist zu beachten, dass diese Personen sich im
Schnitt ueber den Befragten nicht ohne weiteres negativ aeussern
werden, so dass derartige Anfragen hauptsaechlich dazu dienen,
groessere Probleme rechtzeitig aufzudecken. Es empfiehlt sich
auch, die auf solche Art erhaltenen Informationen mit den Aussagen
des Betroffenen selbst zu vergleichen, da man so direkten Einblick
in die Ehrlichkeit seiner Aussagen gewinnt.

Bei sicherheitssensitiven Taetigkeiten empfiehlt es sich, neu
eingestellten Personen nicht sofort alle Rechte ihrer spaeteren
Taetigkeit zu geben, sondern sie im Rahmen einer Probezeit erst
allmaehlich an ihre spaetere Aufgabe heranzufuehren. Durch dieses
Vorgehen lassen sich spaetere Sicherheitsrisiken rechtzeitig
erkennen und abstellen.

Fast ebenso wesentlich wie eine vernuenftige Organisation des
Einstellungsverfahrens ist die Durchfuehrung sinnvoller und
korrekter Praktiken bei der Aufloesung des Arbeitsverhaeltnisses,
insbesondere in den Faellen, in denen diese Aufloesung nicht im
gegenseitigen Einverstaendnis geschieht, sondern zu Veraergerung
auf der einen oder anderen Seite fuehrt. Hier ist es wesentlich
zu verhindern, dass nach der Trennung unliebsame Ueberraschungen
auftreten, sei es, weil der Ex-Angestellte Firmeneigentum mitgehen
liess, sich auch nach seiner Kuendigung noch Zutritt zur Datenverarbeitung verschaffen kann oder sogar explizit irgendwo im
System eine "Zeitbombe" gelegt hat, die nach seinem Weggehen
wichtige Daten oder Programme vernichtet - derartige Faelle sind
oft genug vorgekommen. Es ist daher besonders wichtig, den Personen, die die Organisation verlassen, den weiteren Zugang zur
Datenverarbeitung dieser Organisation zu versperren, was durch die
Verpflichtung zur Abgabe von Schluesseln, Kennkarten usw. und durch

die sofortige Aufloesung ihrer Benutzer-Berechtigungen oder die
Aenderung der Passwoerter geschehen kann.

Problematisch ist in diesem Zusammenhang der Einsatz von
Zeitangestellten, Fremdpersonal und freien Mitarbeitern, der
gerade auf dem Gebiet der Software-Entwicklung recht haeufig ist.
Es ist oft sehr schwer, die dadurch entstehenden Sicherheitsrisiken abzuschaetzen und in den Griff zu bekommen; allgemeine
Schutzmassnahmen gegen Risiken dieser Art lassen sich nur schwer
angeben - ausser dem Hinweis auf die generell notwendige Vorsicht.

3.2.2.4 Die Beziehungen zwischen Organisation und Personal - Ein
weiterer wesentlicher Faktor fuer die Sicherheit des Personals
einer datenverarbeitenden Organisation ist die Art und Qualitaet
der Beziehungen zwischen der Organisation einerseits und den
einzelnen Mitarbeitern bzw. der Gesamtheit des Personals andererseits. Herrscht hier ein offenkundiges Gegeneinander der Interessen, so darf man a priori vom Personal nur eine wesentlich
geringere Loyalitaet erwarten als im Fall guter Zusammenarbeit.
Es ist daher wesentlich, dass von Seiten der Organisation viel
fuer ein vernuenftiges Verhaeltnis zwischen Organisation und
Mitarbeitern und auch zwischen den einzelnen Mitarbeitern getan
wird. Liegt hier eine gute Zusammenarbeit vor, so wird es fuer
den Einzelnen auch erheblich schwieriger, auszubrechen und sich
der Organisation und den anderen Mitarbeitern entgegenzustellen,
um auf eigene Faust illegale Operationen vorzunehmen.

Zu diesen guten Beziehungen zwischen Organisation und Personal gehoert auch eine kontinuierliche Kommunikation mit den Mitarbeitern; oft koennen so moegliche Sicherheitsrisiken, die einem
Mitarbeiter auffallen, abgestellt werden, ehe sie zu einem Schaden
fuehren. Dazu ist es vor allem erforderlich, dass Bedenken, die
von einem Mitarbeiter vorgebracht werden, auch ernst genommen
werden und seitens der Organisation zu einer entsprechenden Reaktion fuehren. Merken die Mitarbeiter dagegen, dass seitens der
Organisation kein Interesse an Sicherheitsfragen besteht, so
braucht sich niemand zu wundern, wenn auch die Bereitschaft des
Personals, sich um diesen Bereich Gedanken zu machen, erheblich
abnimmt. Im Gegenteil ist es dann sogar wahrscheinlich, dass in
einer solchen Umgebung Verletzungen der Sicherheitsvorschriften
zunehmen, bis hin zu einer Erhoehung der Wahrscheinlichkeit illegaler Operationen.

Generell laesst sich zu diesem Thema feststellen, dass die
Gefahr von Verletzungen der Datensicherheit durch eigene Mitarbeiter umso groesser ist, je schlechter das Betriebsklima ist und
je mehr ein Gegeneinander von Organisation und Mitarbeitern und
unter den Mitarbeitern selbst herrscht. Hinzu kommt, dass in
einer solchen psychischen Umgebung im Mittel auch die Gefahr
anwaechst, dass einzelne Mitarbeiter sich in irgendeiner Sache
ungerecht behandelt oder uebervorteilt fuehlen - und dann auf die
Idee kommen, diese Situation in ihrem Sinne zu veraendern. Auf
diese Weise ist der naechste Fall von Computer-Kriminalitaet schon
vorprogrammiert.

3.3 Wert und Kosten

3.3.1 Der Wert der Information

Man darf sich durch die bisherigen Ausfuehrungen ueber die Notwendigkeit des Schutzes der Informationen in Datenverarbeitungsanlagen nicht zu der Meinung verfuehren lassen, jede dort gespeicherte Information muesse mit hoechster Prioritaet gegen alle Eventualitaeten geschuetzt werden. Ein derartiger Ansatz wuerde zu einer so restriktiven Datenverwaltung fuehren, dass der operationelle Nutzen der Datenverarbeitung weitgehend aufgehoben waere.

Ein nicht unbetraechtlicher Teil der Informationen, die sich in einem EDV-System befinden, sind transiente Daten, die nur sehr kurze Zeit - oft nur fuer Stunden oder Minuten - einen bestimmten Wert haben. Verfahren der Datensicherung auf derartige Daten auszudehnen, waere ein sehr kostspieliges und dabei voellig nutzloses Unterfangen, da manche Daten schon zum Zeitpunkt der Sicherung bedeutungslos waeren.

Zu diesen temporaeren Daten kommen Daten, die zwar fuer die momentane Arbeit einen hohen Wert haben, jedoch nur aus anderen Daten abgeleitet sind. Wenn es moeglich ist, diese abgeleiteten Daten notfalls schnell und einfach wieder zu erzeugen, so ist es ebenfalls nicht sinnvoll, die Datensicherung auf sie auszudehnen, wenn es auch hoechst notwendig sein kann, sie vor unberechtigtem Zugriff und/oder illegalen Manipulationen zu schuetzen.

Um das fuer eine bestimmte Information angebrachte Sicherungsverfahren und auch die notwendigen Zugriffskontrollen festlegen zu koennen, ist es erforderlich, den Wert dieser Information zu bestimmen. Es ist jedoch im allgemeinen nicht moeglich, die Frage nach dem Wert einer bestimmten Information absolut zu beantworten, da dieser Wert fuer verschiedene Personen verschieden sein kann. Dabei sind fuer diese im wesentlichen drei unterschiedliche Relationen zu einer Information moeglich [33]:

-   Der "Eigentuemer" ist diejenige Person oder Organisation, die ueber diese Information verfuegt und sie benutzt bzw. mit ihr arbeitet.

-   Die "Quelle" ist diejenige Person oder Organisation, von der die Information erhalten wurde bzw. auf die sie sich bezieht.

-   Der "Eindringling" ist eine Person oder Organisation, der den Zugriff auf diese oder die Manipulation dieser Information wuenscht, ohne dies normalerweise zu koennen oder zu duerfen.

Unterschiedliche Arten von Informationen koennen fuer verschiedene dieser Gruppen sehr verschiedenen Wert haben, wobei man grob drei Kategorien von Informationen unterscheiden kann:

-   Kritische Arbeitsdaten wie etwa der aktuelle Lagerbestand haben einen hohen Wert fuer den Eigentuemer, ohne jedoch fuer die Quelle oder den Eindringling aehnlich wertvoll zu sein. Bei diesen Informationen kommt es hauptsaechlich auf ihren Schutz vor Zerstoerung an.

- Personenbezogene Daten haben den groessten Wert fuer die
  Quelle und hoechstens mittelbar einen gewissen Wert fuer
  bestimmte Arten von Eindringlingen. Informationen dieser Art
  sind eher gegen unzulaessige Zugriffe, insbesondere Veraenderungen, zu schuetzen. Besonders sensitive personenbezogene
  Daten, vor allem aus dem medizinischen Bereich, koennen jedoch auch einen sehr strikten Schutz gegen unbefugte Einsichtnahme jeder Art erfordern.

- Interne Daten wie etwa die aktuelle Planung der Produktion
  oder Werbung schliesslich koennen den hoechsten Wert fuer den
  Eindringling haben, waehrend der konkrete Wert fuer Eigentuemer oder Quelle durchaus nur ein maessiger sein kann.
  Daher ist es fuer diese Art von Informationen vor allem
  wichtig, dass sie gegen illegale Zugriffe geschuetzt sind.

Waehrend also fuer personenbezogene und interne Daten vor
allem die Frage der Kontrolle des Zugriffs auf diese Daten eine
wesentliche Rolle bei der Planung des Datenschutzes spielt, ist
zur Planung der notwendigen Verfahren der Datensicherung vor allem
eine Bestimmung der kritischen Arbeitsdaten erforderlich. Auch
diese Daten benoetigen jedoch nicht den gleichen Sicherungs-
aufwand, da sich fuer sie durchaus unterschiedliche Schutzanforderungen ergeben koennen. Es ist daher erforderlich, fuer die
einzelnen kritischen Arbeitsdaten jeweils zu bestimmen,

- welche Kosten ihr totaler Verlust verursacht,

- welche Kosten ihre zeitweilige Unverfuegbarkeit verursacht,

- wie diese Kosten mit der Dauer der Unverfuegbarkeit anwachsen
  und

- welche maximale Dauer der Unverfuegbarkeit noch toleriert
  werden kann.

Eine derartige Analyse fuehrt zu einer sehr detaillierten
Aufstellung der Schutzanforderungen der einzelnen Arbeitsdaten,
aus der sich die kritischen Datenmengen bestimmen lassen. Zur
Festlegung geeigneter Sicherungsverfahren empfiehlt es sich, die
Ergebnisse in geeignete Gruppen zusammenzufassen, um zu einheit-
lichen und nicht zu komplizierten Vorschriften fuer die Durchfuehrung der Datensicherung zu kommen. Hat man bestimmte Datenmengen zu einer dieser Gruppen zugeordnet, so sind damit auch die
notwendigen Sicherungsmassnahmen festgelegt, wenn man sich einmal
fuer jede der Gruppen festgelegt hat. Dabei hat sich die folgende
Einteilung in vier Klassen bewaehrt [72]:

I. Kritische Daten sind solche, die absolut notwendig zur
   Durchfuehrung des Betriebs sind, nicht ersetzbar oder nicht
   schnell wiederherstellbar sind. Dazu gehoeren unter anderem
   das Betriebssystem und alle kontinuierlich laufenden Anwendungsprogramme sowie bestimmte damit bearbeitete Daten.

II. Wichtige Daten sind solche, die absolut notwendig zur Durch-
    fuehrung des Betriebs sind, aber mit tragbarem Aufwand
    reproduziert werden koennen.

III.   Nuetzliche Daten sind solche, deren Zerstoerung zwar einige
       Unbequemlichkeit verursacht, jedoch nicht eine wesentliche
       Betriebsunterbrechung zur Folge hat, oder die mit relativ
       geringem Aufwand restauriert werden koennen.

IV.   Unwichtige Daten schliesslich sind solche, deren Zerstoerung
      keine groesseren Folgen hat; diese Daten werden eigentlich
      nicht laenger gebraucht.

Hat man die Wichtigkeit der Informationen in einem Datenverarbeitungssystem nach diesem Klassifikationsschema einmal
festgelegt, so genuegt es zur vollstaendigen Beschreibung der fuer
alle Daten anzuwendenden Sicherungsmassnahmen anzugeben, welche
dieser Massnahmen fuer jede Klasse zu treffen sind. Im allgemeinen wird man fuer kritische Daten alle im Abschnitt 3.1.5
beschriebenen Verfahren, soweit sie in der betreffenden Situation
ueberhaupt anwendbar sind, zur Sicherung vorschreiben, und fuer
die wichtigen Daten wird zumindest ein Teil dieser Massnahmen
notwendig sein. Von den nuetzlichen Daten wird man dagegen meist
nur in groesseren Abstaenden Sicherheitskopien erzeugen - und auf
die Sicherung der unwichtigen Daten schliesslich kann man getrost
ganz verzichten.

3.3.2 Bestimmung des Nutzens des Schutzes

Welche Schutzmassnahmen in einem konkreten Fall vorzusehen
sind, kann nicht allgemein gesagt werden, da diese Massnahmen
nicht zu vernachlaessigende Kosten verursachen. Es ist daher
erforderlich, den zu erwartenden Nutzen - naemlich den Schutz
durch eine bestimmte Massnahme - zu seinen Kosten in Relation zu
setzen. Zu einem sinnvollen Schutzsystem gelangt man dann, wenn
es gelingt, solche Massnahmen auszuwaehlen, die bei minimalen
Kosten den maximalen Nutzen erzielen. Waehrend die Kostenfaktoren
im naechsten Abschnitt diskutiert werden, soll zunaechst der
Begriff des Nutzens genauer untersucht werden.

Dabei muss man, um zu realistischen Aussagen zu kommen,
diesen Begriff in zwei Komponenten zerlegen:

-   Die "Schadenshoehe" beschreibt, welche Auswirkungen ein
    bestimmter Schaden hat, wenn er erst einmal eingetreten ist.
    Diese Groesse laesst sich am einfachsten dann auf eine
    einheitliche Skala beziehen, wenn man alle Schaeden als
    finanzielle Verluste in DM (oder sonstigen Waehrungs-
    einheiten) ausdrueckt. Sollen bestimmte Schadenstypen aus
    irgendwelchen Gruenden absolut ausgeschlossen werden, so kann
    dies durch Zuordnung einer extrem grossen Schadenshoehe
    erreicht werden; es ist auf diese Weise auch moeglich,
    monetaer nicht direkt zu beziffernde Schaeden wie etwa
    Verletzungen der Privatsphaere (mit allen daraus resul-
    tierenden rechtlichen Folgen) in die Berechnung des Nutzens
    mit einzubeziehen.

-   Die "Schadenswahrscheinlichkeit" dagegen beschreibt, wie
    haeufig der betreffende Schaden innerhalb eines bestimmten
    Zeitraumes, etwa eines Jahres, auftritt.

Aus Schadenshoehe und Schadenswahrscheinlichkeit laesst sich dann der <u>durchschnittliche</u> <u>potentielle</u> <u>Verlust</u> berechnen, der durch diesen Schaden waehrend eines Jahres eintritt. Der Nutzen einer Schutzmassnahme, die den betreffenden Schaden ausschliesst oder seine Wahrscheinlichkeit auf wesentlich niedrigere Werte absinken laesst, ist dann gerade das Negative dieses durchschnittlichen potentiellen Verlustes.

Leider ist der tatsaechliche Nutzen einer bestimmten Schutzmassnahme nicht so einfach zu bestimmen, wie dies nach dem bisher Gesagten zunaechst scheinen mag. Hierfuer sind mehrere Gruende anzufuehren:

- Die Bestimmung der Hoehe eines bestimmten Schadens kann im allgemeinen nur auf der Basis einer groben Schaetzung erfolgen; selbst wenn man ueber den Wert der davon betroffenen Informationen relativ klare Vorstellungen hat, ist es meist nicht einfach, eine Schadenshoehe fuer den Fall ihres Verlustes oder ihrer Aufdeckung nach aussen anzugeben.

- Noch ungenauer sind die Schaetzungen der Schadenswahrscheinlichkeit. Hier hat man im besten Fall statistische Daten ueber tatsaechlich vorgekommene Schaeden der betreffenden Art, die aber im konkreten Fall durchaus nicht zuzutreffen brauchen. (So ist zum Beispiel die allgemeine Wahrscheinlichkeit, dass ein Rechenzentrum ueberschwemmt wird, wesentlich weniger aussagekraeftig als die Folgerungen, die sich direkt aus der geographischen Lage des im Einzelfall betrachteten Rechenzentrums ergeben.) Meist jedoch hat man ueberhaupt keinen Anhaltspunkt fuer die wahrscheinliche Schadenshaeufigkeit, so dass man die Schadenswahrscheinlichkeit eigentlich nur raten kann.

- Selbst wenn man die beiden Faktoren fuer einen bestimmten Schadenstyp festlegen konnte, so ergibt sich daraus noch nicht automatisch der Nutzen einer bestimmten Schutzmassnahme, da diese Schutzmassnahme im allgemeinen nicht nur gegen diesen einen Schadenstyp wirkt und da umgekehrt oft auch eine Kombination bestimmter Schutzmassnahmen einen Nutzen bringt, der groesser oder kleiner als die Summe der Werte der einzelnen Massnahmen ist. Auf diese Weise ergeben sich komplizierte wechselseitige Abhaengigkeiten zwischen Schadenstypen einerseits und Massnahmen andererseits; zur Berechnung des Nutzens muessen jedoch diese Abhaengigkeiten beruecksichtigt werden.

Um den Nutzen der Installation bestimmter Schutzmassnahmen wenigstens abschaetzen zu koennen, ist es daher erforderlich, eine <u>Risiko-Analyse</u> durchzufuehren, die die Einzelwerte fuer Schadenshoehe und -wahrscheinlichkeit bestimmt und die genannten wechselseitigen Abhaengigkeiten beruecksichtigt. Die Praxis hat dabei gezeigt, dass eine solche Analyse schon dann zu recht brauchbaren Ergebnissen fuehrt, wenn man auch nur realistische Zehnerpotenzen fuer die Einzelfaktoren zugrundelegt; eine genauere Bestimmung der Faktoren eruebrigt sich in den meisten Faellen.

Die Durchfuehrung einer Risiko-Analyse ist meist eine auesserst komplexe Angelegenheit, deren Darstellung den Rahmen dieses Buches bei weitem sprengen wuerde. Der interessierte Leser sei deshalb hier auf [25,26] verwiesen.

3.3.3 Kosten der Installation des Schutzes

Hat man einmal den Nutzen einer bestimmten Schutzmassnahme bestimmt oder zumindest geschaetzt, so ist es sinnvoll, diesen Wert zu den Kosten dieser Massnahme in Beziehung zu setzen. Waehrend sich der Nutzen nach der angewandten Berechnungsgrundlage als eine Groesse der Dimension Preis/Zeit ergibt, sind bei den Kosten zwei unterschiedliche Komponenten zu beruecksichtigen:

- die einmaligen Kosten der Anschaffung und/oder Installation
  des Schutzes, und

- die laufenden Kosten, die durch die Nutzung der Schutzmassnahme entstehen.

Die laufenden Kosten wurden im Abschnitt 3.1.3 diskutiert, und die einmaligen Kosten sind im allgemeinen relativ direkt zu bestimmen, so dass diese Seite der Kosten-/Nutzen-Analyse oft weniger problematisch ist als die im vorigen Abschnitt beschrie- bene, wenn man einmal von den unter 3.1.3 genannten impliziten Kosten absieht.

An dieser Stelle soll jedoch noch ein weiterer Aspekt des Kosten-/Nutzen-Verhaeltnisses ins Spiel gebracht werden. Schutz- massnahmen verursachen naemlich nicht nur demjenigen Kosten, der sie zur Abwendung eines potentiellen Schadens einsetzt; solche Massnahmen, die sich gegen moegliche Eindringlinge wenden, verur- sachen diesen ebenfalls Kosten, da sie zur Umgehung oder Ausser- betriebsetzung der Schutzmassnahmen Aufwand treiben muessen. Betrachtet man den Angriff auf den Schutz eines bestimmten Daten- verarbeitungssystems von einem wirtschaftlichen Standpunkt aus, so ist zu erwarten, dass bestimmte Arten dieses Angriffs dann unwahr- scheinlich werden, wenn die Kosten, die dem Eindringling durch die Schutzmassnahmen verursacht werden, erheblich hoeher sind als der Wert, den die Information in diesem System fuer ihn hat, also sein Arbeitsfaktor erheblich anwaechst (siehe auch Abschnitt 1.2.3).

Zu den direkten Kosten, die das Schutzsystem dem Eindringling durch den Zwang zu zeitraubenden, umstaendlichen oder teure Geraete erfordernden Operationen auferlegt, kommen zusaetzlich indirekte Kosten, die dadurch entstehen, dass durch die Notwendig- keit solcher Operationen oft die Wahrscheinlichkeit der Entdeckung waechst. Wenn das Schutzsystem so konstruiert ist, dass zu seiner Umgehung zeitraubende Vorgaenge erforderlich sind, so steigt die Wahrscheinlichkeit, dass der Eindringling rechtzeitig erkannt und identifiziert wird, was fuer ihn dann wohl mit unangenehmen Folgen verbunden ist. Aus diesem Argument heraus sind auch solche Mass- nahmen wirksam, die gegen die Tat selbst nicht vorgehen, aber deren post-facto-Entdeckung sicherstellen - die indirekten Kosten fuer einen Eindringling koennen durch sie so hoch werden, dass es sich fuer ihn nicht mehr lohnt, seine Tat auszufuehren.

Man muss sich allerdings darueber im klaren sein, dass nicht alle Eindringlinge unter wirtschaftlichen Gesichtspunkten vorgehen; Schutzmassnahmen, die nur auf die Erhoehung des Arbeitsfaktors des Eindringlings abzielen, verfehlen ihren Zweck gegen Personen, die ihre illegalen Operationen aus anderen als wirtschaftlichen Ueberlegungen heraus durchfuehren. Es ist daher erforderlich, sich bei der Planung der Schutzmassnahmen auch Gedanken ueber die Motive potentieller Eindringlinge zu machen, wie sie im Abschnitt 1.3.2 aufgefuehrt sind.

3.3.4 Einfluss auf die Performance

Bei den im Abschnitt 3.1.3 angesprochenen indirekten Kosten der Schutzmassnahmen wurde als einer der hierfuer verantwortlichen Faktoren der Verlust an Performance durch Installation und Betrieb der Schutzmassnahmen genannt. Da dieser Faktor bei der Planung eines Schutzsystems nicht zu vernachlaessigen ist, soll das Kapitel ueber die organisatorische Ebene des Schutzes mit einer Betrachtung derjenigen Folgen von Schutzmassnahmen abgeschlossen werden, die sich mindernd auf die verfuegbare Leistung eines EDV-Systems auswirken. Eine solche Minderung ist immer dann zu erwarten, wenn die Schutzmassnahmen selbst einen nennenswerten Anteil der Systemleistung verbrauchen.

Generell laesst sich dabei feststellen, dass system-interne Massnahmen, die

- durch spezielle Hardware realisiert sind, im allgemeinen zwar die Kosten fuer ein System eben durch den Preis dieser Hardware erhoehen, dafuer jedoch die verfuegbare Rechenleistung, wenn ueberhaupt, nur in vernachlaessigbarem Umfang reduzieren,

- waehrend andererseits Massnahmen, die durch Software realisiert sind, die verfuegbare Rechenleistung bei ihrer Installation oder im Betrieb mehr oder weniger vermindern.

Betrachtet man zunaechst Massnahmen der Hardware-Ebene, wie sie im Kapitel 5 beschrieben sind, so stellt man fest, dass die meisten davon (wie etwa Zugriffsschutz auf den Hauptspeicher, virtuelle Speicherverwaltung, hierarchische Prozessor-Zustaende) zu einem komplexeren Aufbau des Zentralprozessors fuehren. Vergleicht man etwa die Komplexitaet eines Prozessors, der ueber derartige Schutzmechanismen verfuegt, mit der eines aehnlichen Prozessors ohne diese Mechanismen, so stellt man erhebliche Unterschiede fest, die allein durch das Vorhandensein dieser Schutzmassnahmen bedingt sind. Es ist klar, dass eine derartige Komplexitaet den Zentralprozessor mehr oder weniger verteuert, doch ist hier zu ueberlegen, dass bei groesseren EDV-Systemen durch die Fortschritte der Halbleiter-Technologie der Zentralprozessor zunehmend eine untergeordnete Rolle bei den Gesamtkosten spielt.

Hinzu kommt, dass durch die Verfuegbarkeit bestimmter Schutzmassnahmen auf der Hardware-Ebene manche sonst notwendigen Pruefungen innerhalb der Software ueberfluessig werden, so dass man zum Teil mit langsameren Zentralprozessoren dieselbe Leistung des Anwendersystems erreichen kann. Nun interessiert es einen kostenbewussten Anwender eigentlich nicht, wieviele Maschineninstruktionen ein bestimmter Rechner in einer Sekunde ausfuehren kann, sondern wie lange dieser Rechner zur Bewaeltigung des Anwenderproblems benoetigt. Man kann daher mit einem langsameren Zentralprozessor, der durch geeignete Hardware-Schutzmassnahmen auf haeufige Software-Schutzpruefungen verzichten kann, dem Anwender dieselbe Netto-Rechenleistung bieten wie die eines schnelleren Zentralprozessors ohne diese Schutzmassnahmen. Da die Hardware-Kosten eines Zentralprozessors mit seiner Geschwindigkeit erheblich anwachsen, kann somit der komplexere, geschuetzte Prozessor bei gleicher Leistung dennoch die kostenguenstigere Loesung sein.

Diese Diskussion setzt natuerlich voraus, dass zur Durchfuehrung von Software-Schutzmassnahmen erhebliche Rechenvorgaenge benoetigt werden. Dies ist in der Tat fuer bestimmte Arten des Schutzes durch Software der Fall. Soll etwa garantiert werden, dass ein Programm nur auf seine eigenen Daten zugreift und dass jeder schreibende Zugriff auf

- eigene konstante Daten

- den eigenen Programm-Code

- fremde Daten und Programme

zuverlaessig erkannt und verhindert wird, so besteht, wenn man die Verifikation des Programms (siehe Abschnitt 6.7.3) wegen ihres Aufwandes hier einmal aus den Betrachtungen ausschliesst, nur die Moeglichkeit, jeden einzelnen Zugriff auf den Hauptspeicher auf seine Zulaessigkeit zu ueberpruefen. Beruecksichtigt man nun, dass eine solche Ueberpruefung durch Software im Schnitt mehrere Maschineninstruktionen erfordert, waehrend andererseits im Mittel jede oder jede zweite Instruktion eines Programms einen Speicherzugriff ausfuehrt, so erkennt man schnell den enormen Performance-Verlust, den ein derartiger Ansatz bringen wuerde.

Durch den Einsatz geeigneter Programmiersprachen wie etwa Pascal ist es moeglich, einen Grossteil dieser Ueberpruefungen ueberfluessig zu machen. Ein korrekter Compiler garantiert, dass alle Zugriffe auf Variablen zu erlaubten Hauptspeicher-Zugriffen fuehren, und nur noch Zugriffe auf dynamische Strukturen und Elemente von Feldern, die variabel adressiert werden, beduerfen einer Ueberpruefung, die allerdings immer noch nicht zu vernachlaessigenden Rechenaufwand und damit Performance-Verlust mit sich bringt.

Dazu kommt noch, dass zur Uebersetzung umfangreicher Programmsysteme, die waehrend dieser Uebersetzung auf die Zulaessigkeit aller Zugriffe auf Variablen untersucht werden sollen, ein erheblicher Aufwand getrieben werden muss - sofern die Sprache nicht die Programmiermoeglichkeiten und damit ihre eigene Anwendbarkeit entsprechend einschraenkt. Was man durch den Einsatz des Compilers an Performance zur Laufzeit gewinnt, verliert man aus diesem Grund durch den Aufwand zur Compile-Zeit (oder durch die Restriktionen der Sprache). Dieser Effekt ist durchaus zu beruecksichtigen, da das klassische Bild von dem

Programm, das einmal uebersetzt wird und dann viele Male laeuft,
in vielen Programmierumgebungen in das glatte Gegenteil verkehrt
wird: Dort muss ein Programm x-mal uebersetzt werden, bis es
ueberhaupt ans Laufen kommt, und anschliessend wird es vielleicht
nie wieder benutzt. Es ist daher bei der Beurteilung des Perfor-
mance-Gewinns durch den Einsatz eines die Korrektheit pruefenden
Compilers vorab zu klaeren, ob dieser Gewinn in der gegebenen
Situation nicht durch den Aufwand zur Uebersetzung wieder zunichte
gemacht wird.

Auf einer anderen Ebene liegen die Fragen der Zugriffsueber-
pruefung auf Datenmengen, die nur schwer auf einer anderen Ebene
als der der Software durchgefuehrt werden koennten. Hier haengt
der Performance-Verlust durch diese Ueberpruefungen sehr stark von
der Granularitaet der zu schuetzenden Datenmengen ab. Waehrend
ein Schutz auf Datei-Ebene relativ unkritisch ist, da er im Rahmen
der sowieso aufwendigen Datei-Eroeffnung erfolgen kann, fuehren
Zugriffsueberpruefungen in Datenbanken, die eventuell bis auf die
Ebene einzelner Datenfelder oder Saetze reichen, unter Umstaenden
zu erheblichem Leistungsverlust, vor allem dann, wenn sie auch
noch komplexe datenabhaengige Pruefungen erfordern. Welcher
Performance-Verlust hier noch als tragbar angesehen wird, kann nur
im Zusammenhang mit der geforderten Granularitaet des Schutzes
bestimmt werden.

Aehnlich, wenn auch in der Praxis nicht so gravierend, ist
der Performance-Verlust, der sich durch die Notwendigkeit zur
Identifikation des Benutzers ergibt. Erfolgt diese Identifikation
nur einmal zu Beginn einer laengeren Arbeitseinheit, so ist der
Performance-Verlust (und auch die Belaestigung des Benutzers) zu
vernachlaessigen. Haeufigere Verifikation der Benutzer-Identitaet
kann zwar fuer die Sicherheit erforderlich sein, aber sie fuehrt
auch zu einem entsprechend groesseren Aufwand.

Ueberwachung des Systembetriebs durch Monitoring oder dessen
nachtraegliche Analyse durch Auditing (siehe Abschnitt 6.6) erfordert ebenfalls einen nicht immer vernachlaessigbaren Aufwand, entweder zum Bestimmen des aktuellen Systemzustandes oder zu dessen
Aufzeichnung und Auswertung. Auch hier gilt, dass sich die
Schutzmassnahmen umso staerker auf die verfuegbare Leistung des
Systems auswirken, je umfassender sie sind. Da an dieser Stelle
"umfassender" nicht unbedingt mit "groessere Sicherheit" gleich-
zusetzen ist, erfordert gerade diese Schutzmassnahme ein sorg-
faeltiges Abwaegen von Kosten und Nutzen einer bestimmten Art von
Ueberwachung.

Abschliessend sei noch eine Schutzmassnahme genannt, die
zwar, wie im Abschnitt 9.3 ausgefuehrt, einen sehr hohen Schutz
gewaehrleisten kann, aber dafuer auch einen extremen Aufwand
erfordern kann: die Verschluesselung. Wegen der Komplexitaet der
guten Verschluesselungs-Algorithmen erfordert die Ver- und Entschluesselung von Daten einen sehr hohen Rechenaufwand, der die
verfuegbare Leistung eines Systems spuerbar absinken laesst, so
dass eine generelle Verschluesselung aller Daten zur Zeit
technisch nicht machbar oder zumindest nicht sinnvoll ist. Auch
der Einsatz spezialisierter Hardware zur Verschluesselung ist nur
fuer bestimmte Anwendungen moeglich, da sich mit derartigen
Geraeten nur Datenraten in der Groessenordnung von Terminal-
Leitungsgeschwindigkeiten erreichen lassen - ein verschluesselnder

Platten-Controller wird fruehestens mit der Verfuegbarkeit extrem schneller Schaltkreise ("VHSIC", "very high speed integrated circuits") eine realistische Moeglichkeit.

3.4 Zusammenfassung

Die auf der organisatorischen Ebene einzusetzenden Schutzmassnahmen haengen nicht zuletzt von der Organisationsstruktur des zu schuetzenden Rechenzentrums ab. Es ergeben sich wesentliche Unterschiede, je nachdem, ob es sich um einen offenen oder geschlossenen Betrieb handelt, und in Abhaengigkeit vom Vorhandensein oder Nicht-Vorhandensein von Fernzugriffsmoeglichkeiten.

Bei der in jedem Fall zu realisierenden Kontrolle der Berechtigungen der System-Benutzer sind im wesentlichen die Verantwortlichkeiten dieser Benutzer und deren Rolle in der Organisation als zentrale Kriterien zugrundezulegen. Dies ist jedoch nur dann moeglich, wenn eine eindeutige Identifikation der Benutzer vom System her erfolgen kann, da sonst jede Person jede beliebige Rolle einnehmen bzw. vorspiegeln kann.

Generelles Ziel der Schutzmassnahmen ist es, vor allem auf der organisatorischen Ebene des Schutzes, die Zuverlaessigkeit des Rechenbetriebes und die Verfuegbarkeit der Systemleistungen zu erhoehen. Wenn dieses Ziel erreicht werden soll, so ist insbesondere der Zuverlaessigkeit der Schutzmassnahmen selbst und damit auch ihrer Umgehbarkeit besondere Aufmerksamkeit zu widmen. Hierzu gehoert auch eine explizite Vorsorge und Planung fuer den Notfall, die die notwendigen Vorkehrungen zur Begrenzung des Schadens und zur schnellstmoeglichen Rueckkehr in den Normalzustand beinhalten muss. Hier sind vor allem die Verfahren zur Sicherung des Datenbestandes zu nennen, da diese den wichtigsten Beitrag zum Schutz gegen Zerstoerung leisten; der Umfang dieses Schutzes hat sich nach dem - jeweils im Einzelnen zu bestimmenden - Wert der Informationen zu richten.

Auf der organisatorischen Ebene des Schutzes spielt auch die Auswahl des mit der Datenverarbeitung befassten Personals eine wichtige Rolle. Dies bedeutet im wesentlichen, dass die Verantwortlichkeiten nicht nur klar festgelegt werden muessen, sondern auch geeignet auf das Personal zu verteilen sind. Eine solche Personalpolitik ist jedoch nur dann erfolgreich, wenn auf seiten der Organisation eine sicherheitsbewusste Haltung vorliegt und wenn diese Haltung gleichzeitig beim Personal gefoerdert wird.

Der Nutzen eines Schutzprogramms richtet sich nicht zuletzt nach dem Wert und dem Schutzbeduerfnis der bearbeiteten Informationen; dieser Nutzen ist im Rahmen einer Kosten-/Nutzen-Analyse zu dem beabsichtigten oder tatsaechlich getriebenen Aufwand in Beziehung zu setzen. In eine solche Analyse gehen als wichtige Faktoren auf der Seite des Nutzens die Hoehe und die Wahrscheinlichkeit der einzelnen Schadensarten ein, waehrend auf der Seite der Kosten neben den direkten Kosten oft auch ein nicht zu vernachlaessigender Verlust an Performance, sowohl innerhalb der Datenverarbeitung als auch in ihrem Umfeld, zu nennen ist.

4 Physischer Schutz

4.1 Klassifikation

4.1.1 Arten der Bedrohung

Waehrend es ein Hauptziel der organisatorischen Schutzmassnahmen ist, fuer eine geeignete Einbettung eines Rechenzentrums-
betriebs in seine Umgebung zu sorgen und damit (unter anderem) die
Durchfuehrung der Schutzmassnahmen der anderen Ebenen zu gewaehrleisten, soll durch den physischen Schutz die Unversehrtheit der
Rechner und der Datentraeger erreicht werden. Ist ein solcher
physischer Schutz nicht gegeben, so ist es muessig, ueber Schutzmassnahmen auf der Hardware- oder Software-Ebene ueberhaupt noch
zu reden, da diesen Massnahmen jederzeit die Grundlage entzogen
werden kann.

Damit man sich darueber klar wird, **was** auf dieser Ebene gegen
welche Bedrohung zu schuetzen ist, empfiehlt es sich, die
einzelnen gegen die physische Sicherheit wirkenden Bedrohungen zu
charakterisieren [9]:

- Zum Verlust oder zur unerwuenschten Weitergabe von Information kommt es unter anderem durch Neugier, die einen
  Benutzer, Programmierer oder einen Aussenseiter dazu
  verfuehrt, sich diese Information zu verschaffen, obwohl er
  dazu kein Recht besitzt. Auf der physischen Ebene besteht
  dieses "Beschaffen" im physischen Zugriff auf ein diese
  Information enthaltendes Medium, sei es ein Magnetband, ein
  Listing oder der aktuelle Bildschirminhalt eines Terminals.
  Rein logische Zugriffe innerhalb eines Rechners werden auf
  dieser Ebene nicht betrachtet, ebensowenig wie Modifikationen
  von Daten, da diese auf der logischen Ebene des Zugriffs
  erfolgen. Vom Standpunkt des Schutzes her ist es dabei unerheblich, ob diese Neugier das primaere Motiv ist oder ob sie
  durch sekundaere Motive, wie etwa Bezahlung durch die Konkurrenz, gestuetzt wird.

- Es ist zweckmaessig, eine bestimmte Art der Informations-
  Weitergabe von der allgemeinen Gruppe der Neugier abzu-
  spalten, und zwar handelt es sich hier um das Abhoeren des
  Datentransportes auf Leitungen und/oder Richtfunkstrecken
  (bzw. Einflussnahme durch Modifikation oder Blockierung des
  Datentransportes). Hier ist das Ergebnis der Tat ein aehnliches wie bei direktem physischem Kontakt zum Traeger der
  Information, doch kann der Taeter vom Ort des Geschehens weit
  entfernt sein.

- Eine andere Form von Verlust von Informationen, Datentraegern
  oder ganzen Datenverarbeitungssystemen kann durch <u>Vandalismus</u>
  entstehen. Dabei kommt es dem Taeter - aus welchen Motiven
  auch immer - gar nicht darauf an, selbst einen direkten
  Nutzen aus seiner Tat zu ziehen; es reicht ihm, durch
  gewollte Zerstoerung von Daten, Medien oder ganzen Rechenzentren einen moeglichst grossen Schaden anzurichten.

- <u>Sabotage</u> hat im Prinzip dieselben Auswirkungen und Ziele,
  doch geht hier der Taeter im allgemeinen subtiler vor, indem
  er die Ergebnisse seiner Tat soweit verschleiert, dass sie
  erst bei der Benutzung der Geraete oder der Verwendung der
  Daten bzw. ihrer Traeger offenkundig werden - was eventuell
  erst lange nach der Tat und zu einem Zeitpunkt sein kann, zu
  dem eine Rueckgaengigmachung der Ergebnisse der Tat sehr
  schwierig ist.

- In ihren Auswirkungen vergleichbar mit den beiden zuletzt
  genannten Bedrohungen ist die Zerstoerung von Datentraegern
  und Geraeten durch <u>physische Einwirkung</u> wie

  o **Feuer** im Rechenzentrum oder an Aufbewahrungsorten fuer
    Datentraeger;

  o **Wasserschaeden** (Hochwasser, aber auch Schaeden durch
    Leitungswasser);

  o **Russ** und **Rauch**, eventuell auch durch ein Feuer in der
    unmittelbaren Umgebung verursacht;

  o **Schmutz**, der durch seine Menge oder seine chemischen und/
    oder physikalischen Eigenschaften wirkt;

  o **Sturm** mit der daraus resultierenden Zerstoerung von
    Gebaeuden;

  o **Erdbeben**, die ausser Gebaeudeschaeden auch direkte
    Auswirkungen auf eine Datenverarbeitungsanlage haben
    koennen.

  Waehrend die Auswirkungen dieser Arten von Bedrohungen
  vergleichbar mit denen durch Vandalismus sind, ist hier der
  Einsatz anderer Typen von Schutzmassnahmen zweckmaessig, so
  dass es sich lohnt, diese Klasse von Bedrohungen gesondert zu
  betrachten.

- Beim <u>Diebstahl</u> von Geraeten und/oder Datentraegern gehen
  diese ihrem Eigentuemer zwar ebenso verloren wie bei ihrer
  Zerstoerung, doch ist hier als zusaetzlicher Aspekt zu
  beachten, dass durch diesen Diebstahl Informationen in unzulaessiger Weise weitergegeben werden koennen. So kann durch
  diese Art der Bedrohung ein doppelter Schaden entstehen;
  Taten dieser Art umfassen also in ihren Auswirkungen die der
  Neugier und der Zerstoerung durch physische Einwirkung.

Aus dieser Aufzaehlung ergibt sich eine Aufteilung der
physischen Bedrohungen in zwei unterschiedliche Kategorien:

- Auf der einen Seite hat man die gewollten, durch Personen
  absichtlich   hervorgerufenen Schaeden (Neugier, Abhoeren,
  Vandalismus, Sabotage und Diebstahl).

- Diesen stehen die Schaeden durch hoehere Gewalt (Feuer,
  Wasser, Rauch, Schmutz, Sturm und Erdbeben) gegenueber.

Es ist daher bei der Planung von physischen Schutzmassnahmen
zweckmaessig, sich auf

- die Abwehr unzulaessigen Eindringens und

- den Schutz vor Schaeden durch hoehere Gewalt

separat zu konzentrieren.

   Ehe jedoch eine Diskussion dieser beiden Klassen physischen
Schutzes erfolgen kann, muss zunaechst noch festgestellt werden,
gegen welche Verwundbarkeiten diese Massnahmen wirksam werden
koennen.

4.1.2 Ziele der Bedrohung

   Eine relativ uebersichtliche Klassifizierung der Verwundbarkeitsstellen auf der physischen Ebene ergibt sich, wenn man die
einzelnen Raeumlichkeiten betrachtet, die mit der Datenverarbeitung in irgendeiner Weise so zu tun haben, dass dort
eintretende Schaeden die Datensicherheit gefaehrden:

- Zunaechst denkt man hier natuerlich an den Rechnerraum
  selbst, da in ihm das Zentrum der EDV-Aktivitaet zu sehen
  ist. Die Menge der dort vorhandenen Geraete und Materialien
  macht diesen Raum in gleicher Weise fuer einen Dieb wie fuer
  einen Saboteur attraktiv, doch muss man sich klarmachen, dass
  sie gleichzeitig diesen Raum auch gegen die autonome Entstehung von Schaeden, insbesondere das Ausbrechen von
  Braenden, empfindlich machen.

     Waehrend bei einer zentralen Datenverarbeitung dieser
  Raum sowohl die am meisten gefaehrdete und deshalb auch oft
  am besten geschuetzte Stelle ist, stellt sich bei dezentraler
  und verteilter Datenverarbeitung das Problem, dass sich
  gefaehrdete Geraete und Materialien an Orten befinden, die
  bei weitem nicht den Schutz geniessen, wie ein traditionelles
  Rechenzentrum ihn hat (oder zumindest haben sollte).   Durch
  die Aufstellung von Computer-Systemen in Bueros und Werkhallen stellen sich daher zum Teil ganz neue Schutzprobleme,
  weil es erforderlich wird, die fuer einen Rechnerraum notwendigen Schutzmassnahmen auf derartige Umgebungen zu uebertragen.

- Bei Installationen, bei denen noch Batch-Verarbeitung mit
  entsprechender Papierproduktion vorherrscht, stellen die
  Ausgabe-Raeume ebenfalls eine sehr verwundbare Stelle dar,
  sowohl was die unerlaubte Einsichtnahme bzw. den Diebstahl
  von Druckausgaben betrifft, als auch durch die Feuergefaehrlichkeit der dort oft liegenden Papierberge.

- Bei kommerziellen Dialogsystemen mit Transaktions-Verarbeitung gibt es dagegen eine Bedrohung der <u>Terminalraeume</u>. Gefahren, die hier zu beruecksichtigen sind, umfassen die illegale Eingabe in den Rechner, aber auch das unzulaessige (Mit-)Lesen von Ausgaben auf ein Terminal. Schliesslich ist hier noch zu beachten, dass die Terminals an sich schon einen nicht zu vernachlaessigenden Wert darstellen, der fuer einen Dieb oder Saboteur von Interesse sein kann.

- Noch staerker durch Feuer, aber auch durch Wasser, sind die <u>Lagerraeume</u> fuer benoetigte Maeterialien wie Papier, Formulare, (leere) Magnetbaender usw. gefaehrdet. Es ist oft wichtiger, in diesen Raeumen Rauchmelder zu installieren als im Rechnerraum selbst, zumal sich in diesen Lagerraeumen im allgemeinen nur selten Personen aufhalten, so dass Schwelbraende hier eine groessere Chance haben, laengere Zeit unentdeckt zu bleiben und sich zu richtigen Braenden zu entwickeln.

- <u>Aufbewahrungsraeume</u> <u>fuer</u> <u>Datentraeger</u> sind durch Feuer aehnlich stark gefaehrdet; das Plastikmaterial der Magnetbandspulen, der Baender selbst und der Gehaeuse fuer Magnetplatten ist im allgemeinen sehr gut brennbar. Hinzu kommt, dass diese Stoffe beim Brennen zum Teil giftigen oder aetzenden Rauch (insbesondere Salzsaeure) erzeugen, so dass ein einmal eingetretener Brand oft nur schwer oder unter erhoehter Gefaehrdung loeschbar ist.

  Falls die auf den Datentraegern abgespeicherten Daten fuer Dritte von Interesse sind, so stellen diese Raeume natuerlich auch eine Verwundbarkeit ersten Ranges gegenueber Bedrohungen durch Diebstahl, Sabotage oder Vandalismus dar.

- Die Raeume, in denen <u>programmiert</u> wird, sind ebenfalls gegen physische Bedrohungen verwundbar. Dabei muss man zwischen herkoemmlicher Programmierung mit Papier und Bleistift und online-Programmierung unter Benutzung interaktiver Eingabegeraete, etwa an einem Timesharing-System, unterscheiden. Im ersten Fall richtet sich die Bedrohung vornehmlich gegen die dann vorhandenen materiellen Objekte wie Programmformulare oder Listen, waehrend bei online-Programmierung eine physische Bedrohung der Programmierraeume oft direkt zu einer Bedrohung des Systemzugangs wird, da hier nur zu oft jeder, der Zugang zu einem unbewachten Terminal erhaelt, von diesem aus in das System eindringen kann.

- Beim Einsatz von Datenfernuebertragung sind auch die <u>Kommunikationsraeume</u>, in denen Leitungsanschluesse, Modems, Datex-P-Controller und aehnliche Geraete zu finden sind, sowohl durch Zerstoerung als auch durch Abhoeren gefaehrdet.

- Sind Terminals und/oder andere Rechner ueber Datenfernuebertragung angeschlossen, so stellt sich auch die Frage der Sicherheit dieser <u>externen</u> <u>Geraete</u>, die im Prinzip auf dieselbe Weise zu beantworten ist wie fuer das lokale System. Erfolgt der Fernzugriff jedoch ueber ein oeffentliches Netz, so eruebrigen sich die meisten Aussagen ueber die Sicherheit des Zugangs zum Kommunikationspartner, da dann jeder, der ueber die notwendigen technischen Hilfsmittel verfuegt, als

Kommunikationspartner auftreten kann - hier muessen dann Schutzmassnahmen auf anderen Ebenen greifen (siehe Kapitel 9).

- Schliesslich sollte man auch besonders dem Raum seine Aufmerksamkeit schenken, den man bei seinen Sicherheitsplanungen uebersehen hat - vielleicht ist es ein Putzraum, in dem eine vom Anstreicher vergessene Flasche mit Nitroverduennung umgekippt ist und auslaeuft...

Ueber den Verwundbarkeiten dieser einzelnen Raeumlichkeiten darf man nicht vergessen, dass allein schon die Zugangsmoeglichkeit zum Rechenzentrum eine seiner verwundbaren Stellen ist. Sofern der Zugang zum Rechenzentrum als Ganzem kontrolliert ist, sind Kontrollen des Zugangs zu einzelnen seiner Raeume oft weniger kritisch. Man sollte hierbei jedoch bedenken, dass die verschiedenen genannten Raeume auch verschiedene Funktionen haben und deshalb verschiedenen Gruppen von Personen zugaenglich sein sollten. Im Sinne der Funktionsaufteilung, wie sie im Abschnitt 3.2.2.2 beschrieben wurde, kann daher - zumindest in einem groesseren Rechenzentrum - nicht auf die interne Kontrolle des Zugangs zu einzelnen Teilbereichen verzichtet werden.

4.2 Schutz gegen Schäden durch höhere Gewalt

4.2.1 Feuer

4.2.1.1 Ursachen - Eines der Hauptrisiken auf der physischen Ebene ist der Schaden durch Feuer. Dazu ist es bei der Feuergefaehrlichkeit der in einem Rechenzentrum vorhandenen Materialien gar nicht unbedingt notwendig, dass ein Saboteur, wie es in einem Fall geschehen ist [72], zuerst 20 Liter Benzin in einen Rechner schuettet und dann anzuendet (was uebrigens nicht nur dem Rechner, sondern auch dem Taeter selbst schweren Schaden zufuegte). Die normalerweise hier schon vorhandenen brennbaren Substanzen wie Papier, Magnetbaender, Lochkarten, Kabelisolierungen usw. stellen potentielle Brandherde erster Ordnung dar. Hinzu kommt, dass die elektrische Leistung, die ein groesserer Rechner aufnimmt, zu einem starken Temperaturanstieg fuehrt, wenn sie aus irgendeinem Grund - etwa Ausfall der Kuehlung oder zu starke lokale Konzentration der Waermeentwicklung - nicht abgefuehrt wird. Ferner besteht bei den Stromstaerken, die hier zum Teil im Spiel sind, die Gefahr der Bildung von Funken und Lichtbogen, falls Kontakte in ungeeigneter Weise - auch durch Wackelkontakte - getrennt werden; auch kann es durch Uebergangswiderstaende an schlechten Kontakten zu lokaler Ueberhitzung kommen.

Die weitere Ausbreitung eines einmal entstandenen Brandes kann durch verschiedene Mechanismen erfolgen:

- Direkt nach der Entstehung befinden sich Braende meistens zunaechst in einem Schwelstadium; sie erzeugen Rauch, der bei rechtzeitiger Entdeckung ein Loeschen ermoeglicht, ehe es zu einem Brand groesseren Ausmasses kommt.

- Bei hinreichender Verfuegbarkeit von brennbaren Materialien und Luftsauerstoff entstehen offene Flammen, die weitere Gegenstaende direkt oder durch Funkenflug entzuenden koennen.

- Erzeugt ein groesseres Feuer Bereiche sehr hoher Temperatur, so kann es auch durch die Hitzestrahlung zur Entzuendung weiterer Gegenstaende kommen. Wenn ein Feuer dieses Stadium erreicht hat, ist es im allgemeinen nur noch mit grosser Schwierigkeit wieder unter Kontrolle zu bringen und zu loeschen.

Die in einem Rechnerraum vorhandenen Materialien und die Quellen moeglicher Braende machen diese Raeume im hoechsten Masse gegen Feuer gefaehrdet. Man sollte jedoch gegenueber diesen offensichtlichen Gefahren auch die verdeckteren Ursachen moeglicher Braende nicht aus den Augen verlieren. Hierzu zaehlt etwa der Staub, der sich durch Papierabrieb in Schnelldruckern ansammelt, und nicht zuletzt ist auch den Lagerraeumen Aufmerksamkeit zu schenken. Um diese Vielfalt moeglicher Brandgefahren einigermassen ueberschauen zu koennen, empfiehlt es sich, sie nach Themenkreisen getrennt genauer zu betrachten.

4.2.1.2 Wirkungen – Als erstes ist hier zu ueberlegen, in welcher Weise Feuer Schaeden verursacht. Dabei sind im wesentlichen vier Wirkungen des Feuers zu betrachten:

- Die entstehende <u>Hitze</u> fuehrt zu mechanischer Verformung und/ oder chemischer Veraenderung der davon betroffenen Objekte. Dabei ist insbesondere zu beachten, dass Hitzegrade, die Papier noch weitgehend unversehrt lassen, magnetische Datentraeger oder zumindest die auf ihnen enthaltene Information schon zerstoeren koennen. Waehrend man bei Papier von einer Temperatur-Resistenz von bis zu 177 Grad Celsius ausgeht, sind magnetische Medien im allgemeinen schon bei Temperaturen von 66 Grad Celsius gefaehrdet. Dies macht vor allem den Einsatz "feuersicherer" Safes zur Aufbewahrung von Magnetbaendern (etwa der Sicherheitskopien) problematisch, da diese Safes im allgemeinen auf die hoehere Grenztemperatur zugeschnitten sind.

- Die <u>Flammen</u> des Brandes wirken dagegen weitgehend auf chemischem Wege; sie erhoehen vor allem die Gefahr der Entzuendung der mit ihnen in Kontakt kommenden Objekte. Da Flammen den Luftsauerstoff zu ihrer Existenz benoetigen, muessen Loeschverfahren an dieser Stelle ansetzen.

- Die vielen diversen Sorten von Plastik wie etwa PVC und Mylar, die im Rechner und bei den Datentraegern zu finden sind, erhoehen vor allem die Gefahr, dass bei einem Brand durch chemische Umwandlung <u>giftige Gase</u> erzeugt werden.

- Schliesslich stellt der beim Brand entstehende <u>Rauch</u> ein Problem dar; zum Teil enthaelt er giftige Substanzen, und durch seine eventuell feine Verteilung kann er den durch das Feuer entstehenden Schaden auf ein groesseres Gebiet ausbreiten.

4.2.1.3 Vorsorgemassnahmen - Will man Schaeden durch Feuer moeglichst ausschliessen, so ist es erforderlich, geeignete Vorsorgemassnahmen zu treffen. Hierzu gehoeren vor allem die <u>raeumliche Isolation</u> potentieller Brandstellen und der brennbaren Materialien gegeneinander. So ist es eines der wichtigsten Gebote der Feuersicherheit,

> **im Rechnerraum nur soviel Papier, Lochkarten, Baender und sonstiges brennbares Material zu dulden, wie es zur Abwicklung des aktuellen Betriebs minimal erforderlich ist - alles andere hat sich in separaten, durch Feuerschutztueren abgetrennten Laegerraeumen zu befinden.**

Dabei ist dafuer Sorge zu tragen, dass diese raeumliche Isolation tatsaechlich auch wirksam ist;   da in Rechnerraeumen meist ein Doppelboden vorhanden ist, muss auch unterhalb des oberen Bodens eine Trennung installiert sein, damit an einer darueber befindlichen Feuerschutztuer eine tatsaechliche Isolation moeglich ist. Ebenso stellt die gemeinsame Luftversorgung der einzelnen abgetrennten Raeume unter Umstaenden eine Gefahr der Verletzung der Abtrennung dar.

4.2.1.4 Melde- und Loeschsysteme - Da alle vorbeugenden Massnahmen ein Feuer nie definitiv ausschliessen, sondern nur seine Wahrscheinlichkeit verringern koennen, ist es erforderlich, zusaetzlich geeignete Methoden zur rechtzeitigen Entdeckung eines Feuers vorzusehen, damit man es womoeglich im Keim ersticken kann. Die ueblichen <u>Feuermeldesysteme</u> beruhen auf der Entdeckung von Rauchpartikeln in der Luft und von erhoehter Ionisation der Luft selbst;   sie loesen entweder einen optischen und/oder akustischen Alarm aus, oder sie setzen eventuell direkt ein automatisches Feuerloeschsystem in Gang. Wesentlich ist dabei, dass durch diese Systeme nicht nur der Rechnerraum, sondern auch die Raeume unter dem Doppelboden und ueber einer eventuell vorhandenen abgesenkten Decke sowie die Lagerraeume und die Aufbewahrungsraeume fuer Datentraeger ueberwacht werden, denn ein dort ausbrechendes Feuer wird sonst oft erst dann bemerkt, wenn es schon in einen schwer zu kontrollierenden Zustand getreten ist.

Bei <u>Feuerloeschsystemen</u> muss man zunaechst zwischen portablen Feuerloeschern und Loeschschlaeuchen einerseits und festinstallierten, zum Teil automatisch ausgeloesten Systemen andererseits unterscheiden. Bei Feuerloeschern ist zu beachten, dass die verwendete Loeschsubstanz gegen Braende der hier zu erwartenden Art - Plastikmaterial, Braende in elektrischen Systemen - wirksam sein muss. Ueber die Wirkung von Wasser und die Gefahren seines Einsatzes wird im Abschnitt 4.2.2 noch genaueres gesagt, so dass dieses Thema hier ausgeklammert werden kann. Bei festinstallierten Systemen sind im wesentlichen drei Gruppen zu unterscheiden:

- **Kohlendioxidsysteme** sind wegen der Gefahren, die sie fuer eventuell anwesende Personen, insbesondere auch in darunterliegenden Stockwerken, mit sich bringen, mit hoechster Vorsicht zu betrachten. Hinzu kommt, dass ihre Wirkung nicht alle Typen von Braenden umfasst.

- Aehnlich wirken Systeme, die Raeume, in denen ein Brand
  festgestellt wurde, mit **Halon 1301** ueberfluten. Auch hier
  ist es wichtig, dass durch ein unueberhoerbares Warnsignal,
  das eine hinreichende Zeit (etwa eine halbe Minute) vor der
  Ausloesung des Flutens abgegeben wird, fuer eine Evakuierung
  der betroffenen Raeume gesorgt wird. Wesentlich fuer die
  Wirksamkeit solcher Systeme ist dabei, dass vor dem Fluten
  die Klimaanlage ausgeschaltet wird, damit das Gas nicht so
  schell abtransportiert wird, dass es keine wirksame Konzentration erreicht. Andererseits muessen die Raeume nach dem
  Loeschen des Feuers hinreichend schnell belueftbar sein,
  damit Loesch- und Aufraeummannschaften wieder Zutritt
  erhalten koennen.

- Schliesslich sind noch **Sprinkler-Systeme** zu nennen, die in
  der Lage sind, den Brand durch Verspruehen von Wasser zu
  loeschen, wobei diese Systeme noch zusaetzlich den Vorteil
  haben, dass sie zu einer Temperaturabsenkung fuehren koennen.
  Allerdings besteht bei ihnen die Gefahr, dass sie Wasserschaeden verursachen.

Welches dieser Systeme in einer bestimmten Umgebung angebracht ist, kann nur durch eine sorgfaeltige Analyse der oertlichen Gegebenheiten bestimmt werden; dazu ist in jedem Fall das
Hinzuziehen der lokalen Feuerwehr zur Beratung sinnvoll. Bei der
Installation des einen oder anderen Systems ist, wie auch bei der
Installation des Meldesystems, darauf zu achten, dass es auch die
Doppelboeden, Kabelschaechte usw. umfasst, damit sich ein Feuer
nicht dort weiter ausbreitet, nachdem es in den leichter zugaenglichen Raeumen schon laengst geloescht ist.

4.2.1.5 Der Einfluss der Umgebung – Bei der Planung des Feuerschutzes eines Rechenzentrums kommt es nicht nur darauf an, die
zum Rechenzentrum selbst gehoerenden Raeume zu betrachten; es ist
vielmehr erforderlich, auch die unmittelbare Umgebung auf moegliche Gefahrenquellen zu untersuchen. Falls sich etwa in der
Naehe chemische Laboratorien oder Werkhallen befinden, so kann
dies die Gefahr durch ein ausserhalb entstandenes Feuer, das auf
das Rechenzentrum uebergreift, wesentlich erhoehen. Es ist dabei
wichtig, auch die Stockwerke ueber und unter dem Rechenzentrum mit
in die Betrachtungen einzubeziehen und moeglichen Ausbreitungs-
wegen des Feuers wie Kabelschaechten besondere Aufmerksamkeit zu
widmen.

Rechenzentren in derartigen Umgebungen erhoehter Feuerge-
faehrdung sollten durch Feuerschutztueren und Waende mit erhoehter
Feuerresistenz gegen das Uebergreifen externer Braende besonders
geschuetzt werden. Die frueher uebliche Praxis, Rechnerraeume
durch grosse Glasflaechen abzutrennen und die Rechner so gewissermassen ins Schaufenster zu stellen, kann hier ueble Folgen haben,
da dann kaum Schutz gegen einen Brand auf der anderen Seite des
Glases besteht. (Zu diesen Glaswaenden sind noch weitere Anmerkungen erforderlich; siehe dazu Abschnitt 4.3.1.3.)

4.2.1.6 Wirksamkeit des Schutzes - Um einen wirksamen Schutz gegen Feuer zu erreichen, genuegt es nicht, Feuermelde- und -loeschsysteme zu installieren und dann zu vergessen. Es ist vielmehr wichtig, die Anwendbarkeit dieser Systeme regelmaessig zu ueberpruefen. Dazu ist in nicht zu grossen Zeitabstaenden zu testen, ob und wie gut diese Systeme funktionieren; es koennte sonst sein, dass sie im Falle eines Brandes versagen. Es sollte eigentlich selbstverstaendlich sein, dass die korrekte Funktion der Loeschsysteme, besonders derjenigen auf Kohlendioxid- und Halon-Basis, schon bei ihrer Installation durch eine Entladung mit anschliessender Messung der Gaskonzentration sichergestellt wird. Leider gab es auch schon Faelle, bei denen dies versaeumt wurde, mit zum Teil ueblen Folgen. So wird von einem Fall berichtet [72], in dem ein Kohlendioxid-Loeschsystem zum ersten Male bei einem Brand ausgeloest wurde; das ausstroemende Kohlendioxid floss aufgrund seines relativ hohen spezifischen Gewichts zu einem erheblichen Teil in das darunterliegende Stockwerk und erreichte dort eine Konzentration, die die anwesenden Personen gefaehrdete. Ebenso ist es erforderlich, auch die Wirksamkeit der Meldesysteme bei der Installation zu ueberpruefen; es sind eine Reihe von Faellen bekannt, bei denen die Fuehler dieser Systeme an Stellen installiert waren, an denen durch lokalen Luftzug oder durch Hindernisse wie abgesenkte Decken an ihrem Platz keine Rauchkonzentrationen auftreten konnten, die sie zum Ansprechen brachten.

Portable Feuerloeschgeraete und sonstige zum Loeschen benoetigte Werkzeuge, insbesondere Heber fuer die Platten des Doppelbodens, muessen an jederzeit gut erreichbarer Stelle liegen und sich in funktionsfaehigem Zustand befinden. Die Forderung der guten Erreichbarkeit gilt ebenso den Not-Aus-Schaltern, mit denen die gesamte Stromzufuhr - ausser zum Melde- und Loeschsystem! - unterbrochen werden kann.

Es ist wichtig, dass durch hinreichend haeufige Feuerschutz-Uebungen den Mitarbeitern die im Notfall auszufuehrenden Operationen bekannt und gelaeufig sind, damit auch in der Stress-Situation eines Brandes eine richtige Reaktion moeglich ist. Dabei ist es den Mitarbeitern auch immer wieder bewusst zu machen, dass sie fuer die Einhaltung der Feuerschutz-Vorschriften Sorge zu tragen haben, auch wenn dies Unbequemlichkeiten wie Rauchverbot in bestimmten Raeumen mit sich bringt. Speziell ist darauf zu achten, dass Feuerschutztueren **immer** geschlossen gehalten werden - sonst sind sie nutzlos.

Schliesslich ist dafuer zu sorgen, dass nach einem Brand die Loeschsysteme moeglichst umgehend wieder funktionsfaehig gemacht werden. Insbesondere beim Einsatz von Kohlendioxid- und Halon-Systemen ist durch eine kontinuierlich offene Bestellung beim Lieferanten dafuer zu sorgen, dass sie nach einer Entladung sofort wieder gefuellt werden koennen, damit nicht durch eventuelle Lieferverzoegerungen der Schutz durch diese Systeme zeitweise unterbrochen ist.

Eine sehr umfassende Diskussion der Feuergefahren und moeglicher Gegenmassnahmen in Rechenzentren findet sich in [72], zusammen mit einer Liste von Beschreibungen tatsaechlicher Faelle; bei der Planung des Feuerschutzes fuer ein Rechenzentrum sollte man diese Information unbedingt zu Rate ziehen.

4.2.2 **Wasser**

Wasserschaeden koennen im wesentlichen vier Ursachen haben:

- Hochwasser,

- Regen (bei Gebaeudeschaeden),

- Leitungswasser (auch aus dem Kuehlsystem des Rechners selbst) und

- Loeschwasser bei einem Brand.

Die Wahrscheinlichkeit von Hochwasserschaeden laesst sich im allgemeinen von den oertlichen Gegebenheiten her abschaetzen; bei der Planung eines neuen Rechenzentrums sollte man diese beruecksichtigen und eine Gefaehrdung nur dann in Kauf nehmen, wenn sie absolut unvermeidlich ist. Schaeden durch Leitungs- und Loeschwasser koennen dagegen im Prinzip nie ausgeschlossen werden, so dass bei der Sicherheitsplanung Wasserschaeden zu beruecksichtigen sind.

Die hier vorzusehenden Schutzmassnahmen sind im allgemeinen einfacher als die im letzten Abschnitt besprochenen Massnahmen; sie beschraenken sich im wesentlichen auf drei vorzusehende Dinge:

- Auf jeden Fall sollten geeignete Abfluesse vorgesehen werden; es ist darauf zu achten, dass sie immer frei sind. Insbesondere muessen diese Abfluesse auch fuer eine Entwaesserung des Raumes unter dem Doppelboden sorgen. In hochwassergefaehrdeten Rechenzentren ist ferner zu beachten, dass hier die Abfluesse selbst zu einer Gefahr werden koennen, da eventuell bei Hochwasser dieses durch die Kanalisation eindringen kann.

- Gegen Leitungs- und Loeschwasser, das aus einem oberen Stockwerk eindringt oder aus einer Sprinkler-Anlage kommt, sind Plastik-Folien als Abdeckung ein bewaehrter Schutz. Sie sollten hinreichend gross und geeignet zugeschnitten sein, um alle wichtigen Objekte abdecken zu koennen, und an gut erreichbarer Stelle aufbewahrt werden. Wenn die verwendeten Folien aus einem brennbaren Material wie etwa Polyaethylen bestehen - was nicht zu empfehlen ist - sollten sie ausserhalb des Rechnerraumes aufbewahrt werden; Wasserschaeden entwickeln sich langsamer als Feuer, so dass durchaus Zeit zum Herbeischaffen der Abdeckungen ist.

- Schliesslich sollten an geeigneten Stellen am oder im Rechner und im Doppelboden Feuchtigkeitsmelder installiert werden, damit man die Gefahr bemerkt, ehe das Wasser aus dem Rechner laeuft.

Waehrend das Wasser selbst im allgemeinen relativ geringen Schaden anrichtet - reines Wasser hat eine sehr niedrige elektrische Leitfaehigkeit -, sind es meistens im Wasser geloeste Stoffe, vor allem Schmutz und Chemikalien, die den eigentlichen Schaden verursachen. Das Wasser bringt diese Stoffe vor allem an die gefaehrdeten Stellen heran und erreicht durch die in ihm

geloesten Substanzen oft auch eine elektrische Leitfaehigkeit,
durch die es unerwuenschte Strompfade in den Geraeten schafft;
durch diese koennen dann elektrische Folgeschaeden eintreten.
Hier ist auch noch zu bedenken, dass durch diesen Effekt auch
Gefahren fuer Leib und Leben der Personen entstehen koennen, die
sich in einem ueberfluteten Rechnerraum aufhalten; ein einge-
schalteter Rechner, der im Wasser steht, ist kaum weniger gefaehrlich als ein Foen in der Badewanne. Eine wichtige Regel fuer
Wassereinbruch in einem Rechenzentrum ist daher die sofortige
Unterbrechung der Stromzufuhr.

4.2.3 Sonstige Schaeden durch hoehere Gewalt

Rechenzentren sind einer ganzen Reihe moeglicher weiterer
Gefahren mehr oder weniger, je nach ihrer Umgebung, ausgesetzt,
die hier kurz zusammengefasst werden sollen:

- Orkane koennen Gebaeudeschaeden verursachen, die zu Folgeschaeden durch Wasser, Schmutz, Feuer und mechanische Einwirkung durch herabfallende Gegenstaende fuehren koennen. Es
  ist daher nicht unbedingt ratsam, ein Rechenzentrum anders
  als in einem festen Gebaeude unterzubringen.

- Erdbeben verursachen im Prinzip aehnliche Schaeden wie
  Stuerme, doch koennen auch kleinere Erdstoesse, die nicht zu
  Gebaeudeschaeden fuehren, an einem Datenverarbeitungssystem
  Schaden anrichten. Gefaehrdet sind hier besonders die
  Plattenlaufwerke, die bei Erdstoessen Beschleunigungskraeften
  ausgesetzt werden; dies kann zu einem "Absturz" der Magnet-
  koepfe ("head crash") fuehren, der wahrscheinlich die Koepfe
  und das Medium zerstoert.

- Chemische Unfaelle koennen Schaeden der verschiedensten Arten
  verursachen, die von einem Grossfeuer ueber Vergiftung bis
  zur Zerstoerung durch Korrosion reichen koennen. Speziell
  Schaeden dieser letzteren Art wurden mehrfach gemeldet [72];
  bei einem dieser Faelle wurde ein Behaelter mit konzen-
  trierter Saeure zerbrochen, und die Saeure frass sich durch
  den Fussboden und tropfte in einen darunterstehenden Rechner.

- Schliesslich ist nicht auszuschliessen, dass ein Rechenzentrum durch Kriegseinwirkungen in Mitleidenschaft gezogen
  wird; sollte der betreffende Krieg allerdings mit Kernwaffen
  gefuehrt werden, so kann es durchaus sein, dass sich die
  Frage der Wiederaufnahme des Betriebs voellig eruebrigt.

Der hier gegebene Ueberblick ueber Arten von Katastrophen,
die ein Rechenzentrum treffen und die Sicherheit seiner Daten auf
die Probe stellen koennen, ist naturgemaess etwas skizzenhaft,
denn viele dieser Gefahren koennen nur in einer konkreten Situation genauer beurteilt oder auch a priori ausgeschlossen werden.
Es ist jedoch durchaus zweckmaessig, sich rechtzeitig Gedanken
darueber zu machen, was die Folgen sind, wenn eine solche Katastrophe tatsaechlich einmal eintritt. Ist das Unglueck erst
einmal geschehen, so ist es fuer eine Planung definitiv zu spaet.

4.3 Schutz gegen absichtliche Einwirkung

4.3.1 Zugangskontrolle

4.3.1.1 Allgemeine Problematik - Auf einer anderen Ebene liegt die Frage des Schutzes gegen gewollte Verursachung von Schaeden. Hier spielt vor allem die Frage des Zugangs zum Rechner und den sonstigen sensitiven Raeumen des Rechenzentrums eine wichtige Rolle. Dabei ist es wesentlich, dass klar feststeht, wem dieser Zutritt gestattet ist und wem nicht. Die diesbezueglichen Entscheidungen sind auf der organisatorischen Ebene zu treffen und durchzusetzen; dieser Aspekt wurde im Abschnitt 3.1 diskutiert. Hier stellt sich nun die Frage, wie die getroffenen Entscheidungen in die Realitaet umgesetzt werden koennen, wie also Personen, die keine Zugangsberechtigung haben, aus sensitiven Bereichen ferngehalten werden koennen.

Dabei ist zunaechst zwischen dem Schutz der Eingaenge und dem des Zugangs ueberhaupt zu unterscheiden; es nuetzt wenig, die Eingaenge scharf zu ueberwachen, wenn es jederzeit moeglich ist, durch ein Fenster oder auch ein Loch in der Mauer einzudringen. Bei dezentralen und verteilten Systemen ist auch noch zu beachten, dass sich Teile dieser Systeme oft in Umgebungen befinden, die im wesentlichen als offen zu betrachten sind. Allerdings wird eben durch die Verteilung auch das Problem des physischen Schutzes insoweit etwas entschaerft, als ein moeglicher Angriff auf das System dieses dann im allgemeinen nicht als Ganzes trifft, sondern nur einen seiner Teile, waehrend andere System-Komponenten von diesem Angriff unbehelligt bleiben.

4.3.1.2 Eingangskontrolle - Systeme zur Zugangskontrolle spielen hauptsaechlich bei sehr stark zentralisierter Datenverarbeitung, wie sie vor allem bei traditionellem Batch-Betrieb vorkommt, eine wichtige Rolle. Die Kontrolle kann manuell durch Wachtposten oder automatisch durch geeignete Schluessel- und Kartenlesesysteme geschehen. Zugangskontrolle durch Wachtposten hat den Vorteil, dass diese in unvorhergesehenen Faellen flexibler als ein automatisches System reagieren koennen; ausserdem spricht fuer diese Art der Kontrolle, dass sie zusaetzlich einen gewissen psychologischen Schutz bietet, da ein Eindringling damit rechnen muss, spaeter vom Posten identifiziert werden zu koennen. Allerdings hat diese Art des Schutzes auch gewisse Nachteile, die - neben den Personalkosten - in einer moeglichen Unzuverlaessigkeit der Reaktion des Postens liegen koennen, fuer die verschiedene Ursachen zu nennen sind, selbst wenn man von totaler Integritaet der betreffenden Personen ausgeht:

- Wenn der Personenkreis, dem Zutritt zu gewaehren ist, sehr gross ist, so kann der Posten nicht mehr durch das Ansehen der Person erkennen, ob sie zum Zutritt berechtigt ist. Es ist in diesem Fall erforderlich, dass sich die zum Zutritt berechtigten Personen identifizieren, was etwa durch einen Ausweis mit Lichtbild geschehen kann - allerdings lassen sich solche Ausweise auch faelschen.

- Es kann notwendig sein, auch externen Personen Zutritt zu
  gewaehren; hier ist insbesondere das Wartungspersonal zu
  nennen. Dabei kann es vorkommen, dass die Entscheidungskraft
  des Postens in dem einen oder anderen Fall ueberfordert wird
  und er der falschen Person Zutritt gewaehrt. Speziell in
  besonderen Situationen, wie etwa bei einem Totalausfall des
  Rechners zu einer kritischen Zeit, koennen hier kaum aufloes-
  bare Konflikte entstehen.

- Man muss auch beachten, dass es durch die Alltagsroutine zu
  Fehlentscheidungen des Postens kommen kann. Hat etwa eine
  Person, die jeden Tag Zutritt erhaelt und dem Posten daher
  von Sehen bekannt ist, an einem Tag ihren Ausweis nicht
  dabei, so wird dies zwar im Normalfall bedeuten, dass sie den
  Ausweis nur vergessen hat; es kann aber auch sein, dass dem
  betreffenden Mitarbeiter gerade fristlos gekuendigt wurde und
  dass er nun in das Rechenzentrum eindringen will, um dort
  einen Sabotageakt zu verueben.

Automatische Systeme sind gegen derartige Fehlleistungen
weniger empfindlich; ihre Fehler sind eher darin zu erwarten,
dass sie das Verfahren zur Zugangskontrolle unbesehen auch dann
anwenden, wenn es in einer konkreten Situation besser durchbrochen
wuerde. Derartige Fehler koennen in beiden Richtungen wirken: Es
kann einerseits sein, dass ein Wartungstechniker keine Moeglichkeit hat, in den Rechnerraum zu kommen, obwohl er ein von
seinem darin arbeitenden Kollegen dringend benoetigtes Ersatzteil
bringt, waehrend andererseits einem Fremden, der einen Ausweis
oder Schluessel gestohlen hat, aufgrund dieser Tatsache Zutritt
gewaehrt wird. Um Fehler der ersten Art auszuschliessen, muss das
verwendete System die Moeglichkeit zu seiner Ausschaltung - durch
eine dazu autorisierte Person unter geeigneten Vorsichtsmassnahmen! - bieten; Fehler der zweiten Art koennen nur durch
erhoehte Zuverlaessigkeit der angewandten Identifikationsverfahren
unwahrscheinlicher gemacht werden.

Die Verfahren, durch die Systeme zur automatischen Zugangskontrolle entscheiden, ob sie einer bestimmten Person den Zutritt
gestatten oder nicht, beruhen im wesentlichen auf drei Grundlagen:

- Klassische Zugangskontrolle erfordert ein bestimmtes Objekt,
  das eine Person **haben** muss, um Zutritt zu erhalten. Dies
  kann ein Schluessel oder eine Ausweiskarte mit maschinen-
  lesbarer Information sein.

- Demgegenueber stehen Systeme, die eine bestimmte Information
  erfordern, die eine Person **wissen** muss, um Zutritt zu
  erhalten. Dies kann die Kombination zu einem Zahlenschloss
  oder eine Ziffernfolge sein, die auf einer Tastatur
  eingegeben werden muss.

- Es gibt inzwischen Systeme, die direkt ueberpruefen, wer die
  Zutritt verlangende Person **ist**. Solche Systeme versuchen,
  die Handgeometrie, die Form der Unterschrift, das Geschwin-
  digkeitsspektrum beim Schreiben der Unterschrift, das Ton-
  spektrum der Sprache oder die Fingerabdruecke zu analysieren.

Wenn auch schon Systeme des dritten Typs auf dem Markt sind, so ist ihre Zuverlaessigkeit doch noch nicht so hoch, dass man sie als ausgereift betrachten koennte. Es empfiehlt sich daher, Systeme der beiden ersten Arten auf ihre Vorteile und vor allem Schwachstellen zu untersuchen. Bei Systemen, die auf dem Besitz eines Objektes beruhen, besteht die Gefahr, dass sie durch Diebstahl oder Faelschung dieses Objektes unterlaufen werden. Wurde eine derartige Unterwanderung des Schutzes festgestellt, so kann dies einen Austausch aller Schluessel bzw. Ausweiskarten mit entsprechenden Kosten verursachen. Andererseits sind Systeme, die die Praesentation einer bestimmten Information verlangen, gegen deren - bewusste bzw. gewollte und unbewusste - Weitergabe verwundbar. Hier besteht zusaetzlich die Gefahr, dass die Weitergabe der Information geschehen kann, ohne dass sie erkannt wird, etwa wenn eine Zahlenkombination ohne Wissen ihres Eigentuemers kopiert wird. Auch hier kann ein Durchbrechen des Schutzes hohe Kosten verursachen, weil dazu im allgemeinen eine Aenderung der Zahlenkombination, die den Zutritt gewaehrt, erforderlich wird. Es stellt eine gewisse Verbesserung dar, wenn es moeglich ist, Ausweiskarten individuell zu codieren und einzeln wieder als ungueltig zu deklarieren bzw. individuelle und loeschbare Zahlenkombinationen zu vergeben, doch sind solche Systeme fuer hoch sensitive Zugangskontrollen immer noch nicht zuverlaessig genug.

Systeme, die nur auf einem der genannten Identifizierungsverfahren beruhen, sind daher beim heutigen Stand der Technik nicht unbedingt empfehlenswert. Kombiniert man jedoch die beiden ersten Verfahren miteinander, so kommt man zu einem relativ zuverlaessigen und sicheren System. Dabei muss die Person, die Zutritt erlangen will, sowohl im Besitz eines bestimmten Objektes sein als auch ueber eine bestimmte Information verfuegen. Dies entspricht dem Schliessverfahren von Tresoren, die ueber eine Kombination von Schluessel- und Kombinationsschloss verfuegen. Das dabei verwendete Verfahren entspricht weitgehend dem der automatischen Geldschalter an Banken; es sind im Prinzip sogar dieselben Geraete dazu verwendbar. Das System liest den Code auf einer Ausweiskarte und erwartet die Eingabe eine weiterer Codezahl ueber eine Tastatur. Nur wenn die Kombination beider Zahlen korrekt ist, wird der Zutritt gestattet, andernfalls kann - nach einer gewissen Anzahl erfolgloser Wiederholungen - die Ausweiskarte einbehalten werden, da dann der Verdacht eines illegalen Eindringversuches nicht von der Hand zu weisen ist. Wird eine Karte verloren oder eine Codezahl aufgedeckt, so ist dies kein Problem, wenn das System spezifische Kombinationen beider Werte verlangt, da dann der korrespondierende Teil des Zugangsmechanismus noch nicht in die Haende des Eindringlings geraten ist. Geschieht jedoch beides zusammen, so genuegt es, das betreffende Paar von Karte und Codezahl fuer ungueltig zu erklaeren; andere Paare sind hiervon nicht betroffen.

Will man die Zuverlaessigkeit eines bestimmten Systems begutachten, so sind zwei verschiedene Wahrscheinlichkeiten zu bestimmen:

- Die Wahrscheinlichkeit eines falschen Alarms, also der Abweisung einer berechtigten Person, sollte moeglichst niedrig liegen, da jede solche unberechtigte Abweisung Aerger, Zeit und Kosten verursacht.

- Ebenso sollte natuerlich die Wahrscheinlichkeit, dass eine
  unberechtigte Person Zutritt erlangt, moeglichst gering sein,
  da sonst effektiv keine Zugangskontrolle erfolgt, das System
  also wertlos ist. Fuer diese zweite Wahrscheinlichkeit ist
  ausschlaggebend, wie einfach oder wie kompliziert es ist, das
  fuer den Zugang benoetigte Objekt/Wissen/Aussehen zu erlangen
  oder hinreichend genau zu faelschen.

Diese beiden Wahrscheinlichkeiten haben im allgemeinen eine gegen-
laeufige Tendenz; je groesser die Sicherheit ist, mit der eine
unberechtigte Person erkannt und abgewiesen wird, umso eher kann
auch ein falscher Alarm erzeugt werden. Die derzeit verfuegbaren
Systeme zur direkten Identifikation einer Person durch ihre physischen Eigenschaften sind gerade aus diesem Grund fuer einen allgemeinen Einsatz noch nicht geeignet, da bei ihnen, je nach ihrer
Einstellung, die eine oder andere dieser Wahrscheinlichkeiten zu
hoch ist.

Zur Beurteilung der Guete und Einsetzbarkeit eines Systems
zur Zugangskontrolle kommen dann noch Aspekte wie seine Kosten,
Angemessenheit, Wartbarkeit und nicht zuletzt die durch den
Einsatz dieses Systems verursachten Unbequemlichkeiten hinzu, die
natuerlich moeglichst gering sein sollten. Gerade Systeme, die
eine direkte Identifikation der Person versuchen, schneiden in
dieser Hinsicht haeufig schlecht ab, da sie zu ihrer Bedienung oft
eine nicht zu vernachlaessigende Zeit erfordern.

4.3.1.3 Schutz gegen Einbruch - Eine gute Zugangskontrolle zwingt
einen potentiellen Gegner, sich auf andere Weise Zutritt zu
verschaffen, sofern ihm dies nur lohnend genug erscheint. Rechenzentren sind daher in derselben Weise gegen Einbruch zu schuetzen
wie alle anderen Gebaeude bzw. Raeume, die wertvolle Gegenstaende
enthalten. Die frueher geuebte Praxis, den Rechnerraum durch
grosse Glaswaende der Aussenwelt sichtbar zu machen, stellt eine
direkte Einladung zum Einbruch dar; zum einen identifiziert sich
das Rechenzentrum dadurch als Ziel eines Angriffs, und zum andern
ist Glas nicht der widerstandsfaehigste Baustoff fuer eine Wand.

Um ein Gefuehl fuer den Widerstand zu bekommen, den eine Wand
einem hinreichend gut ausgeruesteten Eindringling entgegensetzt,
seien hier einige Zeiten genannt, die zur Erzeugung eines Loches
von 20 x 30 cm benoetigt werden [33]: Waehrend der Durchbruch
durch eine 20 cm dicke Ziegelmauer mit einem Vorschlaghammer in 90
Sekunden moeglich ist, benoetigt man fuer eine ebenso dicke Stahl-
betonwand etwa 10 bis 12 Minuten und einen Presslufthammer. (Fuer
den Fall eines Einbruchs mit dieser Methode ist allerdings zu
bedenken, dass der dabei verursachte Laerm eine solche Aufmerksamkeit erregen kann, dass der Versuch zwangsweise vorzeitig abgebrochen wird.)

Ein guter Schutz gegen Einbruch durch Gelegenheitstaeter ist
auch die Unbekanntheit der Tatsache, dass sich in einem bestimmten
Raum der Rechner bzw. die Datentraeger befinden; besonders sensitive Rechenzentren sind daher nach aussen gar nicht zu erkennen
und auch nicht durch Beschilderung ausgewiesen. Allerdings ist
diese Schutzmassnahme gegen den informierten Taeter, der gezielt
Zutritt zu erhalten versucht, unwirksam.

Man sollte bei der Planung des Schutzes gegen Einbruch auch noch bedenken, dass Beschaedigungen durch Vandalismus es nicht unbedingt erfordern, dass der Taeter selbst Zutritt erhaelt. Neben der sprichwoertlichen Bombe im Paket ist auch schon ein durch das Fenster geworfener Molotov-Cocktail in der Lage, ein Rechenzentrum zu vernichten - auch dies ist schon geschehen [72]. Es ist daher fuer die Sicherheit von Bedeutung, auch den in das Rechenzentrum gelangenden Gegenstaenden und den Wegen, auf denen sie hineinkommen, einige Aufmerksamkeit zu widmen.

4.3.2 Alarmsysteme

Einen wirksamen Schutz gegen Einbruch stellen solche Alarmsysteme dar, die durch den Einbrecher zwar ausgeloest werden, ihm aber nicht zu erkennen geben, dass er einen Alarm ausgeloest hat. Systeme dieser Art loesen beim naechsten Polizeirevier und/oder an einer anderen Stelle der Organisation, die das Rechenzentrum betreibt, ein Signal aus, auf das hin eine geeignete Operation eingeleitet werden kann. Geschieht diese Reaktion innerhalb weniger Minuten, so besteht eine gute Chance, den Taeter auf frischer Tat zu ergreifen.

Derartige Alarmsysteme lassen sich auch mit dem System zur Zugangskontrolle koppeln. Dazu wird, wenn man von einem System ausgeht, das die Eingabe einer Codezahl - eventuell in Verbindung mit einer maschinenlesbaren Ausweiskarte - erfordert, eine zweite Codezahl vorgesehen, durch die ein verdeckter Alarm ausgeloest wird. Wird eine Person, die zum Zutritt berechtigt ist, durch eine andere Person gezwungen, diesem Eindringling Zutritt zu verschaffen, so kann sie die Alarmsequenz eingeben und so Hilfe herbeirufen, ohne dass sie sich selbst dabei einer erhoehten Gefahr aussetzt, wie dies eine explizite Weigerung mit sich braechte.

Eine andere Sorte von Alarmsystemen ist eher darauf angelegt, den Taeter abzuschrecken statt ihn zu fangen. Hier werden optische und vor allem akustische Signale am Ort des Geschehens ausgeloest, die die Aufmerksamkeit der Umgebung wecken sollen. Man geht dabei davon aus, dass durch diese Signale das Risiko, am Ort zu bleiben, fuer den Eindringling zu hoch wird und er aus diesem Grunde das Feld raeumt. Problematisch ist der Einsatz derartiger Systeme allerdings in Umgebungen, die zu gewissen Zeiten voellig menschenleer sind, wie dies etwa an Wochenenden und waehrend der Nacht fuer reine Buerostaedte gilt; hier sind eher Systeme der zuerst genannten Art angebracht. Auch ist zu beachten, dass gewisse Typen von Eindringlingen durch solche lokale Alarme nicht abgeschreckt werden, weil ihre Motivation zur Durchfuehrung der Tat die Furcht vor der Entdeckung uebersteigt oder weil sie zur Durchfuehrung ihrer Tat nur wenige Augenblicke benoetigen, wie dies etwa fuer die Zerstoerung eines Rechners durch eine Handgranate der Fall ist.

Unabhaengig von der Art des ausgeloesten Alarmes ist zu beachten, dass man zu seiner Ausloesung den jeweils geeigneten Detektor einsetzt. Dabei sind grundsaetzlich zwei Arten von Detektoren zu unterscheiden:

- Es ist moeglich, durch elektrische oder magnetische Oeff-
  nungsmelder oder durch Erschuetterungsmelder die Zugaenge zum
  Rechenzentrum (Tueren und Fenster) zu ueberwachen.

- Andererseits kann man auch den Inhalt der Raeume selbst durch
  entsprechende Detektoren auf Bewegung und/oder Anwesenheit
  von Personen ueberwachen lassen. Systeme dieser Art sind im
  allgemeinen sehr empfindlich, was einerseits bedeutet, dass
  sie nur sehr schwer oder gar nicht zu umgehen sind, solange
  sie eingeschaltet bleiben; andererseits besteht jedoch bei
  einigen von ihnen die Gefahr, dass sie falsche Alarme
  ausloesen. Die gebraeuchlichen Detektoren lassen sich folgendermassen einteilen [33]:

  o Photometrische Systeme reagieren auf Licht oder seine
    Veraenderungen; sie sind nur fuer fensterlose Raeume
    sinnvoll einsetzbar.

  o Ultraschallsysteme erzeugen ein stehendes Ultraschallfeld
    in den ueberwachten Raeumen und reagieren auf die Veraen-
    derungen dieses Feldes durch Bewegungen des Eindringlings
    - allerdings unter Umstaenden auch auf Luftstroemungen,
    was zu falschem Alarm fuehren kann.

  o Aehnlich arbeiten Mikrowellensysteme, die den Vorteil
    haben, gegen Luftstroemungen unempfindlich zu sein,
    jedoch unter Umstaenden elektromagnetische Stoerungen
    verursachen koennen, so dass sie zu ihrem Einsatz die
    Zustimmung der Bundespost benoetigen.

  o Schalldetektoren reagieren auf Geraeusche, die der Ein-
    dringling verursacht, aber sie koennen auch durch sehr
    laute Geraeusche, die von aussen kommen, ausgeloest
    werden.

  o Schwingungsdetektoren reagieren dagegen auf die mecha-
    nischen Bewegungen, die der Eindringling im Gebaeude,
    insbesondere im Fussboden, verursacht. Gibt ein solches
    Geraet einen falschen Alarm, so ist die Ursache dafuer
    oft nur schr schwer festzustellen und zu beheben.

  o Kapazitive Systeme schliesslich erzeugen elektrische
    Felder und messen deren Veraenderung durch die elek-
    trische Kapazitaet des Eindringlings; allerdings sind
    auch sie gegen Fehlalarme anfaellig, so dass es sich
    empfiehlt, sie mit einem anderen der genannten Systeme zu
    kombinieren.

Unabhaengig davon welches System man einsetzt, ist zu beachten, dass sich der Schutz durch Alarmsysteme im allgemeinen nur
auf solche Raeume erstreckt, in denen sich niemand aufhaelt und
auch zur betreffenden Zeit niemand aufhalten darf - die Systeme
stellen nur fest, **ob** sich eine Person im Raum aufhaelt; sie
koennen nicht bestimmen, ob diese Person dazu **berechtigt** ist. Zur
Kontrolle der Sicherheit von Raeumen, in denen sich Personen
aufhalten muessen, sind daher andere Verfahren erforderlich.

4.3.3 Ueberwachung

Da es durch die Verfahren zur Kontrolle des Zugangs nicht absolut sichergestellt werden kann, dass nie unberechtigte Personen in ein Rechenzentrum eindringen koennen, und da auch berechtigte Personen dort illegale Operationen ausfuehren koennen, kann es erforderlich sein, sensitive Raeume kontinuierlich zu ueberwachen, um dort jede Unregelmaessigkeit sofort zu entdecken. Ebenso ist diese Ueberwachung notwendig, um die gerade angesprochene Sicherheitsluecke der Alarmsysteme abzudecken.

Die Ueberwachung kann auf drei verschiedene Weisen erfolgen, die hier in der Reihenfolge wachsenden technischen Aufwandes genannt werden:

- Man kann auf der organisatorischen Ebene vorschreiben, dass sich in bestimmten Raeumen immer wenigstens zwei Personen aufhalten muessen, und zwar raeumlich so dicht beieinander, dass sie sich effektiv gegenseitig ueberwachen. Dieses Verfahren hat den Vorteil, dass eine sehr genaue und spezifische Kontrolle dessen moeglich ist, was die einzelnen Personen tun. Es laesst sich jedoch auf viele organisatorische Umgebungen nicht anwenden, und es verursacht unter Umstaenden untragbare Kosten, wenn zur Durchfuehrung der betreffenden Arbeiten in diesem Raum tatsaechlich nur eine einzige Person erforderlich ist.

- Oder man kann diese Raeume von aussen ueberschaubar machen, indem man sie durch Glaswaende von der Aussenwelt abtrennt; die Diskussionen im Abschnitt 4.3.1.3 lassen es jedoch geraten sein, dieser Loesung gegenueber sehr reserviert gegenueberzustehen.

- Schliesslich kann man Fernsehkameras installieren, durch die eine Ueberwachung sensitiver Raeume moeglich ist. Gegenueber der gegenseitigen direkten Ueberwachung hat dieses Verfahren den Vorteil, dass eine einzige Person gleichzeitig sehr viele Stellen ueberwachen kann und dabei ausserdem vor den dortigen Vorgaengen geschuetzt ist, was gegenueber bestimmten Bedrohungen guenstig ist. Andererseits ist eine derartige Ueberwachung jedoch auch wesentlich globaler und umfasst daher nicht alle Arten subtiler illegaler Operationen in den ueberwachten Raeumen; illegale Terminal-Eingaben lassen sich mit diesem Instrument im allgemeinen nicht erkennen, zumal dem Ueberwacher die dazu erforderlichen Detailkenntnisse normalerweise fehlen.

Man stellt hier fest, dass eine Ueberwachung auf der physischen Ebene des Schutzes entweder sehr aufwendig oder sehr unzuverlaessig (oder beides) ist, da sie ein Erfassen und Verstehen aller beobachteten Vorgaenge seitens des Ueberwachenden erfordert. Wie im Abschnitt 6.6 dargestellt, laesst sich ein Grossteil der Ueberwachungsfunktionen auf die Ebene des Betriebssystems verlagern und dort wesentlich effektiver realisieren. Einer Ueberwachung auf dieser Ebene ist daher in jedem Falle der Vorzug gegenueber einer Ueberwachung auf der physischen Ebene zu geben, zumal sie im allgemeinen bei dem Ueberwachten einen geringeren Stress als eine physische Ueberwachung verursacht.

Diese Diskussion der Ueberwachung ruft vielleicht unangenehme Gedanken an die totale Ueberwachung durch den "Grossen Bruder" hervor. Man sollte sich jedoch klar machen, dass es Rechenzentren gibt, die eine solche Ueberwachung zu ihrer eigenen Sicherheit unbedingt benoetigen. Ueberwachung durch Fernsehkameras in Supermaerkten und an Tankstellen ist inzwischen so haeufig geworden, dass man sie kaum noch zur Kenntnis nimmt; an Rechenzentren, die mit sensitiven Daten arbeiten, ist eine Ueberwachung oft wesentlich eher gerechtfertigt, da hier viel groessere Werte auf dem Spiel stehen. Andererseits sollte man sich vor der Einfuehrung einer derartigen Schutzmassnahme auch genau ueberlegen, ob sie im Sinne einer Kosten-/Nutzen-Analyse gerechtfertigt ist, wobei hier auch die psychischen Auswirkungen der Ueberwachung durchaus auf der Kostenseite mit zu beruecksichtigen sind.

4.4 Schutz der Datenfernübertragung

4.4.1 Elektromagnetische Systeme

Mit der zunehmenden Verbreitung von Terminal- und Rechner-netzen steigt die Gefahr, dass durch externe Einfluesse auf den Datentransport zwischen Rechner und Terminal bzw. zwischen verschiedenen Rechnern die Sicherheit dieses Transportes und damit die Sicherheit der transportierten Daten in Frage gestellt wird. Waehrend die logische Ebene dieser Art von Gefaehrdung im Kapitel 9 ausfuehrlich behandelt wird, sollen hier die physischen Aspekte dieser Bedrohung untersucht werden.

Bei den Bedrohungen, denen die transportierten Daten ausgesetzt werden, muss man zwischen Funktionsmaengeln des Kommunikationssystems einerseits und absichtlicher Einwirkung andererseits unterscheiden. Zu den Bedrohungen der ersten Art sind Uebertragungsfehler, die zu Stoerungen und Verfaelschungen der uebertragenen Daten fuehren, und Fehlleitung der Information zu einem anderen als dem gewuenschten Partner zu nennen. Gegen derartige Maengel kann man sich im allgemeinen durch die Verwendung geeigneter Leitungsprozeduren schuetzen, die diese Fehler erkennen und korrigieren. Hierdurch kann auch das Problem, dass die fehlgeleitete Information unter Umstaenden in die falschen Haende gelangt, insoweit entschaerft werden, als dieser Fehler so selten gemacht wird, dass es extrem unwahrscheinlich wird, dass ein hinreichend grosses, zusammenhaengendes Stueck dieser Information an derselben falschen Stelle abgegeben wird. Hinzu kommt, dass diese Information bei ihrem unrechten Empfaenger nicht erwartet wird und daher von dessen Leitungsprozedur als Fehler erkannt werden kann und vernichtet wird.

Problematischer sind die Bedrohungen durch absichtliche Einwirkung, zu denen passives Abhoeren und aktive Modifikation der uebertragenen Information gehoeren. Waehrend die Verfahren, durch die diese Einwirkung auf der logischen Ebene geschehen kann, im Abschnitt 9.1 beschrieben werden, interessiert auf der physischen Ebene vornehmlich, an welchen Verwundbarkeiten diese Bedrohung ansetzt und welche physikalischen Verfahren dabei im Spiel sind. Dabei sind, wenn man das Kommunikationssystem als ein Netz mit Knoten und dazwischen ausgespannten Linien auffasst, die Einwirkungen auf die Knoten und die auf die Linien zu unterscheiden.

Als Knoten von Kommunikationsnetzen kommen, wenn man auch
lokale Netze in die Ueberlegungen mit einbezieht, die folgenden
Geraete in Betracht:

- Computer sind Quellen elektromagnetischer Strahlung, die im
  allgemeinen im Kurz- und Ultrakurzwellenbereich liegt, also
  mit relativ einfachen Mitteln aufgefangen werden kann.
  Allerdings sind die Bitfolgen, die moeglicherweise dieser
  Strahlung entnommen werden koennen, so kompliziert aufgebaut,
  dass sie nur mit extrem hohem Aufwand entschluesselt werden
  koennten; man wuerde dazu im allgemeinen einen erheblich
  schnelleren Rechner benoetigen als den, den man gerade
  abhoert. Dies hat einen doppelten Grund: Zum einen strahlen
  die verschiedenen parallel arbeitenden Teile des Rechners,
  den man abhoert, gleichzeitig Signale aus, so dass man ein
  Signalgemisch empfaengt, aus dem einzelne Anteile nur mit
  Muehe oder ueberhaupt nicht extrahiert werden koennen. Zum
  anderen verlaufen in einem Rechner, der mit Multi-Programmierung arbeitet, mehrere Aktionsstroeme quasiparallel und
  ineinander verschachtelt ab; es wuerde daher zusaetzlich
  sehr schwer, einen bestimmten Aktionsstrom in dem Signalgemisch zu verfolgen, zumal der Grund fuer die Unterbrechung
  und die Wiederaufnahme dieses Aktionsstromes in anderen
  Aktionsstroemen zu finden waere. Aus diesen Gruenden ist die
  Gefahr, die sich durch die Moeglichkeit des Abhoerens des
  Rechners selbst ergibt, als ziemlich gering einzuordnen.

- Anders sieht es dagegen bei Bildschirmterminals aus, die
  ebenfalls elektromagnetische Strahlung in diesem Frequenz-
  bereich abgeben. Da hier nur ein, dazu noch relativ langsamer, Aktionsstrom abzuhoeren ist und da sich dieser im
  wesentlichen aus einem einzigen Signal, naemlich dem Video-
  signal, ableiten laesst, koennen Terminals mit relativ
  bescheidenem Aufwand abgehoert werden. Allerdings ist, auch
  bei nicht eigens abgeschirmten Terminals, das erzeugte Signal
  ziemlich schwach, so dass sich die Empfangsantenne des
  Abhoerers nicht allzuweit vom Terminal entfernt befinden
  darf. Waehrend das Abhoeren aus Entfernungen bis zu 6 m ohne
  grossen Aufwand erfolgen kann, wird fuer groessere Entfernungen sehr bald ein hochempfindlicher Empfaenger benoetigt,
  da die Strahlungsstaerke mit wachsender Entfernung stark
  abnimmt; aus Entfernungen ueber 50 m sind die Signale nur
  noch mit grosser Muehe aufzunehmen. Diese Ueberlegungen
  lassen es geraten erscheinen, Bildschirme mit moeglicherweise
  sensitiven Informationen abzuschirmen oder in abgeschirmten
  Raeumen unterzubringen, sofern man nicht einen gewissen
  Mindestabstand zu potentiellen Abhoerern garantieren kann.

- Sonstige Geraete in einem Kommunikationssystem liegen
  zwischen diesen beiden Extremen. Waehrend elektromechanische
  Geraete im allgemeinen nur mit sehr niedrigen Frequenzen
  angesteuert werden und auch kaum abhoerbare Signale
  abstrahlen, koennen manche elektronischen Systeme aehnlich
  wie Terminals oder Rechner wirken. Kommunikationszentren
  sind oft spezielle Computer-Systeme, die in aehnlicher Weise
  wie die Rechner der Netzbenutzer abgehoert werden koennen;
  allerdings ist auch bei ihnen das abgestrahlte Signalgemisch
  kaum analysierbar. Dasselbe gilt auch fuer Plattenspeicher,
  die ueber eine der ueblichen Parallelschnittstellen ange-

schlossen sind; die abgegebene Strahlung enthaelt auch hier
ein Gemisch von 16 oder mehr Signalen, die ausser einer
gemeinsamen Synchronisation zueinander unkorreliert sind.
Anders sieht es dagegen bei Plattenspeichern aus, die als
"File-Server" an einem lokalen Netz haengen; diese Geraete
sind normalerweise ueber eine serielle Schnittstelle angeschlossen, so dass sie analysierbare Signale abgeben koennen.

Insgesamt laesst sich zu diesem Thema jedoch feststellen,
dass die Gefahr, dass die Knoten eines Kommunikationsnetzes
abgehoert werden, als ziemlich niedrig einzuordnen ist; die
Verbindungen zwischen den Knoten, die Leitungen, bieten naemlich
dazu oft eine viel bessere Gelegenheit.

4.4.2 Leitungsschutz

Die einzelnen Knoten eines Kommunikationsnetzes stehen ueber
Linien miteinander in Verbindung, die im Prinzip durch vier
verschiedene Mechanismen realisiert sein koennen:

- Die herkoemmliche Verbindung ist die (Ueberland-)Leitung, die
  natuerlich, sofern sie ausserhalb eines geschuetzten
  Gelaendes verlaeuft, exzellente Abhoermoeglichkeiten bietet.

- In dichter besiedelten Gebieten und fuer eine Kommunikation
  ueber kuerzere Entfernungen hinweg werden heute oft auch
  unterirdisch verlegte Kabel eingesetzt. Wer die Lage dieser
  Kabel kennt und den noetigen Aufwand nicht scheut, hat im
  allgemeinen auch Moeglichkeiten, die darauf uebertragenen
  Signale abzuhoeren.

- Haeufig findet man auch eine Uebertragung durch (erdge-
  bundene) Richtfunkstrecken auf Mikrowellenbasis. Wer eine
  Antenne in der Naehe eines solchen Strahls aufstellt, kann
  die darueber uebertragenen Informationen mithoeren.

- Schliesslich ist, vor allem fuer Uebertragungen ueber groessere Entfernungen, die Verwendung von Nachrichtensatelliten
  als Relaisstationen ueblich. Das von diesen Satelliten
  ausgestrahlte Signal kann mit einer geeigneten Antenne in
  einem grossen Bereich aufgefangen werden.

Die beiden ersten dieser Uebertragungsverfahren unterscheiden
sich von den beiden Mikrowellenverfahren auch dadurch, dass nur
bei ihnen ein Einspielen eigener Signale in den Informationsstrom
mit vertretbarem Aufwand machbar ist; wenn eine Leitung anzapfbar
ist, so koennen ihr auch Stroeme bzw. Spannungen aufgepraegt, also
eigene Signale in sie eingeschleust werden. Dagegen waere es nur
mit grossen Schwierigkeiten moeglich, in den Informationsfluss
einer erdgebundenen Richtfunkstrecke eigene Signale einzubringen;
bei Richtfunk ueber einen Nachrichtensatelliten ist dies sogar
ziemlich unmoeglich.

Zur Beurteilung der Abhoerbarkeit einer Uebertragungsstrecke ist es jedoch nicht ausreichend festzustellen, wie leicht oder wie schwer die Signale dieser Strecke aufzunehmen sind; auch das verwendete Uebertragungsprotokoll der Strecke ist mit zu beruecksichtigen.

Fuer einen einzelnen Informationskanal unterscheidet man drei Uebertragungsmethoden:

- Bei Simplex-Uebertragung ist der eine der Kommunikationspartner permanent der Sender und der andere permanent der Empfaenger; die Uebertragung erfolgt also immer nur in einer Richtung.

- Bei Halbduplex-Uebertragung erfolgt die Uebertragung zu jedem Zeitpunkt entweder von dem einen Partner zum anderen oder umgekehrt; es gibt also immer nur einen Sender und einen Empfaenger, die jedoch ihre Rollen tauschen koennen.

- Bei Vollduplex-Uebertragung dagegen kann jeder der Partner gleichzeitig Sender und Empfaenger sein, und es kann zur gleichen Zeit Information in beiden Richtungen transportiert werden. Der Informationskanal muss dazu aus zwei gegeneinandergerichteten Simplex-Subkanaelen bestehen.

Diese Informationskanaele koennen nun in verschiedener Weise auf die verfuegbaren Uebertragungsstrecken verteilt sein:

- Im einfachsten Fall benutzt der Informationskanal die gesamte Uebertragungsstrecke fuer sich allein; je nach dem verwendeten Uebertragungsverfahren und der Uebertragungsmethode werden dazu ein oder zwei Uebertragungsmedien benoetigt. Da auf solchen Einzelkanalleitungen in jeder Richtung maximal ein Informationsfluss moeglich ist, kann der betreffende Informationskanal problemlos abgehoert werden, wenn das Signal der Uebertragungsstrecke angezapft wird.

- Bei geschalteten Leitungen werden dagegen verschiedene Informationskanaele auf derselben Uebertragungsstrecke zusammengefuehrt. Die Uebertragungsstrecke kann dabei im Prinzip auf zwei verschiedene Weisen aufgeteilt werden:

  o Bei Modulationsverfahren werden ueber die Leitung mehrere Hochfrequenzwellen uebertragen; jeder dieser Wellen ist ein Informations(sub)kanal aufmoduliert.

  o Bei Zeitmultiplexverfahren wird dagegen jedem Informationskanal die Uebertragungsstrecke nur fuer eine kurze Zeit ueberlassen; anschliessend wird sie ihm entzogen und dem naechsten Kanal zugewiesen.

Diese beiden Verfahren koennen auch kombiniert auf derselben Uebertragungsstrecke eingesetzt werden; dazu wird jeder Modulationskanal im Zeitmultiplex aufgeteilt. Das Informationsgemisch auf derartigen geschalteten Leitungen kann vom Abhoerer auf dieselbe Weise in seine einzelnen Kanaele zerlegt werden wie an den legal an die Uebertragungsstrecke angeschalteten Knoten; der Aufwand dazu ist zwar hoeher als bei Einzelkanalleitungen, aber nicht untragbar hoch.

- In einem groesseren Kommunikationsnetz besteht zusaetzlich
  die Moeglichkeit, mehrere Uebertragungsstrecken in den Zeitmultiplex einzubeziehen. Je nach der aktuellen Auslastung
  der einzelnen Leitungen werden Kanaele dieser oder jener
  Uebertragungsstrecke fuer einen bestimmten Zeitraum zugeordnet. Ist dieser Zuordnungszeitraum kurz genug und die
  Fluktuation einzelner Informationskanaele zwischen den verschiedenen Uebertragungsstrecken hoch genug, so besteht
  hierin ein recht guter Schutz gegen Abhoeren, da es zur
  Verfolgung des Datentransportes auf einem bestimmten Informationskanal erforderlich waere, alle beteiligten Uebertragungsstrecken anzuzapfen. Die Fernverbindungen in
  oeffentlichen Telephon- und (Daten-)Leitungsvermittlungs-
  netzen sind nach diesem Prinzip realisiert.

- Bei Paketvermittlungsnetzen wie zum Beispiel Datex-P wird
  dagegen die dem Netz uebergebene Information schon beim
  Sender in einzelne (kurze) Teile zerlegt, die jedes fuer sich
  eine Identifikation des Informationskanals tragen, dem sie
  zuzuordnen sind. Da dem Netz die temporaere oder permanente
  Zuordnung zwischen Informationskanal und gewuenschtem
  Empfaenger bekannt ist, koennen diese einzelnen Informations-
  pakete separat uebermittelt werden; jedes Paket kann dabei
  einen eigenen Weg nehmen. Sind die Wege der einzelnen Pakete
  hinreichend weit gestreut, so wird dadurch ein Abhoeren der
  Informationskanaele wenigstens ebensogut ausgeschlossen wie
  bei Leitungsvermittlungsnetzen.

Diese Beschreibung der einzelnen Uebertragungsverfahren
zeigt, dass es im allgemeinen sehr schwierig ist, Fernverbindungen
in einem oeffentlichen Netz, die nicht explizit einem einzelnen
Informationskanal zugeordnet sind, abzuhoeren. Gemaess dieser
Ueberlegung wird sich ein potentieller Abhoerer im allgemeinen auf
drei Teile des gesamten Uebertragungsweges als Angriffspunkte
konzentrieren:

- Am Anfang des Weges, also beim Sender der Information,
  verlaeuft der Informationskanal zunaechst auf einer einzelnen
  Uebertragungsstrecke bis zum naechsten Verteilerknoten im
  Netz. Hier herrschen also die Verhaeltnisse der gut abhoer-
  baren Einzelkanalleitung.

- Dasselbe gilt natuerlich auch fuer das Ende des Weges.

- Eventuell laesst sich aus der raeumlichen Verteilung der
  vorhandenen Uebertragungsstrecken ableiten, dass alle Informationen des Informationskanals fuer ein Stueck des Weges
  ueber eine bestimmte Uebertragungsstrecke fliessen muessen.
  Fuer diese Uebertragungsstrecke gelten dann die Verhaeltnisse
  der Einzelkanal- oder der geschalteten Leitung, die beide gut
  abhoerbar sind.

Es ist also vor allem wichtig, diese drei verwundbaren
Stellen einer Datenfernuebertragung gegen Abhoeren bzw. Anzapfen
zu sichern. Da sich dies, wie weiter oben dargestellt wurde, bei

Richtfunkstrecken praktisch nicht erreichen laesst, hat diese
Schutzmassnahme nur dann Aussicht auf Erfolg, wenn die verwundbaren Teile des Leitungsweges als Kabel realisiert sind und wenn
es moeglich ist, die Annaeherung an dieses Kabel und erst recht
seine Manipulation auszuschliessen. Lichtleiter sind in dieser
Hinsicht etwas unkritischer als Stromkabel, da sie nicht auf mag-
netischem Weg abhoerbar sind, sondern zum Abhoeren eine explizite
Manipulation des Kabels erfordern.

Sobald ein Teil dieser verwundbaren Abschnitte des Uebertragungsweges ueber ungeschuetztes Land fuehrt oder wenn diese
Abschnitte (teilweise) als Richtfunkstrecken realisiert sind, ist
es praktisch unmoeglich, ein Abhoeren zu verhindern. In diesem
Fall gibt es als Schutzmassnahme nur noch die Moeglichkeit, die
dort transportierten Informationen zu verschluesseln. Die dabei
anzuwendenden Verfahren werden im Abschnitt 9.3 besprochen.

4.4.3 Zuverlaessigkeit

Zum Abschluss dieser Betrachtung der Sicherheit von Daten-
fernuebertragungssystemen ist noch eine kurze Diskussion der
Verfahren erforderlich, durch die eine ausreichende Zuverlaessigkeit dieser Systeme erreicht wird. Dazu muss im Prinzip zweierlei
erreicht werden:

- Es muss sichergestellt werden, dass der Empfaenger eine
  Verfaelschung der empfangenen Information - etwa durch einen
  Uebertragungsfehler - erkennt, so dass er nicht mit dieser
  falschen Information arbeitet.

- Ausserdem muss aber auch gewaehrleistet werden, dass er
  wirklich alle fuer ihn bestimmte Information erhaelt, dass
  also unterwegs nichts verloren geht.

Um dies zu erreichen, werden im allgemeinen verschiedene
Verfahren in Kombination miteinander eingesetzt. Verfahren zur
Fehlererkennung beruhen im wesentlichen auf der Uebertragung
einiger zusaetzlicher Information, so dass der Empfaenger anhand
dieser Redundanz die Korrektheit der empfangenen Daten ueberpruefen kann. So wird in manchen Uebertragungsverfahren zu jedem
uebertragenen Byte noch ein "Parity-Bit" uebertragen, das die
Anzahl der uebertragenen auf 1 gesetzten Bits auf - je nach der
verwendeten Konvention - eine gerade oder eine ungerade Anzahl
ergaenzt. Durch Abzaehlen der Einsen in einem so erweiterten Byte
kann der Empfaenger dann erkennen, ob ein einzelnes Bit
verfaelscht wurde. Das Verfahren versagt jedoch, wenn in einem
Byte gleichzeitig mehrere Bits verfaelscht wurden (siehe hierzu
auch Abschnitt 5.2.1).

Um eine Verfaelschung groesserer Informationsbloecke zu
erkennen, ist es erforderlich, zusaetzliche Pruefinformation in
diese Bloecke zu bringen. Dies kann durch die Einfuehrung einer
sogenannten "Laengs-Paritaet" geschehen, die die auf 1 gesetzten
Bits einer bestimmten Bit-Position im Byte fuer alle Bytes des
Blocks auf eine gerade bzw. ungerade Anzahl ergaenzt. Die so
errechneten Parity-Bits ergeben gerade wieder ein Byte, das als

"Block-Check-Character" ("BCC") an den Block angehaengt wird.
Alternativ dazu kann auch eine mathematische Funktion auf den
Inhalt des Blocks angewandt und deren Ergebnis als Pruefinformation an den Block angehaengt werden. Funktionen, die eine
Verfaelschung des Blocks mit hoher Sicherheit erkennen lassen und
die gleichzeitig ohne grossen Aufwand - auch direkt von spezialisierter Hardware - berechnet werden koennen, sind die "CRC-Poly-
nome", wobei "CRC" fuer "cyclic redundancy check" steht; sie
werden unter anderem bei den Leitungsprozeduren HDLC, SDLC, DDCMP
und AUTODIN-II verwendet.

        Damit ist das Stichwort fuer die Beschreibung der Verfahren
gegeben, durch die die vollstaendige Uebermittlung der Daten an
den Empfaenger sichergestellt wird: Die Daten werden auf den
Uebertragungsstrecken nach zwischen den Kommunikationspartnern
(und eventuell auch noch dem Netz) vereinbarten Ablaufschemata
uebermittelt, die man als "Kommunikationsprotokolle" bezeichnet.
Diese Protokolle sind oft in einer logischen Hierarchie ange-
ordnet, deren bekannteste das "OSI"-Modell ("Open Systems Interconnect") der internationalen Normungsorganisation ISO ist, das
auch als "ISO-7-Ebenen-Modell" bezeichnet wird. Eines dieser
Protokolle beschreibt dabei das Verfahren, wie einzelne Bytes und
Datenbloecke auf einer Leitung auszutauschen sind; man bezeichnet
dieses Protokoll als "Leitungsprozedur". Die Zahl der existierenden Leitungsprozeduren ist so gross, dass sich mit ihrer
Beschreibung ganze Baende fuellen lassen; der interessierte Leser
sei deshalb hier auf die entsprechende Spezialliteratur zur Datenfernuebertragung hingewiesen, etwa [64].   Es genuegt an dieser
Stelle festzuhalten, dass diese Protokolle es ermoeglichen, die
obengenannten Forderungen zu realisieren, und auch, wenn Uebertragungsfehler aufgetreten sind, durch geeignete Massnahmen die
Uebertragung wieder in einen korrekten Zustand bringen, ohne dass
dabei Daten verloren gehen.

4.5 Zusammenfassung

        Schutz auf der physischen Ebene hat im wesentlichen das
doppelte Ziel, unzulaessiges Eindringen fremder Personen in den
bezueglich der Datensicherheit sensitiven Bereich zu verhindern
und gleichzeitig die physische Beschaedigung der Geraete und
Datentraeger, gleichgueltig ob gewollt oder durch hoehere Gewalt,
zu verhindern oder zumindest in ihren Auswirkungen zu begrenzen.

        Bei den Massnahmen gegen physische Schaeden wurden insbe-
sondere solche gegen die Entstehung und Ausbreitung von Feuer
betrachtet, als deren wesentlichste neben der allgemeinen
Anwendung der Kenntnisse ueber Ursachen und Auswirkungen des
Feuers die Installation geeigneter Melde- und Loeschsysteme sowie
die strikte Unterteilung des zu schuetzenden Bereiches in Feuer-
schutzzonen zu nennen sind. Weitere physische Schaeden, die bei
der Planung des Schutzes zu beruecksichtigen sind, koennen durch
Wasser, Sturm, Erdbeben, chemische Unfaelle und Kriegseinwirkungen
verursacht werden.

        Bei allen Schutzmassnahmen der physischen Ebene ist eine
regelmaessige Ueberpruefung ihrer Wirksamkeit von ausschlaggebender Bedeutung fuer ihre Zuverlaessigkeit und Anwendbarkeit im

Notfall.   Einerseits muss sichergestellt sein, dass die verwendeten Verfahren und eingesetzten Geraete funktionsfaehig sind und
gegen die betreffenden Bedrohungen wirksam werden koennen, und
andererseits ist eine gruendliche Beherrschung der im Notfall
durchzufuehrenden Aktionen auch in der dann vorliegenden Stress-
Situation erforderlich.

Als Massnahmen zur physischen Zugangskontrolle wurden automatische und manuelle Verfahren zur Eingangskontrolle betrachtet
und verglichen. Hinzu kommen Alarmsysteme, die eine Kontrolle
leerstehender Rechenzentren ermoeglichen, sowie Verfahren zur
Ueberwachung der Taetigkeiten der Personen, die sich legal in
einem Sicherheitsbereich aufhalten; dabei zeigte sich allerdings,
dass eine solche physische Ueberwachung zur Erhoehung der Datensicherheit nur in sehr beschraenktem Umfang dienen kann.

Schliesslich wurden die Probleme des physischen Schutzes von
Einrichtungen zur Datenfernuebertragung betrachtet. Hier ergab
sich, dass die notwendigen und realisierbaren Massnahmen in hohem
Masse von den verwendeten Uebertragungsverfahren abhaengen, da
sich aus diesen direkt die Moeglichkeiten zum Abhoeren und zur
Beeinflussung der Uebertragung ergeben. Um zumindest einen ersten
Eindruck von den sich hier stellenden Problemen zu vermitteln,
wurden die wesentlichsten Begriffe der physischen Ebenen der
Datenuebertragung kurz skizziert.

5 Schutz auf der Hardware-Ebene

5.1 Einleitung

EDV-Anlagen bestehen aus den folgenden typischen Komponenten:

- Zentralprozessor(en)
- Hauptspeicher
- Sekundaer- oder Peripheriespeicher
- Ein-/Ausgabe-Geraete

Ziel des Hardware-Schutzes ist es, diese Komponenten vor falscher Funktionsweise und vor unzulaessiger gegenseitiger Beeinflussung, eventuell verursacht durch ein falsches oder unzulaessiges Programm, zu bewahren. Zu diesem Zweck sind in die Komponenten moderner EDV-Anlagen Mechanismen eingebaut, die derartige Fehlfunktionen moeglichst verhindern oder das Ausmass des durch einen Fehler verursachten Schadens begrenzt halten sollen. Die Leistungsfaehigkeit dieser Mechanismen, die Auswirkungen, die sie auf die Leistung der Anlage selbst haben, und die Art ihrer Wirkung unterscheiden sich sehr stark zwischen den einzelnen Systemen, abhaengig von ihren Einsatzgebieten, der geplanten oder gewuenschten Sicherheit sowie der Art der Bedrohungen, gegen die sich der Konstrukteur eines Systems schuetzen wollte.

Hardware-Schutz hat in gewissem Sinne eine doppelte Funktion:

- Er soll die Sicherheit der mit einer EDV-Anlage bearbeiteten Daten erhoehen, also Informationen vor unzulaessigen Zugriffen oder Veraenderungen schuetzen.

- Er soll aber auch die Zuverlaessigkeit einer Anlage erhoehen, indem er Fehlfunktionen verhindert oder in ihren Auswirkungen eingrenzt. Da letztlich alle in einem Rechner ablaufenden Operationen

   o von der Information eines sie steuernden Programmes bestimmt werden

   o und dabei selbst Informationen bearbeiten

   bedeutet auch dieses Ziel den Schutz von Informationen vor unzulaessigen Zugriffen oder Veraenderungen.

Eine Betrachtung der Schutzmoeglichkeiten auf der Hardware-Ebene geht daher zweckmaessigerweise von der Frage aus, an welchen Stellen sich Informationen in einer EDV-Anlage befinden und welchen spezifischen Gefaehrdungen sie an den einzelnen Stellen ausgesetzt sind. Dabei zeigt sich, dass es hier notwendig ist, sich vor allem auf Haupt- und Peripheriespeicher sowie auf den Zentralprozessor ("CPU", "Central Processing Unit") zu konzentrieren. Dagegen spielen die Ein-/Ausgabe-Geraete durch die Tatsache, dass sie Schnittstellen zwischen Rechner und Umwelt darstellen, ueber die Informationen in den Rechner eintreten bzw. ihn verlassen, eine Sonderrolle, die an anderen Stellen behandelt wird (siehe die Kapitel 3, 4 und 9).

Hardware-Schutz haengt wesentlich von der "Granularitaet" der zu schuetzenden Daten ab, also der kleinsten Datenmenge, die in einer bestimmten Weise geschuetzt werden kann, ohne dass dies die Schutzeigenschaften anderer Daten notwendigerweise beeinflusst. Die wuenschenswerte Granularitaet haengt dabei sehr von der Art der zu schuetzenden Informationen ab; sie kann sich auf ganze Datenmengen oder auch Teile davon bis hinab zu einem einzelnen Byte beziehen. Die realisierbare Granularitaet haengt dagegen ab von der Komponente, die diesen Schutz gewaehren soll, von der verfuegbaren Technologie sowie von dem verwendeten Schutzverfahren. Generell kann man jedoch sagen, dass die Kosten des Schutzes umso hoeher sind, je feiner die Granularitaet ist, je kleinere Datenmengen also separat schuetzbar sein sollen.

Die folgenden Abschnitte beschreiben die fuer den Hauptspeicher, die CPU und die Peripheriespeicher gaengigen bzw. mit derzeitiger Technologie realisierbaren Schutzverfahren. Dabei werden zunaechst die zum Schutz des Hauptspeichers verwendeten bzw. verwendbaren Verfahren beschrieben, da alle Information, die in einer EDV-Anlage verarbeitet wird, und auch alle Information, die die Verarbeitung steuert, waehrend der Verarbeitung selbst - zumindest soweit sie vom aktuellen Verarbeitungsschritt betroffen ist - im Hauptspeicher vorliegen muss.

Das Kapitel schliesst mit einer Betrachtung der Schutzmoeglichkeiten, die sich durch die Einfuehrung hochintegrierter Bausteine, insbesondere Mikroprozessoren, intelligente Controller und dezentrale System-Architekturen ergeben.

5.2 Schutz des Hauptspeichers

5.2.1 Parity und fehlerkorrigierende Codes

Eines der Probleme, die sich fuer einen wirksamen Schutz des Hauptspeichers stellen, ist die Verhinderung oder Korrektur von Uebertragungsfehlern und Einspeicherungsfehlern, die das Umkippen eines Bits und damit die Verfaelschung einer bestimmten, wenn auch geringen Informationsmenge bewirken. Verursacht werden derartige Fehler durch elektrische Stoerungen auf den Daten- bzw. Steuerleitungen zum Hauptspeicher oder durch Fehlfunktion einzelner elektronischer Bausteine im Hauptspeicher selbst. Da derartige Fehler nur mit extremem Aufwand unwahrscheinlich gemacht, nie jedoch ganz ausgeschlossen werden koennen, ist es einfacher, sie zumindest zu entdecken, oder noch besser, zu beheben.

Grundlage dafuer, dass Verfahren zur Entdeckung oder Korrektur von Bitfehlern im Hauptspeicher funktionieren, ist die Tatsache, dass derartige Fehler extrem selten vorkommen - sonst waere ein zuverlaessiges Funktionieren groesserer EDV-Anlagen auch ueberhaupt nicht moeglich. Es ist also damit zu rechnen, dass, wenn ueberhaupt einmal ein Bitfehler auftritt, dieser mit sehr hoher Wahrscheinlichkeit der einzige innerhalb eines begrenzten Hauptspeicherbereiches ist und dass die Wahrscheinlichkeit fuer das gleichzeitige Auftreten mehrerer Bitfehler innerhalb dieses Bereiches mit wachsender Anzahl der Fehler und mit sinkender Bereichsgroesse rapide abnimmt. Die gaengigen Verfahren beruhen daher auf der eindeutigen Entdeckung oder Korrektur eines Bitfehlers innerhalb einer kurzen Bitfolge, typischerweise eines Bytes oder Maschinenwortes.

Ein zur Zeit der Kernspeicher weit verbreitetes Verfahren zur Erkennung einzelner Bitfehler, das heute eher zur Sicherung der Daten ausserhalb des Hauptspeichers verwendet wird, ist das der "Paritaetspruefung". Dabei wird einer bestimmten Menge von Bits, zum Beispiel einem Byte, ein weiteres Bit (das "Parity-Bit") hinzugefuegt, dessen Wert so gewaehlt ist, dass die Anzahl der auf 1 gesetzten Bits einschliesslich Parity-Bit, die "Paritaet" dieser Gruppe von Bits, entweder immer gerade oder immer ungerade ist. Ist die Paritaet also gerade, wenn sie nach Konvention ungerade sein sollte, oder umgekehrt, so ist irgendein Bit in der zugehoerigen Bitmenge falsch (eventuell auch das Parity-Bit selbst). Da diese Ueberpruefung relativ einfach und schnell durch eine Hardware-Schaltung, die das exklusive Oder (XOR) der Bits einschliesslich Parity-Bit bildet, erfolgen kann, hat man hier ein bequemes Verfahren zur Erkennung von einzelnen Bitfehlern. Nachteilig ist jedoch, dass man nicht erkennen kann, **welches** Bit der so gesicherten Menge von Bits falsch gesetzt ist, und dass sich zwei (allgemein: eine gerade Anzahl) Bitfehler in derselben Bitmenge aufheben, also unentdeckt bleiben.

Um die Zuverlaessigkeit von Halbleiterspeichern, die bei ausschliesslicher Verwendung von Paritaetspruefung geringer sein kann als die von Kernspeichern [39], auf vergleichbare Werte zu erhoehen, setzt man hier im allgemeinen ein erweitertes Pruefverfahren ein. Dieses Verfahren, das als "ECC" ("Error Checking and Correction") bezeichnet wird, beruht auf einem Hamming-Code, der die Korrektur aller Ein-Bit-Fehler und die Entdeckung aller Zwei-Bit-Fehler erlaubt. Die ECC-Pruefung erstreckt sich dabei auf Gruppen von 32 oder 64 Bits, denen mehrere Parity-Bits zugeordnet werden. Jedes dieser Parity-Bits bezieht sich dabei auf eine bestimmte Untermenge der zu pruefenden Bits, wobei sich die einzelnen Untermengen in bestimmter Weise ueberlappen. Tritt nun ein Ein-Bit-Fehler auf, so aendern sich durch diese Ueberlappung mehrere Paritaeten gleichzeitig; die Pruefbits zeigen ein sogenanntes "Fehler-Syndrom". Wurden die Untermengen richtig gewaehlt, so laesst sich aus dem Fehler-Syndrom eindeutig bestimmen, welches Bit gekippt war, und dieses Bit kann durch erneutes Kippen korrigiert werden.

Voraussetzung fuer das Funktionieren dieses Verfahrens ist, dass die Anzahl moeglicher Syndrome groesser als die Anzahl der zu ueberpruefenden Bits ist. Fuer eine Ueberpruefung von Gruppen von 32 Bits verwendet man meist 7 Pruefbits, so dass sich insgesamt 128 moegliche Syndrome ergeben; fuer die Ueberwachung von 64 Bits

werden 8 Pruefbits mit 256 verschiedenen Syndromen verwendet. Die
Voraussetzung ist also in beiden Faellen erfuellt. Die restlichen
Syndrome fuehren zur Entdeckung von Mehr-Bit-Fehlern, wobei die
gaengigen Verfahren alle Zwei-Bit-Fehler und etwa 70 % aller Drei-
Bit-Fehler erkennen, aber nicht mehr korrigieren koennen. Durch
den Einsatz derartiger automatischer Fehlerkorrekturen ist die
Zuverlaessigkeit von Halbleiterspeichern mit ECC-Logik nicht nur
vergleichbar mit der von Kernspeichern, sondern sogar hoeher [39].

Hier ist noch ein weiteres Verfahren zur Fehlererkennung im
Hauptspeicher zu nennen, das zwar heute keine praktische Bedeutung
mehr hat, weil es aufwendiger als das ECC-Verfahren ist, ohne
jedoch Fehlerkorrektur zu ermoeglichen, aber dennoch von einigem
historischen Interesse ist [60]. Im Hauptspeicher der TR440
wurden jedem Maschinenwort von 50 Bits (einschliesslich Typenkennung) zwei weitere Bits hinzugefuegt, die als "Dreierprobe"
bezeichnet wurden. Man betrachtete das Maschinenwort als 25-
stellige Zahl im Vierersystem und bildete die Quersumme dieser
Zahl modulo 3. Durch geeignete Wahl der beiden Dreierproben-Bits
liess sich erreichen, dass die Quersumme aller 52 Bits 0 modulo 3
war Wurde nun in einem Maschinenwort festgestellt, dass diese
Quersumme nicht durch 3 teilbar war, so bedeutete dies das
Vorliegen eines Fehlers. Mit diesem Verfahren konnten alle Ein-
Bit-Fehler und solche Zwei-Bit-Fehler entdeckt werden, bei denen
die beiden gekippten Bits Zweierpotenzen repraesentierten, deren
Summe nicht durch 3 teilbar war.

Man kann das Verfahren der Dreierprobe in gewissem Sinn als
Vorlaeufer der Pruefverfahren mit zyklischen Codes ("CRC" "Cyclic
Redundancy Check") betrachten. Da solche Verfahren jedoch hauptsaechlich zur Sicherung von Datenuebertragung ueber Leitungen
eingesetzt werden, kann auf eine detaillierte Betrachtung an
dieser Stelle verzichtet werden.

5.2.2 Grenz-Register

Bei Rechnern, die Multi-Programmierung, also die quasi-
gleichzeitige Verarbeitung mehrerer Programme erlauben, stellt
sich fuer den Schutz des Hauptspeichers eine weitere Aufgabe: Es
muss gewaehrleistet sein, dass kein Programm auf die Daten oder
Instruktionen eines anderen, gleichzeitig im Hauptspeicher
liegenden Programms in unzulaessiger Weise zugreifen kann. Diese
Forderung wird aus doppeltem Grund gestellt:

- Ohne einen derartigen Schutz einzelner Programme gegeneinander wird die Zuverlaessigkeit des Gesamtsystems sehr stark
  reduziert, da durch Fehler in einem Programm andere Programme
  oder deren Daten modifiziert werden koennen, was zu Folge-
  fehlern in diesen Programmen fuehrt.

- Ausserdem laesst sich ohne einen derartigen Schutz nicht
  sicherstellen, dass die Daten, die ein Programm gerade bearbeitet, von einem anderen Programm "gestohlen" werden, indem
  es sie aus dem Adressraum des ersten Programmes liest.

Die Bedeutung eines derartigen Hauptspeicherschutzes wurde
bei zunehmender Verbreitung der Multi-Programmierung schnell
erkannt. Waehrend noch die ersten IBM/360-Maschinen ueber keinerlei Leseschutz im Hauptspeicher verfuegten [33], wurde die /360-
Architektur bald um Schutzmoeglichkeiten erweitert.

Bei einer realen Adressierung des Hauptspeichers laesst sich
ein Schutz relativ einfach realisieren, wenn Programme und ihre
Daten jeweils in zusammenhaengenden Speicherbereichen abgelegt
werden. Dabei erfolgt die Ueberpruefung der Korrektheit eines
Zugriffs im allgemeinen dadurch, dass die Startadresse des
Speicherbereiches, auf dem gerade gearbeitet wird, in ein soge-
nanntes "Basis-Register" und seine Laenge in ein sogenanntes
"Laengen-Register" des Prozessors geschrieben wird. Beim Zugriff
auf eine Speicherzelle wird die angegebene Adresse mit diesem
Laengen-Register verglichen; ist sie groesser als der Inhalt
dieses Registers, so liegt eine Fehladressierung vor, die vom
Prozessor dann in geeigneter Weise, etwa durch Programm-Abbruch,
abgewiesen werden kann. Dasselbe Verfahren kann bei virtueller
Speicherverwaltung mit Segmentierung fuer die einzelnen Segmente
angewandt werden.

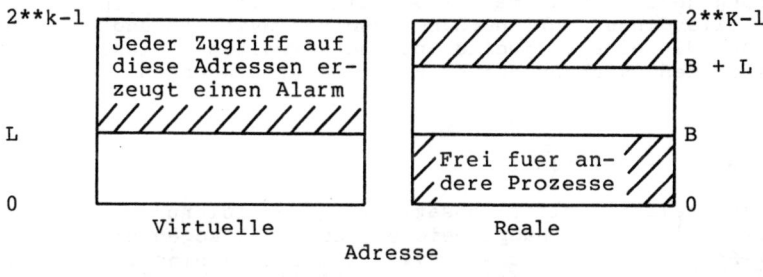

B = Inhalt des Basis-Registers
L = Inhalt des Laengen-Registers

Fig. 5-1 Verwendung von Basis- und Laengen-Register

Adressiert der Prozessor alle Daten und Instruktionen relativ
zu diesem Basis-Register, so hat dies den zusaetzlichen Vorteil,
dass Programme nicht an bestimmte physikalische Adressen im Hauptspeicher gebunden sind; sie koennen im Hauptspeicher verschoben
("relokiert") werden. Zur Durchfuehrung dieser Relokation werden
im wesentlichen die folgenden Verfahren verwendet:

- automatische Addition des Basis-Registers zu allen Adressen
  (verwendet zum Beispiel bei der UNIVAC 1108 und dem KA10-
  Prozessor der PDP-10); ein relativ altes Verfahren, das
  jedoch automatische Durchfuehrung der Relokation gestattet;

- explizite Bedienung von Basis-Registern (verwendet in der
  IBM/360 und als Folge in der IBM/370 und Siemens 7.xxx); ein
  ebenfalls altes Verfahren, das zum Teil die Adressierung
  nicht gerade erleichtert; bei gleichzeitiger Verwendung
  virtueller Adressierungstechniken (siehe unten) in den neuen
  Maschinen im Prinzip ueberfluessig.

Bei beiden Verfahren erfolgt die Relokation durch Veraendern der Basis-Register; eine Aenderung der Programm-Adressen kann entfallen.

Man kann die Technik dynamischer Relokation in einfacher Weise zur Verwaltung des Hauptspeichers fuer Multi-Programmierung verwenden. Dazu haelt man zu jedem Zeitpunkt ein oder mehrere Programme in jeweils zusammenhaengenden Bereichen des Hauptspeichers und tauscht nach Bedarf jeweils ganze Programme mit dem Hintergrund-Speicher (z.B. Platten- oder Trommelspeicher) aus ("swapping"). Man kann auf diese Weise eine groessere Anzahl von Programmen quasi-parallel bearbeiten, als es bei einer konstanten Zuordnung des Hauptspeichers moeglich waere, die den von einem Programm belegten Speicher erst bei Beendigung dieses Programmes fuer andere Programme ausnutzen koennte.

Erfolgt bei jedem Zugriff auf Daten und Instruktionen durch den Prozessor ein automatischer Vergleich der angesprochenen Adresse mit dem aktuellen Inhalt des Laengen-Registers, so ist auch bei dynamischer Relokation und Swapping sichergestellt, dass keine Adressierung in den Adressraum eines anderen Programms erfolgen kann; der Hauptspeicher ist also im Sinne der obigen Forderung geschuetzt. Man findet Speicherverwaltungen dieser Art heute allerdings nur noch bei kleinen Systemen und bei Spezialsystemen, die eine virtuelle Speicherverwaltung nicht benoetigen oder sich den Overhead dafuer nicht leisten koennen.

5.2.3 Schutz-Schluessel

Ein relativ alter Ansatz zur Realisierung geschuetzter Speicherbreiche im Hauptspeicher verwendet sogenannte "Speicherschutz-Schluessel" ("access keys") zum Schutz einzelner Speicherbereiche gegen unberechtigten Zugriff [63]. Nur solche Programme bzw. Prozesse, deren interne Identifikation mit dem Schluessel eines Speicherbereiches uebereinstimmt, koennen auf diesen Speicherbereich - eventuell auch nur in einer durch den Schluessel bestimmten Weise - zugreifen. Ein spezieller Schluessel (ueblicherweise 0) ist fuer privilegierte Programme des Betriebssystems vorgesehen; Programme, die ueber diesen Schluessel verfuegen, koennen die Zugriffsbeschraenkungen des Speicherschutz-Schluessels umgehen und haben unbegrenzten Zugriff auf den gesamten Hauptspeicher. Man erhaelt auf diese Weise eine einfache Unterscheidung zwischen privilegierter und unprivilegierter Software.

So wird bei dem IBM-System/370 jedem Block von 2048 Bytes ein 4-Bit langer Schutz-Schluessel und zusaetzlich ein Leseschutz-Bit zugeordnet [38]. Bei der Zuteilung von Hauptspeicher an ein Programm werden die diesem Programm zugeordneten Speicherbereiche mit demselben Schutz-Schluessel versehen, der fuer dieses Programm im Programm-Status-Wort ("PSW") abgelegt ist. Werden den verschiedenen Programmen im Rechner unterschiedliche Schluessel zugeteilt, so kann jedes Programm nur die ihm zugeordneten Speicherbereiche veraendern; die einzelnen Programme sind also gegeneinander geschuetzt. Durch das Leseschutz-Bit kann zusaetzlich kontrolliert werden, ob fremde Programme einen bestimmten Speicherbereich lesen koennen oder nicht. Da unprivilegierte

Programme den ihnen zugewiesenen Schluessel im PSW nicht veraendern koennen, haben sie auch keine Moeglichkeit, den ihnen zugewiesenen Speicherbereich in unkontrollierter Weise zu wechseln.

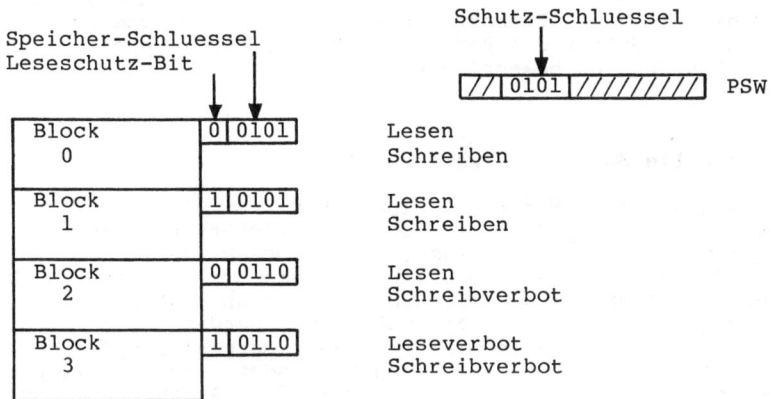

Fig. 5-2 Speicherschutz-Schluessel

Speicherbereiche, denen der Schutz-Schluessel 0 zugewiesen
ist, sind von diesem Schutzverfahren ausgenommen; daher wird
dieser Schluessel normalerweise nicht vergeben. Umgekehrt sind
jedoch auch Programme, die den Schluessel 0 haben, vom Speicherschutz ausgenommen; sie duerfen ohne Einschraenkung auf den
gesamten Hauptspeicher zugreifen. Aus diesem Grund wird der
Schluessel 0 nur an privilegierte Programme vergeben, insbesondere
an das Betriebssystem selbst.

Wenn dieses Schutzverfahren auch zum Schutz einzelner
Programme gegeneinander wirksam ist, so hat es doch einige
gravierende Nachteile:

- Wendet man das Verfahren zum Schutz des realen Hauptspeichers
  an, so duerfen zu keinem Zeitpunkt mehr als 15 Programme
  aktiv sein, da maximal 15 verschiedene Schutz-Schluessel
  vergeben werden koennen.

- Zum Schutz des Hauptspeichers bei einer virtuellen Speicherverwaltung werden andere Verfahren benoetigt und eingesetzt
  (siehe die naechsten Abschnitte), so dass die Verwendung von
  Schutz-Schluesseln in der hier beschriebenen Art ihren Sinn
  verliert.

- Es ist mit diesem Verfahren nicht moeglich, bestimmte
  Speicherbereiche gegen Veraenderung durch das eigene Programm
  zu schuetzen; so wesentliche Funktionen wie der Schutz von
  Konstanten und Instruktionen gegen Ueberschreiben sind mit
  diesem Verfahren nicht realisierbar.

Aus diesen Gruenden werden heute im allgemeinen andere
Verfahren zum Schutz des Hauptspeichers eingesetzt, die bei
Rechnern mit IBM-Architektur entweder in zusaetzlichen Software-

Schutzmassnahmen oder in der Zuordnung neuer Bedeutungen zu den
moeglichen Werten der Schutz-Schluessel bestehen (siehe Abschnitt
5.3.2), waehrend modernere Rechner-Architekturen auch auf der
Hardware-Ebene ueber spezielle Schutzfunktionen verfuegen.
Funktionen, die bei Einsatz einer virtuellen Speicherverwaltung
einen wirksamen Schutz des Hauptspeichers bieten, werden in den
naechsten Abschnitten beschrieben.

5.2.4 Virtuelle Speicherverwaltung

5.2.4.1 Grundlagen - Modernere Techniken zur Verwaltung des
Hauptspeichers teilen den verfuegbaren Speicher in Bloecke fester
("<u>Seiten</u>") oder variabler ("<u>Segmente</u>") Groesse (oder in Kombinationen davon) auf und bilden die Programm-Adressen seiten- bzw.
segmentweise auf den physikalischen Speicher ab, ohne dass dazu
vom Programm her Vorsorge getroffen werden muesste. Man
bezeichnet dieses Verfahren als "<u>virtuelle Adressierung</u>"; es wird
von fast allen modernen Rechnern verwendet. Ist die virtuelle
Adressierung so realisiert, dass bei der Ausfuehrung eines
Programms nicht alle seine Seiten bzw. Segmente im Hauptspeicher
resident sein muessen, sondern bei Bedarf automatisch, d.h. ohne
Zutun des Programms selbst, vom Peripheriespeicher nachgeladen
werden, so spricht man von einer "<u>virtuellen Speicherverwaltung</u>"
[71]. Da sich diese Form der virtuellen Adressierung wegen ihrer
Vorteile inzwischen weitgehend durchgesetzt hat, werden in den
folgenden Abschnitten hauptsaechlich die virtuelle Speicherverwaltung und die bei ihr verwendeten Schutzverfahren besprochen.

Man setzt die virtuelle Speicherverwaltung besonders deswegen
ein, weil sie es gestattet, die Zuteilung des Hauptspeichers an
die einzelnen Programme sehr effizient auch bei Multi-Programmierung zu regeln, ohne dass in den einzelnen Programmen hierzu
eigens Vorsorge getroffen werden muesste. Eine effiziente
Verwaltung des Hauptspeichers heutiger Rechner ist aber notwendig,
um in einem Speicher vorgegebener Groesse moeglichst viel bzw.
alle im Augenblick relevante Information zu halten; dies ist aus
den folgenden Gruenden wuenschenswert:

- Groesse der zu bearbeitenden Programme

- Gleichgewicht zwischen Prozessor-Geschwindigkeit und verfuegbarer Information

- Unterstuetzung von Multi-Programmierung und Timesharing

Um ihre Aufgaben zu erfuellen, muss die Speicherverwaltung
folgende Probleme loesen:

- Zuordnung der logischen Namen in den Programmen zu den ihnen
  entsprechenden physikalischen Speicheradressen ("mapping");
  dies geschieht ueblicherweise in mehreren Stufen, von denen
  jedoch nicht alle immer vorhanden sein muessen. Die letzte
  dieser Stufen ist jedoch immer die Relokation der Programme,
  die bei einer virtuellen Speicherverwaltung von dieser automatisch durchgefuehrt wird.

- Ermoeglichung und Koordinierung gemeinsamen Zugriffs auf Speicherbereiche ("sharing"); dies ist fuer Interprozess-Kommunikation erforderlich.

- Bereitstellung und Zuweisung benoetigten Speicherplatzes an die einzelnen Prozesse ("Allokation"); hierin ist die Haupt-aufgabe der Speicherverwaltung zu sehen.

- Schutz der Information im Hauptspeicher vor fehlerhaftem/unbefugtem Zugriff ("protection"); dies kann dadurch gesche-hen, dass aller Zugriff auf den Hauptspeicher der Kontrolle der Speicherverwaltung unterworfen wird, was jedoch entspre-chende Hardware-Unterstuetzung voraussetzt.

Man ersieht aus dieser Aufstellung, dass die Verwaltung des Hauptspeichers in heutigen Betriebssystemen eine zentrale Rolle spielt und dass sie auch fuer den Schutz des Hauptspeichers ausschlaggebend ist. Insbesondere bei einer virtuellen Speicher-verwaltung sind Zuteilung und Schutz des Hauptspeichers auf das Engste miteinander verwoben. Aus diesem Grund werden zunaechst die beiden Grundvarianten der virtuellen Speicherverwaltung genauer betrachtet, ehe typische Erweiterungen ihrer Schutz-funktionen beschrieben werden.

5.2.4.2 Segmentierung - Eine Moeglichkeit, die Groesse der von der Speicherverwaltung zu bearbeitenden Datenelemente festzulegen, geht davon aus, dass Programme im allgemeinen schon aus logisch zusammenhaengenden Teilen bestehen [20]. Diese Unterteilung wird normalerweise vom Programmierer verwendet, um folgende Ziele zu erreichen:

- Modularitaet der Programme

- Unterstuetzung von Datenstrukturen variablen Umfangs

- Zugriffsschutz einzelner Datenstrukturen/Programm-Teile

- Zugriffskoordination fuer Parallelzugriff auf bestimmte Da-ten/Programm-Teile

Diese Ziele koennen von der Verwaltung des virtuellen Speichers dadurch unterstuetzt werden, dass der Gesamt-Adressraum in eine Menge voneinander unabhaengiger Teil-Adressraeume, genannt "Segmente", zerlegt wird. Die Adresse des w-ten Maschinenwortes bzw. Bytes im Segment s ist dann gegeben durch das Paar (s,w). Die einzelnen Segmente werden jeweils in zusammenhaengende Speicherbereiche geladen, deren Anfangsadresse a ueber eine sogenannte "Segment-Tabelle" aus dem Segmentnamen bestimmt wird. Mithilfe der Segment-Tabelle kann somit die virtuelle Adresse (s,w) auf eine reale Hauptspeicher-Adresse a+w abgebildet werden. Die Segment-Tabelle enthaelt ueblicherweise auch noch die Laengen b der Segmente, die also die erlaubten Maximalwerte fuer w bestimmen, sowie Schutzbits, die die erlaubten Zugriffsarten (typisch Lesen, Schreiben, Ausfuehren) spezifizieren.

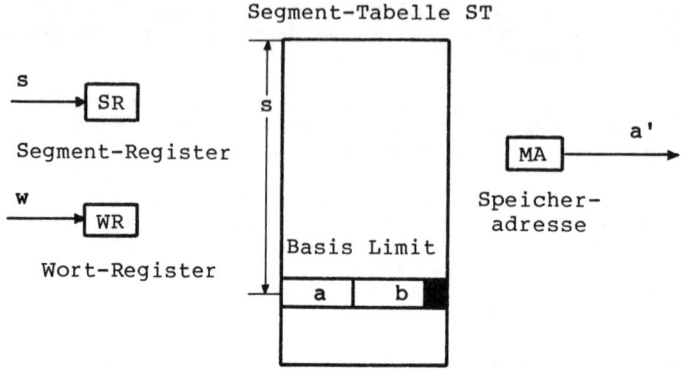

Ablauf: SR := s; WR:= w;
        if <ST[s]> empty ==> missing segment fault;
        if w > b ==> overflow fault;
        MA := a + w;

Fig. 5-3 Adress-Umsetzung bei Segmentierung

Ueblicherweise wird die Segment-Tabelle im Hauptspeicher gehalten und nur ihre Anfangsadresse in einem speziellen Register, dem "Deskriptor-Basis-Register" abgespeichert. Die Tabelle selbst stellt in diesem Kontext selbst ein Segment dar, das "Deskriptor-Segment". Um den zusaetzlichen Speicherzugriff fuer die Adress-Umsetzung einzusparen, kann man einen kleinen Assoziativspeicher vorsehen, der die zuletzt benutzten Zellen der Segment-Tabelle enthaelt; in der Praxis hat es sich gezeigt, dass ein Speicher mit 8 bis 16 Eintraegen hierzu ausreicht.

Ein virtueller Speicher dieses Typs wurde zum Beispiel bei der Burroughs B5000 implementiert. Eine (bei Multics [13] implementierte) Erweiterung dieses Konzepts sieht vor, auch Dateien als Segmente des virtuellen Speichers zu behandeln.

Diese Art der Speicherverwaltung hat den grossen Vorteil, dass sich die Hauptspeicher-Aufteilung direkt nach den Beduerf-nissen der einzelnen Programme richtet. Dadurch dass alle Adres-sierung relativ zu einem Segment-Anfang geschieht und dass nur auf solche Segmente zugegriffen werden kann, die im Deskriptor-Segment eines Programmes aufgefuehrt sind, ist gewaehrleistet, dass alle Programme nur mit den ihnen erlaubten Daten arbeiten koennen. Eine Adressierung ueber das Ende eines Segmentes hinaus, also etwa in ein nachfolgendes fremdes Segment hinein, kann durch Abpruefung der Relativ-Adresse gegen die aktuelle Segment-Laenge in aehn-licher Weise verhindert werden, wie dies im Abschnitt 5.2.2 fuer eine reale Speicherverwaltung dargestellt wurde. Wird schliess-lich noch durch die automatische Ueberpruefung der Vertraeglich-keit des gewuenschten Zugriffs mit den Schutzbits der Segment-Tabelle sichergestellt, dass gegen Schreibzugriff geschuetzte Segmente nicht veraendert werden koennen, so ist auch ein Fehlver-halten durch Veraenderung der Werte von Konstanten oder der

eigenen Programm-Instruktionen ausgeschlossen. Insbesondere kann
dann durch Schutz des Deskriptor-Segments gegen Schreibzugriff
verhindert werden, dass ein Programm seine eigene Segment-Tabelle
in unzulaessiger Weise modifiziert und damit den Schutz durch die
virtuelle Speicherverwaltung aufhebt.

Mit einer auf Segmentierung beruhenden virtuellen Speicherverwaltung laesst sich im Hauptspeicher ein Schutz nahezu
beliebiger Granularitaet erzielen, von einem einzelnen Maschinenwort oder Byte bis hin zu einem ganzen Adressraum. Dabei darf
jedoch nicht uebersehen werden, dass der Umfang des Deskriptor-
Segmentes mit jeder Verfeinerung der Granularitaet anwaechst, und
dass auch ein Segment-Wechsel, der dann haeufiger notwendig ist,
mit einem gewissen Aufwand verbunden ist, so dass sich die Granularitaet des Schutzes nicht beliebig verfeinern laesst, ohne unzu-
mutbare Leistungseinbussen hinzunehmen.

5.2.4.3 Paging – Eine einfache Methode zur Verwaltung des virtuellen Speichers besteht darin, Haupt- und Peripherie-Speicher in
Bloecke gleicher Groesse ("Seiten") zu zerteilen, deren Laenge
fast immer eine Zweierpotenz ist; die Adress-Umsetzung erfolgt im
wesentlichen wie bei der Segmentierung, wobei die zur Umsetzung
benoetigte Tabelle hier als "Seiten-Tabelle" bezeichnet wird.
Auch die Seiten-Tabelle enthaelt im allgemeinen neben den Anfangs-
Adressen der einzelnen Seiten noch Schutzbits, die die erlaubten
Zugriffsarten fuer die einzelnen Seiten festlegen.

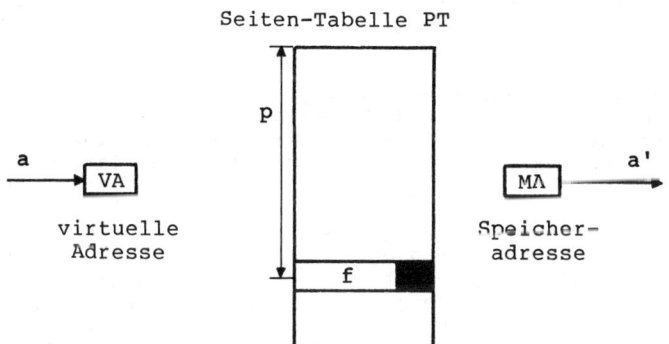

Ablauf: VA := a;   ! Seitenlaenge 2**z, Adressraum 2**k
        p := a<k-1:z>; w := a<z-1:0>;
        if <PT[p]> empty ==> missing page fault;
        f := <PT[p]>; MA := f | w;

Fig. 5-4 Adress-Umsetzung bei Paging

Die Verwendung einer Zweierpotenz als Seitenlaenge hat den
Vorteil, dass die Adresse eines Maschinenwortes bzw. eines Wortes
im Programm-Adressraum als bitweise Konkatenation der Seitennummer

p im Adressraum bzw. **f** im Speicherraum und der Adresse **w** des Wortes innerhalb der Seite aufgebaut werden kann.

In diesem Fall besteht die Adress-Umsetzung einfach aus einem Austausch der hoechstwertigen Bits in der vom Programm spezifizierten Adresse p|w, die dadurch zur realen Adresse f|w wird; dabei muss die Aufteilung der Adresse in die Teile p und w nicht einmal im Programm spezifiziert sein. Paging ist wegen der Einfachheit seiner Realisierung die wohl haeufigste Form der Implementierung virtuellen Speichers, zumal eine Reihe von Problemen, die bei einer virtuellen Speicherverwaltung mit Segmentierung auftreten koennen, bei Paging nicht moeglich sind [24].

Vom Schutz-Aspekt her ist bei Paging-Systemen jedoch problematisch, dass ein Ueberschreiten der Seitengrenzen nicht ueberprueft werden kann, indem man ein Laengen-Register abfragt, da die naechste Adresse jenseits einer Seite einfach die erste Adresse innerhalb der naechsten Seite des virtuellen Adressraums ist. Hier muss stattdessen ueber die Seiten-Tabelle festgestellt werden, ob die angegebene virtuelle Adresse zu einer Seite gehoert, die tatsaechlich im virtuellen Adressraum liegt. Weiterhin muss durch Ueberpruefung der Schutzbits in der Seiten-Tabelle festgestellt werden, ob fuer die aus der Tabelle bestimmte Seite die gewuenschte Zugriffsart zulaessig ist.

Bei sehr grossen virtuellen Adressraeumen koennte die Angabe einer falschen virtuellen Adresse zu einer Ueberschreitung der Seiten-Tabelle fuehren und auf diese Weise eine Fehladressierung verursachen. Dies kann wieder, wie bei einer realen Speicherverwaltung, ueber ein Laengen-Register verhindert werden, das jetzt jedoch nicht die Laenge eines realen Speicherbereiches, sondern die des virtuellen Adressraumes bzw. eines Teiles davon beschreibt.

Vom Standpunkt des Schutzes aus besteht bei Paging-Systemen die starke Einschraenkung, dass die einzige Granularitaet, die von der Speicherverwaltung direkt unterstuetzt wird, die einer ganzen Seite (im allgemeinen zwischen 512 und 4096 Byte) ist, was fuer viele Zwecke zu grob ist, waehrend andererseits sehr grosse Programm-Segmente oder Datenstrukturen sich aus vielen einzelnen Seiten mit identischen Schutzeigenschaften zusammensetzen. Um diese Nachteile reiner Paging-Systeme wenigstens teilweise ausgleichen zu koennen, ohne ihre Vorteile gegenueber reinen Segmentierungs-Systemen zu verlieren, werden oft beide Verfahren miteinander kombiniert. So werden etwa bei den IBM-Systemen /370 und 303x jeweils Gruppen von Seiten mit identischen Schutzeigenschaften zu Segmenten zusammengefasst, und die Adressumwandlung erfolgt zweistufig, zuerst ueber eine Segment-Tabelle und dann ueber die dort bestimmte Seiten-Tabelle [61]. Auf diese Weise kann, zumindest fuer Segmente, die laenger als eine Seite sind, die Granularitaet des Schutzes variiert werden. Dagegen ist das Problem der Realisierung eines effizienten Speicherschutzes sehr feiner Granularitaet noch als weitgehend ungeloest zu betrachten, was sich etwa bei der Implementierung von Sprachen wie Smalltalk [37] besonders gezeigt hat.

5.2.4.4 Verwaltung des virtuellen Speichers - Vordergruendig
scheint es, als seien mit der Einfuehrung der virtuellen Speicherverwaltung die meisten Probleme des Hauptspeicherschutzes geloest.
Dennoch gibt es zwei Gebiete, in denen gerade hierdurch neue
Probleme geschaffen werden:

- Wenn jedes Programm ueber seinen eigenen Adressraum verfuegt,
  der in einer spezifischen Weise auf den realen Hauptspeicher
  abgebildet wird, ist zwar zuverlaessig verhindert, dass ein
  Programm auf die Daten oder Instruktionen anderer Programme
  in unzulaessiger Weise zugreift. Dafuer ist es hier aber
  auch problematisch geworden, ueberhaupt noch einen Weg zum
  Zugriff auf gemeinsame Speicherbereiche zu finden, da diese
  gleichzeitig verschiedenen Adressraeumen angehoeren und damit
  verschiedenen Abbildungen des virtuellen auf den realen
  Speicher unterliegen muessen.

  Die Loesung dieses Problems ist sehr stark von der
  tatsaechlichen Realisierung einer virtuellen Speicherverwaltung abhaengig, so dass eine detaillierte Betrachtung
  ueber den Rahmen dieses Buches hinausfuehren wuerde. Es
  genuegt an dieser Stelle festzuhalten, dass den Anforderungen
  an einen geschuetzten Zugriff auf einen gemeinsamen Speicherbereich dann Genuege getan wird, wenn dieser Zugriff nur dann
  erfolgen kann, wenn **alle** beteiligten Programme die
  gewuenschte Zugriffsart gestattet haben und gleichzeitig
  keine weiteren, nicht an dieser Interprozess-Kommunikation
  beteiligten Programme darauf zugreifen koennen.

- Bei einer virtuellen Speicherverwaltung stellt sich die
  Frage, in welcher Weise die Information zur Verwaltung des
  Hauptspeichers, also die Segment- und/oder Seiten-Tabellen
  selbst zu schuetzen sind und wer in welcher Form auf diese
  Informationen zugreifen darf. Hier gilt als generelle Regel,
  dass jedes Programm zwar lesenden Zugriff auf diese Informationen benoetigt, soweit sie es selbst betreffen, - da es
  ja sonst ueberhaupt nicht auf den realen Speicher abbildbar
  waere, also nicht ablaufen koennte -, aber auf keinen Fall
  diese Informationen selbst veraendern koennen darf - da es
  sonst den ganzen Schutz unterlaufen koennte.

  Alle Veraenderungen der Speicherverwaltungsinformationen
  muessen vom Betriebssystem, also vom System-Kern oder einem
  speziellen "storage manager", ausgefuehrt werden, wobei es
  fuer die Sicherheit eines Systems von ausschlaggebender
  Bedeutung ist, dass diese Systemteile korrekt funktionieren.
  Veraenderungen der Verwaltungsinformationen, die ein
  Anwenderprogramm benoetigt, muss es beim Betriebssystem
  beantragen, das dann eine Ueberpruefung der Zulaessigkeit der
  gewuenschten Veraenderung vorzunehmen hat, ehe es sie tatsaechlich fuer den Anwender durchfuehrt.

  Schliesslich ist noch zu beachten, dass es fuer die
  Ablage der Speicherverwaltungsinformationen selbst noch die
  beiden Alternativen gibt, diese Informationen unter realer
  oder unter virtueller Adressierung abzulegen, was natuerlich
  wieder Rueckwirkungen auf den Schutz hat, den diese Informationen selbst geniessen. So werden die Segment- und
  Seiten-Tabellen bei Grossrechnern wie IBM/370 und 303x oder

Siemens 7.xxx im realen Speicher abgelegt und damit real, also ohne Wirkung des Schutzes der virtuellen Speicher- verwaltung adressiert. Dies hat den unerwuenschten Effekt, dass sie durch jedes Programm, das ueberhaupt auf reale Adressen zugreifen darf, in beliebiger Weise manipuliert werden koennen, so dass der Hauptspeicher gegen solche Programme nicht im mindesten geschuetzt ist. Hier ist also der Schutz des gesamten Systems in kritischer Weise von einem einzigen Privileg abhaengig. Modernere Architekturen legen daher auch die Speicherverwaltungsinformation selbst im virtuellen Speicher ab, was bei Segmentierungs-Systemen durch die Verwendung des Deskriptor-Segmentes [20] und bei Paging- Systemen wie etwa der VAX-11 durch ein zweistufiges Paging- Verfahren, bei dem ueberhaupt keine reale Adressierung mehr moeglich ist [44], erreicht wird.

Insgesamt gilt jedoch, dass diese Probleme, die sich bei einer virtuellen Speicherverwaltung ergeben, bei einer geeigneten System-Architektur durchaus effizient und ohne grosse zusaetzliche Kosten geloest werden koennen.

5.2.4.5 Eigenschaften von Speicherbereichen – Wesentlich fuer die Wirksamkeit eines solchen Schutzes des Hauptspeichers ist, dass die Verwaltungsinformation fuer die einzelnen Speicherbereiche auch Aussagen darueber enthaelt, welche Arten von Zugriffen fuer einen bestimmten Speicherbereich zulaessig sind. Wir haben schon gesehen (siehe Abschnitt 5.2.3), dass sogar mangelnder Schutz eigener Speicherbereiche unerwuenschte Folgen hat, indem es dann zum Beispiel moeglich wird, die Werte von Konstanten oder sogar das eigene Programm durch Fehladressierung zu ueberschreiben.

Hier koennen zwar in gewissem Masse Software-Schutzmassnahmen wie etwa die Ueberpruefung der Korrektheit der Adressen in einem Programm durch einen Compiler Hilfen bieten, doch ersetzen sie den mangelnden Hardware-Schutz nur ungenuegend. Zum einen erfordern solche Software-Pruefungen einen ziemlichen Aufwand zur Ueber- setzungs- oder, noch schlimmer, zur Laufzeit des Programms, und zum anderen sind sie auf Programme in maschinennahen Sprachen, insbesondere Assembler, nicht anwendbar. Dazu kommt noch, dass die Ueberpruefungen der korrekten Adressierung, die zur Compile- Zeit erfolgen, bei nachtraeglichen Veraenderungen eines Programms, etwa durch "Patchen", jegliche Wirksamkeit verlieren.

Es ist daher unumgaenglich notwendig, auch fuer die Speicher- bereiche, die zum eigenen Programm gehoeren, die erlaubten Zugriffsarten festzulegen. Dabei muss zumindest zwischen dem Recht zum lesenden und dem Recht zum aendernden Zugriff auf einen Speicherbereich unterschieden werden, wobei das zweite das erste einschliesst. Es ist nach dem bisher Gesagten klar, dass diese Unterscheidung auf alle Faelle fuer Zugriffe auf fremde Speicher- bereiche gelten muss, da sonst keinerlei sinnvoller Hauptspeicher- schutz realisierbar ist; nach der obigen Diskussion ist diese Unterscheidung jedoch auch fuer Zugriffe auf eigene Speicher- bereiche erforderlich. Vor allem koennen nur dann, wenn eigene Speicherbereiche vor Veraenderung geschuetzt werden koennen, dort Informationen ueber die Verwaltung des eigenen Speichers wie etwa

Deskriptor-Segmente abgelegt werden.

Eine Erweiterung dieses Konzeptes unterschiedlicher Zugriffsarten unterscheidet nicht nur lesende und schreibende Zugriffe,
sondern auch die Moeglichkeit, Speicherbereiche als Programme zu
deklarieren bzw. zu identifizieren und ausfuehrbar zu machen.
Eine derartige Unterscheidung erlaubt es, Programme so in den
Hauptspeicher zu laden, dass sie nur ausgefuehrt, nicht aber
gelesen und damit kopiert werden koennen. Umgekehrt laesst sich
durch diese zusaetzliche Unterscheidung verhindern, dass Datenbereiche faelschlicherweise als Programme ausgefuehrt werden, was
sonst durch eine Fehladressierung bei einem Sprungbefehl geschehen
kann. Waehrend sich die erste dieser Schutzfunktionen der
zusaetzlichen Zugriffsart "Ausfuehren" auch durch Software-Massnahmen, etwa entsprechende Zugriffsarten fuer Dateien (siehe
Abschnitt 7.2.2.3), realisieren laesst, ist fuer die zweite
Funktion eine Realisierung in Hardware erforderlich.

Da die Folgen mangelnder Unterscheidung zwischen lesenden und
ausfuehrenden Zugriffen nicht so weitreichend sind wie die, die
entstehen, wenn die Sonderrolle aendernder Zugriffe nicht beruecksichtigt wird, verfuegen die heute gaengigen Systeme im allgemeinen nur ueber einen Speicherschutz, der zwischen lesenden und
aendernden Zugriffen unterscheidet. Dabei wird fuer die Programm-
Instruktionen selbst und fuer die vom Programm bearbeiteten
Konstanten nur lesender Zugriff gestattet, und nur fuer die
Variablen des Programms, also die "unreinen" Daten ("impure
data"), wird schreibender Zugriff gestattet. Eine derartige
Aufteilung von Programmen hat ausserdem noch den Vorteil, dass das
Schreiben von Programmen mit den Attributen "shareable" und
"reentrant", die also mehrfach verwendbar sind, gegenueber einer
Programmierung auf IBM-aehnlichen Grossrechnern erheblich verein-
facht wird. Dies kann soweit gehen, dass auf gewissen Maschinen,
wie etwa der HP3000 [32], alle Programme automatisch reentrant
sind.

5.2.5 Typ-gebundene Hauptspeicher-Verwaltung

Die Angabe der erlaubten Operationen, die auf ein bestimmtes
Maschinenwort ausgeuebt werden koennen, wird bei der Unterscheidung zwischen Lesen und Ausfuehren in der Information der
virtuellen Speicherverwaltung abgelegt. Man kann jedoch in dieser
Richtung noch einen Schritt weitergehen, indem man die einzelnen
Maschinenworte um einige Bits ergaenzt, die den darin abgespeicherten Daten einen "Typ" zuordnen; dieser wird direkt von
der Hardware des Zentralprozessors ausgewertet und waehlt die fuer
das betreffende Wort zulaessigen Operationen aus.

Eine derartige typgebundene Hauptspeicher-Verwaltung wurde
zum Beispiel bei der TR440 verwendet, die die 48 informations-
tragenden Bits eines Maschinenwortes um zwei Bits, die sogenannte
"Typenkennung", ergaenzt hatte. Mit der Typenkennung war es moeglich, zwischen Fest- und Gleitpunktzahlen, Befehlen und String-
Daten, also Texten, zu unterscheiden. Das Beispiel der TR440
zeigt jedoch auch die Problematik eines derartigen Ansatzes: Es
ergaben sich zum Teil nicht unbetraechtliche Kompatibilitaets-
probleme bei der Uebernahme von Fremd-Software, die fuer Rechner

ohne derartige Typ-Unterscheidung geschrieben war. Gleichzeitig
war jedoch die Menge der zur Verfuegung stehenden Typen nicht
gross genug, um eine wirksame Verwendung des Mechanismus der automatischen Typen-Pruefung zuzulassen.

Waehrend immer wieder bei einzelnen Rechnersystemen, wie etwa
der Burroughs B6500/B7500 [31], mit typgebundenen Hauptspeicher-
Verwaltungen experimentiert wurde, gibt es bis jetzt erst ein
kommerziell erhaeltliches System, bei dem dieses Konzept konsequent als Grundlage einer Rechner-Architektur angewendet wurde:
Bei dem IBM-System/38 [54] ist ueberhaupt kein Hauptspeicher als
Menge von Bytes oder Maschinenworten mehr sichtbar, sondern alle
Informationen werden als Elemente jeweils einer von 19 vorgegebenen Klassen von "<u>Objekten</u>", wie etwa Programmen, logischen
Dateien, Benutzerprofilen usw. betrachtet, und auf jedes Objekt
koennen nur die seinem Typ entsprechenden Operationen angewendet
werden. Wenn auch noch nicht abzuschaetzen ist, wie sich eine
derartige objekt-orientierte Speicherverwaltung gegenueber tradi-
tionelleren Verfahren durchsetzen wird, so kommt sie doch den
Ideen der Datenabstraktion so entgegen, dass sie in Zukunft eine
wichtigere Rolle spielen duerfte, als dies heute der Fall ist.

5.2.6 Capabilities

Es gibt noch eine weitere Moeglichkeit, durch zusaetzliche,
vom Programmierer nicht direkt beeinflussbare Bits einen Schutz
der Datenstrukturen im Hauptspeicher zu erreichen. Dazu stattet
man ein Programm, das mit einer bestimmten Datenstruktur arbeiten
soll, aehnlich wie im Fall der Speicherschutz-Schluessel (siehe
Abschnitt 5.2.3), mit einem von ihm selbst nicht veraenderbaren
Bitmuster aus, das seine Zugriffsrechte beschreibt. (Dies kann
etwa durch einen entsprechenden Eintrag in einem Status-Wort oder
einer geschuetzten Datenstruktur geschehen.) Die Datenstrukturen
im Hauptspeicher sind andererseits ebenfalls durch gewisse, vom
Programm her nicht aenderbare Bitmuster gekennzeichnet. Soll nun
ein Zugriff auf eine bestimmte Datenstruktur erfolgen, so
vergleicht der Zentralprozessor hardwaremaessig die Bitmuster von
Programm und Datenstruktur nach bestimmten Kriterien und erlaubt
den Zugriff nur dann, wenn diese Kriterien erfuellt sind.

Die Idee bei diesem Verfahren ist die folgende: Das Programm
verfuegt durch sein Bitmuster ueber eine bestimmte Menge von
Zugriffsrechten, die in diesem Fall als "<u>Capabilities</u>" [17]
bezeichnet werden. Andererseits erfordert jeder Zugriff auf ein
Datenobjekt das Vorhandensein des entsprechenden Zugriffsrechts,
also der zugehoerigen Capability, beim zugreifenden Programm. Da
Programme ihre Capabilities nicht selbst veraendern koennen, ist
hierdurch ein ausreichender Schutz gegeben.

Damit dieses Verfahren die notwendige Flexibilitaet erhaelt,
benoetigt man Moeglichkeiten zur Erzeugung und Weitergabe von
Capabilities. Bei der Erzeugung einer Datenstruktur kann fuer
diese spezifiziert werden, welche Capabilities fuer welche Art des
Zugriffs darauf erforderlich sind; im allgemeinen werden dies
Capabilities sein, die der Erzeuger selbst besitzt. Um anderen
Programmen, und damit moeglicherweise anderen Benutzern, ein
Zugriffsrecht auf die Datenstruktur zu geben, kann der Erzeuger

die Capability mithilfe einer Systemfunktion:

- kopieren, so dass **auch** fremde Zugriffe moeglich werden;

- weitergeben, so dass **nur noch** fremde Zugriffe moeglich werden.

Hiermit laesst sich eine beliebige Verteilung von Zugriffsrechten erreichen, die sich nicht nur auf den Hauptspeicher, sondern auf das gesamte System ausdehnt, wenn die Capabilities auch ausserhalb des Hauptspeichers mitgefuehrt werden und dabei nicht direkt manipulierbar sind. Beruecksichtigt man ausserdem noch, dass auch Programme Datenstrukturen und damit dem Schutz durch die Capabilities unterworfen sind, so zeigt sich, dass mit diesem Ansatz Systeme hoher Sicherheit gebaut werden koennen. Allerdings sind zur Zeit die Arbeiten in dieser Richtung noch weitgehend im Forschungsstatium (siehe etwa [22]), und nur wenige nach diesem Prinzip realisierte Systeme sind bislang zu einem kommerziell erhaeltlichen Produkt entwickelt worden, wie dies fuer das System Plessey 250 der Fall ist.

5.2.7 Caches und Adressumwandlungs-Speicher

In modernen Rechnern mittlerer und hoher Geschwindigkeit wird oft eine zusaetzliche Speicherebene zwischen Zentralprozessor und Hauptspeicher eingeschoben, um die zum Teil erheblichen Geschwindigkeitsunterschiede zwischen diesen beiden Komponenten auszugleichen. Es handelt sich dabei um relativ kleine (einige kByte), aber sehr schnelle Speicher, die moeglichst diejenigen Daten und Informationen enthalten sollen, die vom Zentralprozessor gerade bearbeitet werden [62]. Man kann diese, als "Cache" bezeichneten Speicher als eine andere Auspraegung des Konzepts der virtuellen Speicherverwaltung betrachten, da ihr Vorhandensein fuer Programme nicht sichtbar ist.

Greift der Zentralprozessor auf irgendwelche Informationen im Hauptspeicher zu, so wird eine Kopie dieser Informationen von der Hardware im Cache abgelegt, wobei dort eventuell vorhandene, veraltete Informationen ueberschrieben werden. Weitere Zugriffe auf dieselbe Information erfolgen dann nicht mehr im Hauptspeicher, sondern die Hardware stellt fest, dass sich die benoetigten Informationen in dem schnelleren Cache-Speicher befinden, und besorgt sie sich von dort, ohne also die - verhaeltnismaessig lange - Zugriffszeit des Hauptspeichers abwarten zu muessen. Werden Informationen vom Zentralprozessor geaendert, so kann sich dies nur auf schon im Cache befindliche Daten beziehen; die Aenderung erfolgt dann zunaechst im Cache, also wieder ohne Verzoegerung, und der Hauptspeicher wird zu einem geeigneten spaeteren Zeitpunkt aktualisisert. Diese Vorgaenge werden von der Hardware abgewickelt, ohne dass dies von einem Programm, also auch nicht vom Betriebssystem, unterstuetzt werden muesste.

Fuer die Sicherheit des Systems spielen Cache-Speicher, obwohl sie nicht vom Programm aus zugreifbar sind, insofern eine Rolle, als es bei einem Wechsel der Speicherabbildung notwendig ist, das Cache oder zumindest einen Teil davon zu "invalidieren". Dies bedeutet, dass die zu der alten Abbildung im Cache befind-

lichen Daten und Befehle als ungueltig markiert werden muessen,
damit nicht der Zentralprozessor diese Informationen statt der
korrekten, noch im Hauptspeicher befindlichen Daten und Informationen erhaelt. Der Zeitpunkt des Wechsels der Speicherabbildung haengt im wesentlichen davon ab, ob das Cache vor oder
hinter dieser Abbildung liegt:

- Generell wechselt jedesmal ein Teil der Speicherabbildung,
  wenn durch einen Eingabevorgang Daten in den Hauptspeicher
  gelesen werden. Enthaelt das Cache Kopien von Speicher-
  zellen, die durch diese Eingabe ueberschrieben werden, so
  muessen die entsprechenden Zellen des Caches invalidiert
  werden.

- Adressiert der Zentralprozessor das Cache ueber reale
  Adressen, so wechselt die Speicherabbildung jedesmal, wenn
  eine Seite bzw. ein Segment im realen Speicher ueberschrieben
  wird, also im wesentlichen beim Nachladen durch die virtuelle
  Speicherverwaltung. In diesem Falle sind die Zellen im Cache
  zu invalidieren, die Informationen der ueberschriebenen Seite
  bzw. des ueberschriebenen Segmentes enthalten. Da das Ueberschreiben durch einen Eingabevorgang, naemlich das Einlesen
  vom Hintergrund-Speicher, erfolgt, wird der davon betroffene
  Teil des Caches schon nach dem im letzten Abschnitt Gesagten
  invalidiert. Diese Form des Caches ist die am weitesten
  verbreitete.

- Wird das Cache dagegen vom Zentralprozessor ueber virtuelle
  Adressen angesprochen, so wechselt die Speicherabbildung
  jedesmal, wenn ein Prozesswechsel, also der Wechsel von einem
  Instruktionsstrom (im allgemeinen Benutzer) zu einem anderen
  erfolgt. Es sind dann die zu dem alten Prozess gehoerenden
  Zellen des Caches zu invalidieren.

Waehrend diese Funktionen fuer Systeme mit nur einem Zentralprozessor relativ einfach zu realisieren sind, koennen sich bei
Multiprozessorsystemen und bei zwischen verschiedenen Rechnern
geteiltem Hauptspeicher ("shared memory") Probleme ergeben, da
dann mehrere Caches vorhanden sind, die zeitweise die gleiche
Information enthalten koennen. Es kann dann schwierig werden,
exakt zu bestimmen, **welche** Teile von **welchem** Cache aktuell bzw. zu
invalidieren sind.

Ein aehnliches Problem stellt sich in derartigen Rechnern
fuer einen weiteren schnellen Speicher des Zentralprozessors: Um
zu vermeiden, dass jeder Zugriff auf den Hauptspeicher zusaetzlich
einen oder zwei Zugriffe auf Seiten- und/oder Segment-Tabellen
verursacht, werden die aktuellsten Zuordnungen von virtuellen zu
realen Speicheradressen in einem schnellen Adressumwandlungs-
Speicher ("translation lookahead buffer") gehalten. Zugriffe auf
Seiten bzw. Segmente, deren reale Adresse in diesem Speicher abgelegt ist, koennen ohne zusaetzliche Hauptspeicherzugriffe, und
damit bis zu dreimal so schnell wie ohne diese Hilfe, erfolgen.
Auch hier stellt sich vom Standpunkt der Sicherheit das Problem,
dass bei einem Wechsel der Speicherabbildung ein Teil des Umwand-
lungsspeichers invalidiert werden muss, und auch hier ergeben sich
im Falle von Multiprozessorsystemen und shared memory dieselben
Probleme wie bei Cache-Speichern.

Generell kann jedoch zu diesem Aspekt der Hardware-Sicherheit gesagt werden, dass hier ein relativ geringes Risiko besteht: Die fraglichen Systemteile sind nicht durch Software manipulierbar, und eine Fehlfunktion hat wegen ihrer zentralen Stellung derart katastrophale Auswirkungen, dass Entwurfsfehler, die diese Komponenten betreffen, meist schon sehr fruehzeitig waehrend der Entwicklung eines Systems zutagetreten.

5.3 Prozessor-Zustände

5.3.1 Binaere Zustaende

Es ist fuer die Sicherheit, die ein Betriebssystem gegen unberechtigte Zugriffe auf Daten, Betriebsmittel und auf die Programme des Betriebssystems selbst bieten kann, wesentlich, dass dem Benutzer die voellige Kontrolle der Hardware verwehrt wird. Andererseits ist es erforderlich, dass das Betriebssystem selbst ueber diese voellige Kontrolle verfuegt, da sonst bestimmte Hardware-Funktionen ueberhaupt nicht bedient werden koennten, also nutzlos waeren.

Dieser Widerspruch laesst sich dadurch loesen, dass man im Zentralprozessor verschiedene Betriebszustaende, die allgemein als "Modi" bezeichnet werden, unterscheidet. Minimal geht man dabei von zwei Zustaenden aus, und zwar einem privilegierten "System-Modus" (auch "Supervisorstatus" genannt) und einem unprivilegierten "User-Modus" (oder auch "Problemstatus"). Privilegiert bedeutet dabei zumindest, dass in diesem Modus alle Maschinen-Instruktionen zulaessig sind, waehrend bestimmte Instruktionen fuer unprivilegierte Modi verboten sind, also vom Zentralprozessor nicht ausgefuehrt werden. Dazu gehoeren wenigstens alle die Instruktionen, die Ein-/Ausgabe-Vorgaenge einleiten oder beenden oder die eine Unterbrechung oder Umleitung des aktuellen Instruktionsstroms, etwa durch einen Prozesswechsel, verursachen. Oft, vor allem bei Grossrechnern traditioneller Architektur, ist zusaetzlich im privilegierten Modus der Schutz des Hauptspeichers voellig ausgeschaltet, oder die virtuelle Speicherverwaltung wird umgangen, und der Hauptspeicher wird real adressiert.

Damit eine solche Unterteilung als Schutz-Mechanismus wirksam sein kann, muessen zwei Voraussetzungen erfuellt sein:

- Der privilegierte Modus muss eine Kontrolle aller Operationen, die im unprivilegierten Modus ablaufen, ermoeglichen.

- Es darf keinen unkontrollierten Uebergang vom unprivilegierten in den privilegierten Modus geben.

Daher kommt der Implementierung verschieden privilegierter Modi sowie der der Verfahren, durch die ein kontrollierter Uebergang und eine kontrollierte Kommunikation zwischen diesen Modi moeglich ist, fuer die Sicherheit eines Betriebssystems eine besondere Bedeutung zu.

Da die Benutzerprogramme ueber eine Moeglichkeit zum Aufruf privilegierten Codes verfuegen muessen, um die Leistungen des Betriebssystems, wie etwa die Ausfuehrung von Ein-/Ausgabe-Operationen, in Anspruch nehmen zu koennen, muss es einen Weg aus unprivilegiertem Code in den privilegierten Modus geben. Fuer die Sicherheit des Betriebssystems ist es dabei von entscheidender Bedeutung, dass dieser Weg in den privilegierten Modus so abgesichert ist, dass kein Programm diesen Uebergang in unkontrollierter Weise ausfuehren kann. Dies wird normalerweise dadurch erreicht, dass zum Wechsel in den privilegierten Modus eine spezielle "Trap-Instruktion" vorgesehen ist, die zwar den Modus wechselt, dabei aber gleichzeitig an eine bestimmte, dafuer vorgesehene Stelle des Betriebssystems verzweigt, wo dann alle erforderlichen Sicherheits-Ueberpruefungen vorgenommen werden koennen.

Der praktische Betrieb derartiger Systeme hat zwar gezeigt, dass es durchaus moeglich ist, auf diese Weise das Betriebssystem vor ungewollter Beeinflussung durch Anwenderprogramme zu schuetzen und eine relativ zuverlaessige Arbeitsweise des Systems zu erreichen, doch wurden auch eine ganze Reihe von Schwachstellen eines Schutzes durch nur zwei Prozessor-Zustaende offenbar:

- Alle Operationen, die nicht mit den Funktionen des unprivilegierten Modus auskommen, erfordern einen Ablauf im privilegierten Modus, in dem vor ihren Operationen keinerlei Schutz mehr besteht. Insbesondere wird das Betriebssystem, und damit jeder geordnete Ablauf im Rechner durch jede solche Funktion gefaehrdet, so dass zu ihrer Realisierung extreme Sorgfalt und Kontrolle benoetigt werden - auch wenn es sich z.B. nur um ein Programm handelt, das ein Magnetband physikalisch auf ein anderes kopiert.

- Jeglicher Schutz unprivilegierter Software - auch der vor ihrem eigenen Fehlverhalten - muss durch Software erledigt werden; es ist nicht moeglich, Teile eines Anwendungssystems anderen Teilen als **geschuetzte** Dienstleistungen zur Verfuegung zu stellen, ausser durch Realisierung dieser Dienste im privilegierten Modus - mit allen gerade genannten Folgen.

- Adressiert privilegierte Software den Hauptspeicher real statt virtuell, so ist der Speicherschutz der virtuellen Speicherverwaltung gegen solche Software unwirksam, so dass privilegierte Software beliebig auf fremde Informationen zugreifen kann. Dies gilt auch dann, wenn privilegierte Programme zwar normalerweise virtuell adressieren, aber die Adressumsetzung ausschalten koennen.

- Da privilegierte Programme auch physikalische Ein- oder Ausgaben machen koennen, sind sie in der Lage, auf beliebige Informationen des Hintergrund-Speichers zuzugreifen, d.h. gegen sie kann **kein** Datentraeger geschuetzt werden!

- Privilegierte Programme haben im Prinzip voellige Kontrolle ueber alle Operationen, die im Rechner ablaufen, also insbesondere auch ueber alle Programme, die gleichzeitig mit ihnen in der Maschine sind. Sie koennen diese Programme und ihre Daten in beliebiger Art manipulieren; vor allem koennen sie den Ablauf anderer Programme durch Modifikation ihrer Daten und/oder Instruktionen veraendern.

Diese Beispiele zeigen, dass es bei nur zwei Prozessor-Zustaenden keinen Schutz irgendwelcher Art gegen privilegierte Programme gibt. Da jedoch fuer viele Funktionen der Einsatz privilegierter Software benoetigt wird, sind alle Rechner, die nur ueber zwei Modi verfuegen, relativ leicht zu unterwandern, sofern man es schafft, ein einziges dieser privilegierten Programme geeignet zu modifizieren.

Die Tatsache, dass die heute gaengigen Grossrechner mit IBM/370-aehnlicher Architektur nur ueber diese beiden Zustaende von der Hardware her verfuegen, ist mit eine der Ursachen dafuer, dass in ihnen ein immenser Software-Aufwand getrieben werden muss, um die Sicherheits-Maengel der Hardware wenigstens einigermassen auszugleichen. Dennoch sind sie voellig zu unterwandern, sobald eine unkontrollierte Umschaltung in den privilegierten Modus oder die unbemerkte Modifikation eines privilegierten Programms gelingt. Allerdings zeigt die weite Verbreitung von Rechnern dieser Struktur, dass es offensichtlich moeglich ist, auch mit relativ unsicheren Architekturen zu leben.

5.3.2 Hierarchien - Ringschutz

Modernere Rechner-Architekturen vermeiden das Problem binaerer Zustaende entweder durch Capability-Mechanismen (siehe Abschnitt 5.2.6), die im Prinzip einer dynamischen Erzeugung und Weitergabe beliebig vieler Prozessor-Zustaende entsprechen, oder zumindest durch die feste Vorgabe von mehr als zwei Zustaenden. Bei dem letzteren Verfahren ordnet man die moeglichen Zustaende im allgemeinen hierarchisch an, d.h. man hat einen "unprivilegiertesten" und einen "privilegiertesten" Zustand, und dazwischen eine oder mehrere Zwischenstufen mittlerer Privilegierung.

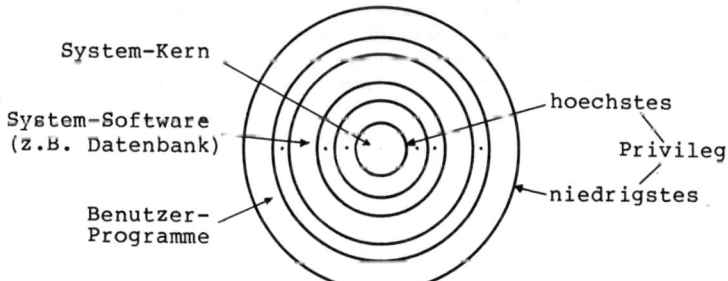

System-Kern

System-Software
(z.B. Datenbank)

Benutzer-
Programme

hoechstes

Privileg

niedrigstes

Fig. 5-5 Hierarchische Prozessor-Zustaende

Man kann sich diese Architekturen als aus konzentrischen Ringen aufgebaut vorstellen, wobei jeder Ring einem der moeglichen Zustaende entspricht. Der aeusserste Ring ist fuer die Benutzerprogramme vorgesehen und unprivilegiert; mit dem Fortschreiten von Ring zu Ring nach innen erhoeht sich die Privileg-Stufe, bis man im Kern, der fuer die zentralen Teile des Betriebssystems vorgesehen ist, ueber die voellige Kontrolle der Hardware verfuegt. Dabei wird das Verhaeltnis der einzelnen Ringe zueinander durch die folgenden Regeln bestimmt [33]:

- Ein Programm, das in einem der inneren Modi ausgefuehrt wird,
  darf alle Instruktionen der aeusseren Modi ausfuehren.

- Ein Programm, das in einem der aeusseren Modi ausgefuehrt
  wird, darf nur bestimmte Instruktionen der inneren Modi
  ausfuehren.

Damit ein derartiger Ringschutz wirksam wird, muss auch den
einzelnen Hauptspeicherbereichen jeweils ein Ring zugeordnet sein.
Dies ist erforderlich, damit Instruktionen, die aus einem der
aeusseren Ringe heraus ausgefuehrt werden, keine Daten oder
Instruktionen aus einem inneren Ring lesen oder veraendern
koennen, wenn diese einen Schutz entsprechend dem inneren Ring
geniessen, und damit nicht - etwa durch einen Sprungbefehl - ein
unkontrollierter Uebergang in einen inneren Ring erfolgen kann.
Diese Zuordnung eines Ringes zu einem Hauptspeicherbereich kann im
Prinzip dadurch geschehen, dass man jede Zelle des Hauptspeicherbereiches durch eine Folge von Bits ergaenzt, die den zugehoerigen
Ring identifiziert.   Bei einer virtuellen Speicherverwaltung ist
es jedoch guenstiger, diese Zuordnung nur fuer ganze Segmente bzw.
Seiten vorzunehmen.   Es ist in diesem Falle nur noch notwendig,
die den Ring identifizierenden Bits an die einzelnen Eintraege in
der Seiten- bzw. Segment-Tabelle anzuhaengen; sie gelten dann
jeweils fuer die ganze dadurch adressierte Seite bzw. das zugehoerige Segment.

Die Einzelheiten der Realisierung eines Ringschutzes unterscheiden sich sehr stark zwischen verschiedenen Systemen; relativ
einheitlich ist lediglich die Bestimmung der jeweils gueltigen
Schutzstufe.   Diese wird im allgemeinen in einem Feld des
Programm-Status-Wortes im Prozessor gehalten.   Sieht man vor, dass
nur Code der hoechsten Schutzstufe, also des Betriebssystem-Kerns,
diesen Teil des Programm-Status-Wortes modifizieren kann, so ist
gewaehrleistet, dass kein weniger privilegiertes Programm seine
Schutzstufe selbst erhoehen kann.   Stellvetretend fuer die
verschiedenen Implementierungen eines Ringschutzes seien hier zwei
Beispiele dargestellt:

Bei Systemen wie Multics 6180 und Honeywell SCOMP wird
einzelnen Segmenten des virtuellen Speichers jeweils eine sogenannte "Ring-Klammer" ("ring bracket") zugeordnet, die aus
Eintraegen im zugehoerigen Element der Segment-Tabelle besteht,
und zwar separat fuer die Zugriffsarten Lesen, Schreiben und
Ausfuehren [65].   Diese Ring-Klammern bestimmen die Ringe, aus
denen die betreffende Zugriffsart auf das Segment angewendet
werden kann.   Dies bedeutet, dass ein Prozess zum Beispiel dann
ein bestimmtes Segment lesen darf, wenn:

- er einen Segment-Deskriptor fuer dieses Segment besitzt, in
  dem das Bit fuer Lese-Erlaubnis gesetzt ist, und

- wenn er auf einer Schutzstufe ablaeuft, die wenigstens ebenso
  privilegiert ist, wie die fuer das Lesen gueltige Ring-
  Klammer im Eintrag der Segment-Tabelle fuer dieses Segment
  angibt.

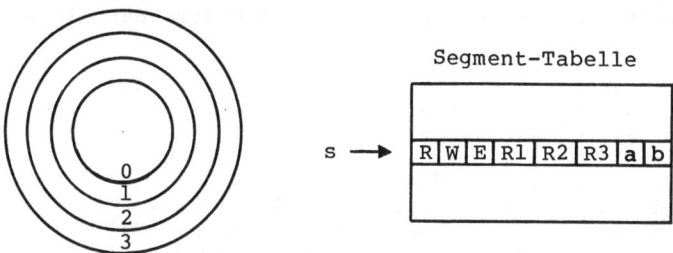

Segment-Tabelle

Fig. 5-6 Ringschutz

Die Zugriffserlaubnis wird von der Adressumsetzungs-Hardware der virtuellen Speicherverwaltung automatisch ueberprueft; sie kann daher nicht durch Software umgangen werden, so dass der einzige kritische Teil dieser Architektur der Kern des Betriebs-systems ist, der allein die privilegierten Instruktionen ausfuehren kann, die die Schutzinformation manipulieren. Man hat hier eine Form des Hauptspeicherschutzes, die besonders fuer solche virtuelle Speicherverwaltungen geeignet ist, die auf Seg-mentierungs-Verfahren beruhen.

Bei der VAX-11, deren virtuelle Speicherverwaltung auf einem Paging-Verfahren beruht, wird ein mehrstufiger Ringschutz auf eine etwas andere Art erreicht: Der Prozessor arbeitet jeweils in einem von vier sogenannten Zugriffs-Modi, wobei der aktuelle Zugriffs-Modus im Programm-Status-Wort (hier als "Prozessor-Status-Langwort", "PSL", bezeichnet) gehalten wird. Es sind dies in Reihenfolge abnehmender Prioritaet die folgenden Modi:

0 **KERNEL:**   System-Kern und Systemdienste

1 **EXEC:**   Datei-Verwaltung

2 **SUPER:**   Kommandosprachen-Interpreter

3 **USER:**   Anwendungs-Programme, Bibliotheken, Utilities

Zugriff auf die einzelnen Seiten des virtuellen Speichers unterliegt einem auf den jeweiligen Prozessor-Modus bezogenen Hardware-Schutz. Dabei wird durch eine geeignete Codierung der Schutzbits in den Seiten-Tabellen erzwungen, dass gilt:

- Jeder Modus kann Schreib-, Lese- oder keinen Zugriff haben.

- Zugriff aus einem Modus heraus impliziert das Recht auf denselben Zugriff aus allen privilegierteren Modi.

- Schreibzugriffsrecht impliziert das Recht auf Lesezugriff.

- Seiten koennen gegen jeden Zugriff gesperrt werden.

- Zu jeder Seite gibt es einen Zugriffs-Modus, der diese Seite "besitzt".

- Zugriffsrechte auf eine Seite koennen nur aus einem Modus heraus veraendert werden, der wenigstens so privilegiert ist wie der des "Eigentuemers" der Seite.

Damit ist es moeglich, Code und Daten privilegierter System-teile gegen Zugriffe unprivilegierter Teile zu schuetzen; ausserdem kann Code gegen Modifikation (und damit Korruption) geschuetzt werden. Durch Schutz systeminterner Datenstrukturen gegen Lesezugriffe unprivilegierter Programme kann insbesondere verhindert werden, dass diese Programme an ihnen nicht zustehende Information herankommen.

Eine Reihe von Instruktionen, die zum System-Kern gehoeren, unter anderem auch die Instruktion zur Modifikation des Zugriffs-Modus, koennen nur im Kernel-Modus ausgefuehrt werden. Versuche, sie in einem weniger privilegierten Modus auszufuehren, ergeben einen "reserved instruction fault". Damit ist sichergestellt, dass alle Wechsel der Schutzstufe im System-Kern durchgefuehrt werden; das System ist also gegen Korruption geschuetzt, wenn nur der Betriebssystem-Kern korrekt ist. Obwohl zum Beispiel das Dateisystem, das im Exec-Modus ablaeuft, gegen Anwenderprogramme geschuetzt ist, kann es dennoch nicht selbst den Zugriffs-Modus veraendern oder auf nur dem System-Kern vorbehaltene Daten-strukturen zugreifen. Viele der Probleme, die bei nur zwei Pro-zessorzustaenden auftreten, sind daher hier nicht moeglich; dies ist im wesentlichen den zusaetzlichen Modi und der Tatsache, dass auch eigene Datenstrukturen eines Prozesses oder des System-Kerns gegen Ueberschreiben geschuetzt werden koennen, zu verdanken.

5.3.3 Wechsel des Zustands

Um die Schutzeigenschaften eines Prozessors wirkungsvoll einsetzen zu koennen, muss gewaehrleistet sein, dass

- kein Wechsel in einen privilegierteren Modus ohne Durchlaufen der entsprechenden Sicherheitspruefungen moeglich ist;

- die zu durchlaufenden Sicherheitspruefungen alle illegalen Operationen, die eventuell vom nicht privilegierten Modus verlangt werden, zurueckweisen.

Diese Forderungen werden erfuellt, wenn der Uebergang in den privilegierten Modus ueber eine hinreichend abgesicherte Schnitt-stelle geschieht. Im allgemeinen verfuegen Systeme zumindest ueber eine solche Schnittstelle, naemlich die fuer den Aufruf von Systemdiensten vorgesehene Schnittstelle.

In manchen Systemen ist diese Schnittstelle so erweiterbar, dass ueber sie vom Benutzer geschriebene Systemdienste in sicherer Form aufgerufen werden koennen, wenn diese Systemdienste - nach entsprechender Ueberpruefung ihrer Zulaessigkeit und Ungefaehr-lichkeit - von einem privilegierten Benutzer dem Betriebssystem bekannt gemacht wurden. Die Inkorporierung neuer Systemdienste

darf dann allerdings nur - nach entsprechender Pruefung der
zusaetzlichen Programme - von einem privilegierten Benutzer, etwa
dem Systemverwalter, vorgenommen werden, damit dieser Vorgang
hinreichend abgesichert ist. Auf diese Weise ist auch das Problem
der **kontrollierten** Erweiterung der Leistungen des Betriebssystems
- zumindest in der Theorie - geloest.

Beim Uebergang in einen der privilegierteren Modi - bei
binaeren Zustaenden **den** privilegierten Modus - muessen eine Reihe
zum Teil sehr komplexer Sicherheitspruefungen erfolgen, damit es
nicht moeglich ist, etwa durch eine geschickte falsche Versorgung
der Systemdienst-Schnittstelle, Teile der Pruefungen zu umgehen
und damit eigenen Code in unkontrollierter Weise im privilegierten
Modus zum Ablauf zu bringen. Wie schon die Diskussion im
Abschnitt ueber binaere Prozessor-Zustaende gezeigt hat, liegt
hier eine der ganz grossen Gefahren fuer die Sicherheit eines
Rechners vor, und die meisten technologischen Attacken setzen
genau an dieser Stelle an. Es ist daher fuer die Sicherheit eines
Systems von ausschlaggebender Bedeutung, dass die Ueberpruefungen
an dieser Stelle:

- vollstaendig sind und

- in keiner Weise umgangen werden koennen.

Die in einem bestimmten System tatsaechlich durchzufuehrenden
Massnahmen haengen sehr stark von der Architektur dieses Systems
ab, so dass es schwer ist, hier allgemeine Aussagen zu machen. Um
jedoch einen Eindruck vom Ablauf eines Modus-Wechsels zu geben,
wird hier als Beispiel beschrieben, welche Vorgaenge in einer
VAX-11 beim Aufruf privilegierten Codes ablaufen [67]:

1. Das Benutzerprogramm ruft einen Systemdienst ueber eine CALL-
   Schnittstelle auf und uebergibt dabei eine Argument-Liste.
   Die Kontrolle geht dabei an eine feste Stelle im System-
   Adressraum, den sogenannten "Change Mode Vector", ueber.
   Dieser enthaelt eine Modus-Wechsel-Instruktion, die
   ihrerseits die Kontrolle an den sogenannten "Change Mode
   Dispatcher" uebergibt.

2. Dieser:

   a. baut einen CALL-Frame (eine Datenstruktur, die die
      Parameter eines Unterprogramm-Aufrufs beschreibt) auf dem
      Stack auf;

   b. ueberprueft die Anzahl der uebergebenen Argumente;

   c. ueberprueft mit einer Hardware-Instruktion, ob **der Benut-
      zer** auf die uebergebene Argumentliste lesend zugreifen
      darf;

   d. verzweigt ueber eine CASE-Instruktion in den Code, der
      den eigentlichen Systemdienst ausfuehrt, bzw., bei
      benutzerspezifischen Systemdiensten, stellt fest, dass
      der uebergebene Code nicht zu einem der im System
      definierten Systemdienste gehoert und springt in den
      zugehoerigen Dispatch-Vektor.

3. Im Falle eines benutzerspezifischen Systemdienstes erfolgt
    ueber einen weiteren Unterprogrammsprung ein Uebergang der
    Kontrolle an den zugehoerigen benutzerspezifischen Dispat-
    cher.

4. Nun wird ueber eine CASE-Instruktion in den Code verzweigt,
    der den eigentlichen Systemdienst ausfuehrt. Dieser Code
    muss, um sicher zu sein:

    a. alle benoetigten Register rettbar machen;

    b. ueberpruefen, ob die ihm uebergebenen Argumente die
        benoetigten Zugriffe **aus dem Modus des aufrufenden
        Programms** erlauben; dies geschieht ueber entsprechende
        Hardware-Instruktionen;

    c. nach Ausfuehrung des eigentlichen Systemdienstes einen
        Status ablegen und mit einer RETURN-Instruktion die
        Kontrolle an die EXIT-Routine des Change Mode Dispatchers
        zurueckgeben.

5. Dieser:

    a. ueberprueft, ob ein Fehler-Status zurueckgegeben wurde;

    b. crasht das System, wenn bei einem Fehler der Prozess noch
        im Besitz einer Synchronisier-Variablen (Mutex) ist, da
        dies ein fuer die System-Konsistenz toedlicher Fehler
        ist;

    c. verzweigt im Fehlerfall in den Exception-Dispatcher,
        falls die Erzeugung einer Exception im Fehlerfall
        gewuenscht wurde;

    d. kehrt in allen anderen Faellen ueber eine geeignete
        RETURN-Instruktion in den Zugriffsmodus des aufrufenden
        Programms zurueck (normalerweise USER).

Wesentlich fuer die Sicherheit dieses Verfahrens sind die
folgenden Vorgaenge:

-   Ueberpruefung der Zugreifbarkeit der Argument-Liste durch den
    Dispatcher; dabei wird fuer die Zugreifbarkeit der Zugriffs-
    modus des aufrufenden Programms zugrundegelegt, wobei dieser
    nicht privilegierter als der Systemdienst selbst sein kann

-   Uebergang in den privilegierten Modus ueber eine Modus-
    Wechsel-Instruktion, die ein Durchlaufen des Dispatchers
    erzwingt

-   Ueberpruefung der Zugreifbarkeit der uebergebenen Argumente;
    dieser Teil ist der einzige sicherheitsrelevante Teil, der
    bei der Implementierung eigener Systemdienste zu verifizieren
    ist, da alle anderen Teile

    o entweder als fertige, nicht veraenderbare Systemteile
       vorliegen

o   oder ueber fertige Makros automatisch generiert werden.

- Rueckkehr in den unprivilegierten Modus ueber eine Hardware-
  Instruktion, die eine Verringerung der Zugriffsprivilegien
  erzwingt

Der Schutz des Uebergangs in einen privilegierten Modus
haengt somit von der Verfuegbarkeit und Sicherheit einiger weniger
Maschinen-Instruktionen ab, die **auf Hardware-Ebene** die eigentlichen Sicherheitspruefungen uebernehmen. Die korrekte Anwendung
dieser Instruktionen ist durch die leicht zu verifizierende
Struktur des Change Mode Dispatchers sichergestellt.

5.4 Schutz der Peripherie-Speicher

5.4.1 Die Rolle der Ein-/Ausgabe

Vom Standpunkt der Sicherheit her spielen Ein-/Ausgabe-
Vorgaenge in mehrfacher Hinsicht eine wichtige Rolle. So werden
Informationen, die in einem Rechner vorhanden sind bzw. dort
verarbeitet werden, fuer die Aussenwelt erst durch einen Ausgabe-
Vorgang wirksam. Dabei ist es zunaechst unerheblich, ob diese
Ausgabe auf Papier, auf einen Bildschirm oder, in maschinen-
lesbarer Form, auf einen Magnetspeicher oder eine Datenfernueber-
tragungsleitung erfolgt. Da die Information durch die Ausgabe den
Bereich verlaesst, in dem die internen Schutzmassnahmen des
Rechners wirken, muss der Ausgabe-Vorgang selbst so kontrolliert
werden, dass keine Information nach aussen in einer solchen Form
abgegeben wird, dass hierdurch die verfolgten Schutzziele umgangen
werden. Dies kann im einzelnen bedeuten, dass:

- bestimmte Informationen nur auf bestimmte Ausgabe-Geraete
  gelangen duerfen;

- bestimmte Informationen bei der Ausgabe in eindeutiger Weise
  als vertraulich gekennzeichnet werden muessen;

- die Ausgabe ueber bestimmte Informationskanaele durch geeignete Massnahmen (etwa Verschluesselung) geschuetzt werden
  muss;

- jegliche Ausgabe einer Autorisierung bedarf.

Diese Aspekte des Schutzes von Ausgabe-Vorgaengen werden zur Zeit
weitgehend durch Software-Massnahmen abgedeckt; sie werden daher
in anderen Kapiteln ausfuehrlicher behandelt.

In aehnlicher Weise stellen auch alle Eingaben ein Schutz-
problem dar, da sie die Ablaeufe oder die Informationen im Rechner
beeinflussen koennen. Hier gelten generell die Ueberlegungen, die
bezueglich Zugangs- und Berechtigungskontrolle angestellt wurden.

Ein wesentlich fundamentaleres Problem ist jedoch, dass zur
Durchfuehrung von Ein-/Ausgabe-Vorgaengen eine weitgehende oder
sogar die voellige Kontrolle der Hardware erforderlich ist. Dies
bedeutet, dass das Ein-/Ausgabe-System eines Rechners eine bezueg-

lich der Sicherheit sehr sensitive Komponente ist. Um das Risiko
einer Penetration ueber diesen Systemteil moeglichst gering zu
halten, muss daher hier besondere Sorge fuer korrekte Funktion
getragen werden - was allerdings wegen der vielen parallelen
Ablaeufe und asynchronen Vorgaenge in einem groesseren Ein-/
Ausgabe-System sehr schwierig sein kann.

Vor allem Prozessoren mit nur zwei Zustaenden stellen an die
Korrektheit ihres Ein-/Ausgabe-Systems besonders hohe Anforderungen, denn gerade bei diesen Prozessoren muss die Kontrolle
der Ein-/Ausgabe im privilegierten Modus unter Ausschaltung des
Schutzes der Speicherverwaltung erfolgen.

Soll etwa ein Block einer bestimmten Datei auf einem Plattenspeicher in eine bestimmte Seite eines virtuellen Adressraums
gelesen werden, so kann durch ganz verschiedene Arten von Fehlern
Information an eine Stelle gelangen, wo sie nicht sein darf:

- Die Information der virtuellen Speicherverwaltung ist zerstoert oder nicht korrekt. In diesem Fall wird der Block an
  eine undefinierte Stelle des Hauptspeichers, eventuell in den
  Adressraum eines anderen Benutzers, geschrieben.

- Die angegebene virtuelle Adresse ist nicht korrekt. Sind in
  diesem Falle die Pruefungen des Ein-/Ausgabe-Systems zu
  schwach, so wird auch jetzt der Block an eine undefinierte
  Stelle des Hauptspeichers geschrieben.

- Die einzulesende Datenmenge uebersteigt den fuer das Einlesen
  vorgesehenen Platz im Hauptspeicher. Unzureichende Pruefungen fuehren, insbesondere wenn das Ziel des Einlese-Vorgangs
  als **reale** Adresse spezifiziert und ausgewertet wird, zu
  unkontrolliertem Ueberschreiben des Hauptspeichers, eventuell
  im Adressraum eines anderen Benutzers.

- Die Informationen, die die Aufteilung des Speicherplatzes des
  Plattenspeichers beschreiben, sind zerstoert, nicht korrekt
  oder falsch in den Hauptspeicher gelesen (oder dort nachtraeglich zerstoert worden). Diese Fehler bewirken, dass ein
  falscher Block von der Platte gelesen wird, eventuell ein
  Block einer anderen Datei, die moeglicherweise einem anderen
  Benutzer zugeordnet ist.

- Die angegebene Blocknummer ist nicht korrekt. Auch dies
  fuehrt, wenn die Pruefungen des Ein-/Ausgabe-Systems zu
  schwach sind, zum Einlesen eines falschen Blocks.

- Die einzulesende Datenmenge uebersteigt die in der Datei
  (noch) vorhandene Menge an Daten. Unzureichende Pruefungen
  fuehren hier zum "Lesen ueber das Datei-Ende hinaus", moeglicherweise zum Einlesen von Daten aus anderen Dateien.

Man sieht an dieser Aufstellung, dass - speziell bei Prozessoren mit binaeren Zustaenden, bei denen die gesamte hier
benoetigte Verwaltungsinformation und auch die Pruefroutinen dem
Ein-/Ausgabe-System gegenueber ungeschuetzt sind - eine Reihe von
Fehlerquellen und damit Sicherheitsrisiken moeglich sind, die ohne
zusaetzlichen Hardware-Schutz an dieser Stelle nur mit einem

immensen Software-Aufwand ausgeschaltet werden koennen. Nicht
zuletzt diese Tatsache ist eine der Hauptursachen fuer die sehr
umfangreichen und schwerfaelligen Ein-/Ausgabe-Systeme traditioneller Grossrechner.

Bei Prozessoren mit mehreren Zustaenden koennen diese
Probleme zumindest zum Teil entschaerft werden, indem das Ein-/
Ausgabe-System unter Beachtung geeigneter Schutz-Hierarchien so
konstruiert wird, dass einige der erforderlichen Pruefungen durch
die Hardware, also ohne zusaetzlichen Aufwand, realisiert werden.
Weiterhin ist es dann moeglich, die Datenstrukturen zur Verwaltung
des virtuellen Speichers und die zur Verwaltung des Plattenspeichers vor Veraenderung durch bestimmte Teile des Ein-/Ausgabe-
Systems zu schuetzen, so dass wenigstens diese Teile zu einem
geringeren Sicherheitsrisiko werden. Dabei darf man die Tatsache
nicht uebersehen, dass derartige Massnahmen insgesamt zu einer
Vereinfachung der Software des Ein-/Ausgabe-Systems fuehren, die
allein durch Reduktion der Komplexitaet die Wahrscheinlichkeit
einer korrekten Realisierung erhoeht.

Als Beispiel fuer ein Ein-/Ausgabe-System, welches das
Vorhandensein mehrerer Prozessorzustaende ausnutzt, sei hier die
VAX-11 aufgefuehrt, bei der die Schutzeigenschaften der virtuellen
Speicherverwaltung dieser Maschine eingesetzt werden, um bestimmte
Fehlermoeglichkeiten durch die Prozessor-Hardware abzufangen:

- Waehrend das Datei-System die Informationen, die die
  Zuordnung physikalischer Plattenbloecke zu den Bloecken der
  einzelnen Dateien beschreiben, lesen kann, sind diese Informationen nur vom Betriebssystem-Kern zu veraendern. Fehler
  im Datei-System koennen also diese Zuordnung nicht
  zerstoeren.

- Durch in den virtuellen Adressraum eingeschobene Leerseiten,
  auf die auch vom System-Kern aus kein Zugriff besteht,
  koennen Fehler durch Uebertragung zu grosser Datenmengen zum
  Teil abgefangen werden.

- Das Ein-/Ausgabe-System ist als Systemdienst an den Rest des
  Betriebssystems angeschlossen; daher koennen die beim Aufruf
  von Systemdiensten durchgefuehrten Pruefungen auch zur
  Absicherung von Ein-/Ausgabe-Vorgaengen verwendet werden.
  Insbesondere koennen die Schutzeigenschaften der speziellen
  Hardware-Instruktionen fuer Modus-Wechsel und Ueberpruefung
  der Zugriffsberechtigung aus unprivilegierteren Modi an die
  Stelle aufwendigerer Software-Pruefungen treten.

Man sieht hieran, dass es zwar durch eine geeignete
Prozessor-Architektur moeglich ist, die Probleme des Schutzes vor
Fehlern im Ein-/Ausgabe-System gegenueber der Situation bei traditionellen Grossrechnern etwas zu vereinfachen; doch eine
generelle Loesung dieser Problematik erfordert zusaetzliche Massnahmen, bis hin zum Einsatz voellig anderer System-Architekturen,
wie sie im Abschnitt 5.5 beschrieben werden.

5.4.2 Intelligente Controller

Angesichts der sicherheitstechnischen Schwierigkeiten, die eine direkte Bedienung des Ein-/Ausgabe-Systems durch den Zentralprozessor mit sich bringt, erscheint es naheliegend, diese Probleme dadurch zu loesen oder zumindest zu vereinfachen, dass man das Ein-/Ausgabe-System ganz in separate Prozessoren auslagert. Diese Prozessoren koennen wieder durch gewoehnliche Software programmiert werden, so dass man auf die Mikroprogrammierung im Ein-/Ausgabe-System verzichten kann. Ausserdem sind diese Prozessoren bei geeigneter Anbindung an den Zentralprozessor gegen Manipulation ihrer Programme durch Software des Zentralprozessors geschuetzt; um die Software in einem solchen "E/A-Prozessor" zu veraendern, muss im allgemeinen aus dem normalen Betrieb in einen Wartungsmodus umgeschaltet werden, wozu bei geschuetzten Prozessoren physische Manipulationen erforderlich sind.

Systeme dieser Art sind durchaus nicht neu; die Idee separater E/A-Prozessoren wurde schon Mitte der sechziger Jahre bei der CDC 6600 verwendet [61]. Die Bedeutung der Verwendung von E/A-Prozessoren zur Erhoehung der Sicherheit von Ein-/Ausgabe-Systemen wurde jedoch erst in den letzten Jahren erkannt, so dass Systeme, die dieses Konzept im Zusammenhang mit Sicherheits-Ueberlegungen einsetzen, erst am Entstehen sind.

Auch aus der Richtung heutiger Minicomputer-Architekturen findet eine Entwicklung hin zu E/A-Prozessoren statt, wobei diese Entwicklung urspruenglich aus anderen Motiven initiiert wurde. Verlagert man logisch hoehere Funktionen, die sonst durch Software im Zentralprozessor realisiert wurden, in die Controller der Ein-/Ausgabe-Geraete, so wird der Zentralprozessor von der Abwicklung der Ein- oder Ausgaben entlastet, kann also dem Benutzer eine hoehere Rechenleistung zur Verfuegung stellen. Gleichzeitig laesst sich das Ein-/Ausgabe-System im Zentralprozessor wesentlich vereinfachen, was wiederum seiner Zuverlaessigkeit und der Sicherheit des Gesamtsystems zugute kommt. Schliesslich ist es moeglich, mit derartigen intelligenten Controllern zum Rechner hin standardisierte Schnittstellen zu verwenden, die die Einzelheiten der Bedienung unterschiedlicher Geraete vor dem Zentralprozessor verbergen, so dass an dieselbe Schnittstelle im Rechner ganz verschiedene Geraete angeschlossen werden koennen. Auch hierdurch wird das Ein-/Ausgabe-System im Rechner nicht unerheblich vereinfacht.

Die Grenzen zwischen intelligenten Controllern und echten E/A-Prozessoren beginnen zu verschwimmen, seit man in den meisten komplexeren Controllern ohnehin Mikroprozessoren zur Abwicklung der Ein-/Ausgabe-Vorgaenge einsetzt. Ob man "noch" von einem Controller oder "schon" von einem E/A-Prozessor spricht, haengt im wesentlichen nur noch vom logischen Niveau der Schnittstelle ab, die dieses Geraet zum Zentralprozessor hin anbietet. Dies kann im Extremfall soweit gehen, dass ganze Datei- oder Datenbanksysteme im E/A-Prozessor realisiert sind, die man in diesen Faellen als "File-Server" bzw. "Datenbankmaschinen" bezeichnet. Systeme dieser Art bilden den Uebergang zu dezentralen Architekturen, die im Abschnitt 5.5.2 besprochen werden.

5.4.3 Medien fuer den Datenaustausch

Vor der Betrachtung von solchen modernen Gesamtansaetzen, die erst durch die Erfolge der Hardware-Entwicklung der letzten Jahre ueberhaupt moeglich wurden, ist es jedoch noch notwendig, ein wesentlich trivialeres Sicherheitsproblem zu betrachten. Der beste Schutz im Ein-/Ausgabe-System eines Rechners ist naemlich nur in sehr beschraenktem Masse in der Lage, die Medien, mit denen dieses Ein-/Ausgabe-System arbeitet, vor unberechtigtem Zugriff zu schuetzen. Daher ist es an dieser Stelle notwendig, auch dem Schutz der Medien einige Aufmerksamkeit zu schenken.

Zur Vermeidung von Verwechslungen und Missbrauch muessen auswechselbare Speichermedien wie Platte, Band oder auch Floppy-Disc eindeutig gekennzeichnet sein. Ausserdem muessen die einzelnen Dateien auf einem Traeger (insbesondere einem Magnetband) eindeutig gekennzeichnet sein. Dazu stehen genormte Standard-Kennsaetze zur Verfuegung, und zwar:

- <u>Datentraeger-Kennsaetze</u> ("Spulenetiketten") zur Kennzeichnung des Datentraegers

- <u>Datenmengen-Kennsaetze</u> ("Datenmengenetiketten") zur Kennzeichnung der einzelnen Dateien auf dem Datentraeger

Zusaetzlich koennen benutzerspezifische, nicht standardisierte Kennsaetze verwendet werden. Die Namen der Kennsaetze sind durch ihre ersten 4 Zeichen gegeben.

Sieht man von den benutzerspezifischen Kennsaetzen ab, so sind zur Kennzeichnung der Datentraeger Kennsaetze mit den Namen VOL1 bis VOL8 genormt, von denen ueblicherweise der Kennsatz VOL1 vorhanden ist. Zur Kennzeichung des Anfangs einer Datenmenge sind die Kennsaetze HDR1 bis HDR9 genormt, wobei im allgemeinen die Saetze HDR1 und HDR2, eventuell noch HDR3 verwendet werden. Das Ende einer Datenmenge wird durch EOF- bzw. EOV Kennsaetze markiert, wobei die ersteren das logische Ende der Datenmenge bezeichnen, waehrend die EOV-Saetze dann eingesetzt werden, wenn die Datenmenge physikalisch durch das Ende des Datentraegers begrenzt wird. Die EOF- bzw. EOV-Saetze sind analog zu den HDR-Saetzen aufgebaut und werden auch in derselben Anzahl wie diese verwendet.

Bei Magnetbaendern sind alle Kennsaetze einheitlich 80 Bytes lang; verwendet werden muessen mindestens die Saetze VOL1, HDR1, EOF1 und EOV1. Die TR440 verwendet zusaetzlich HDR8 und EOF8; in den IBM- und ANSI-Normen fuer Magnetbaender wird stattdessen HDR2 und EOF2 verwendet.

Fuer Datentraeger, die nur **innerhalb** eines Systems verwendet werden, ist durch diese Kennsaetze ein gewisser Schutz gegeben. So enthaelt der Kennsatz VOL1 Felder, die angeben:

- wie dieser Datentraeger bezeichnet ist;

- wem dieser Datentraeger gehoert;

- ob auf diesen Datentraeger zugegriffen werden darf.

Der Kennsatz HDR1 enthaelt aehnliche Daten fuer die einzelnen Dateien auf dem Datentraeger, und die weiteren Kennsaetze - soweit vorhanden - grenzen die Bedingungen, unter denen auf diese Dateien zugegriffen werden darf, systemspezifisch noch weiter ein.

Problematisch ist jedoch, dass diese Normen nicht von allen Systemen in einheitlicher Weise eingehalten werden; vor allem die in den Kennsaetzen als "systemspezifisch" ausgewiesenen Felder unterscheiden sich von System zu System sehr stark in ihrer Bedeutung. Aus diesem Grund verfuegen die meisten Systeme, zumindest fuer Magnetbaender, ueber einen Modus, in dem ein Datentraeger als "systemfremd" deklariert und dann physikalisch gelesen wird. In diesem Fremdmodus, der natuerlich auch auf eigene Baender angewendet werden kann, sind im allgemeinen saemtliche Datenschutzfunktionen gegenueber dem Datentraeger aufgehoben, was den Schutz magnetischer Datentraeger zu einer sehr problematischen Angelegenheit macht.

Allerdings ist die hierdurch latent vorhandene Gefahr fuer Plattenspeicher im allgemeinen geringer, da die Struktur dieser Medien so komplex und von System zu System so verschieden ist, dass ein Transport zwischen Systemen verschiedener Art selten ins Auge gefasst wird und daher auch ein Fremdmodus nur selten vorhanden ist. Fuer Magnetbaender besteht hier jedoch eine sehr direkte Gefahr, die nur durch physischen Schutz der Datentraeger unwirksam gemacht werden kann.

5.5 Hochintegrierte Systeme

5.5.1 Verlagerung von Betriebsystem-Funktionen

Bei neueren Grossrechner-Architekturen werden zunehmend die Moeglichkeiten, die die Verwendung hochintegrierter Schaltkreise zur preiswerten Realisierung grosser Mikroprogrammspeicher bietet, auch zur Realisierung komplexerer Prozessorstrukturen eingesetzt. Unter anderem wird dabei auch versucht, die Schutzprobleme durch binaere Prozessorzustaende dadurch abzufangen, dass Teile der Systemdienste, etwa auch die Aufrufe des Ein-/Ausgabe-Systems, in Mikrocode verlagert und damit vor Manipulation durch den Benutzer geschuetzt werden. Ist dieser Mikrocode einmal richtig realisiert, so ist gewaehrleistet, dass zumindest alle dort vorhandenen Pruefungen und Operationen korrekt durchgefuehrt werden. Dieser Ansatz hat allerdings auch die Nachteile, dass er:

- von der Realisierung her unverhaeltnismaessig aufwendig und teuer ist, da die Erstellung von Mikrocode wesentlich komplizierter als die von normaler Software ist, weil man hier auf einer noch niedrigeren logischen Schnittstelle als Assembler arbeiten muss;

- in der Wartung ziemlich kompliziert ist, da bei einer Veraenderung Hardware ausgetauscht werden muss, wenn der Mikrocode in ROM- oder PROM-Speicher abgelegt ist;

- eine wesentlich geringere Flexibilitaet als eine reine Software-Realisierung zeigt, da die Schnittstelle zwischen Mikrocode und gewoehnlichen Programmen erheblich enger ist als die zwischen Programmen derselben logischen Ebene und da ihre Aenderung zu Aenderungen auf beiden Seiten - Mikrocode und Software - fuehrt;

- keine hundertprozentige Sicherheit vor unerkannter Unterwanderung bietet, wenn der Mikrocode in RAM-Speicher abgelegt ist, da er dann wenigstens bei jedem Stromausfall von einem - manipulierbaren! - Datentraeger nachgeladen werden muss.

Diese Ueberlegungen zeigen, dass die Verlagerung von Betriebssystem-Funktionen vom Aufwand her nur fuer relativ grosse Anlagen vertretbar ist und auch in allen den Faellen ausscheidet, in denen eine direktere Kontrolle der Hardware, etwa zur Unterstuetzung von Spezial-Peripherie, oder eine rasche Anpassung an geaenderte (erweiterte) Benutzer-Forderungen, die bis auf diese Ebene durchschlagen, erforderlich werden. Derartige Randbedingungen lassen sich leichter von einem Ansatz aus verwirklichen, der die im Abschnitt 5.4.2 beschriebene Idee der intelligenten Controller weiterverfolgt, wobei auch hier ausgenutzt wird, dass durch die Verwendung hochintegrierter Schaltkreise eine Realisierung ganzer System-Komponenten heute zu Preisen moeglich ist, die auch die Duplizierung groesserer Hardware-Einheiten wie Prozessoren und Hauptspeicher in den Rahmen des Moeglichen und kostenmaessig Vetretbaren bringen.

5.5.2 Dezentrale Architekturen

Geht man in den Ueberlegungen, die zur Entwicklung von intelligenten Controllern und E/A-Prozessoren gefuehrt haben, noch einen Schritt weiter, so ersetzt man die (meist spezialisierten) E/A-Prozessoren durch allgemein verwendbare Zentralprozessoren und kommt so zu dezentralen Architekturen, in denen mehrere Prozessoren und Peripheriegeraete zusammengeschaltet sind. In derartigen dezentralen Systemen koennen manche Komponenten allgemein verwendbar sein, waehrend andere spezielle Funktionen wahrnehmen, die sie den restlichen Komponenten zur Verfuegung stellen. So ist es hier etwa moeglich, durch die Verwendung mehrerer Zentralprozessoren einen Lastverbund zu schaffen, bei dem anstehende Aufgaben von dem Prozessor uebernommen werden, der gerade am wenigsten ausgelastet ist. Andererseits ermoeglichen solche dezentralen Systeme es auch, dass alle Prozessoren - etwa durch den Anschluss eines "File-Servers" an den Verbund - gemeinsam auf umfangreiche Hintergrundspeicher zugreifen koennen.

Fuer die Datensicherheit sind dezentrale Systeme in verschiedener Hinsicht bedeutsam:

- Durch die Verteilung einzelner Komponenten des Gesamtsystems, wie etwa Zentralprozessoren und/oder Hauptspeicher, Ein-/ Ausgabe-Geraete, Peripheriespeicher usw. auf separate Einheiten werden diese Komponenten voneinander wesentlich unabhaengiger:

o Fehler in einer Komponente, die etwa den Ausfall wichtiger Betriebsspannungen zur Folge haben, legen nicht das Gesamtsystem lahm, sondern nur diese Komponente; das Gesamtsystem bleibt im allgemeinen, wenn auch mit verringerter Leistung, verfuegbar.

o Wurde in den Schutzmassnahmen einer Komponente ein Loch gefunden, so bedeutet dies nicht automatisch eine Penetration des Gesamtsystems; die Trennung der einzelnen System-Komponenten schuetzt diese auch gegeneinander.

- Zwischen den einzelnen Komponenten koennen zusaetzliche Kontrollen in die Kommunikations-Verfahren eingebaut werden, die es wesentlich schwieriger machen, die Schutzmassnahmen einer bestimmten Komponente von einer anderen Komponente aus zu umgehen.

- Je nach Art der Verbindung zwischen den einzelnen Komponenten ist es moeglich, bestimmte Komponenten raeumlich zu trennen. Hierdurch erreicht man in mehrfacher Hinsicht einen zusaetzlichen Schutz:

o Durch diese raeumliche Trennung wird die Wahrscheinlichkeit dafuer, dass das Gesamtsystem durch physische Einwirkung (wie etwa Feuer) zerstoert wird, deutlich verringert.

o Es ist moeglich, sehr sensitive Systemteile auf solche Komponenten zu legen, die sich in besonders gesicherten Raeumen befinden, waehrend andere, fuer die Sicherheit weniger wichtige Systemteile sich an weniger geschuetzten Stellen befinden koennen. Dies ist insbesondere in dem haeufig vorkommenden Fall guenstig, dass in einem System Informationen hohen Sicherheits-Anspruchs, auf die nur wenige Personen Zugriff haben duerfen und/oder muessen, neben allgemein benoetigten Informationen niedrigen Sicherheits-Bedarfs verwaltet werden muessen. Speziell im militaerischen Bereich, in dem Informationen strikt nach Sicherheitsklassen eingeteilt sind (siehe Abschnitt 7.5.1), bieten dezentrale Systeme die Moeglichkeit, eine Verteilung auf raeumlich getrennte Komponenten vorzunehmen.

o Man kann einen oder mehrere Rechner in einem solchen verteilten System fuer die Ueberwachung der Systemaktivitaet und zur Kontrolle der Schutzverfahren einsetzen. Befinden sich diese Ueberwachungs-Komponenten in einem besonders geschuetzten Bereich, so ist die Gefahr verringert, dass gerade sie unterwandert werden und so ihre Schutzfunktion verlieren.

- Sind zumindest manche der Komponenten eines verteilten Systems aehnlich ausgeruestet, so ist es bei Ausfall oder Zerstoerung einer Komponente moeglich, innerhalb desselben Gesamtsystems einen Ersatz zu finden; derartige Faelle koennen dann zwar noch zu Kapazitaets-Engpaessen fuehren, nicht mehr jedoch zum totalen Zusammenbruch.

Man sieht an dieser Aufstellung, dass dezentrale Systeme, insbesondere dann, wenn sie raeumlich verteilt sind, in Bezug auf die Sicherheit des Gesamtsystems eine Reihe gravierender Vorteile gegenueber traditionellen Systemen mit einem Zentralrechner in einem einzigen Rechenzentrum bieten. Dies ist neben vielen anderen auch eine der Ursachen dafuer, dass zur Zeit von einer Reihe von Rechnerherstellern ein hoher Aufwand in die Entwicklung dezentraler Systeme gesteckt wird. Als Beispiele seien hier die NonStop-Systeme von Tandem [39] und die Digital Systems Interconnect Architecture (DSIA) von DEC sowie die rasante Entwicklung lokaler Netze wie Ethernet, WANG-Net und anderer genannt.

Allerdings handelt man sich mit den Vorteilen auch einige Nachteile oder zumindest Probleme ein:

- Die Verteilung der Informationsverarbeitung auf ein - eventuell sehr ausgedehntes - Netz miteinander kommunizierender Systemteile kann es organisatorisch schwierig machen, an allen Stellen die Einhaltung der dort notwendigen Sicherheitsvorschriften und die Wirksamkeit der zugehoerigen Massnahmen sicherzustellen.

- Systeme dieser Art koennen erheblich komplexer werden, als man dies von traditionellen, zentralisierten Systemen her gewohnt ist. Entsprechend schwierig kann es sein, den zur Erhaltung der Sicherheit notwendigen Ueberblick zu behalten.

- Falls die einzelnen System-Komponenten raeumlich so weit voneinander getrennt sind, dass die Verbindung zwischen ihnen ueber - abhoerbare! - sequentielle Leitungen oder ueber ein oeffentliches Kommunikationsnetz erfolgt, so entstehen ganz neue Probleme fuer die Sicherheit des Gesamtsystems. Wegen ihrer Komplexitaet werden die Probleme solcher Rechnernetze gesondert behandelt (siehe Kapitel 9).

Nimmt, wie zu erwarten ist, der Anteil dezentraler Architekturen in den naechsten Jahren erheblich zu, so sind viele der hier diskutierten Probleme neu zu ueberdenken. Bei einer ueberlegten Einfuehrung verteilter Systeme duerfte es jedoch durchaus moeglich sein, durch sie die Sicherheit und die Verfuegbarkeit der Informationsverarbeitung deutlich zu erhoehen.

5.6 Zusammenfassung

Bei den auf der Hardware-Ebene wirkenden Schutzmassnahmen wurden zunaechst die Verfahren zum Schutz des Hauptspeichers betrachtet. Diese haben das doppelte Ziel, durch geeignete Pruef-Informationen wie Parity oder fehlerkorrigierende Codes die Zuverlaessigkeit zu erhoehen und durch geeignete Einschraenkung der Lese- und Schreib-Moeglichkeiten der einzelnen Programme diese und ihre Datenbereiche in spezifizierbarer Weise gegeneinander zu isolieren. Dieser Zugriffsschutz auf Hardware-Ebene beruht auf Methoden wie der Beschraenkung des adressierbaren Speichers durch Grenzregister, der Abpruefung von Schutz-Schluesseln oder den verschiedenen Realisierungen virtueller Speicherverwaltungen. Bei direkter, von der Hardware ueberwachter Zuweisung von Datentypen zu den einzelnen Hauptspeicher-Bereichen oder bei der Verwendung von Capabilities kann ein noch detaillierterer Speicherschutz erreicht werden.

Ein Schutz kritischer Verarbeitungen wie der direkten Kontrolle von Ein-/Ausgabe-Geraeten oder der Hauptspeicher-Verwaltung laesst sich durch die Einfuehrung privilegierter Zustaende des Zentralprozessors erreichen. Dabei ist vor allem zwischen binaeren Zustaenden einerseits, die nur einen lueckenhaften Schutz bieten, und hierarchischen Zustaenden bzw. Ringschutz andererseits zu unterscheiden. Damit sich durch die Aufteilung der Software in privilegierte und unprivilegierte Programme bzw. Programmteile ein Schutz des Betriebssystems und eventueller sonstiger System-Software erreichen laesst, ist es erforderlich, sehr strikte, umfassende und nicht zu unterlaufende Kontrollen an allen den Stellen durchzufuehren, an denen ein Wechsel aus einem der unprivilegierteren Zustaende in einen privilegierten Zustand erfolgt.

Da gerade das Ein-/Ausgabe-System eines Rechners aufgrund seiner Komplexitaet und engen Verbundenheit mit der Hardware eine fuer die Sicherheit des Gesamtsystems kritische Komponente ist, liegt es nahe, diesen Systemteil moeglichst von den anderen Komponenten zu separieren, um so die Auswirkungen eventueller Fehler im Ein-/Ausgabe-System zu isolieren und Rueckwirkungen auf die Sicherheit des Betriebssystems zu vermeiden. Dieser Ansatz laesst sich durch die hardwaremaessige Realisierung von Teilen des Ein-/Ausgabe-Systems in der Form intelligenter Controller realisieren.

Wenn diese Controller raeumlich vom Rest der Anlage getrennt werden koennen, so laesst sich fuer sie und auch fuer die von ihnen verwalteten Datenbestaende bei Bedarf ein spezieller physischer Schutz installieren. Man kommt so zu dezentralen Architekturen, bei denen eine Separation verschiedener Sicherheitsklassen von Informationen durch die raeumliche Trennung der sie bearbeitenden Hardware moeglich ist.

Generell lassen sich durch die Verlagerung logischer Funktionen in Hardware und in eigene Prozessoren eine Reihe gravierender Sicherheitsprobleme traditioneller, auf einem einzelnen Zentralprozessor basierender, monolithischer Datenverarbeitungssysteme auf eine recht elegante und, bei den heutigen Hardware-Kosten, auch wirtschaftliche Weise wesentlich entschaerfen. Allerdings handelt man sich durch diese Aufteilung unter Umstaenden Probleme der Sicherheit der Datenkommunikation ein, die es bei rein zentralisierten Systemen in dieser Form nicht gibt.

6 Schutzfunktionen des Betriebssystems

6.1 Einleitung

Unter einem Betriebssystem versteht man eine Ansammlung von Steuerungsprogrammen und Hilfsroutinen, die die Benutzung eines Rechners und der daran angeschlossenen Geraete fuer den Menschen vereinfachen. Man kann sich vorstellen, dass ein Betriebssystem zwischen den Benutzer bzw. sein Programm und die Hardware tritt, die die spezifizierten Aufgaben tatsaechlich ausfuehrt. Dem Benutzer wird - durch die Software des Betriebssystems - ein Rechner vorgespiegelt, der zu wesentlich komplexeren Operationen in der Lage ist, als es die reine Hardware waere. Dadurch wird fuer ihn die Aufgabe, ein bestimmtes Programm zu schreiben oder auch nur ein existierendes Programm zur Ausfuehrung zu bringen, erheblich vereinfacht. Dazu kommt noch, dass Betriebssysteme ueblicherweise nicht nur die Ausfuehrung der Benutzerprogramme ermoeglichen, sondern auch die Benutzung der verfuegbaren Betriebsmittel, wie etwa Hauptspeicher, Schnelldrucker und so weiter koordinieren, Fehler in Benutzerprogrammen feststellen, Rechenzeitabrechnung durchfuehren, Information vor unberechtigtem Zugriff schuetzen, geeignete Massnahmen bei Hardware-Fehlern automatisch einleiten und vieles andere noch.

Schlagwortartig koennen wir die Aufgaben eines Betriebssystems und die durch seine Verwendung erwachsenden Vorteile so charakterisieren:

- Der Einsatz eines Betriebssystems macht den Parallelbetrieb mehrerer Benutzer-Programme auf demselben Prozessor moeglich ("Multi-Programmierung").

- Bei Multi-Programmierung koennen mithilfe des Betriebssystems wahlweise die zeitliche Unabhaengigkeit oder definierte zeitliche Abhaengigkeiten zwischen verschiedenen Benutzer-Programmen ("Synchronisation") erreicht werden.

- Es werden den Benutzern allgemein verwendbare Programm- und Text-Bibliotheken verfuegbar gemacht.

- Durch ein gemeinsames, fertiges Ein-/Ausgabe-System fuer alle Benutzer wird dem Benutzer die Last der direkten physikalischen Steuerung der Ein-/Ausgabe-Geraete abgenommen; dies erhoeht ausserdem die Zuverlaessigkeit des Betriebes, da Fehler in der Steuerung der Ein-/Ausgaben katastrophale Folgen haben koennen (siehe hierzu auch Abschnitt 5.4.1).

- Durch Isolation der einzelnen Programme im Rechner gegeneinander wird ein Schutz der Benutzer gegen Fehler anderer
  Benutzer erreicht.

- Ein wesentlicher Teil jedes Betriebssystems ist das Datei-
  System, das eine gemeinsame, logische Verwaltung der Spei-
  cher-Peripherie fuer alle Benutzer zur Verfuegung stellt.

- Durch die Praesentation eines logischen ("virtuellen")
  Rechners mit benutzernahen Schnittstellen auf hoher logischer
  Ebene wird schliesslich dem Benutzer seine Arbeit mit dem
  physischen Rechner stark vereinfacht; gleichzeitig wird
  jedoch auch den meisten Benutzern die direkte Kontrolle des
  physischen Rechners entzogen.

Diese kurze Diskussion der Hauptaufgaben eines Betriebs-
systems gibt einen Eindruck von der Komplexitaet, die groessere
Betriebssysteme notgedrungen haben. Man sieht jedoch auch, dass
dem Betriebssystem fuer den Schutz eine zentrale Rolle auf der
Software-Ebene zukommt, da alle durch Software realisierten
Schutzmassnahmen letztlich die Leistungen des Betriebssystems in
Anspruch nehmen muessen und damit von dessen Schutzeigenschaften
in der einen oder anderen Weise abhaengen.

Die Schutzfunktionen, die ein Betriebssystem dem Anwender
selbst und auch den meisten Anwendungsprogrammen bietet, lassen
sich in die folgenden Gruppen einteilen:

- Bei Multi-Programmierung muss dafuer gesorgt werden, dass
  jedes der parallel im Rechner laufenden Programme so gegen
  die anderen Programme isoliert wird, dass es von diesen in
  keiner Weise ungewollt beeinflusst werden kann.

- Andererseits muss es moeglich sein, dass zusammenarbeitende
  Programme bei Bedarf kontrolliert miteinander Daten austauschen koennen; dies wird durch die Leistungen der Interprozess-Kommunikation ermoeglicht.

- Um ueberhaupt einen differenzierten Schutz bieten zu koennen,
  muss das Betriebssystem in der Lage sein, die einzelnen
  Benutzer mit hinreichender Zuverlaessigkeit zu identifizieren.

- Durch ein System abgestufter Berechtigungen, gegen die jede
  Aktion des Benutzers ueberprueft wird, muss dafuer gesorgt
  werden, dass nur solche Operationen zur Ausfuehrung kommen,
  die dem betreffenden Benutzer gestattet sind.

- Insbesondere alle Zugriffe auf Daten muessen geeigneten
  Zugriffsrechten unterworfen werden. Wegen der Komplexitaet
  der Schutzprobleme des Datei-Systems ist diesem das ganze
  naechste Kapitel gewidmet; die Probleme der Zugriffsrechte
  werden aus diesem Grunde hier nur am Rande erwaehnt.

- Zur Kontrolle der mit dem Rechner durchgefuehrten Operationen
  werden Instrumente zur Ueberwachung der Benutzer-Aktivitaeten
  auf der Software-Ebene benoetigt.

Die folgenden Abschnitte beschreiben jeweils einzelne Aspekte
dieser Liste; hinzu kommt noch eine Betrachtung modernerer
Konstruktionstechniken, durch die sich die innere Sicherheit von
Betriebssystemen erhoehen laesst. Um die Probleme der beiden
ersten Themenkreise beschreiben zu koennen, ist es erforderlich,
zunaechst den Begriff des "Prozesses" herauszuarbeiten.

6.2 Isolation der Anwender

6.2.1 Prozesse

Bei einem Rechner mit Interrupt-System ist die Reihenfolge,
in der der Zentralprozessor Maschinenbefehle ausfuehrt, nicht mehr
direkt mit der Logik der ablaufenden Programme verknuepft, da
mehrere Programme gleichzeitig angefangen, aber noch nicht beendet
sein koennen und da die Abarbeitung beliebig zwischen diesen
Programmen wechseln kann. Aus diesen Gruenden empfiehlt sich zum
Verstaendnis der Ablaeufe im Betriebssystem eine neue Betrachtungsweise: Man geht dabei nicht mehr von den Aktionen des
Prozessors aus, der im Laufe der Zeit wechselnde Programme
bearbeitet. Stattdessen werden die einzelnen Programme als die
konstanten logischen Einheiten aufgefasst, und der Prozessor wird
als ein zeitweilig fuer diese Programme verfuegbares Betriebsmittel betrachtet, das von einem Programm zu einem anderen weiter-
gereicht wird. Waehrend die erste Betrachtungsweise als
"arbeiter-orientiert" bezeichnet werden koennte, beschreibt die
zweite dieselben Vorgaenge in einer "aufgaben-orientierten" Weise.

Es zeigt sich, dass die aufgabenbezogene Betrachtungsweise
fuer das Verstaendnis zu einfacheren Strukturen fuehrt als eine,
die den Prozessor als festes Objekt betrachtet, dem auszufuehrende
Programme praesentiert werden. Die neue Darstellungsform der
Ablaeufe im Rechner erfordert jedoch eine Erweiterung der intui-
tiven Vorstellung eines Programm-Laufes, da hier ein Programm zwar
begonnen und noch nicht beendet sein kann, ohne dass der Zentralprozessor es im Augenblick bearbeitet. Zur Praezisierung des
Begriffs des "in Ausfuehrung befindlichen Programms" benoetigen
wir daher den Begriff des "Prozesses" im Gegensatz zu dem des
"Programms" [71]: Waehrend ein Programm ein statisches Textstueck
ist, das eine Folge von Aktionen spezifiziert, die von einem oder
mehreren Prozessoren auszufuehren sind, ist ein Prozess eine durch
ein Programm spezifizierte Folge von Aktionen, deren erste
begonnen, deren letzte aber noch nicht abgeschlossen ist.

Ein Prozess (in vielen Betriebssystemen auch als "Task" bezeichnet) ist durch die beiden folgenden Eigenschaften zu charakterisieren:

- er wird von einem Programm gesteuert;

- er benoetigt zu seiner Ausfuehrung (wenigstens) einen Prozessor.

Als Prozessoren koennen dabei auch Geraete oder sogar Software-
Systeme ("virtuelle Prozessoren") auftreten.

Praezisere Definitionen der beiden Begriffe "Programm" und "Prozess" sind zwar moeglich, in unserem Kontext aber nicht sinnvoll, da sie die Anwendbarkeit dieser Begriffe auf existierende Betriebssyteme zu stark einengen wuerden.

Um nun zu sehen, wie durch die Verwendung des Prozess-Konzeptes die verschiedenen in einem Rechner laufenden Programme wirksam gegeneinander isoliert werden koennen, muss man sich den Aufbau eines Prozesses etwas genauer betrachten. Wenn sich dieser Aufbau auch zwischen verschiedenen Betriebssystemen erheblich unterscheiden kann, so lassen sich doch zwei Bestandteile aus-machen, die prinzipiell zu einem Prozess gehoeren:

-   Jedem Prozess ist (wenigstens) ein Adressraum zugeordnet, in den das Speicherabbild ("Image") eines Programms geladen werden kann. Sollen in einem Betriebssystem mit Prozess-Struktur irgendwelche Anwenderprogramme laufen, so sind diese zuerst in den Adressraum eines Prozesses zu laden, aus dem heraus sie dann ausgefuehrt werden.

-   Zum Programmadressraum kommt noch eine Datenstruktur hinzu, die vom Betriebssystem zur Verwaltung dieses Prozesses und zu seiner Steuerung benutzt wird. Man bezeichnet diese Daten-struktur, deren Aufbau in hohem Masse von dem zugrunde-gelegten Betriebssystem abhaengt, als den "Kontext" des Prozesses. Die in diesem Kontext enthaltenen Daten beschreiben den aktuellen Zustand, die Eigenschaften und Rechte des Prozesses und eventuell auch noch seine Geschichte. Typische Informationen, die man in einem Prozess-Kontext findet, sind etwa die folgenden:

    o eine Beschreibung des phyikalischen Aufbaus

    o eine Beschreibung des aktuellen Zustandes

    o die Parameter zur Steuerung seines Ablaufes

    o eine Liste seiner Berechtigungen

Wesentlich fuer die Sicherheit ist dabei, dass dieser Prozess-Kontext der Kontrolle des Betriebssystems und nicht der des Prozesses selbst unterliegt; der Prozess selbst hat nur - im Rahmen seiner Berechtigungen und des Hardware-Schutzes - Kontrolle ueber seinen Adressraum. Diese Tatsache ermoeglicht es dem Betriebssystem, die Aktionen des Prozesses mit seinen Berech-tigungen zu vergleichen und illegale Operationen zurueckzuweisen. Wird dabei gleichzeitig, wie das in den meisten moderneren Systemen der Fall ist, das Speicherzugriffsverhalten des Prozesses zwangsweise durch die Hauptspeicherverwaltung auf seinen Adress-raum beschraenkt, so ist hierdurch zweierlei erreicht:

-   Prozesse koennen nur solche Operationen ausfuehren, zu denen ihnen durch das Betriebssystem die Rechte gegeben wurden.

-   Ohne spezielle - eine explizite Berechtigung erfordernde - Operationen ist es einem Prozess nicht moeglich, auf die Hauptspeicherbereiche anderer Prozesse oder des Betriebs-systems zuzugreifen.

Diese beiden Konsequenzen der Verwendung einer Prozess-
Struktur isolieren die parallel im Rechner laufenden Programme
hoechst wirkungsvoll gegeneinander. Da in einem so strukturierten
Betriebssystem **alle** Anwenderprogramme innerhalb von Prozessen
laufen muessen, ist auf diese Weise eine effektive Isolation der
Anwender gegeneinander erreicht.

Betriebssysteme, die das Konzept des Prozesses in dem hier
beschriebenen Sinn verwenden, sind zum Beispiel BS3 fuer die
TR440, UNIX und VAX/VMS. Die Zuverlaessigkeit dieser Systeme
beruht nicht zuletzt auf diesem Aufbau, der im Gegensatz zum
unstrukturierten Aufbau mancher aelterer Systeme steht.

Um den Zusammenhang zwischen Programmen einerseits und
Prozessen andererseits noch etwas genauer zu beleuchten, empfiehlt
es sich, die Vorgaenge zu betrachten, die zwischen der Beendigung
eines Programms und dem Starten eines neuen Programms ablaufen.
Hier sind zwei prinzipiell verschiedene Vorgehensweisen moeglich:

- In vielen Betriebssystemen wird beim Wechsel eines Programms
  desselben Benutzers nicht der gesamte Prozess dieses
  Benutzers geloescht und neu erzeugt. Stattdessen werden nur
  das Image innerhalb des Prozesses sowie die darauf bezogenen
  Daten des Kontexts ausgetauscht, so dass es moeglich ist, in
  demselben Prozess nacheinander mehrere Programme ablaufen zu
  lassen. Zwischen diesen beiden Programmlaeufen unterliegen
  die Ablaeufe des Prozesses voellig der Kontrolle des
  Betriebssystems.

- In anderen Systemen wird dagegen bei der Beendigung eines
  Programms der zugehoerige Prozess vernichtet, und zum Starten
  eines neuen Programms wird fuer dieses vom Betriebssystem ein
  neuer Prozess erzeugt.

Systeme der ersten Art werden etwa durch VAX/VMS repraesentiert,
waehrend fuer Systeme der zweiten Art UNIX ein typisches Beispiel
ist.

Aus der Sicht des Betriebsystems sind Prozesse die Basis-
Einheiten, die als Empfaenger von Betriebsmitteln, als Traeger von
Rechten und als Akteure im Rechner auftreten. Unterliegen alle
Programme im Rechner einer geeigneten Prozessverwaltung, dann ist
es fuer das Betriebssystem zur Steuerung der Ablaeufe im Rechner
ziemlich gleichgueltig, wie diese Programme im einzelnen aussehen;
die Steuerung ihres Ablaufes kann global und allgemein aufgrund
der Informationen des zugehoerigen Prozess-Kontextes geschehen.
Hierdurch wird eine nicht unwesentliche Vereinfachung der inneren
Struktur des Betriebssystems und der in ihm selbst vorkommenden
Ablaeufe erzielt; diese Reduktion der Komplexitaet fuehrt insgesamt zu einer weiteren Erhoehung der Zuverlaessigkeit des
Betriebssystems, da sie die Wahrscheinlichkeit fuer das Vorhandensein von Fehlern - und damit auch moeglichen Sicherheits-
loechern - erheblich verringert.

6.2.2 Der System-Kern

Um die Komplexitaet eines Betriebssystems weiter zu verringern, empfiehlt es sich, funktionell in sich abgeschlossene
Einheiten in separate Prozesse zu verlagern, die unter der
Kontrolle einer zentralen Prozessverwaltung ablaufen. (Dieses
Prinzip wird bei den schon mehrfach als Beispiele genannten
Betriebssystemen BS3, UNIX und VAX/VMS angewendet.) Das Problem
der Strukturierung des Gesamtsystems ist durch dieses Verfahren
auf die Identifikation sinnvoller funktioneller Einheiten zurueckgefuehrt. Ein derart strukturiertes System ist erheblich
einfacher aufgebaut und durch seine Zerlegung in relativ unab-
haengige Moduln leichter zu schreiben und zu warten als ein
zusammenhaengendes unstrukturiertes System.

Diese Zerlegung stoesst jedoch an einer Stelle zwangsweise an
eine Grenze: Die Verwaltung der Prozesse und der sie beschrei-
benden Datenstrukturen sowie die Verwaltung des Hauptspeichers als
des Traegers der einzelnen Prozess-Adressraeume laesst sich nicht
durch einen gewoehnlichen Prozess realisieren, der wie die anderen
Prozesse dieser Verwaltung unterliegen wuerde - er muesste sich in
diesem Falle ja selbst verwalten und wuerde sich allein schon
durch diese Tatsache von allen anderen Prozessen im System unterscheiden. Selbst wenn in einzelnen Systemen die Struktur dieses
zentralen Systemteils der der gewoehnlichen Prozesse angenaehert
ist, so bestehen doch hinreichend grosse Unterschiede, um diesem
Teil eine eigene Bezeichnung zu geben: Man spricht bei dieser
zentralen Verwaltungsinstanz eines Betriebssystems vom "System-
Kern". Es ist unmittelbar einsichtig, dass der korrekten Funktion
des System-Kerns fuer die Zuverlaessigkeit und auch die Sicherheit
eines Systems eine zentrale Rolle zukommt.

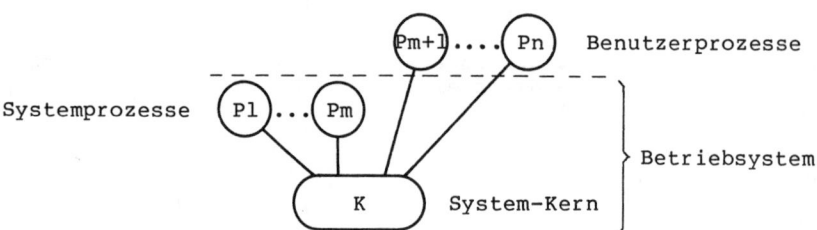

Fig. 6-1 Aufteilung eines Systems in Prozesse

Die Korrektheit des System-Kerns ist fuer die Sicherheit
eines EDV-Systems in mehrerer Hinsicht kritisch:

- Fehler im System-Kern koennen in ihren Folgen **alle** Benutzer-
  prozesse betreffen; es ist bei derartigen Fehlern nicht
  ungewoehnlich, dass sie einen "Absturz" einzelner Benutzer-
  prozesse oder des ganzen Systems verursachen. Ein solcher
  Absturz kann nicht nur die ablaufenden Operationen unter-
  brechen; er kann vielmehr auch eine Zerstoerung oder
  Aufdeckung der gerade bearbeiteten Daten nach sich ziehen.

- Problematisch wird dies dadurch, dass nicht alle im System-Kern zutagetretenden Fehler ihre Ursache in diesem Systemteil selbst haben: Der Kern arbeitet ja fuer die einzelnen Benutzer- und Systemprozesse und wird aus diesem Grunde extern mit Daten versorgt, die im allgemeinen aus Auftraegen der Prozesse stammen. Sind die uebergebenen Daten fehlerhaft, so kann dies zu einer falschen Reaktion des System-Kerns fuehren, wenn dieser den Fehler in dem ihm uebergebenen Auftrag nicht erkennt und den Auftrag nicht aufgrund dieses Fehlers zurueckweist, sondern durchfuehrt; die dabei auftretenden Folgefehler sind letztlich auf die ungenuegende Ueberpruefung der uebergebenen Auftraege durch den Kern zurueckzufuehren.

  Beispiel: Wenn ein Eingabe-Auftrag mit falschen Parametern ungenuegend vom System-Kern ueberprueft wird, so kann es geschehen, dass diese Eingabe einen Teil des Hauptspeicher-Inhalts zerstoert, indem sie ihn mit den eingelesenen Daten ueberschreibt.

- Da der System-Kern eine wesentlich weitergehende Kontrolle ueber die Hardware ausuebt, als dies fuer die Ablaeufe innerhalb der einzelnen Prozesse der Fall ist, entfallen viele der Schutzmechanismen, die dort wirksam sind, fuer den System-Kern. Fehler, die innerhalb eines Benutzerprozesses keine groesseren Auswirkungen haben, koennen daher, wenn sie im Kern auftreten, katastrophale Folgen haben.

  Beispiel: Wenn eine privilegierte Instruktion des Rechners in einem Anwendungsprogramm illegalerweise aufgerufen bzw. falsch versorgt wird, so wird dieser Fehler normalerweise vom Betriebssystem erkannt und abgefangen. Derselbe Fehler kann im System-Kern katastrophale Folgen haben, da die Instruktion hier als Hardware-Befehl ausgefuehrt wird, was zum Beispiel - bei einer Ein-/Ausgabe-Instruktion - wieder zum Ueberschreiben des Hauptspeichers fuehren kann.

- Hinzu kommt noch die Gefahr, dass ein technologischer Angriff auf ein System sich die Fehler des System-Kerns zunutze macht, um gezielt einen solchen Absturz herbeizufuehren oder den durch das Betriebssystem realisierten Speicherschutz zu umgehen oder lahmzulegen.

  Beispiel: Wenn einem Angreifer bekannt ist, dass er durch bestimmte Befehlsfolgen, etwa durch Uebergabe einer geeigneten falschen Adresse beim Aufruf eines Systemdienstes, eine Datenstruktur des Betriebssystems mit eigenen Daten ueberschreiben kann, so hat er hier ein Mittel in der Hand, um schwerste Schaeden zu verursachen, bis hin zum Unterlaufen jeglichen Datenschutzes oder zur Zerstoerung des Systems.

Diese Ueberlegungen zeigen, dass es fuer die Sicherheit des System-Kerns nicht ausreicht, wenn dieser in sich korrekt arbeitet; hinzu muss eine geeignete Ueberpruefung aller ihm von den Prozessen uebergebenen Auftraege auf deren Korrektheit und Zulaessigkeit kommen. Ferner ist es erforderlich, dass diese Schnittstelle zwischen Prozessen und System-Kern asymmetrisch aufgebaut ist, und zwar in der Form, dass sie voellig von der

Seite des Kerns her kontrolliert wird, waehrend die den Prozessen zugewandte Seite nicht der Kontrolle der Prozesse unterliegt, sondern diesen nur gewisse Dienstleistungen in der Form von "Systemdiensten" zur Verfuegung stellt.

Die geforderte Asymmetrie der Schnittstelle laesst sich dadurch erreichen, dass der System-Kern in einem privilegierteren Prozessor-Zustand ablaeuft als die Prozesse. Die Auswirkungen der Prozessor-Zustaende auf die Sicherheit eines Betriebssystems wurden im Abschnitt 5.3 ausfuehrlich unter dem Aspekt des Hardware-Schutzes diskutiert; hier ist noch eine Ergaenzung der dortigen Betrachtungen um die Form der Pruefungen notwendig, durch die sich der System-Kern softwaremaessig gegen die Prozesse schuetzen kann:

- Von den Prozessen werden Auftraege erzeugt, die zu ihrer Erfuellung Zugriff auf bestimmte Betriebsmittel erfordern, die dem Prozess nicht direkt zur Verfuegung gestellt werden duerfen, da ein falscher direkter Zugriff des Prozesses katastrophale Folgen haben kann.

- Diese Auftraege sind aus vier Hauptbestandteilen aufgebaut:

  1. einem Rueckbezug zum auftraggebenden Prozess; dieser besteht im allgemeinen in einem Zeiger auf den zugehoerigen Prozess-Kontext;

  2. einer Beschreibung eines Verstaendigungsbereiches, der die mit dem System-Kern auszutauschenden Daten enthaelt bzw. aufnehmen soll;

  3. einer Beschreibung der Betriebsmittel, auf die der Prozess mithilfe des System-Kerns zugreifen will;

  4. einer Beschreibung der Operation, die die vom Prozess gewuenschte Leistung erbringt.

Um eine sichere Durchfuehrung der Auftraege zu gewaehrleisten, muessen alle vier Komponenten auf Korrektheit ueberprueft werden:

1. Der Rueckbezug muss einen existierenden und berechtigten Prozess ausweisen; ohne Ueberpruefung dieses Rueckbezuges besteht die Gefahr von voelligem Chaos. Dabei muss dafuer gesorgt werden, dass Prozesse stets eindeutig identifiziert werden.

2. Der angegebene Verstaendigungsbereich muss fuer den Prozess voll zugreifbar sein; andernfalls bestuende die Moeglichkeit, durch falsche Spezifikation des Verstaendigungsbereiches Speicherbereiche anderer Prozesse oder des Betriebssystems zu zerstoeren oder zu veraendern.

3. Die zu bearbeitenden Betriebsmittel muessen

   o existieren,

o   verfuegbar sein,

o   fuer Zugriff durch diesen Prozess freigegeben sein.

4.   Die Operation muss

o   generell moeglich und erlaubt sein,

o   fuer dieses Betriebsmittel erlaubt sein,

o   fuer diesen Prozess erlaubt sein,

o   fuer diesen Prozess in Bezug auf dieses Betriebsmittel
    erlaubt sein,

o   unter allen eventuell sonst noch gueltigen Randbedin-
    gungen erlaubt sein.

Um eine derartige Pruefung aller Auftraege von Prozessen zu
ermoeglichen und sogar zu erzwingen, muss die Schnittstelle
zwischen Prozess und System-Kern geeignet konstruiert sein.   Eine
Realisierung dieser Schnittstelle in einem konkreten Betriebssystem (VAX/VMS) wurde im Abschnitt 5.3.3 beschrieben.   Die
Komplexitaet der dort dargestellten Vorgaenge, insbesondere des
dort notwendigen Zusammenspiels von Hardware, Firmware und
Software zeigt, dass an dieser Stelle ein nicht unerheblicher
Aufwand getrieben werden muss, um den System-Kern vor einer
falschen Ansteuerung durch die Prozesse zu schuetzen. Man sollte
hierueber jedoch nicht der Illusion verfallen, diese Schnittstelle
wuerde einfacher oder gar ueberfluessig, wenn man sie ganz in die
Software verlagern oder durch Verzicht auf das Prozess-Konzept auf
das Zusammenspiel anderer Organisations-Einheiten im Rechner
verschieben wuerde; gerade das Gegenteil waere der Fall.

6.2.3 Prozesswechsel

Eine fuer die Sicherheit des Gesamtsystems nicht zu vernachlaessigende Bedeutung kommt den Vorgaengen zu, die sich beim
Wechsel des aktiven Prozesses abspielen. Ein solcher Prozesswechsel kann im wesentlichen durch zwei verschiedene Ursachen
ausgeloest werden:

-   Es kann sein, dass ein aktiver Prozess in einen Zustand
    kommt, in dem er selbst ohne eine Aenderung seiner aeusseren
    Bedingungen nicht mehr weiterarbeiten kann. Dies kann etwa
    bedeuten, dass er auf den Abschluss einer Ein- oder Ausgabe-
    Operation, auf das Verfuegbarwerden eines bestimmten
    Betriebsmittels oder auf ein Signal von einem anderen Prozess
    wartet. In diesen Faellen sagt man, dass der Prozess den
    Zentralprozessor "freiwillig" abgibt.

-   Es kann jedoch auch sein, dass der laufende Prozess durch den
    Interrupt-Mechanismus des Prozessors [71] zwangsweise unter-
    brochen wird. Die nach einem Interrupt ablaufenden
    Maschinen-Instruktionen gehoeren zum System-Kern, der somit

jetzt die Kontrolle hat. Es ist dabei moeglich, dass der System-Kern aufgrund irgendwelcher Kriterien entscheidet, nicht den vor dem Interrupt aktiven Prozess, sondern stattdessen einen anderen Prozess fortfahren zu lassen. Man sagt dann, dass dem Prozess der Zentralprozessor zwangsweise entzogen wurde ("Preemption").

In beiden Faellen geht die Kontrolle vom aktiven Prozess fuer eine mehr oder weniger kurze Zeit an den System-Kern ueber, der - eventuell mit der Unterstuetzung durch die Prozessor-Hardware - den aktiven Prozess in einen Ruhezustand ueberfuehrt und dafuer einen vorher ruhenden Prozess aktiviert und ihm die Kontrolle uebergibt. Die dabei ablaufenden Vorgaenge unterscheiden sich zwischen verschiedenen Systemen sehr stark. So wird etwa in einer CDC 6600 ein Prozesswechsel durch einen externen steuernden Prozessor durchgefuehrt, so dass der Zentralprozessor von einer Instruktion zur naechsten den aktiven Prozess wechseln kann [61]. Dagegen muessen in traditionellen Grossrechnern oft einige 1000 bis ueber 10000 Maschinen-Instruktionen im System-Kern ablaufen, um einen Prozesswechsel durchzufuehren. Neben den offensichtlichen Auswirkungen, die derartige Unterschiede auf die Performance des Rechners haben, haengt es von ihnen auch ab, wie gut ein bestimmter Rechner in der Lage ist, parallel in verschiedenen Prozessen ablaufende Vorgaenge ohne grossen Zeitverlust zu koordinieren; dieser Aspekt spielt fuer die im Abschnitt 6.3 beschriebene Interprozess-Kommunikation eine wichtige Rolle.

Unabhaengig von diesen Unterschieden der Realisierung eines Prozesswechsels sind jedoch einige allen Systemen gemeinsame Ablaeufe zu identifizieren, deren korrekte Abwicklung gravierende Auswirkungen auf die Zuverlaessigkeit und Sicherheit eines Systems haben kann:

- Bei der Deaktivierung eines Prozesses muessen die von diesem Prozess belegten Hardware-Register in einen inaktiven Zustand gebracht werden. Dies kann bei Maschinen, die nur ueber einen einzigen Registersatz verfuegen und keine eigene Instruktion zur Abspeicherung aller Register haben, eine relativ umstaendliche und komplizierte Operation sein. Wichtig fuer die Datensicherheit ist dabei, dass die deaktivierten Register-Inhalte gegen jeden Zugriff durch den neu aktivierten Prozess geschuetzt sind.

- Es erfolgt bei vielen Systemen zusammen mit dem Prozesswechsel auch ein Wechsel des Adressraumes oder der Speicherabbildung. Fuer die Sicherheit ist dabei wichtig, dass dieser Wechsel zuverlaessig jeden Zugriff des neu zu aktivierenden Prozesses auf den Adressraum des alten Prozesses verhindert (mit eventueller Ausnahme gemeinsamer Speicherbereiche, siehe Abschnitt 6.3.3). Falls der neue Prozess dabei zum Teil physikalisch gleiche Speicherbereiche wie der alte belegt, so ist es fuer die Datensicherheit unabdingbar, dass diese Bereiche vor Zugriff durch den neuen Prozess geloescht werden.

- Verfuegt der Prozessor ueber Cache- und Adressumwandlungs-Speicher, so ist beim Wechsel der Speicherabbildung dafuer zu sorgen, dass entweder von beiden Prozessen disjunkte Teile

dieser Speicher benutzt werden oder dass diese Speicher beim
Prozesswechsel zwangsweise geloescht werden (siehe Abschnitt
5.2.7).

- Die Aktivierung des neuen Prozesses erfordert schliesslich
  noch die Bereitstellung der von ihm benoetigten Hardware-
  Register, was einen vergleichbaren Aufwand wie deren Deaktivierung mit sich bringt. Fuer die Sicherheit ist es dabei
  notwendig, dass durch diese Bereitstellung der Register-
  Inhalte die alten Inhalte ueberschrieben werden, falls der
  alte und der neue Prozess die gleichen physikalischen
  Register benutzen.

Je nach der Struktur des verwendeten Prozessors kann die
Loesung der hier genannten Aufgaben mehr oder weniger Aufwand
erfordern und technisch verschiedenartige Probleme stellen.
Fehler in der Realisierung dieses Teils des System-Kerns oder
mangelhafte Beachtung der hier genannten Forderungen hat jedoch -
neben genereller Unzuverlaessigkeit - im allgemeinen zur Folge,
dass das System an dieser Stelle einen Angriffspunkt fuer eine
technologische Attacke bietet.

6.2.4 Geschuetzte Ein-/Ausgabe

Aus den Anforderungen, die an das Ein-/Ausgabe-System eines
Rechners gestellt werden, erwachsen eine Reihe von Problemen fuer
die Bedienung externer Geraete durch die Software des Betriebssystems bzw. der sie benutzenden Anwenderprogramme. Diese Probleme betreffen nicht zuletzt die Zuverlaessigkeit der durchzufuehrenden Operationen und die Sicherheit der ein- oder auszugebenden Daten. Die wesentlichsten dieser Forderungen lassen sich
folgendermassen kurz zusammenfassen:

- Es wird die gemeinsame, eventuell sogar quasi-gleichzeitige
  Benutzung von Geraeten durch mehrere Prozesse verlangt;
  speziell fuer Plattenspeicher ist dies bei Multi-Programmierung eine unabdingbare Forderung. Sollen dabei gleichzeitig mehrere Prozesse in der Lage sein, Datenbestaende auf
  demselben Geraet zu veraendern, so stellen sich die Probleme
  des "concurrent update", die weiter unten diskutiert werden.
  Der Stillstand einzelner Prozesse oder sogar des gesamten
  Systems durch sogenannten "Deadlock" und zusaetzlich die
  Zerstoerung von Daten auf diesen Geraeten koennen die Folge
  sein, wenn diese Probleme in unzureichender Form geloest
  werden.

- Es soll die Moeglichkeit exklusiven Zugriffs auf einzelne
  Geraete bestehen; dies ist insbesondere dann erforderlich,
  wenn bestimmte Operationen von ihrer Logik her oder durch die
  Restriktionen des betreffenden Geraetes so ablaufen muessen,
  als gaebe es keine zu ihnen parallelen Vorgaenge im Rechner.
  Kritisch wird diese Forderung dann, wenn der exklusive
  Zugriff fuer laengere Zeiten benoetigt wird, waehrend derer
  andere Prozesse Zugriff auf das betreffende Geraet begehren.
  Eine unzureichende Koordination dieser parallelen Zugriffs-
  wuensche kann ebenfalls zum Deadlock fuehren.

- Es darf keine Blockierung des eigenen Jobs durch Warten auf
  bestimmte, eventuell sehr langsame oder nur zu gewissen
  Zeiten aktive Geraete auftreten. Dieser Aspekt ist aus einem
  doppelten Grund fuer die Performance wichtig: Zum einen wird
  natuerlich durch ein solches Blockieren der auftraggebende
  Prozess selbst unnoetig verzoegert, zum anderen belegt er
  aber auch waehrend dieser Verzoegerung sonstige Betriebsmittel, die moeglicherweise an anderer Stelle gebraucht
  werden, und verringert so die Gesamtleistung des Systems.

- Wegen der erheblichen Geschwindigkeitsunterschiede zwischen
  dem Zentralprozessor und den meisten Ein-/Ausgabe-Geraeten
  ist es wichtig, dass eine Blockierung des Zentralprozessors
  durch Warten auf Geraete vermieden wird. Wenn eine solche
  Blockierung auch im allgemeinen nicht zu einer direkten
  Verletzung der Schutzbeduerfnisse irgendwelcher Datenaggregate fuehrt, so kann sie doch unter Umstaenden den Stillstand
  des gesamten Systems zur Folge haben - mit eventuell
  schlimmen Konsequenzen.

- Das Ein-/Ausgabe-System darf nur solche Operationen durchfuehren, die korrekt und zulaessig sind; dabei muessen fuer
  die Zulaessigkeitspruefung aehnliche Kriterien zugrundegelegt
  werden, wie sie im Abschnitt 6.2.2 fuer die Ueberpruefung der
  Korrektheit von Systemdienst-Aufrufen genannt wurden. Diese
  Ueberpruefung muss sicherstellen, dass nur auf solche Daten
  im Hauptspeicher und auf der Peripherie zugegriffen wird, auf
  die der Auftraggeber das Recht zu einem Zugriff der betreffenden Art besitzt. Die Fehler, die aus einer mangelnden
  oder unkorrekten Ueberpruefung an dieser Stelle herruehren
  koennen, wurden im Abschnitt 5.4.1 ausfuehrlich diskutiert.

Neben der Ueberpruefung der Korrektheit der uebergebenen
Auftraege ist eine der fuer die Sicherheit und Zuverlaessigkeit
der gesamten EDV-Anlage wichtigsten Aufgaben des Ein-/Ausgabe-
Systems die Koordination paralleler Operationen auf den gleichen
Datenbestaenden bzw. Geraeten. Dabei sind im wesentlichen zwei
Aufgaben zu bewaeltigen:

- Es muss verhindert werden, dass unkontrolliert von zwei
  parallelen Prozessen aus auf dieselben Datenbestaende zugegriffen wird, da dies zur Zerstoerung dieser Datenbestaende
  oder zum unbemerkten Verlust der Ergebnisse einzelner Operationen fuehrt. Erfolgen naemlich gleichzeitig ein Lese- und
  ein Schreibvorgang oder mehrere Schreibvorgaenge auf den
  gleichen Datenblock, so kann dies zu Stoerungen der Datenuebertragung fuehren, die letztlich in der Uebertragung
  falscher Daten resultieren. Hinzu kommt, dass es bei einer
  solchen unkontrollierten Parallelarbeit vorkommen kann, dass
  zwei Prozesse gleichzeitig denselben Datenblock lesen, um ihn
  zu aendern. Wird der Block nun nacheinander von beiden
  Prozessen geschrieben, so ueberschreibt die zweite Aenderung
  die erste und macht sie daher unwirksam. Um dies zu
  vermeiden, wird ueblicherweise einem Prozess, der Daten
  veraendern will, bis zum expliziten Abschluss dieser Aenderung exklusives Zugriffsrecht auf die betreffenden Daten
  gegeben, so dass kein zweiter Prozess auf diese Daten
  aendernd zugreifen kann.

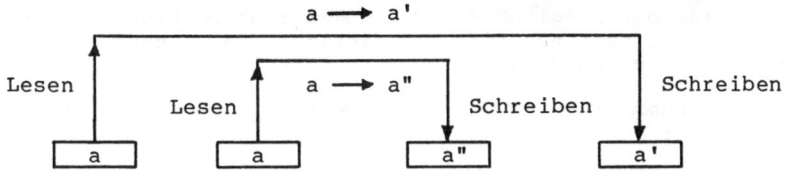

Fig. 6-2 Parallele Aenderungen des gleichen Datenblocks

- Dieses Vorgehen ermoeglicht jedoch die Entstehung von Dead-
  lock-Situationen, wenn etwa Prozess A Datenobjekt D1 hat und
  zu dessen Freigabe erst noch D2 benoetigt, gleichzeitig aber
  Prozess B das Datenobjekt D2 hat und D1 benoetigt. Keiner
  der Prozesse kann in seinem Ablauf fortfahren, da jeder auf
  die Erfuellung einer Bedingung wartet, die den weiteren
  Ablauf des anderen Prozesses erfordert.

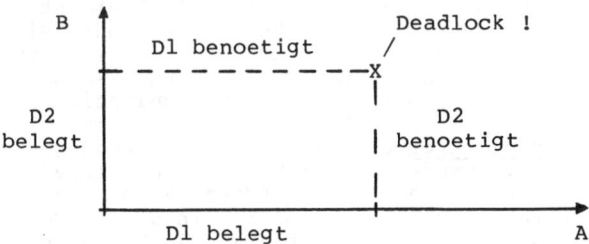

Fig. 6-3 Entstehung eines Deadlocks

Die Moeglichkeiten zur Kontrolle paralleler Zugriffe und zur
Vermeidung von Deadlocks werden im Abschnitt 6.3.2 besprochen, da
sie unter das allgemeine Thema "Synchronisation" fallen. Die
Betrachtungen ueber die Sicherheit des Ein-/Ausgabe-Systems sollen
hier mit dem Hinweis auf die Moeglichkeit der Auslagerung
einzelner Funktionen oder sogar des gesamten Ein-/Ausgabe-Systems
in eigene Prozessoren, intelligente Controller und "Server" abgeschlossen werden. Durch dieses in den Abschnitten 5.4.2 und 5.5.2
beschriebene Verfahren laesst sich ein Grossteil der weiter oben
genannten Probleme der Sicherheit der Ein-/Ausgabe aus dem
Betriebssystem auslagern, was insgesamt eine Reduktion der Komplexitaet und eine Erhoehung der Sicherheit zur Folge hat.

6.3 Interprozeß-Kommunikation

6.3.1 Prinzipien

Damit sich in einem Rechner parallel ablaufende Aktionsstroeme koordinieren koennen, ist ein Kommunikationsmittel zum Austausch von Nachrichten zwischen diesen Aktionsstroemen, die im
allgemeinen durch Prozesse repraesentiert werden, erforderlich.
Da jede derartige Kommunikation eine Einwirkung von aussen auf die
Ablaeufe innerhalb eines Prozesses darstellt und somit diese
Ablaeufe selbst und die von ihnen bearbeiteten Daten beeinflussen

kann, ist die Moeglichkeit der Kommunikation sicherheitstechnisch relevant, so dass es sich empfiehlt, die Interprozess-Kommunikation hier etwas genauer zu betrachten.

Zur Kommunikation stehen im wesentlichen vier Verfahren zur Verfuegung:

- Bit-Synchronisation ("event flags"): Die Prozesse vereinbaren eine oder mehrere 1-Bit-Variable (Flags), denen sie irgendwelche Bedeutung zuerkennen; Kommunikation benutzt Primitiv-Operationen auf diesen gemeinsamen Flags wie Setzen, Loeschen und Warten auf das Setzen durch einen anderen Prozess.

- Software-Interrupts als Trigger-Signale fuer die Kommunikation, gesteuert ueber Operationen wie die Definition eines Interrupt-Typs/-Handlers sowie Freigabe ("enable") bzw. Blockieren ("disable") des (Software-)Interrupt-Systems. Die Art der Interrupt-Signale (bzw. ihre Quelle) ist vom System bzw. der Rechner-Architektur her vorgegeben; sie wird ueber die Interrupt-Definition irgendwelchen der zu uebertragenden Nachrichten zugeordnet, und der Interrupt-Mechanismus selbst dient nur zur Synchronisation der Kommunikation.

- Gemeinsame Speicherbereiche: Hier wird durch geeignete Modifikation der verwendeten Speicherabbildung erreicht, dass ein bestimmter Bereich des realen Adressraums fuer die beteiligten Prozesse uebereinstimmt; in diesem Bereich koennen sich die Prozesse die benoetigten Nachrichten uebergeben. Bei einer virtuellen Speicherverwaltung kann dieser gemeinsame Speicherbereich durchaus an verschiedenen Stellen in den einzelnen virtuellen Adressraeumen liegen.

- Nachrichten-Uebertragung ueber Kommunikationskanaele, die meist als Warteschlangen realisiert sind und als "mailbox" bezeichnet werden. Hier sind Primitiv-Operationen wie Kanal-Eroeffnen bzw. -Schliessen und Ein-/Ausgabe-Operationen auf einem solchen Kanal sinnvoll.

Generell muss jede Interprozess-Kommunikation durch Synchronisation der kommunizierenden Prozesse koordiniert werden. Es ist daher erforderlich, zunaechst die Moeglichkeiten und Verfahren zur Synchronisation verschiedener Prozesse etwas genauer zu betrachten, ehe eine Diskussion der expliziten Nachrichtenuebertragung ueber gemeinsame Speicherbereiche oder Kommunikationskanaele erfolgen kann.

6.3.2 Synchronisation

Die gemeinsame Benutzung von Daten durch mehrere Prozesse ist notwendig, damit diese Prozesse ueberhaupt Informationen austauschen koennen. Da fuer viele Rechnertypen ein einzelner Speicherzugriff die groesste unteilbare Aktion ist, kann die Koordination des Zugriffs auf gemeinsame Daten nur mit einiger Schwierigkeit realisiert werden:

- Zur Zugriffskoordination sind Programmstuecke erforderlich, die zwar kurz sind, aber dennoch Folgen mehrerer Aktionen.

- Da im Prinzip jederzeit ein Interrupt einen Prozesswechsel erzwingen kann, ist nicht zu gewaehrleisten, dass der gesamte Koordinations-Algorithmus ungeteilt ablaeuft.

- Wenn der Koordinations-Algorithmus unterbrochen wird, kann der naechste rechnende Prozess ein anderer sein, der ebenfalls auf die gemeinsamen Daten zugreifen will und daher seinen Koordinations-Algorithmus startet.

Daraus folgt, dass der Koordinations-Algorithmus so aufgebaut sein muss, dass er auch noch bei parallelem Ablauf in mehreren Prozessen funktioniert, oder dass eine zentrale, von allem Prozessen gemeinsam benutzbare Koordinationsfunktion verfuegbar sein muss. Da es sich gezeigt hat, dass eine direkte Synchronisation zwischen verschiedenen Prozessen durch in diesen Prozessen ablaufende Koordinations-Algorithmen kompliziert und fehleranfaellig ist [24], ist man generell dazu uebergegangen, den Prozessen allgemeine Synchronisations-Primitive zur Verfuegung zu stellen. Derartige Primitive sind zum Beispiel:

- Semaphore: Gemeinsame Variablen, auf die nur mit bestimmten Synschronisations-Operationen zugegriffen werden darf, die es einerseits einem Prozess gestatten, seine Belegung oder Freigabe eines Datenbereiches kenntlich zu machen, und die es andererseits einem anderen Prozess zweifelsfrei ermoeglichen, diese Belegung festzustellen und bis zur Freigabe in einen Wartezustand zu gehen.

- Monitore: Abstrakte Datentypen, die nur ueber deklarierte Eingangsprozeduren aufrufbar sind, wobei ein solcher Aufruf alle weiteren Aufrufe bis zur Freigabe des Monitors durch einen Ruecksprung aus dem ersten Aufruf blockiert. Monitore wirken in dieser Hinsicht wie Warteschlangen; sie lassen einen Prozess erst dann weiterarbeiten, wenn alle vor der Anforderung dieses Prozesses gestellten Anforderungen abgearbeitet sind.

- Software-Interrupts wirken als Trigger-Signale, die die Ausfuehrung einer Interrupt-Routine, die als "Handler" bezeichnet wird, asynchron anstossen; diese Routine kann die zur Synchronisation notwendigen Operationen vornehmen.

- Locks: Dies sind Variablen, die symbolisch den Zugriff auf einen gemeinsamen Datenbereich oder ein sonstiges gemeinsames Betriebsmittel repraesentieren. Durch geeignete Primitiv-Operationen kann die Zugriffsart auch nachtraeglich geaendert werden, wobei die dazu verwendete Primitiv-Operation sicherstellt, dass eine derartige Umwandlung mit dem Zustand aller von anderen Prozessen gesetzten Locks vertraeglich ist. Dieses Verfahren hat den Vorteil, dass es eine in die Synchronisation integrierte Deadlock-Behandlung ermoeglicht [68].

Fuer die Zuverlaessigkeit der Interprozess-Kommunikation und
fuer die Loesung des "concurrent-update"-Problems beim Parallelzugriff auf gemeinsame externe Daten ist es wesentlich, dass bei
diesen Vorgaengen eine korrekte Synchronisation erfolgt. Zur
Charakterisierung der notwendigen Synchronisationspunkte benoetigt
man den Begriff des "kritischen Abschnitts" eines Programms, der
eine Menge von Instruktionen darstellt, in der das Ergebnis ihrer
Ausfuehrung auf unvorhersehbare Weise variieren kann, wenn
Variablen, auf die in diesem Abschnitt zugegriffen wird und die
auch fuer andere, parallel verlaufende Prozesse verfuegbar sind,
waehrend dieser Ausfuehrung veraendert werden.

Kritische Abschnitte eines Prozesses sind somit durch
Parallelzugriff auf gemeinsame Daten mehrerer Prozesse bestimmt;
es spielt dabei keine Rolle, ob diese Prozesse auf demselben
Rechner laufen oder nicht. Es kann durchaus sein, dass es in
einem System mehrere Gruppen von Prozessen gibt, die in Bezug auf
verschiedene Daten zueinander kritische Abschnitte enthalten;
diese kritischen Abschnitte bilden zueinander fremde Mengen, so
dass sie verschiedene Aequivalenzklassen von Prozessen definieren.

Eine Synchronisation zwischen verschiedenen Prozessen hat
daher immer dann zu erfolgen, wenn ein Prozess in einen kritischen
Abschnitt eintritt oder einen solchen verlaesst. Im ersten Fall
hat die Synchronisation das Ziel, den betreffenden Prozess anzuhalten, wenn dieser kritische Abschnitt schon von einem anderen
Prozess belegt ist, waehrend im zweiten Fall das Ziel die Freigabe
eines der angehaltenen Prozesse ist. Das zur Synchronisation
angewendete Verfahren ist dabei im Prinzip unerheblich, solange es
nur zwei Hauptziele erreicht:

- Es muss sichergestellt sein, dass sich zu einem bestimmten
  Zeitpunkt nicht mehr als ein Prozess in einem kritischen
  Abschnitt einer Klasse befindet.

- Gleichzeitig muss jedoch verhindert werden, dass sich im
  System eine Menge von Prozessen bildet, von denen keiner
  fortfahren kann, ohne dass ein anderer aus dieser Menge fort-
  gefahren ist; wenn sich eine solche Menge bildet, so liegt
  ein Deadlock vor.

Eine genauere Darstellung der Synchronisations-Verfahren und
ihrer jeweiligen Problematik findet man in der Literatur ueber
Betriebssysteme, etwa in [12,24,71], so dass sich eine ausfuehrlichere Diskussion an dieser Stelle eruebrigt.

Unter Sicherheits-Aspekten ist jedoch noch zu beruecksichtigen, dass die Synchronisation selbst eine Operation ist, die
einer Berechtigung unterliegen muss. Nur solche Prozesse, die das
Recht haben, mit anderen Prozessen zusammenzuarbeiten oder sie zu
beeinflussen, duerfen sich mit ihnen auch synchronisieren. Fuer
andere Prozesse besteht hierzu keine Notwendigkeit, da sie zu den
parallel zu ihnen laufenden Prozessen keine Schnittstellen haben
koennen; die Synchronisation muss ihnen auch explizit verwehrt
werden, da sie sonst den Ablauf dieser anderen Prozesse beeinflussen koennten, ohne das Recht dazu zu haben.

Jedoch auch im Falle zusammenarbeitender Prozesse stellt die Moeglichkeit und die Notwendigkeit zur Synchronisation ein gewisses Sicherheitsrisiko dar. Es ist naemlich einem Prozess, der bestimmte Daten nicht an einen mit ihm zusammenarbeitenden zweiten Prozess uebermitteln darf und dies auch auf direktem Wege nicht tun kann, unter Zuhilfenahme der Synchronisierung dennoch moeglich, diese Informationen zu uebermitteln, sofern sie nicht zu umfangreich sind. Dies kann dadurch geschehen, dass er einen kritischen Abschnitt in einem bestimmten zeitlichen Muster belegt und wieder freigibt, waehrend der andere Prozess den Zustand dieses kritischen Abschnitts ("belegt" bzw. "frei") in kurzen Zeitabstaenden ueberprueft. Auf diese Weise kann der erste Prozess dem zweiten die betreffende Information sozusagen telegraphieren, ohne dass dazu eine explizite Datenuebergabe erforderlich waere. Man spricht bei diesem Sicherheitsrisiko von sogenannten "timing channels"; da jedoch die Datenrate, mit der sich Informationen ueber diese Art von Kanaelen uebermitteln laesst, ziemlich niedrig ist, sind "timing channels" normalerweise als keine grosse Bedrohung aufzufassen.

6.3.3 Gemeinsame Speicherbereiche

In vielen unter Realzeit-Bedingungen ablaufenden Anwendungen ist die Reaktionszeit des Systems so kritisch, dass sich alle zur Bearbeitung benoetigten Daten permanent im (realen oder virtuellen) Hauptspeicher befinden muessen. Sollen mehrere Prozesse auf derartige Daten gemeinsam Zugriff haben, so muessen diese Daten in gemeinsamen Speicherbereichen abgelegt werden. Der Zugriff auf diese gemeinsamen Daten muss auf die im vorigen Abschnitt beschriebene Art synchronisiert werden, um eine Zerstoerung dieser Daten oder ein unkontrolliertes Verhalten der beteiligten Prozesse zu vermeiden.

Auch dieser Zugriff auf gemeinsame Speicherbereiche ist eine Operation, die zu ihrer Ausfuehrung Rechte benoetigt, wenn man nicht schwerwiegende Maengel in der Systemsicherheit in Kauf nehmen will. Dabei ist es selbstverstaendlich, dass die gemeinsame Benutzung eines Speicherbereiches von **allen** beteiligten Prozessen explizit vereinbart werden muss; diese Operation kann in keinem Falle einseitig nur von einem Prozess eingeleitet werden. Eine solche Moeglichkeit wuerde naemlich bedeuten, dass ein Prozess unkontrolliert Zugriff auf den Hauptspeicher eines anderen Prozesses erhielte – und dies waere ein fatales Sicherheitsrisiko (siehe auch Abschnitt 5.2.4.4).

Bei der Verwendung gemeinsamer Speicherbereiche zur Interprozess-Kommunikation ist es durchaus nicht notwendig, dass alle Prozesse dieselben Zugriffsrechte auf einen gemeinsamen Bereich haben. Es kann oft sinnvoll oder notwendig sein, dass einige der Prozesse nur lesend auf den gemeinsamen Speicherbereich zugreifen duerfen, waehrend andere ihn veraendern duerfen; die Rechte zum Einrichten, Vergroessern, Verkleinern und Loeschen koennen schliesslich bei wieder anderen Prozessen liegen. Dabei koennen die jeweiligen Rechte sich sowohl gezielt auf einzelne Prozesse beziehen als auch einen bestimmten Prozessor-Zustand (siehe Abschnitt 5.3) zu einem Zugriff einer bestimmten Zugriffsart erfordern; im zweiten Fall koennen verschiedene Prozesse zu

unterschiedlichen Rechten kommen, weil sie in verschiedenen
Prozessor-Zustaenden ablaufen.

Ein Beispiel fuer gemeinsame Speicherbereiche, die in etwa
die hier dargestellten allgemeinen Charakteristiken haben, sind
die "global sections" im Betriebssystem VAX/VMS. Hier besteht
jedoch noch zusaetzlich die Moeglichkeit, dass eine solche "global
section" statt Hauptspeicherzellen die Steuer-Register von Ein-/
Ausgabe-Geraeten enthalten kann, so dass sich mit demselben
Mechanismus auch eine gemeinsame direkte Steuerung von Ein-/
Ausgabe-Geraeten verwirklichen laesst. Diese Steuerung unterliegt
denselben Zugriffsrechten wie der Zugriff auf gemeinsame Speicherbereiche, erfordert aber darueberhinaus noch eine explizite
Berechtigung der betreffenden Prozesse zu einer solchen direkten
Steuerung.

6.3.4 Kommunikationskanaele

Ein allgemein verwendbares Medium zur Interprozess-Kommunikation sind schliesslich Kommunikationskanaele, die in verschiedenen Systemen unter unterschiedlichen Namen ("mailbox", "message
queue", "port") vorhanden sein koennen. Diese Kanaele entsprechen
in ihrer Funktion in etwa den traditionellen Schnittstellen zu
einem physischen Ein-/Ausgabe-Geraet, doch erfolgt die "Ausgabe"
nicht auf ein echtes Geraet, sondern in eine Warteschlange im
Hauptspeicher als virtuelles Ein-/Ausgabe-Geraet, aus dem sich der
Kommunikationspartner die Nachricht durch einen "Eingabe"-Vorgang
abholen kann. Die dabei verwendeten Operationen entsprechen
formal und zum Teil auch in ihrer Abwicklung den Ein-/Ausgabe-
Operationen, die mit physischen Ein-/Ausgabe-Geraeten durchgefuehrt werden.

Je nach der Realisierung der Kommunikationskanaele in einem
bestimmten Betriebssystem sind diese als synchrone oder asynchrone
virtuelle Geraete zu betreiben; in manchen Systemen besteht auch
die Moeglichkeit, zwischen beiden Betriebsformen statisch bei der
Erzeugung eines solchen Kanals oder dynamisch bei der Arbeit mit
ihm zu wechseln. Synchrone Operationen auf einem solchen Kanal
benoetigen keine explizite zusaetzliche Synchronisation zwischen
den beiden Kommunikationspartnern; bei asynchron betriebenen
Kanaelen ist dagegen wie bei sonstigen asynchronen Ein-/Ausgabe-
Operationen eine Synchronisation erforderlich, um eine korrekte
Durchfuehrung zu gewaehrleisten.

Fuer die Arbeit mit Kommunikationskanaelen gelten dieselben
Zugriffsbeschraenkungen wie fuer jede andere Interprozess-Kommuni-
kation. Insbesondere laesst sich auch hier erreichen, dass die
Rechte zum Lesen, zum Schreiben und zur Manipulation (Einrichten,
Loeschen) der Kanaele verschiedenen Prozessen separat zugeteilt
werden. Sind in einem System die Kanaele als virtuelle Geraete
mit einer Datei-Struktur realisiert, so laesst sich zusaetzlich
vorschreiben, dass fuer sie die im Datei-System vorgesehenen
Zugriffsrechte gelten; hierdurch erhaelt man eine noch genauere
Kontrolle der erlaubten Operationen.

6.4 Benutzer-Identifikation

6.4.1 Problemstellung

Zum Aufbau eines wirksamen Datenschutzes muessen bei der Aufnahme des Kontaktes zwischen einem Benutzer und dem Rechner vom Betriebssystem zwei Gruppen von Massnahmen durchgefuehrt werden:

- Die Identifikation des Benutzers: Es ist festzustellen, ob der Benutzer dem System bekannt ist und ob ihm ueberhaupt das Recht zur Kontaktaufnahme mit dem System zusteht. Diese Ueberpruefung muss so geschehen, dass das System die tatsaechliche Identitaet des Benutzers und nicht etwa eine nur vorgespiegelte Identitaet erfaehrt. Dies bedeutet, dass die Identifikation einen Authentikations-Mechanismus enthalten muss, der dem System eine Ueberpruefung der vom Benutzer angegebenen Identitaet ermoeglicht.

- Die Autorisierung des Benutzers: Die dem Benutzer zustehenden Rechte der System-Benutzung sind ihm zuzuweisen. Diese Rechte werden ihm im allgemeinen von einer hierfuer verantwortlichen Person, die als Systemverwalter bezeichnet wird, aufgrund der auf der organisatorischen Ebene festgesetzten Richtlinien gegeben. Bei der Zuteilung seiner Rechte sind dem Benutzer die ihm zustehenden Funktionen durch den Aufbau einer Benutzer-Umgebung zur Verfuegung zu stellen. Zur Umgebung rechnet man:

  o die verfuegbaren Moeglichkeiten der Eingabesprache

  o Voreinstellungen fuer Kommando-Parameter und Datei-Zugriffspfade

  o die Beziehung zu anderen Benutzern, sowohl einzelnen als auch der Gemeinschaft aller Benutzer gegenueber, etwa in Form der Angabe einer Gruppenzugehoerigkeit

  o die als Default verfuegbaren Datenstroeme fuer Ein- und Ausgabe

Waehrend der Kommunikation des Benutzers mit dem System muss sichergestellt sein, dass diese Kommunikation gemaess den bei der Kontaktaufnahme festgelegten Rechten geschieht. Dabei sollte schon durch die Architektur des Systems erzwungen werden, dass alle Benutzer nur im Rahmen ihrer Rechte arbeiten koennen. Es darf waehrend des Betriebs des Systems nicht moeglich sein, das Autorisierungssystem stillzulegen oder zu umgehen. Die hierzu notwendigen Massnahmen muessen in den Aufbau des Betriebssystems integriert werden; es hat wenig Sinn, solche Massnahmen im Nachhinein auf ein existierendes unsicheres System aufzusetzen, da bei der Komplexitaet der meisten grossen Betriebssysteme nur geringe Chancen bestehen, vorhandene Luecken in der Sicherheit nachtraeglich zuverlaessig zu schliessen.

Die zum Benutzer aufgebaute Kommunikation muss sicher aufrecht erhalten werden. Dies bedeutet, dass gewaehrleistet sein muss, dass waehrend der ganzen Zeit der Kommunikation die Identitaet der beiden Kommunikationspartner gegenseitig bekannt bleibt

und nicht ein Partner durch eine andere Identitaet ersetzt werden
kann, ohne dass dies der andere Partner erfaehrt. Dies kann bei
Systemen, die sehr vertrauliche Information bearbeiten, sogar die
Notwendigkeit in gewissen - am besten zufaelligen - Abstaenden
wiederholter Authentikation bedeuten.

Weiterhin muss sichergestellt sein, dass der Inhalt der
gefuehrten Kommunikation nicht anderen Benutzern bekannt werden
kann, die nicht an dieser Kommunikation beteiligt sind, und
umgekehrt, dass diese anderen nicht auf diese Kommunikation von
aussen einwirken - etwa ihren Inhalt verfaelschen - koennen.

Bei den waehrend der Kommunikation mit dem Benutzer wirkenden
Massnahmen muss auch gewaehrleistet sein, dass sie bei Beendigung
der Kommunikation wirksam bleiben, gleichgueltig ob die Kommunikation normal durch einen Endewunsch des Benutzers oder anormal
durch einen Zusammenbruch beendet wurde. Es darf nicht moeglich
sein, dass nach Ende einer Kommunikation Inhalte dieser Kommunikation ausserhalb der fuer diese Kommunikation gueltigen Autorisierung verfuegbar sein koennen.

Die hier genannten Forderungen zeigen, dass dem Erkennen der
Identitaet eines Benutzers und der Zuweisung und Ueberpruefung der
Rechte dieses Benutzers an die Prozesse, die er im System erzeugt
bzw. fuer sich arbeiten laesst, auf der Ebene des Betriebssystems
eine zentrale Rolle fuer die Sicherheit zukommt. Von den beiden
genannten Komplexen wird hier zunaechst der der Identifikation des
Benutzers ausfuehrlich behandelt; die Autorisierung wird im
Abschnitt 6.5 besprochen.

6.4.2 Benutzer-Kennungen

6.4.2.1 Eigenschaften eines Benutzers - Bei der Zuordnung der
Rechte eines Benutzers zu denen der von ihm gestarteten Programme
besteht zunaechst die Problematik, dass beim Start weiterer
Programme durch die zunaechst gestarteten die Rechte der einen an
die anderen weitergegeben werden muessen. Dies hat zur Folge,
dass - aus der Sicht eines Programms oder Prozesses - nicht nur
Personen als Benutzer und damit als Traeger von Rechten auftreten
koennen, sondern auch andere Prozesse, die innerhalb des Rechners
Auftraege absetzen, als Benutzer ueber Rechte verfuegen und diese
weitergeben koennen. Da Programme jedoch immer letztlich auf
Veranlassung von Personen in Betrieb genommen werden, lassen sich
auch ihre Verwaltungsinformationen auf die von Personen zurueckfuehren (siehe jedoch auch Abschnitt 6.5.7).

Ein Benutzer ist durch die folgenden Informationen zu charakterisieren:

- seine _Identifikation_; diese kann z.B. sein:

   o eine frei waehlbare, aber innerhalb des Systems eindeu-
      tige Zeichenfolge
   o die physische Form eines Schluessels
   o ein optischer oder magnetischer Strichcode auf einer Aus-
      weiskarte

      o ein gesprochener Text
      o physische Eigenschaften einer Person

- ein <u>Authentikations-Verfahren</u> zur Sicherstellung seiner Identitaet; hierueber sind noch genauere Aussagen zu machen

- die ihm zur Verfuegung zu stellende <u>Umgebung</u>;   auch dieser
  Begriff ist noch genauer zu definieren

- seine <u>Benutzungsrechte</u>; ein weiterer Begriff, der noch auf-
  zuschluesseln ist

- seine <u>Beziehung</u> <u>zu</u> <u>anderen</u> <u>Benutzern</u>, sowohl einzelnen als
  auch der Gemeinschaft aller Benutzer gegenueber, etwa in Form
  der Angabe einer Gruppenzugehoerigkeit

- <u>Name</u> und <u>Adresse</u> zur Ermittlung der Person, die der Benutzer
  ist bzw. hinter dem Benutzer steht

    Dabei sollten diese Verwaltungsinformationen fuer jeden zuge-
lassenen Benutzer vollstaendig vorliegen (bzw. durch Default-Werte
vollstaendig gemacht werden).   Die Informationen sollten   so
strukturiert sein, dass

1. die Identifikation allein zur Auswahl eines Satzes von Benutzer-Charakteristika ausreichend ist;

2. die Identifikation innerhalb des Gesamtsystems eindeutig ist;

3. zwingend zu jeder Identifikation ein Authentikations-Verfahren gehoeren muss;

4. alle weiteren obengenannten Verwaltungsinformationen von der
   Identifikation abhaengig sind;

5. die Charakteristika verschiedener Benutzer voneinander unabhaengig sind.

    Zur Vervollstaendigung der Charakteristika eines neu aufzu-
nehmenden Benutzers ist somit zumindest die Angabe des fuer ihn zu
verwendenden Authentikations-Verfahrens notwendig.

6.4.2.2 Benutzer-Inkarnationen - Durch die Identifikation wird
ein Benutzer dem System gegenueber als logische Einheit kenntlich
gemacht, die Traeger bestimmter Eigenschaften und Rechte ist.
Diese Eigenschaften beziehen sich auf ein Objekt ausserhalb des
betrachteten Systems, nicht jedoch auf die systeminterne
Verwaltungsinformation, die zur Abwicklung der Auftraege dieses
Benutzers benoetigt wird. Dies fuehrt notgedrungen zu einer
gewissen Doppelbedeutung des Begriffes "Identifikation", die dann
offenkundig wird, wenn der betreffende Benutzer gleichzeitig
mehrere, parallel zu bearbeitende Auftraege an das System gegeben
hat, also in mehreren "Inkarnationen" dem System gegenuebersteht:

- Zum einen legt die Benutzer-Identifikation die Rechte des
  Benutzers dem Betriebssystem gegenueber fest; sie ist in
  dieser Bedeutung fuer jede Inkarnation dieses Benutzers
  identisch und bestimmt insbesondere die statischen Rechte
  dieses Benutzers, also alle die Rechte, die vom Systemverwalter fuer diesen Benutzer festgelegt wurden und unabhaengig
  vom aktuellen Zustand einer Inkarnation sind.   Zur Unterscheidung soll diese Form der Identifikation als externe
  Identifikation bezeichnet werden.

- Zum anderen muss die Verwaltungsinformation fuer jede Inkarnation des Benutzers separat vorhanden und eindeutig der jeweiligen Inkarnation zuzuordenen sein. Man benoetigt somit
  fuer die einzelnen Inkarnationen eines Benutzers zusaetzliche
  Identifikationen, die zumindest zu jedem Zeitpunkt innerhalb
  des betrachteten Systems eindeutig sein muessen. Diese Form
  der Identifikation soll als interne Identifikation bezeichnet
  werden.   Sie beinhaltet inbesondere alle dynamischen Rechte
  eines Benutzers, also alle Rechte, die sich aus dem aktuellen
  Zustand dieser Inkarnation ergeben (siehe Abschnitt 6.5.4).

Ein einfaches Verfahren zur Erzeugung zu jedem Zeitpunkt
eindeutiger interner Identifikationen besteht darin, hierzu die
Verweise auf die Informationsbloecke zur Verwaltung der Benutzer-
Inkarnationen zu verwenden.   Dabei entstehen jedoch die beiden
Probleme:

- dass immer die externe Identifikation mit ueberprueft werden
  muss, um bei einer neuen Belegung desselben Informationsblocks zwischen dem Benutzer der alten und der neuen Belegung
  unterscheiden zu koennen;

- dass bei einer zufaelligen neuen Belegung desselben Blocks
  durch eine neue Inkarnation desselben Benutzers dieser
  Wechsel der Inkarnation nicht festgestellt werden kann, was
  bei der Zuweisung/Interpretation dynamischer Rechte Probleme
  bringen kann.

Diese Schwierigkeiten lassen sich vermeiden, wenn man zum
Beispiel jeden dieser Verweise noch um einen Zaehler ergaenzt, der
bei jeder Vergabe des zugehoerigen Informationsblocks um 1 erhoeht
wird.   Man hat dann interne Identifikationen, die nicht nur zu
jedem Zeitpunkt, sondern sogar global eindeutig sind. (Ein derartiges Verfahren wird zum Beispiel im Betriebssystem VAX/VMS eingesetzt: Man hat dort als externe Identifikation den Namen des
Benutzers, waehrend die interne Identifikation, das sogenannte
"process ID", aus einem Zeiger auf den Prozess-Kontext und einem
Zaehler zusammengesetzt ist.)

Wesentlich bei dieser Betrachtung ist dabei, dass die
internen Identifikationen zunaechst bedeutungslose Zufalls-
variablen sind, an die nur gewisse Eindeutigkeitsforderungen
gestellt werden; sie sind zunaechst keine Traeger von Rechten,
jedoch koennen ihnen im Laufe ihrer Existenz dynamisch Rechte
zugeteilt oder entzogen werden.

Durch diese Unterscheidung zwischen verschiedenen Inkarnationen eines Benutzers ist es insbesondere moeglich, das Konzept der Rechte eines Benutzers dahingehend zu erweitern, dass man zwischen <u>statischen</u> Rechten, die dem Benutzer vom Systemverwalter zugewiesen wurden und sich nicht aendern, und <u>dynamischen</u> <u>Rechten</u> einer Inkarnation, die sich aus den statischen Rechten und der Geschichte dieser Inkarnation ergeben, unterscheiden kann.

Die dynamischen Rechte einer Inkarnation eines Benutzers werden in zwei Stufen der zugehoerigen internen Identifikation zugeordnet:

1. Bei Beginn der Inkarnation werden sie nach festgelegten Regeln aus den statischen Rechten abgeleitet.

2. Ergibt sich waehrend der Existenz einer Benutzer-Inkarnation, dass diese Inkarnation aufgrund irgendwelcher Sicherheits-Regeln ueber groessere oder kleinere Rechte verfuegen sollte, als es durch die statischen Rechte dieses Benutzers festgelegt ist, so sind die dynamischen Rechte dieser Inkarnation entsprechend abzuaendern.

Bei der aktuellen Bestimmung der Zulaessigkeit einer vom Benutzer verlangten Operation sind dabei immer die dynamischen Rechte massgebend. Beim Ende einer Benutzer-Inkarnation werden die dynamischen Rechte dieser Inkarnation mit ihr zusammen vernichtet.

Irgendeine Rueckwirkungsmoeglichkeit von den dynamischen auf die statischen Rechte sollte nicht vorgesehen werden, da eine solche Moeglichkeit zu einem indeterministischen Verhalten der Sicherheit des Systems fuehren kann. Als einzige Ausnahme von dieser Regel koennte man eine Sperrung der statischen Rechte des Benutzers vorsehen, falls die Ablaufgeschichte einer seiner Inkarnationen Sicherheits-Risiken fuer das Gesamtsystem erkennen laesst.

6.4.3 Authentikation

6.4.3.1 Passwoerter – Der Zugang zu einem Datenverarbeitungs-system muss so geschuetzt sein, dass es einer nicht berechtigten Person nicht moeglich ist, irgendwelche Operationen mit diesem System durchzufuehren. Berechtigte Benutzer muessen dagegen auf die ihnen zugewiesenen Rechte zuverlaessig beschraenkt werden. Diese beiden Forderungen lassen sich nur dann erfuellen, wenn es dem System moeglich ist zu entscheiden, ob die von einem Benutzer angegebene Identitaet auch mit seiner tatsaechlichen Identitaet uebereinstimmt. Da man nicht davon ausgehen kann, dass die Benutzer-Identifikationen geheim sind und dass sich auch nicht durch gezieltes Probieren eine legale Identifikation auffinden laesst, muss die Identifikation durch ein Verfahren ergaenzt werden, das eine Ueberpruefung der angegebenen Identifikation auf Korrektheit ermoeglicht. Man bezeichnet dieses Verfahren als "<u>Authentikation</u>" oder auch "<u>Authentisierung</u>". Im folgenden sollen die wichtigsten Authentikations-Verfahren beschrieben und auf ihre Wirksamkeit und ihre Schwachstellen untersucht werden.

Das am weitesten verbreitete Authentikations-Verfahren besteht darin, dass jeder Benutzer nach Angabe seiner Identifikation
oder zusammen mit ihr ein Passwort eingeben muss, das vom Rechner
auf Uebereinstimmung mit einem fuer diesen Benutzer abgespeicherten Passwort verglichen wird. Dieses Verfahren ist einfach zu
realisieren und auch einfach zu bedienen; es bietet auch
ausreichenden Schutz, falls bestimmte Regeln bei seiner Implementierung beachtet werden:

- Das Passwort darf **unter keinen Umstaenden** auf dem Terminal
  des Benutzers erscheinen, da es sonst gestohlen werden kann:

  o bei druckenden Terminals durch Inspektion alter Terminal-
    Printouts – es ist im allgemeinen nicht zu erwarten, dass
    diese alle zuverlaessig vernichtet oder unter Verschluss
    gehalten werden;

  o bei Bildschirm-Terminals durch Betrachtung des Bild-
    schirms bei der Eingabe eines Passwortes durch einen
    anderen Benutzer oder durch Inspektion nicht geloeschter
    Bildschirme.

- Passwoerter sollten eine gewisse Laenge nicht unterschreiten;
  das Passwort-System muss auf <u>lange</u> <u>Passwoerter</u> (mehr als 6
  Zeichen) ausgelegt sein. Andernfalls sind die Passwoerter
  leicht durch Probieren zu bestimmen, da die Anzahl der
  Moeglichkeiten fuer Passwoerter zu klein ist.

- Passwoerter sollten <u>vom Benutzer aenderbar</u> sein (und auch
  gegenueber dem ihnen vom Systemverwalter zugeordneten
  Passwort geaendert werden), damit nicht der Systemverwalter
  alle Passwoerter aller Benutzer kennt und damit selbst ein
  Sicherheits-Risiko ersten Ranges darstellt.

- Umgekehrt muss es auch moeglich sein, einzelnen Benutzern die
  <u>Veraenderung</u> des eigenen Passwortes zu <u>verbieten</u>, um etwa
  eine Ueberwachung dieser Benutzer durch einen "Sicherheits-
  Inspektor" zu ermoeglichen.

- Passwoerter sollten <u>leicht zu merkende</u> Zeichenfolgen sein,
  damit die Benutzer sie sich nicht aufschreiben – und den
  Zettel dann womoeglich noch am Terminal befestigen!

- Die <u>Eingabe</u> von Passwoertern sollte <u>ohne komplizierte Syntax</u>
  erfolgen, weil das Passwort-System sonst zu umstaendlich
  wird.

- Es darf nicht moeglich sein, Benutzer-Identifikationen einzurichten, die kein Passwort haben.

Ein Passwort-System, das diese Eigenschaften besitzt, bietet
einen gewissen Schutz gegen unautorisierte Benutzung des Systems.
Es hat jedoch auch eine Reihe von Schwachstellen, die zum Teil
durch Erweiterungen dieses Authentikations-Verfahrens behoben werden koennen:

- Das System muss die Passwoerter irgendwo abgespeichert haben,
wobei Verweise von den Benutzer-Identifikationen auf die
Passwoerter bestehen muessen. Wer auf diese Information
Zugriff hat, kann jederzeit die Authentikation umgehen. Dies
laesst sich dadurch verhindern, dass im System nicht die
Passwoerter im Klartext abgespeichert werden, sondern dass
die Passwoerter vor ihrer Abspeicherung und vor dem Vergleich
mit der abgespeicherten Information einer nicht umkehrbaren
<u>Verschluesselung</u> unterzogen werden [50].

- Durch linguistische Analysen koennen die Moeglichkeiten fuer
Passwoerter der natuerlichen Sprache erheblich eingeschraenkt
werden. Mit diesem Verfahren ist es bei entsprechendem
Aufwand erheblich leichter moeglich, Passwoerter zu erraten,
als durch reine Permutation der zulaessigen Zeichen.
Hiergegen kann man <u>zufaellig generierte Passwoerter</u> einsetzen, doch besteht dann das Problem der schlechten Merkbarkeit solcher Passwoerter und damit die Gefahr, dass sie
aufgeschrieben werden.

- Auch auf verschluesselte Passwoerter koennen statistische
Analysen angesetzt werden, um aus Mustern in den verschluesselten Passwoertern Rueckschluesse linguistischer Art ziehen
zu koennen. Dieses Vorgehen laesst sich dadurch erschweren,
dass die Verschluesselung der Passwoerter <u>zufaellig erzeugte</u>
<u>Schluessel</u> verwendet, so dass keine zwei Passwoerter auf
dieselbe Weise verschluesselt sind. Der verwendete
Schluessel muss dabei zusammen mit dem verschluesselten
Passwort abgespeichert werden, damit spaeter ueberhaupt noch
eingegebene Passwoerter auf die urspruenglich verwendete Art
verschluesselt werden und mit der abgespeicherten Information
verglichen werden koennen [50].

- Im Prinzip koennen beliebig viele Versuche unternommen
werden, das Passwort eines Benutzers zu finden. Werden diese
Versuche durch einen darauf programmierten Rechner ausgefuehrt, so koennen in endlicher Zeit sehr viele Kombinationen
durchprobiert werden [50]. Dies kann verhindert werden, wenn
die <u>Anzahl falscher Passwort-Eingaben begrenzt</u> wird und/oder
nach der Eingabe eines falschen Passwortes das Terminal fuer
eine bestimmte Zeit (im Minutenbereich) gesperrt wird.

- Es kann vorkommen, dass ein Benutzer sich bei einer Eingabe
an den Rechner irrt und ein Passwort eingibt, ohne dass es
vom System in diesem Augenblick verlangt wird. Dieses
Passwort erscheint dann als normaler Text auf dem Bildschirm
bzw. im Printout, kann also von unberechtigten Personen
gelesen werden. Hiergegen hilft nur Aufmerksamkeit des
Benutzers, der das so unabsichtlich geschriebene Passwort
selbst unleserlich machen muss.

- Eine andere Moeglichkeit, an Passwoerter heranzukommen,
besteht darin, dass ein Benutzer des Systems ein fremdes
Terminal alloziiert und dort einem anderen Benutzer ein
Authentikations-Verfahren vorspiegelt, um das von diesem
eingegebene Passwort zu lesen. Dieses Vorgehen kann unterbunden werden, wenn die Allokation von Terminals zu einer
Operation gemacht wird, die Zugriffsrechten unterliegt.

- Das Hauptproblem bei der Verwendung von Passwoertern ist,
  dass der Diebstahl eines Passwortes nicht festgestellt werden
  kann, sofern der Dieb sich nicht selbst durch Manipulation
  von zugreifbarer Information zu erkennen gibt. Einziges
  Gegenmittel hiergegen ist <u>haeufiger</u> <u>Wechsel</u> des Passwortes,
  bis hin zur Verwendung von Einmal-Passwoertern. Falls diese
  automatisch beim Ende einer Terminal-Sitzung vom System
  vergeben werden, entsteht jedoch wieder das Problem ihrer
  Merkbarkeit.

Fuer viele Zwecke bietet ein Passwort-Verfahren mit Einweg-
verschluesselung unter Verwendung eines zufaellig erzeugten
Schluessels ausreichenden Schutz, sofern die Passwoerter haeufig
genug gewechselt werden. Solche Verfahren sind in den Betriebssystemen UNIX und VAX/VMS realisiert. Fuer hochsensitive Systeme
sollte ein derartiges Verfahren zumindest noch mit einer Begrenzung der moeglichen Authentikations-Versuche und mit einer system-
seitig ueberwachten Beschraenkung der Gueltigkeitsdauer der Passwoerter verbunden werden.

6.4.3.2 Frage- und Antwort-Spiele – Eine Variante des Passwort-
Verfahrens sind Authentikations-Dialoge, in denen dem Benutzer vom
Rechner eine Reihe von Fragen gestellt wird, die er zur Authentikation seiner Identifikation beantworten muss. Diese Fragen
koennen zufaellig aus einer Liste vorgegebener Fragen ausgewaehlt
werden. Funktional ist dieses Verfahren aequivalent zur Verwendung mehrerer Passwoerter; entsprechend gelten die fuer Passwoerter gemachten Anmerkungen auch hier.

Eine andere Variante der Authentikations-Dialoge verwendet
einen benutzerspezifischen Transformations-Algorithmus als Mittel
zur Authentikation des Benutzers. Das System gibt eine Zufallszahl aus, die der Benutzer im Kopf mit seinem Algorithmus transformiert; der Benutzer gibt die transformierte Zahl ein, und das
System ueberprueft die Transformation auf Korrektheit. Dieses
Verfahren hat gegenueber Passwoertern den Vorteil, dass die
Eingabe nicht verdeckt erfolgen muss. Ein schwerwiegender Nachteil ist jedoch, dass der Algorithmus so einfach sein muss, dass
er ohne schriftliche Berechnungen erfolgen kann, da solche Notizen
in falsche Haende geraten koennen. Andererseits koennen einfache
Algorithmen relativ leicht erraten werden, besonders wenn mehrere
Transformationen mit Ein- und Ausgangswerten bekannt sind. Dieses
Verfahren ist zudem in der Benutzung umstaendlicher als ein reines
Passwort-Verfahren, so dass sein Einsatz nicht sonderlich empfehlenswert ist.

Durch eine geeignete Modifikation der Idee, die dem Authentikations-Dialog zugrundeliegt, laesst sich das Problem der
Identifikation von Terminals, die - eventuell ueber ein oeffentliches Netz - im Fernzugriff mit dem Rechner arbeiten, weitgehend
loesen. Dazu fordert man beim Authentikations-Dialog den Benutzer
auf, die Identifikation seines Fernzugriffsanschlusses, also bei
Zugriff ueber ein Modem die Telephonnummer bzw. bei Zugriff in
einem Rechnernetz die Knoten-Identifikation, anzugeben.

Der angewaehlte Rechner vergleicht diese Terminal-Identifikation mit einer Liste der fuer Fernzugriff zugelassenen Verbindungen; er kann so entscheiden, ob die angegebene Identifikation
eine legale war. Um nun auch noch festzustellen, ob diese Identifikation die echte und nicht etwa nur eine vorgespiegelte war,
unterbricht er die Verbindung zum Terminal und waehlt dieses nun
seinerseits ueber Fernzugriff an. War die angegebene Identifikation zulaessig und korrekt, so ist jetzt die Verbindung aufgebaut; in jedem anderen Fall kommt keine Kommunikation zustande,
da entweder der Rechner die Terminal-Identifikation zurueckweist
oder da der Rueckruf nicht zu dem Fernanschluss erfolgt, von dem
aus der Rechner angewaehlt wurde. Man bezeichnet Systeme, die
ihre Fernanschluesse nach diesem Verfahren absichern, als "Rueck-
ruf-Systeme" ("answer back systems") [36].

6.4.3.3 Maschinenlesbare Information

– Eine Alternative oder Er-
gaenzung zu einem Passwort-System ist die Verwendung von
Terminals, die zu ihrer Inbetriebnahme das Einstecken eines
mechanischen Schluessels oder einer optisch oder magnetisch
lesbaren Ausweiskarte erfordern. Ein Vorteil solcher Systeme ist,
dass der Diebstahl eines Schluessels oder einer Ausweiskarte
feststellbar ist, waehrend der Diebstahl eines Passwortes nicht
bemerkt wird. Nachteile sind dagegen, dass hierzu speziell ausge-
ruestete Terminals erforderlich sind und dass fuer Anschluesse
ueber Waehlleitungen keine Sicherheit besteht, so dass dieses
Schutzverfahren nur fuer lokal angeschlossene Terminals verwendbar
ist oder durch weitere Schutzmoeglichkeiten ergaenzt werden muss –
die es eventuell ueberfluessig machen. Ausserdem ist das System
durch Herstellung eines Duplikates der Ausweiskarte bzw. des
Schluessels zu brechen, wobei die Verwendung eines solchen
Duplikates unbemerkt geschehen kann.

Eine Erweiterung des Ausweiskarten-Verfahrens kann zu einem
sehr sicheren System fuehren. Dazu ist das Passwort des Benutzers
auf der Karte magnetisch zu codieren, und der Benutzer muss als
Authentikation diese Karte in eine Lesestation am Terminal
stecken. Bei Beendung der Terminal-Sitzung wird dem Benutzer ein
neues, als Zufallszahl generiertes Passwort zugewiesen und auf die
Ausweiskarte geschrieben. Verlust der Ausweiskarte ist feststellbar und kann durch Vergabe einer neuen Karte mit einem neuen
Passwort unschaedlich gemacht werden. Ein Duplizieren der Karte
ist erkennbar, sobald das Duplikat einmal benutzt wurde, da das
Passwort auf dem Duplikat, nicht aber auf dem Original geaendert
wurde. Durch Vergabe einer neuen Karte mit einem neuen Passwort
kann das Duplikat wertlos gemacht werden.

Dieses Verfahren zur Authentikation ist auch fuer hochsensitive Systeme geeignet, da es einen hohen Grad an Sicherheit
bietet, der mit vertretbarem Aufwand bei heutiger Technologie
realiserbar ist. Wie alle Passwort-Verfahren ist auch dieses
ueber Waehlleitungen verwendbar, wobei fuer ein Anzapfen einer
unverschluesselten Leitung dieselben Aussagen gelten wie fuer die
Herstellung von Duplikaten der Ausweiskarte.

Generell laesst sich eine wesentliche Erhoehung der Sicherheit erreichen, wenn Systeme, die auf dem Vorhandensein maschi-
nenlesbarer Information beruhen, noch mit einem manuell einzu-

gebenden Passwort - unter den fuer Passwoerter geltenden Vor-
sichts-Massnahmen - kombiniert werden. Sieht man vom Abhoeren der
Terminal-Leitung einmal ab, so sind solche Systeme nur noch zu
brechen, wenn sowohl die Ausweiskarte bzw. der Schluessel als auch
das Passwort in **dieselben** unrechten Haende gelangen; bei einiger
Vorsicht ist die Wahrscheinlichkeit hierfuer sehr gering. Solche
Systeme verhalten sich dann aehnlich wie das im Abschnitt 4.3.1.2
beschriebene kombinierte Verfahren zur physischen Zugangskontrolle; ihr Einsatz sollte zum Schutz des logischen Zugangs
zum Rechner (siehe Abschnitt 2.1.3.1) fuer sensitive Systeme unbedingt in Erwaegung gezogen werden.

6.5 Autorisation

6.5.1 Benutzerprofile

Bei der Autorisierung eines Benutzers wird festgelegt, welche
Funktionen er ausfuehren darf, auf welche Objekte im Rechner er in
welcher Weise zugreifen darf und in welchem Masse er die ihm
verfuegbaren Betriebsmittel benutzen und belasten darf. Die Festlegung dieser Rechte wird von einem besonderen Benutzer, dem
Systemverwalter (der im Prinzip auch eine Gruppe von Personen sein
kann) fuer alle Benutzer des Rechners durchgefuehrt. Da dieser
Vorgang von entscheidender Bedeutung fuer die Sicherheit des
Gesamtsystems ist, muss fuer die Festlegung der Benutzerrechte ein
organisatorischer Rahmen bestimmt werden, der einen Missbrauch an
dieser Stelle verhindert. Die dazu notwendigen Ueberlegungen
wurden im Kapitel 3 angestellt; hier werden nur Richtlinien fuer
die Vergabe von Rechten sowie die technischen Verfahren zur
Erzwingung ihrer Einhaltung beschrieben.

Um einen Eindruck von Aufbau und Inhalt typischer Benutzerprofile zu geben, seien als Beispiel die Parameter aufgefuehrt,
die im Betriebssystem VAX/VMS zur Charakterisierung der Rechte
eines Benutzers eingetragen werden:

- Als identifizierender Wert eines Benutzerprofils gilt hier
  der Benutzername, also die Identifikation, durch die ein
  Benutzer sich den System gegenueber bekannt zu geben hat.

- Zur genaueren Beschreibung der Benutzer-Identitaet tritt
  hierzu der Name des Eigentuemers der betreffenden Identifikation. Dieser Name wird im allgemeinen mit dem Benutzernamen uebereinstimmen. Es kann jedoch auch sein, dass an
  einer Installation fiktive Benutzernamen verwendet werden und
  dass dann an dieser Stelle der echte Personenname steht;
  ebenso kann hier der Name einer dem betreffenden Benutzer
  vorgesetzten Person stehen.

- Als Authentikation ist ein Passwort vorgesehen, das zusammen
  mit einem zufaellig generierten Schluessel in verschluess-
  selter Form abgespeichert ist, wie dies fuer gegen statistische Analysen geschuetzte Passwortsysteme im Abschnitt
  6.4.3.1 beschrieben ist.

- Die Angabe eines "Account" ist eine Moeglichkeit, den Benutzer einer bestimmten organisatorischen Abrechnungseinheit zuzuweisen.

- Dagegen regelt ein "User Identification Code" die Beziehungen eines Benutzers zu den anderen Benutzern des Rechners, insbesondere seine Zugehoerigkeit zu einer Projektgruppe und damit seine Moeglichkeiten zur Zusammenarbeit mit anderen Benutzern des Rechners. Als (systembedingte) Einschraenkung gilt hier, dass ein Benutzer immer nur einer einzigen Projektgruppe angehoeren kann; Mehrfach-Zugehoerigkeiten sind nicht moeglich.

- Die Angabe einer Kommandosprache ermoeglicht die standardmaessige Zuordnung eines bestimmten Kommandosprachen-Interpreters zu dem betreffenden Benutzer, sofern dieser nichts anderes angibt (siehe Abschnitt 6.5.3.2).

- Die Angabe einer Start-Prozedur ermoeglicht einen benutzerspezifischen Aufbau der Benutzer-Umgebung beim Start eines Jobs (siehe Abschnitt 6.5.6).

- Die Angabe eines Default-Geraetes legt fest, auf welchem Peripheriespeicher-Geraet die Datenbestaende des Benutzers liegen, sofern dieser nicht explizit ein anderes Geraet angibt.

- Eine genauere Bestimmung der als Default anzusteuernden Datenbestaende erfolgt durch die zusaetzliche Angabe eines "Home-Directory", also eines Katalogs, der diese Datenbestaende enthaelt.

- Durch eine Reihe sogenannter "Flags" wird geregelt, ob und inwieweit die Rechte zur Benutzung der Anlage global beschnitten werden; hierzu gehoeren unter anderem:

  o Verbot des Wechsels der Kommandosprache (siehe Abschnitt 6.5.3.2)

  o Verbot der Benutzung des Break-Signals (siehe Abschnitt 6.5.3.3)

  o Verbot der Anwahl eines anderen Geraetes oder einer anderen Start-Prozedur beim Start eines Jobs

  o Verbot der Veraenderung des eigenen Passwortes

  o Verbot des Fernzugriffs auf den Rechner

  o Verbot der Benutzung eines Rechnernetzes

  o generelles Verbot der Rechnerbenutzung

- Die Angabe eines Zeitrasters fuer die Rechnerbenutzung erlaubt es, einzelnen Benutzern den Zugang zum System nur zu bestimmten Zeiten zu gestatten oder bestimmte Funktionen nur an bestimmten Tagen zuzulassen.

-   Durch die Angabe von <u>Verbrauchsrechten</u> laesst sich die maxi-
    male Belastung des Systems durch einen bestimmten Benutzer
    begrenzen.

-   Durch die Angabe der einem Benutzer zugewiesenen <u>Privilegien</u>
    schliesslich laesst sich erreichen, dass sicherheitssensitive
    Operationen auf einzelne Benutzer beschraenkt bleiben und
    nicht der Allgemeinheit zur Verfuegung stehen; siehe dazu
    Abschnitt 6.5.4.

Dieses Beispiel zeigt, dass zu einem Benutzerprofil sehr
viele und sehr verschiedene Informationen gehoeren. Bei anderen
Systemen kann die Auswahl dieser Informationen von den hier dargestellten erheblich abweichen; soll jedoch eine genaue Kontrolle
der einem Benutzer erlaubten Operationen moeglich sein, so ist
eine Steuerung in wenigstens der hier dargestellten Komplexitaet
erforderlich.

6.5.2 Zugriffsrechte

Alle Zugriffe auf Objekte wie:

-   Dateien

-   Datentraeger

-   Geraete (auch Terminals!)

-   Kommunikationskanaele

-   Semaphore ("event flags")

-   gemeinsam zugreifbare Hauptspeicher-Bereiche

-   andere Prozesse

-   Transaktionen

muessen in geeigneter Weise einer Kontrolle ihrer Berechtigung
unterworfen werden. Dabei koennen die Schutzprofile fuer die
uebrigen Objekte im Prinzip in aehnlicher Weise wie die fuer
Dateien (siehe Kapitel 7) aufgebaut und verwaltet werden, so dass
hier auf eine detailliertere Betrachtung der Schutzprofile
verzichtet werden kann; lediglich einige Besonderheiten des
Zugriffs auf Terminals und fremde Prozesse verdienen Erwaehnung.

Auch fuer Terminals kann es zweckmaessig sein, Zugriffsschutz
fuer einzelne Benutzer-Kategorien zu spezifizieren. Terminals,
die gegen Zugriffe eines Benutzers geschuetzt sind, koennen von
diesem Benutzer nicht als Geraete allokiert werden, sondern nur
als Ein-/Ausgabe-Geraete fuer Prozesse in einem Timesharing-System
oder fuer Transaktionen in einem kommerziellen Dialogsystem be-
nuetzt werden. Damit laesst sich verhindern, dass Benutzer Programme zur Ausfuehrung bringen, mit denen sie anderen Benutzern an
diesen Terminals Funktionen des Betriebs- oder eines Anwendungssystems vorspiegeln, um auf diese Weise sensitive Informationen,

wie etwa Passwoerter oder einzugebende Daten, abfangen zu koennen.

Weiterhin sollte der moegliche Einfluss auf andere Prozesse ebenfalls einem Zugriffsschutz unterliegen. Benutzer ohne besondere Privilegien (siehe Abschnitt 6.5.4) sollten nur auf den Ablauf solcher Prozesse Einfluss nehmen koennen, die sie selbst als Subprozesse oder als eigenstaendige Prozesse erzeugt haben. Der Einfluss auf andere Prozesse beinhaltet das Recht, diese Prozesse

- zu erzeugen

- zu vernichten

- anzuhalten

- freizugeben

- auf eine andere Prioritaet zu setzen

- auf ihren Zustand zu ueberpruefen

Weitere Einflussnahme kann ueber Interprozess-Kommunikation geschehen, die denselben Einschraenkungen und noch zusaetzlich den Einschraenkungen des Zugriffsschutzes auf das Kommunikations-mittel, z.B. Kommunikationskanaele, unterliegt.

6.5.3 Funktions-Umfang der Benutzer-Umgebung

6.5.3.1 Bedeutung der Eingabe-Sprache – Der Funktions-Umfang der Benutzer-Umgebung wird im wesentlichen bestimmt durch die einem Benutzer gebotenen Sprach-Mittel. Dabei ist "Sprache" hier im weitesten Sinne zu verstehen; alle einem Benutzer moeglichen Eingaben, etwa auch das Druecken einer Break Taste, um einen Interrupt zu erzeugen, stellen hier Sprach-Moeglichkeiten dar und sind vom Sicherheits-Aspekt her zu betrachten.

Ein Benutzer, der ueber ein Eingabe-Geraet Kontakt mit einem Rechner aufnimmt, hat diesen Kontakt zunaechst mit dem Betriebs-system, das seine Eingaben einliest und dann eventuell weiter-leitet, z.B. an ein Anwendungssystem. Diese Tatsache erlaubt es, bei der Betrachtung des Funktions-Umfangs der Benutzer-Umgebung zunaechst Betriebs- und Anwendungssysteme gleich zu behandeln und die Problematik fuer den Fall der Kommunikation mit dem Betriebs-system zu beschreiben.

In beiden Faellen ist der erste Kommunikations-Partner des Benutzers ein Programm, das seine Eingaben liest, interpretiert (und dabei auf Zulaessigkeit ueberprueft) und an die entspre-chenden Verarbeitungs-Instanzen in geeigneter Form weiterleitet. Dieses Programm wird im folgenden – sowohl fuer Betriebs- als auch fuer Anwendungssysteme – als Kommandosprachen-Interpreter bezeich-net. Je nach dem verwendeten System ist die zugrundegelegte Kommandosprache aehnlich einer Programmiersprache oder als masken-gesteuerter Formular-Dialog aufgebaut; fuer die folgenden Be-trachtungen ist dieser Unterschied jedoch unerheblich.

6.5.3.2 Auswahl der Kommandosprache - Der erste Schritt beim Aufbau der Benutzer-Umgebung ist die Bestimmung des fuer diesen
Benutzer vorgesehenen Kommandosprachen-Interpreters, da man im
allgemeinen Falle davon ausgehen muss, dass hier eine Auswahl aus
mehreren Moeglichkeiten zu treffen ist. Durch diese Auswahl wird
schon eine gewisse Einschraenkung der dem Benutzer verfuegbaren
Moeglichkeiten vorgenommen, sofern die ausgewaehlte Kommandosprache kein Umschalten auf eine andere Sprache vorsieht. Mit der
Sprachauswahl werden festgelegt:

- das Vokabular, d.h. die Liste der spezifizierbaren Taetigkeiten

- die fuer jede Taetigkeit geltende Syntax

- die zu dieser Syntax gehoerende Semantik, d.h. die Bedingungen, unter denen die einzelnen Taetigkeiten durchgefuehrt
  werden

- die Default-Werte fuer nicht spezifizierte syntaktische Einheiten

Im Prinzip ist es dabei moeglich, einem Benutzer einen Kommandosprachen-Interpreter zuzuordnen, der ihn direkt mit einem Anwendungssystem arbeiten laesst, so dass ueberhaupt keine Moeglichkeit mehr besteht, mit den Dienstleistungen des Betriebssystems zu
arbeiten: Der Benutzer ist im Anwendungssystem "gefangen". Auf
diese Weise laesst sich erreichen, dass nur bestimmte (oder sogar
ueberhaupt keine) Benutzer auf dem betreffenden Rechner eigene
Programme entwickeln koennen. Damit ergibt sich ein dedizierter
Rechner, auf dem nur ein Anwendungssystem laeuft, als Sonderfall
des Timesharing-Betriebes und nicht als eigener Rechner-Typ;
somit sind alle Schutz-Ueberlegungen, die fuer Timesharing-Systeme
gelten, auch auf den dedizierten Rechner anwendbar, und alle
vorhandenen Schutz-Mechanismen koennen fuer die Sicherheit des
Anwendungssystems direkt eingesetzt werden.

6.5.3.3 Das Break-Signal - Ein besonderes Sprachmittel stellt das
sogenannte "Break-Signal" dar, mit dem es in den meisten Systemen
moeglich ist, einen gestarteten Auftrag abzubrechen bzw. zu unter-
brechen, um eine Eingabe-Moeglichkeit zu erhalten.

Normalerweise fuehrt das Break-Signal auf die Ebene der jeweiligen Kommandosprache. Das Vorhandensein eines solchen Signals
ist zwar fuer die Sicherheit eines Systems nicht erforderlich,
doch kann sein Fehlen die Performance des Systems in nicht zu
vernachlaessigender Weise beeintraechtigen, da es den Benutzern
dann im allgemeinen nicht moeglich ist, sinnlose Auftraege oder
unendliche Schleifen abzubrechen. Waehrend ein Abbruch von
hoeherer Ebene aus im allgemeinen immer moeglich ist - wodurch die
Freigabe der von solchen Auftraegen belegten Betriebsmittel/
Informationen erzwungen werden kann, wenn ein Benutzer solche
Auftraege zur Blockierung des Systems gibt -, ist eine Abbruch-
moeglichkeit durch den Benutzer dennoch sinnvoll, da sie eine
schnellere und einfachere Korrektur unbeabsichtigter Fehler
erlaubt.

Hieraus ergibt sich die Konsequenz, dass eine Unterdrueckung des Break-Signals, um dem Benutzer den Weg zur Kommandosprache des Betriebssystems und damit zur Moeglichkeit eigener Programm-Entwicklung zu verschliessen, nicht sinnvoll ist. Dagegen bieten sich zwei Wege zu einer zweckmaessigen Behandlung des Break-Signals an:

- Bei Verwendung eines eigenen Kommandosprachen-Interpreters ist dieser bei Empfang eines Break-Signals in normierter Form auf Eingabe zu starten. Dies laesst sich durch Installation eines geeigneten Exception-Handlers erreichen, da das Break-Signal fuer den unterbrochenen Prozess eine Exception bzw. einen Software-Interrupt darstellt.

- Bei Verwendung einer Start-Prozedur (siehe Abschnitt 6.5.6), die die Behandlung aller Benutzer-Eingaben vornimmt, muss diese Prozedur auf das Break-Signal reagieren. Dies erfordert die Moeglichkeit der Spezifikation von ON-Bedingungen in der verwendeten Kommandosprache, um die Behandlung des Break-Signals auf Kommandosprachen-Ebene vornehmen zu koennen.

In beiden Faellen kann erreicht werden, dass dem Benutzer zwar ein Break-Signal zur Verfuegung steht, dass er dieses Signal jedoch nicht verwenden kann, um aus der ihm zugewiesenen Umgebung auszubrechen und auf die Ebene der Kommandosprache des Betriebssystems zu kommen.

6.5.3.4 Veraenderung der urspruenglichen Kommandosprache - Durch zwangsweises Ausfuehren einer Prozedur der ausgewaehlten Kommandosprache direkt nach der Kontaktaufnahme des Benutzers mit dem System - noch ehe dem Benutzer zum ersten Male die Kontrolle uebergeben wird - koennen die dem einzelnen Benutzer gebotenen Dienstleistungen noch genauer eingeschraenkt bzw. erweitert werden. Dies waere zwar im Prinzip auch dadurch moeglich, dass man jedem einzelnen Benutzer eine eigene Kommandosprache zuordnet, doch verbietet sich ein solcher Ansatz im allgemeinen wegen seines hohen Aufwandes. Erweiterungen und Einschraenkungen einer gegebenen Kommandosprache lassen sich dagegen ueber eine einleitende Kommando-Prozedur ohne grosse Muehe realisieren. Diese Prozedur, die hier als Start-Prozedur bezeichnet ist, wird im Abschnitt 6.5.6 genauer diskutiert.

6.5.4 Privilegien

Der Funktionsumfang der Benutzer-Umgebung laesst sich zusaetzlich durch die Vergabe sogenannter "Privilegien" einschraenken. Man versteht darunter formale Rechte, bestimmte Operationen ausfuehren zu koennen. Diese Rechte koennen in einer Bitliste, der "Privileg-Maske", festgehalten werden, in der jedes Bit das Vorhandensein bzw. Nicht-Vorhandensein eines bestimmten Privilegs bezeichnet. Diese Bitliste wird fuer jeden Benutzer vom Systemverwalter mit geeigneten Werten belegt und von den System-Aufrufen, die zu ihrer Ausfuehrung ein oder mehrere Privilegien benoetigen, vor der Ausfuehrung des Aufrufs abgefragt. Jeder

Versuch, eine Operation auszufuehren, zu der ein benoetigtes
Privileg nicht vorhanden ist, resultiert in einem Abbruch dieser
Operation mit entsprechendem Fehlerstatus. Dabei ist selbstver-
staendlich, dass eine Veraenderung der Privileg-Maske durch den
Benutzer selbst verhindert werden muss, damit dieses Verfahren
wirksam ist; dies kann durch Ausnutzen der Moeglichkeiten des
Hauptspeicherschutzes und/oder durch Ablage der Privileg-Maske im
Prozess-Kontext erreicht werden.

Das hier dargestellte Verfahren erlaubt eine sehr flexible
Steuerung der Benutzerrechte und die Installierung vertrauenswuerdiger, privilegierter Programme, wobei gewaehrleistet ist,
dass keine Privilegien eines solchen Programms auf einen seiner
Benutzer uebergehen koennen, wenn nur sichergestellt ist, dass

1. privilegierte Programme bei einer Unterbrechung durch ein
    Break-Signal (siehe Abschnitt 6.5.3.3) beeendet werden, also
    nicht mehr nach einer Unterbrechung fortsetzbar sind, und
    dass

2. bei Ende eines Programms die aktuelle Privileg-Maske
    bedingungslos durch die Privileg-Maske des betreffenden
    Benutzers ueberschrieben wird.

Bei der Zuteilung von Privilegien an einzelne Benutzer sind
die folgenden Kriterien zu beruecksichtigen:

-   Bestimmte Privilegien gefaehrden die Sicherheit des gesamten
    Systems; sie sollten an keinen Benutzer vergeben werden.

-   Es sollten prinzipiell nur solche Privilegien an einen
    Benutzer vergeben werden, die dieser zur Durchfuehrung der
    ihm uebertragenen Aufgaben benoetigt.

-   Es sollten keine weitreichenden Privilegien an solche Benut-
    zer vergeben werden, die eine potentielle Gefaehrdung des
    Systems darstellen; dagegen koennen Privilegien, mit denen
    ein Benutzer auch im schlimmsten Fall nur die Resultate
    seiner eigenen Arbeit zerstoeren kann, auch an nicht ueber-
    pruefte Benutzer vergeben werden.

Generell sollten Privilegien nur mit groesster Vorsicht vergeben
werden; wenn moeglich, sollten den Benutzern lieber vertrauenswuerdige, privilegierte Programme verfuegbar gemacht werden, als
dass ihnen die Privilegien direkt gegeben werden.

Beispiel: Ein solches auf Privilegien basierendes Berechtigungs-
system ist im Betriebssystem VAX/VMS realisiert. Dort sind jedoch
fuer jeden Benutzer nicht nur eine, sondern mehrere Privileg-
Masken vorgesehen, mit den folgenden unterschiedlichen Bedeutungen:

-   Autorisierte Privilegien: die Liste der vom Systemverwalter
    fuer diesen Benutzer zugelassenen Privilegien

-   Prozess-Privilegien: die Liste der fuer den betreffenden
    Prozess geltenden Privilegien; diese stellen im allgemeinen
    eine Teilmenge der autorisierten Privilegien dar, wenn der

Benutzer fuer ihn zugelassene Privilegien abgeschaltet hat

- Programm-Privilegien: Privilegien, die dem aktuell laufenden
  Programm zugewiesen sind; diese koennen bei privilegierten
  Programmen ueber die Privilegien des Benutzers hinausgehen
  (siehe Abschnitt 6.5.7)

- aktuelle Privilegien: die aktuell gueltigen Privilegien, die
  beim Aufruf von System-Operationen zur Bestimmung der Zulaessigkeit abgefragt werden; diese ergeben sich als Vereinigung
  der Prozess- und der Programm-Privilegien

Die einzelnen Privilegien in diesem System sind in verschiedene Gruppen eingeteilt, die hier in Reihenfolge steigender
System-Gefaehrdung aufgefuehrt werden.

- Die Gruppe "None" ist die leere Privilegien-Menge; solche
  Benutzer koennen keine Aktivitaet ausfuehren, die irgendein
  Privileg erfordert.

- Die Gruppe "Normal" enthaelt solche Privilegien, die minimal
  zur effizienten Nutzung des Systems benoetigt werden; sie
  legen zum Beispiel fest, welche Benutzer Zugriff auf ein
  Rechnernetz haben oder Kommunikationskanaele zur Interprozess-Kommunikation im Rahmen ihrer Zugriffsrechte benutzen
  duerfen.

- Die Gruppe "Group" steuert die Moeglichkeit der Beeinflussung
  anderer Benutzer derselben Projektgruppe und damit die Moeglichkeit der kontrollierten Zusammenarbeit mit fremden
  Prozessen.

- Die Gruppe "Devour" beinhaltet solche Privilegien, die einen
  Verbrauch nicht kritischer systemweiter Betriebsmittel
  erlauben. Solche Privilegien sollten nur mit einiger
  Vorsicht vergeben werden, da sie unter Umstaenden ein
  Lahmlegen des Systems durch uebermaessigen Verbrauch von
  Betriebsmitteln ermoeglichen.

- Die Gruppe "System" ermoeglicht die globale Kontrolle des
  Systemverhaltens. Von diesen Privilegien sollte nur das
  Privileg, als Operateur handeln zu duerfen, vergeben werden,
  und nur an Operateure des Systems. Die anderen Privilegien
  stellen Bedrohungen der System-Sicherheit dar und sind daher
  dem Systemverwalter vorbehalten.

- Die Gruppe "File" ermoeglicht Kompromittierung der Sicherheit
  des Datei-Systems und Verbrauch kritischer systemweiter
  Betriebsmittel.

- Die Gruppe "All" erlaubt voellige Kontrolle des gesamten
  Systems.

Dieses Beispiel zeigt, dass in einem modernen Betriebssystem
eine sehr stark differenzierte Kontrolle der den einzelnen
Benutzern zugestandenen Berechtigungen herrscht, die ueber den
frueher vielfach als Einziges vorhandenen Unterschied zwischen

"System" und "User" weit hinausgeht. Die bei traditionellen Grossrechner-Betriebssystemen herrschenden Maengel in Bezug auf die vorhandenen Kontrollmoeglichkeiten haben gezeigt, dass ein solches Instrument zur Unterstuetzung der Sicherheit des Betriebs und der bearbeiteten Daten notwendig ist - doch muss es dazu auch entsprechend eingesetzt werden, wenn es wirksam sein soll.

Bei Grossrechnern werden die genannten Maengel zum Teil durch auf das Betriebssystem aufgesetzte Software-Pakete wie RACF (siehe Abschnitt 7.2.2.2) oder ACF2 ausgeglichen. Eine in das Betriebssystem integrierte Kontrolle bietet einer technologischen Attacke jedoch wesentlich geringere Angriffsflaechen, und sie belastet das System im allgemeinen auch weniger, so dass sie dem Einsatz von "Sicherheits-Software" auf einem in sich unsicheren Betriebssystem deutlich ueberlegen ist.

6.5.5 Verbrauchsrechte

Zugriff auf Betriebsmittel, die nur in beschraenktem Masse vorhanden sind, kann ein System durch uebermaessigen Verbrauch dieser Mittel lahmlegen. Daher muss der Verbrauch solcher Betriebsmittel durch Verbrauchsrechte geregelt werden, wobei diese Ebene der Kontrolle auf das Betriebssystem als Verwalter aller Betriebsmittel beschraenkt bleiben sollte.

Als Beispiel sollen die im Betriebssystem VAX/VMS definierten Quoten und Grenzen fuer den Verbrauch von Betriebsmitteln hier kurz dargestellt werden:

- Durch die Beschraenkung der Anzahl der gleichzeitig zulaessigen Ein-/Ausgabe-Vorgaenge und des Umfangs des dabei uebertragbaren Datenvolumens lassen sich die Belastung des Ein-/Ausgabe-Systems und der Verbrauch systemweiten Pufferspeichers begrenzen.

- Die Belastung des Datei-Systems wird durch eine Beschraenkung der Anzahl gleichzeitig offener Dateien begrenzt.

- Der Verbrauch des realen und virtuellen Hauptspeichers wird durch verschiedene Quoten geregelt, die Maximalwerte fuer den "working set" [12] der einzelnen Prozesse angeben.

- Zu hoher Verbrauch an Prozessorleistung kann dagegen durch die Begrenzung der verfuegbaren Zentralprozessorzeit verhindert werden.

- Da dieses Betriebssystem auch Realzeit-Verarbeitung zulaesst, ist es erforderlich, auch die Belegung systemweiter Datenstrukturen und Locks zur Synchronisation zwischen den einzelnen Prozessen und zum kontrollierten Parallelzugriff auf gemeinsame Betriebsmittel zu beschraenken.

- Zusaetzlich kann der Verbrauch an Plattenspeicher einer Begrenzung unterworfen werden, was zumindest dann erfolgen sollte, wenn der verfuegbare Plattenspeicher knapp ist - also im Normalfall.

Eine derart detaillierte Ueberpruefung des Betriebsmittel-
verbrauches ist im Interesse der Betriebssicherheit des Gesamt-
systems unbedingt erforderlich, da das voellige Aufbrauchen eines
bestimmten Betriebsmittels im allgemeinen hoechst unerfreuliche
Konsequenzen hat. So kann es bei einer unguenstig gewaehlten
Strategie der Hauptspeicher-Verwaltung zum Quasi-Stillstand des
Systems durch "Thrashing", also uebermaessigen Austausch der
Seiten bzw. Segmente des virtuellen Speichers kommen, wenn der
Hauptspeicher ueberverplant wird. Eine andere moegliche
Konsequenz ist der Deadlock mehrerer Prozesse oder des gesamten
Systems, wenn verschiedene Prozesse um ein kritisches Betriebs-
mittel konkurrieren, das zur Neige geht.

Diese Folgen mangelhafter Ueberwachung des Betriebsmittelverbrauches treten in den meisten Faellen ungewollt zu Tage; sie
machen sich genau dann bemerkbar, wenn sie am meisten stoeren,
naemlich wenn hohe Anforderungen an die Maschine bestehen und
diese dadurch in einen Ueberlastbereich geraet. Andererseits kann
ein boeswilliger Benutzer, der diese Schwaeche eines Systems
kennt, durch gezieltes Absetzen von Auftraegen eine solche Ueber-
last-Situation und damit einen Zusammenbruch oder zumindest einen
Quasi-Stillstand des Systems herbeifuehren, um Schaden anzurichten. Eine Kontrolle der Verbrauchsrechte der einzelnen
Benutzer ist daher auch zur Sicherung gegen Sabotageakte dieser
Art erforderlich.

6.5.6 Die Start-Prozedur

Zum Aufbau der dem Benutzer zu erstellenden Arbeitsumgebung
ist in manchen Betriebssystemen wie etwa UNIX und VAX/VMS das
Mittel der Start-Prozedur vorgesehen. Unter einer "Start-
Prozedur" ist dabei eine Folge von Eingaben in der fuer den
Benutzer vorgesehenen Kommandosprache zu verstehen. Diese Eingaben sind in einer Datei enthalten, deren Name mit zu den ueber
diesen Benutzer festgehaltenen Verwaltungs-Informationen gehoert.

Bei jeder Kontaktaufnahme mit dem System ("Logon") wird diese
Prozedur automatisch angestossen, **ehe** der Benutzer selbst die
Eingabeberechtigung erhaelt. Der Benutzer muss das Zugriffsrecht
"Ausfuehren" fuer die Datei besitzen, die diese Start-Prozedur
enthaelt; wenn die Prozedur zur Einschraenkung seiner Funktions-
rechte dient, sollte er keine weiteren Zugriffsrechte auf diese
Datei besitzen, insbesondere kein Schreibrecht, da er dann seine
Start-Prozedur veraendern koennte.

Zur Verwendung der Start-Prozedur als weitere Sicherheits-
Massnahme stehen die folgenden Mittel zur Verfuegung:

- Erklaerung der Nicht-Unterbrechbarkeit: Wird die Start-
  Prozedur so aufgebaut, dass sie keine Unterbrechung und
  keinen Abbruch durch den Benutzer zulaesst bzw. Unter-
  brechungen selbst abhandelt, so kann erzwungen werden, dass
  der Benutzer nicht eher Kontrolle erhaelt als zu dem Zeitpunkt, an dem die Start-Prozedur ihm diese Kontrolle frei-
  willig uebergibt. Insbesondere kann die Start-Prozedur
  dadurch dem Benutzer sogar jegliche Kontrolle verweigern und
  seinen Job nach Belieben zerstoeren.

- <u>Erweiterung der Kommandosprache</u>: In der Start-Prozedur koennen neue Eingabe-Moeglichkeiten auf der Basis vorhandener Sprachmittel definiert werden, etwa als private Kommandos oder Kommando-Prozeduren.

- <u>Veraenderung der Kommandosprache</u>: Vorhandene Kommandos der Eingabe-Sprache koennen in der Start-Prozedur mit Voreinstellungen (Defaults) fuer ihre Parameter versehen werden, und existierende Voreinstellungen koennen geaendert oder geloescht werden. Damit laesst sich die Syntax existierender Elemente der Eingabe-Sprache in gewissem Rahmen an spezielle Anforderungen anpassen.

- <u>Einschraenkung der Kommandosprache</u>: Durch Loeschen moeglicher Kommandos lassen sich diese Eingabe-Moeglichkeiten aus der Eingabe-Sprache entfernen, so dass dem Benutzer bestimmte Funktionen entzogen werden.

- <u>Definition einer anderen Eingabe-Sprache</u>: Ist die Start-Prozedur selbst wieder als Interpreter einer neuen Eingabe-Sprache realisiert, so kann erreicht werden, dass der Benutzer mit dieser neuen Sprache arbeitet und ueberhaupt keinen Zugriff auf die Mittel der urspruenglichen Eingabe-Sprache mehr hat. Dasselbe laesst sich erreichen, wenn die Start-Prozedur zwangsweise die Kontrolle an ein (nicht unterbrechbares) Anwendungssystem uebergibt und bei dessen Beendigung auch den Job beendet.

Da die Start-Prozedur als Teil der Benutzer-Charakteristika betrachtet wird und da ihr Anstoss zwangsweise als Bestandteil des Logon erfolgt, stellt dieses Mittel eine wesentliche Hilfe zur Erzeugung einer massgeschneiderten sicheren Umgebung dar. Das Mittel der Start-Prozedur erlaubt im wesentlichen, die einem Benutzer verfuegbar gemachten Funktionen individuell zu kontrollieren.

```
$ !
$ ! This is the LOGIN procedure of the "user" SHUTDOWN.
$ ! The only function of the file is to call SYS$SYSTEM:SHUTDOWN.
$ !
$ ! To avoid that a user can misuse the privileges needed for
$ ! system shutdown the commandfile is protected against CTRL/Y.
$ !
$       SET NOCONTROL = Y
$       INQUIRE /NOPUNCTUATION SHUT -
        "Do you really want to shut down the system [y/n] ? "
$ !
$       IF .NOT. SHUT THEN $ GOTO KILL
$ !
$       SET DEFAULT SYS$SYSTEM
$       @SHUTDOWN
$ !
$ KILL:
$       WRITE SYS$OUTPUT -
        "Sorry, but you are not allowed to do anything else!"
$       LOGOUT
```

Fig. 6-4 Beispiel einer Start-Prozedur

Die Abbildung zeigt ein _Beispiel_ einer einfachen Start-
Prozedur, die nur das Ziel hat, alle Operationen eines Benutzers
ausser dem Abschalten des Systems zu verhindern. (Eine solche
Prozedur kann zweckmaessig sein, wenn man bestimmten Benutzern die
Moeglichkeit geben muss, abends die Maschine abzuschalten, ohne
dass man ihnen die die dazu noetigen Privilegien geben duerfte.)

6.5.7 Geschlossene Subsysteme

Zum Betrieb eines Systems sind unter anderem Programme erfor-
derlich, die zu ihrer Ausfuehrung Privilegien benoetigen, da sie
Operationen durchfuehren, die bei unkontrollierter Bedienung die
Sicherheits-Anforderungen an das System verletzen koennten. In
Bezug auf diese Programme sind zwei Strategien zur Bereitstellung
der benoetigten Privilegien moeglich:

-   Programme, die nicht allgemein verfuegbar sein duerfen, sind
    solche, deren unberechtigte Benutzung die Integritaet des
    Systems oder seine Sicherheit gefaehrden kann. Die zur
    Benutzung dieser Programme erforderlichen Privilegien muessen
    aus der Autorisierung ihres Benutzers stammen. Damit ist die
    Verantwortung fuer die Erhaltung der System-Sicherheit auf
    diesen Benutzer uebertragen, letztlich jedoch auf den System-
    verwalter, der dem Benutzer die betreffenden Privilegien ge-
    geben hat.

    Die an dieser Stelle vorliegende Verwundbarkeit der
    Sicherheit ist unvermeidbar und muss durch organisatorische
    Massnahmen abgesichert werden. Durch den Mechanismus der
    Privilegien ist jedoch sichergestellt, dass die Verwund-
    barkeit letztlich auf die Funktion des Systemverwalters
    zurueckgefuehrt ist, so dass die Verantwortung fuer moegliche
    Gefaehrdungen festgelegt ist.

    Beispiel: Ein Programm zur Modifikation der Steuerungs-Para-
    meter des Betriebssystems erfordert in jedem Falle erhoehte
    Privilegien; diese Privilegien muessen aus der Autorisierung
    des Benutzers kommen, da sonst keinerlei Schutz vor illegaler
    System-Modifikation bestuende.

-   Ein zweite Klasse privilegierter Programme fuehrt in kontrol-
    lierter Weise privilegierte Operationen aus. Diese Opera-
    tionen muessen oft einem groesseren Benutzerkreis verfuegbar
    gemacht werden, ohne dass die Benutzer solcher Programme
    selbst ueber die benoetigten Privilegien verfuegen. Da je-
    doch die Operationen dieser Programme in kontrollierter Weise
    durchgefuehrt werden, stellen sie solange keine Gefaehrdung
    der Sicherheit dar, wie sie sich genau entsprechend ihren
    Aufgaben verhalten.

    Eine moegliche Behandlung dieses Typs privilegierter
    Programme ist ihre Installation als "vertrauenswuerdige"
    ("trusted") Programme mit den zu ihrer Benutzung erforder-
    lichen Privilegien, die also in diesem Fall an das Programm
    und nicht an seinen Benutzer gebunden sind.

Auch hier liegt eine unvermeidbare Verwundbarkeit der Sicherheit vor. Die Installation eines Programmes als "vertrauenswuerdig" setzt voraus, dass dieses Programm seine Privilegien nicht missbraucht, was im Prinzip nur durch eingehende Inspektion dieses Programmes sicherzustellen ist.

Beispiel: Ein Programm zum Aufspannen ("Mount") von Datentraegern muss die betreffenden Peripheriespeicher-Geraete auf einer sehr hardwarenahen Ebene bedienen, benoetigt daher also im allgemeinen erhoehte Privilegien. Da diese Steuerung jedoch in kontrollierter Weise geschieht, koennen diese Privilegien an das Programm selbst gebunden sein, so dass es allgemein benutzbar wird.

Da die Installation eines Programms ein Sicherheits-Risiko darstellt, muss sie selbst ueber entsprechende Privilegien geschuetzt werden; das Installations-Programm muss also selbst privilegiert sein. Wesentlich ist hierbei, dass das Installations-Programm selbst zu der anderen Gruppe privilegierter Programme gehoert, also zu seinem Aufruf Privilegien des Benutzers erfordert - und diese lassen sich ja, wie oben diskutiert, auf die Verantwortung des Systemverwalters zurueckfuehren.

In beiden Faellen ist damit die Verantwortung fuer die verwundbaren Stellen dem Systemverwalter zugewiesen, so dass hier eine klare Schnittstelle zur organisatorischen Ebene des Schutzes gegeben ist.

Privilegierte Programme koennen im Prinzip wie jede andere Dienstleistung des Systems in Anspruch genommen werden. Der einzige Unterschied in der Benutzung liegt darin, dass sie das Vorliegen der entsprechenden Privilegien erfordern, entweder beim Benutzer oder - bei als "vertrauenswuerdig" installierten Programmen - beim Programm selbst.

Damit die Benutzung vertrauenswuerdiger Programme - die wir hier einmal als korrekt annehmen wollen - kein Sicherheits-Risiko darstellt, muss ihr Ablauf in etwas anderer Weise kontrolliert werden als der anderer Programme. Bei Unterbrechung oder Abbruch eines vertrauenswuerdigen Programms muss festgestellt werden, dass hier groessere Privilegien vorliegen, als sie dem Benutzer zustehen, und diese Privilegien muessen entfernt werden, ehe die Kontrolle an den Benutzer zurueckgegeben wird.

Wurde vom Kommandosprachen-Interpreter die Unterbrechung eines Programms festgestellt, so ist zu ueberpruefen, ob dieses Programm als "vertrauenswuerdig" installiert wurde; in diesem Fall ist das unterbrochene Programm unbedingt zu beenden, damit seine Privilegien nicht an den Benutzer weitergegeben werden koennen, und die urspruenglichen Privilegien dieses Benutzers sind wieder in Kraft zu setzen. Diese Stelle ist fuer die Sicherheit des Systems kritisch.

6.6 Überwachung

6.6.1 Accounting

Ausser den bis jetzt besprochenen Funktionen zur Steuerung der Rechnerbenutzung stellen Betriebssysteme meist auch eine Reihe von Hilfsmitteln zur Ueberwachung der durchgefuehrten Operationen zur Verfuegung. Im Abschnitt 4.3.3 wurde schon auf die Bedeutung der Ueberwachung fuer die Sicherheit hingewiesen; waehrend dort jedoch eine Ueberwachung auf der physischen Ebene betrachtet wurde, soll hier nun dieses Thema auf die Ebene des Betriebssystems ausgedehnt werden.

Im Gegensatz zur Ueberwachung auf der physischen Ebene, die sich im allgemeinen nur auf die jeweils gerade aktuellen Vorgaenge bezieht, stellen Betriebssysteme auch Hilfsmittel zur Verfuegung, um aktuelle Vorgaenge aufzuzeichnen und spaeter zu analysieren, so dass sich hier komplexere Moeglichkeiten ergeben als auf der physischen Ebene. Waehrend eine Ueberwachung der aktuellen Vorgaenge im wesentlichen dazu dient, Gefaehrdungen im Augenblick ihrer Wirksamkeit zu erkennen und moeglicherweise zu verhindern, kann durch Aufzeichnung und spaetere Analyse im Nachhinein erkannt werden, ob eine Bedrohung wirksam wurde, so dass korrektive Massnahmen eingeleitet werden koennen. Derartige a-posteriori-Kontrollen verhindern zwar nicht direkt eine Tat gegen die Datensicherheit, doch ermoeglichen sie es oft, die Auswirkungen der Tat rueckgaengig zu machen und gegebenenfalls auch den Taeter zu identifizieren. Da sich hierdurch eine gewisse Abschreckung ergibt, stellen solche Massnahmen indirekt einen zusaetzlichen Schutz dar.

Im Rahmen der Rechenzeit-Abrechnung zeichnen viele Betriebssysteme kontinuierlich Informationen ueber den Betriebsmittelverbrauch der einzelnen Prozesse auf; man bezeichnet dies als "Accounting". Im Account-File eingetragene Informationen sind zum Beispiel die folgenden:

- die Identifikation des Benutzers, auf den sich ein bestimmter Datensatz des Account-Files bezieht; diese Identifikation enthaelt im allgemeinen einen Verweis auf eine organisatorische Abrechnungseinheit beim Betreiber der Datenverarbeitungsanlage

- Anfangs- und Endzeit, auf die sich die Information des betreffenden Datensatzes bezieht; hieraus ergibt sich die Verweildauer der einzelnen Jobs in der Maschine

- die verbrauchte Rechenzeit, eventuell noch mit einer Abrechnungsprioritaet als Gewichtungsfaktor modifiziert

- die Belegung des realen bzw. virtuellen Hauptspeichers

- die Belegung des Hintergrundspeichers

- die Anzahl und Art der durchgefuehrten Ein-/Ausgabe-Operationen

- die Anzahl der aufgespannten Datentraeger und eventuell auch
  deren Kennsaetze

- die Anzahl der gestarteten Programme und eventuell auch deren
  Namen

- die Anzahl der gedruckten Seiten und eventuell auch die dabei
  verwendeten Formulare

Aus diesen Informationen laesst sich - neben der Bestimmung
des Betriebsmittelverbrauches der einzelnen Benutzer und damit des
materiellen Wertes der von ihnen empfangenen Dienstleistungen -
auch ablesen, ob zu bestimmten Zeiten ungewoehnliche System-
Aktivitaeten vorkamen und von wem diese verursacht wurden. Es ist
so in manchen Faellen moeglich, den potentiellen Taeterkreis nach
einer Verletzung der Sicherheit einzugrenzen und naehere Einzelheiten dieses Vorgangs zu bestimmen.

Da die Accounting-Information bei einem groesseren Rechner in
relativ kurzer Zeit auf einen betraechtlichen Umfang anwaechst,
ist es fuer ihren Einsatz zu Ueberwachungszwecken nicht ausreichend, diese Information nur zu sammeln und als Ganzes auszudrucken - in dieser Informationsmenge gehen die Details, die in
einem konkreten Fall interessieren, voellig unter. Die normalen
Accounting-Programme, die an den meisten Rechenzentren vorhanden
sind, sind ebenfalls zur Durchfuehrung der Ueberwachungsfunktion
nicht sonderlich geeignet, da sie nur global den Betriebsmittelverbrauch innerhalb eines bestimmten Zeitraumes zusammenrechnen
und daraus nach irgendwelchen Schluesseln einen finanziellen Wert
bestimmen. Was hier gebraucht wird, sind Moeglichkeiten,
bestimmte Informationsmengen nach geeigneten Kriterien aus der
Gesamtinformation zu selektieren; geeignete Selektionskriterien
sind etwa:

- Benutzer und/oder Benutzergruppen

- Zeitraeume (Anfang/Ende bzw. Dauer)

- Art des Jobs (interaktiv, Batch, Transaktion, Druckauftrag
  usw.)

- gestartete Programme (Anzahl/Name)

- Eingabe-Geraet (im allgemeinen die Bezeichnung des Terminals)

Insbesondere bei der Verfolgung konkreter Sicherheits-Verletzungen erlauben es derartige Selektionsmoeglichkeiten, die relevanten Teile der Accounting-Information zu extrahieren und einer
genaueren Untersuchung zuzufuehren.

Betrachtet man die Accounting-Funktionen unter dem Aspekt der
Berechtigungskontrolle, so ergibt sich, dass das Sammeln dieser
Information eine Taetigkeit ist, die nur dem "System" zugebilligt
werden darf, also letztlich nur fuer den Systemverwalter zugelassen werden darf. Ferner ist die gesammelte Information selbst
wieder sicherheitsrelevant; sie darf also nicht allgemein zugreifbar sein, sondern muss einem Zugriffsschutz unterliegen, der

ein Lesen oder gar eine Veraenderung durch gewoehnliche Benutzer ausschliesst. Wuenschenswert waere es sogar, **jede** Veraenderung, auch die durch den Systemverwalter, durch geeignete Zugriffs-beschraenkungen zu verbieten, um eine nachtraegliche Faelschung dieser Information zu verhindern; jedoch sind Systeme, die einen derart zuverlaessigen Schutz von Ueberwachungs-Informationen garantieren, zur Zeit noch weitgehend im Stadium allgemeiner Konzept-Ueberlegungen und von einer Realisierung noch ziemlich weit entfernt [45].

6.6.2 Logging

Waehrend die Accounting-Information nur einen relativ groben Ueberblick ueber die in einem System abgelaufenen Aktivitaeten gibt, kann durch Aufzeichnung der sicherheitsrelevanten Vorgaenge einschliesslich aller wesentlichen Parameter, genannt "Logging", ein erheblich detaillierterer Einblick in die in einem System ablaufenden Operationen gewonnen werden. Bei einem geeigneten Aufbau der aufgezeichneten Information laesst sich aus einem derartigen Log im Nachhinein bestimmen, wer zu welchem Zeitpunkt welche Operation von welchem Terminal aus auf welche Daten ange-wendet hat. Im Prinzip genuegt es dazu, zu jeder Eingabe in das System die folgenden Groessen festzuhalten:

- den Zeitpunkt der Eingabe;

- das Eingabe-Geraet;

- den Benutzer, dem dieses Geraet zum Zeitpunkt der Eingabe zu-geordnet war;

- den eingegebenen Text-String.

Ein Sammeln dieser Information bereitet technisch keine Schwierigkeiten; viele aeltere Timesharing-Systeme wie etwa BS3 oder BS2000 erzeugen standardmaessig oder optional solche Logs von interaktiven Sitzungen und drucken sie beim Ende einer Sitzung. Es ware daher ohne weiteres moeglich, die betreffende Information systemweit zu sammeln und zum Zweck der Ueberwachung auszudrucken.

Dieser naive Ansatz zur Ueberwachung der Benutzer-Aktivi-taeten scheitert jedoch an der Menge der gesammelten Daten und an deren uneinheitlicher Struktur, die eine Auswertung sehr kompli-ziert gestaltet und die Extraktion signifikanter Daten nahezu unmoeglich macht. Beruecksichtigt man, dass in einer typischen Timesharing-Umgebung ein einzelner Benutzer innerhalb eines Monats oft mehrere Hundert Jobs startet, von denen jeder einige -zig Programme startet, die wieder wer weiss wieviele (programmspezi-fische) Eingaben erhalten, so wird das Problem der Analyse eines allgemeinen Logs deutlicher. Globale Selektionsmechanismen reichen hier zur Extraktion signifikanter Daten - im Gegensatz zur Situation bei der Accounting-Information - keinesfalls mehr aus, und ein unselektiertes Ausdrucken der gesammelten Information ist voellig wertlos, da die fuer die Sicherheit wichtigen Vorgaenge in der Menge der belanglosen Vorgaenge voellig untergehen.

Aus dieser Sackgasse kann man im Prinzip auf zwei Arten herauskommen:

- Uebertraegt man die Funktion des Loggings einem bestimmten Anwendungssystem, dessen korrekten Gebrauch man ueberwachen will, so kann hier eine wesentlich spezifischere Auswahl und Aufzeichung der durchgefuehrten Vorgaenge erfolgen. Auch ist es bei einem derart spezifischen Logging moeglich, die Aufzeichnung von vornherein auf sicherheitsrelevante Vorgaenge zu beschraenken und diese in einer standardisierten Form zu protokollieren, die eine spaetere Selektion und Auswertung nach bestimmten Kriterien ermoeglicht. Insbesondere in Transaktions-Systemen kann es zweckmaessig sein, das Logging an die einzelnen durchgefuehrten Transaktionen anzubinden.

- Auf der globaleren Ebene des Betriebssystems ist es dagegen moeglich, gezielt solche Vorgaenge zu protokollieren, die fuer die Sicherheit oder Zuverlaessigkeit des Betriebs von Bedeutung sind. Vorgaenge, die hier fuer eine Aufzeichnung in Betracht kommen, sind etwa die folgenden:

  o Systemstart und -beendigung;

  o Hardware-Fehler;

  o abgewiesene Authentikationen;

  o Zugriffe bzw. illegale Zugriffsversuche auf sensitive Dateien (siehe Abschnitt 7.2.4);

  o Start bestimmter Programme;

  o Start bzw. Abschaltung der Verbindung(en) zum Rechnernetz.

  Diese Liste ist, je nach der aktuellen Betriebsumgebung eines Systems, beliebig zu erweitern; die hier genannten Vorgaenge sollen lediglich einen ersten Eindruck geben, welche Operationen moeglicherweise sicherheitsrelevant sein koennen.

Wie fuer die Accounting-Information, so gilt auch fuer die Logs, dass das Sammeln eine Operation ist, die einer geeigneten Berechtigungskontrolle zu unterwerfen ist, und dass der Zugriff auf die gesammelte Information sehr restriktiven Kontrollen zu unterwerfen ist, damit die Log-Information nicht selbst zu einem Sicherheitsrisiko wird.

Dies kann so weit gehen, dass sich die Aufzeichnung bestimmter Informationen in einem Log sogar verbietet, auch wenn diese Informationen selbst sicherheitsrelevant sind. Werden etwa abgewiesene Authentikationen protokolliert, so duerfen die dabei eingegebenen falschen Passwoerter, wenn man ein Passwort-System zugrundelegt, in keinem Fall in das Log eingetragen werden. Ein relativ grosser Anteil der abgewiesenen Authentikationen kommt naemlich durch Vertippen bei der Eingabe des Passwortes zustande; die dabei eingegebenen Passwoerter werden in den meisten Faellen relativ aehnlich zu dem korrekten Passwort sein, so dass dieses

aus einer Menge falscher Eingaben leicht zu rekonstruieren ist.
Die beste Einweg-Verschluesselung der Benutzer-Passwoerter ist
daher ziemlich wirkungslos, wenn falsche Passwoerter im Log eingetragen werden.

Ein sinnvoller Einsatz der Log-Information erfordert in
derselben Weise, wie dies schon fuer die Accounting-Information
vermerkt wurde, das Vorhandensein geeigneter Selektionsmechanismen, die es erlauben, aktuell interessierende Teile des Logs
nach bestimmten Kriterien zu extrahieren. Waehrend Kriterien wie
Benutzer, Zeitraum oder Eingabe-Geraet ebenso wie dort relevante
Selektionskriterien sind, laesst sich ueber die sonst noch notwendigen oder wuenschenswerten Kriterien keine allgemeine Aussage
treffen, da diese zu sehr vom Aufbau der aufgezeichneten Information abhaengen, also sehr anwendungsspezifisch sind. Es ist
jedoch mit allem Nachdruck festzuhalten, dass Logging ohne
geeignete Selektionsmoeglichkeiten wertlos ist.

6.6.3 Monitoring

Waehrend die bis jetzt genannten Ueberwachungsfunktionen
darauf ausgelegt sind, wesentliche Vorgaenge aufzuzeichnen und
einer spaeteren Auswertung zugaenglich zu machen, bietet "Monitoring" die Moeglichkeit, aktuelle Ablaeufe im System (quasi)
gleichzeitig zu beobachten. Die Zielrichtung dieser Funktion ist
eine etwas andere als die der vorher besprochenen Ueberwachungs-
mechanismen: Waehrend diese im wesentlichen die Extraktion relevanter Daten aus einer Fuelle von Informationen, die sich auf
einen laengeren Zeitraum beziehen, zum Ziel haben, ermoeglicht
Monitoring die Herstellung von Momentaufnahmen aktueller Vorgaenge
oder des Gesamtzustandes des Systems und das Verfolgen und
Beobachten ausgewaehlter Vorgaenge waehrend ihres Ablaufes.

Monitoring erfordert das Vorhandensein geeigneter Inter-
prozess-Kommunikations-Moeglichkeiten beim Betriebssystem, da der
ueberwachte und der ueberwachende Vorgang zwei zunaechst voneinander unabhaengige Aktionsstroeme darstellen, also bei Zugrundelegung einer Prozess-Struktur verschiedenen Prozessen angehoeren.
Monitoring kann dabei im Prinzip auf zwei unterschiedlichen
logischen Ebenen erfolgen:

- Auf der Ebene des Betriebssystems koennen meist nur allge-
  meine und fuer das Betriebssystem relevante Vorgaenge und
  Zustaende erfasst und ueberwacht werden. Hierfuer typische
  Informationen sind etwa die folgenden:

  o Belegung/Verbrauch von Betriebsmitteln (Rechenzeit, Spei-
    cherplatz, Ein-/Ausgabe-Vorgaenge usw.);

  o geoeffnete Dateien und belegte Geraete;

  o Zustand und Belegung der Warteschlangen in einem
    Spooling-System;

  o aktuell laufendes Programm und dessen Zustand (Programm-
    zaehlerstand, Prozessor-Zustand usw.).

Diese Informationen geben zwar einigen Einblick in die
Aktionen der einzelnen Benutzer, doch erlauben sie es nur in
den seltensten Faellen, spezifische Verletzungen der Sicherheit zu erkennen und zu analysieren.

- Eine spezifischere Kontrolle wird erst durch ein Monitoring
  auf der Ebene eines Anwendungssystems ermoeglicht. Da nur
  dieses Anwendungssystem ueber die Information verfuegt, welche der von ihm ausgefuehrten Vorgaenge sicherheitsrelevant
  sind und welche nicht, erfordert ein Monitoring auf dieser
  Ebene die Kooperation des ueberwachten Programms mit dem
  ueberwachenden. Das ueberwachte Programm muss ueber
  Ausgaenge verfuegen, die ueber Auftraege der Interprozess-
  Kommunikation angesprochen werden koennen und gezielt die
  gewuenschten Informationen zurueckgeben. Das Betriebssystem
  hat hier keine andere Funktion als die der Uebermittlung der
  Auftraege und der Rueckmeldungen durch den allgemeinen Mechanismus der Interprozess-Kommunikation; alle anderen hier
  beteiligten Aktionen erfordern spezifische Vorkehrungen
  sowohl auf der Seite des ueberwachten Anwendungssystems als
  auch auf der des ueberwachenden Programms, so dass fuer diese
  Funktion generelle Verfahren kaum zu erwarten sind.

Dementsprechend gehoert zwar Monitoring auf der Ebene des
Betriebssystems zu den Verfahren, die beim heutigen Stand der
Technik allgemein verfuegbar sind oder zumindest verfuegbar sein
sollten, doch ist anwendungsspezifisches Monitoring eher noch eine
Ausnahme; lediglich wenn ein Anwendungssystem von vornherein
unter dem Gesichtspunkt erhoehter Sicherheit durch Ueberwachungs-
moeglichkeiten entworfen wurde, sind Anschluesse fuer anwendungs-
spezifische Monitoring-Funktionen zu erwarten.

Generell gilt auch fuer diese Ueberwachungsfunktion, dass ihr
Gebrauch ein sicherheitsrelevanter Vorgang ist, der entsprechende
Berechtigungen des Ueberwachenden erfordert. Diese Berechtigungen
sind durch Kontrollen an zwei verschiedenen Stellen zu realisieren:

- Da alles Monitoring eine Interprozess-Kommunikation erfordert, unterliegt es den Berechtigungen, denen diese generell
  unterliegt; es erfordert also sowohl die Berechtigung,
  ueberhaupt Interprozess-Kommunikation durchzufuehren, als
  auch das Recht zur Kommunikation mit dem ueberwachten
  Prozess.

- Da die Ueberwachung den Einsatz spezieller Ueberwachungsprogramme erfordert, kann ein weiterer Schutz gegen Missbrauch dieser Funktion durch den Schutz des Zugriffs auf
  diese Programme erreicht werden. Benutzer, die auf einem
  Rechner selbst programmieren duerfen, koennen diese Ebene des
  Schutzes zwar im Prinzip umgehen, indem sie eigene Ueberwachungsprogramme schreiben, doch erfordert dies normalerweise einen erheblichen zusaetzlichen Aufwand, der in sich
  schon wieder eine gewisse Schutzfunktion ausuebt.

Die Kombinationen des Schutzes durch die Berechtigung zur Interprozess-Kommunikation mit dem durch den Zugriffsschutz der Ueberwachungsprogramme erlaubt es, einen Missbrauch der Monitoring-Funktionen durch nicht berechtigte Benutzer weitgehend auszuschliessen, insbesondere wenn man beachtet, dass ein selbst geschriebenes Ueberwachungsprogramm nicht unbedingt dieselben Rechte wie ein offiziell installiertes Programm haben muss. Bei einem geeigneten Aufbau der Benutzerberechtigungen kann daher der einzelne Benutzer ziemlich sicher vor einer Ueberwachung durch nicht dazu berechtigte Personen sein; ob er jedoch eine Ueberwachung durch fuer die Systemsicherheit verantwortliches Personal ueberhaupt hinnehmen muss, ist eine Frage, die auf der organisatorischen Ebene zu entscheiden ist.

6.6.4 Einschraenkung des Betriebsmittelverbrauches

Eine weitere Form der Ueberwachung findet auf der Ebene des Betriebssystems in Bezug auf den Verbrauch der vorhandenen Betriebsmittel statt. Diese Ueberwachung hat mit dem Monitoring gemeinsam, dass sie den augenblicklichen Zustand widerspiegelt, doch unterscheidet sie sich durch das Fehlen der Interprozess-Kommunikation vom Monitoring. Da alle Betriebsmittelanforderungen beim Betriebssystem erfolgen muessen, hat dieses auch die Moeglichkeit, eine aktuelle Anforderung mit

- den Berechtigungen des anfordernden Benutzers und

- der derzeitigen Verfuegbarkeit bzw. Reserve des betreffenden Betriebsmittels

zu vergleichen und die Anforderung entsprechend den Ergebnissen dieses Vergleiches zuzulassen, zu verzoegern oder abzuweisen.

Die Ueberwachung des Betriebsmittelverbrauches orientiert sich daher an den Verbrauchsrechten des anfordernden Benutzers und an der momentanen und/oder langfristigen Betriebsmittelverplanung des Systems. Waehrend die Verbrauchsrechte die Systembelastung durch den anfordernden Benutzer beschraenken, wird durch die Einbeziehung der Betriebsmittelverfuegbarkeit in diese Ueberwachung erreicht, dass eine globale Ueberlastung des Systems im Prinzip vermieden werden kann; hierdurch laesst sich insgesamt die Stabilitaet des Systems und damit seine Verfuegbarkeit verbessern.

6.7 Systeme mit erhöhter Sicherheit

6.7.1 Virtuelle Maschinen

Da die Arbeit mit existierenden Betriebssystemen, vor allem den aelteren Systemen der traditionellen Grossrechner, zum Teil erhebliche Maengel in der Sicherheit und Zuverlaessigkeit zutage treten liess, wurden seit etwa Mitte der siebziger Jahre Bestrebungen unternommen, zu Betriebssystemen mit erhochter innerer Sicherheit zu kommen. Ein eher konservativer Ansatz, dieses Ziel zu erreichen, geht von traditionellen Systemstrukturen und

Entwurfsmethoden aus, macht sich jedoch die Erkenntnisse zunutze, die auf dem Gebiet der Software-Entwicklung und nicht zuletzt auch auf dem der Theorie der Betriebssysteme in den letzten Jahren gewonnen wurden. Moderne Betriebssysteme, die gemaess diesen Ueberlegungen entwickelt wurden, zeigen daher auch eine erheblich hoehere innere Sicherheit und Zuverlaessigkeit als die alten Betriebssysteme, was inzwischen zu einer Unterscheidung zwischen Betriebssystemen der "dritten" und solchen der "vierten" Generation gefuehrt hat, wobei als Betriebssysteme der vierten Generation unter anderem Multics, TENEX, VM/370, UNIX, VAX/VMS und System/38 zu nennen sind [65].

Neben dieser allgemeinen Weiterentwicklung der Betriebssystemtechnologie sind jedoch auch einige Projekte zu nennen, die durch konsequente Anwendung von Entwurfs- und Realisierungsverfahren versuchen, einen besonders hohen Grad an Sicherheit zu erzielen. Verschiedene dieser Verfahren sollen nun etwas eingehender betrachtet werden, da sich an ihnen teilweise ablesen laesst, wo die generelle Entwicklung in den naechsten Jahren hingehen wird.

Einer der aeltesten Ansaetze zur Erhoehung der Betriebssicherheit und der Flexibilitaet der dem Benutzer gegebenen Betriebssystemumgebung geht vom Problem der gegenseitigen Beeinflussung der verschiedenen Aktionsstroeme in einem System mit Multi-Programmierung aus. Haette jeder Benutzer seinen eigenen Rechner, so wuerde sich dieses Problem erst gar nicht stellen; eine gegenseitige unerwuenschte Beeinflussung waere ausgeschlossen. Hat man nun statt vieler langsamer Zentralprozessoren nur einen, aber schnellen Prozessor zur Verfuegung, so laesst sich eine derart strikte Trennung der einzelnen Benutzer dennoch erreichen, wenn man auf dem einen Prozessor die Aktionen der vielen langsamen Prozessoren "emuliert". Dies bedeutet, dass man dem Benutzer nicht einen Teil des Hardware-Prozessors verfuegbar macht, wie dies in einem typischen Timesharing-System geschieht, sondern man stellt ihm einen eigenen "virtuellen" Prozessor zur Verfuegung, dessen Aktionen nur zum Teil durch die Hardware, zum anderen Teil jedoch durch Software, die auf dem realen Prozessor laeuft, realisiert werden.

Man spricht in diesem Falle davon, dass der Benutzer auf einer "virtuellen Maschine" arbeitet, die durch ein geeignetes Zusammenspiel des realen Prozessors mit einem sogenannten "virtuellen Maschinen-Monitor" ("VMM") verwirklicht wird. Wesentlich ist dabei, dass dieser VMM kein Betriebssystem ist, sondern nur ein (relativ primitiver) Emulator, der aufgrund seiner Einfachheit leichter korrekt zu realisieren ist, als dies fuer ein komplexes Betriebssystem moeglich waere.

Innerhalb jeder der vorhandenen virtuellen Maschinen laeuft ein eigenes Betriebssystem, das fuer verschiedene Maschinen ohne weiteres unterschiedlich sein darf; dieses "private" Betriebssystem fuehrt alle die Operationen fuer die einzelnen Benutzer aus, die diese auch in einer traditionell strukturierten Umgebung vom Betriebssystem erwarten. Wie die Benutzerprogramme, so arbeiten auch diese lokalen Betriebssysteme nicht direkt auf der Hardware des realen Prozessors und seiner Ein-/Ausgabe-Geraete, sondern auf der emulierten Hardware der virtuellen Maschine, die erst durch den VMM auf die reale Maschine abgebildet wird. So "sieht" etwa jedes lokale Betriebssystem einen realen Hauptspeicher, der jedoch in Wirklichkeit erst durch diese Abbildung dem physischen Hauptspeicher zugeordnet wird, also selbst wieder virtuell ist [59].

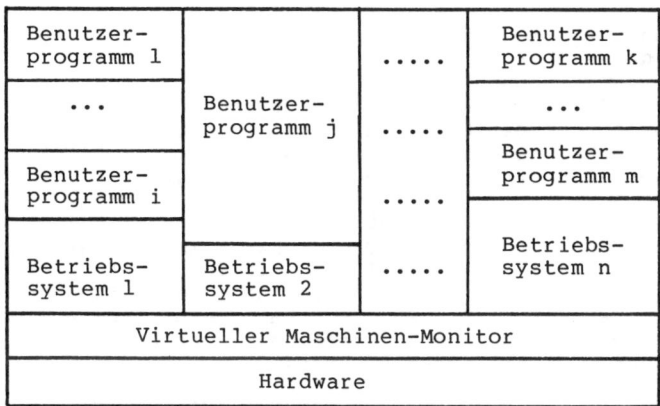

Fig. 6-5 Struktur eines Systems mit virtuellen Maschinen

Dieses auf den ersten Blick etwas verwirrende Nebeneinander von "realen" und "virtuellen" Betriebsmitteln, von verschiedenen Betriebssystemen und einem virtuellen Maschinen-Monitor wird etwas klarer, wenn man es sich an einem konkreten Beispiel verdeutlicht, das den virtuellen Maschinen-Monitor VM/370 von IBM zugrundelegt [33]: Stellt man sich als Hardware zum Beispiel eine IBM 3033 vor, auf der VM/370 als VMM laeuft, so kann diese Anlage mehrere kleinere Systeme emulieren. Dies kann in einem konkreten Fall etwa eine IBM 360/50 mit dem Betriebssystem DOS, eine IBM 370/150 mit dem Betriebssystem CMS und schliesslich eine IBM 4331 mit DOS/VSE oder eine andere Anlage mit UNIX sein. Fuer jede der emulierten Maschinen stellt die 3033 einen virtuellen Adressraum zur Verfuegung, der von der 360/50 als real, von der 370/158 dagegen als virtuell betrachtet wird. Ferner steht fuer jede der emulierten Maschinen ein vollstaendiger Satz von Maschinenregistern (einschliesslich eines eigenen Programmzaehlers) zur Verfuegung, wobei die Register der gerade aktiven virtuellen Maschine in den Hardware-Registern der 3033 enthalten sind.

Vom Standpunkt der Sicherheit her hat eine derart strikte Trennung der einzelnen Benutzer einige Vorteile:

- Fuer jede Sicherheits-Anforderung einer bestimmten Benutzergruppe kann dieser eine eigene Umgebung und ein eigenes, auf ihre Anforderung zugeschnittenes Betriebssystem zur Verfuegung gestellt werden.

- Wenn ein potentieller Angreifer es schafft, die Schutzvorkehrungen eines Betriebssystems (etwa durch einen technologischen Angriff) zu unterwandern, so ist davon nur seine eigene virtuelle Maschine betroffen; die Sicherheit der anderen virtuellen Maschinen ist nicht gefaehrdet.

- Der virtuelle Maschinen-Monitor ist aufgrund seiner Einfachheit und geringen Groesse wesentlich zuverlaessiger und auch
  sicherer gegen Unterwanderung als ein Betriebssystem, wie
  schon weiter oben festgestellt wurde.

Diesen Vorteilen stehen jedoch auch eine Reihe gravierender
Nachteile gegenueber:

- Die Moeglichkeit der Emulation durch einen VMM ist auf die
  Emulation kompatibler Maschinen beschraenkt; sie kann also
  nur innerhalb einer durch eine gemeinsame Architektur festgelegten Rechnerfamilie angewendet werden.

- Die totale Isolation der einzelnen virtuellen Maschinen
  gegeneinander macht jede direkte Kommunikation zwischen
  diesen Maschinen unmoeglich; laufen auf verschiedenen
  virtuellen Maschinen Prozesse ab, die in irgendeiner Weise
  zusammenarbeiten muessen, so kann eine Kommunikation nur
  ueber ein Rechnernetz erfolgen - und dies innerhalb eines
  einzigen physikalischen Rechners!

- Schliesslich erfordert der Einsatz dieses Konzeptes einen
  relativ hohen Hardware-Aufwand, sowohl beim Zentralprozessor,
  bei dem man einen nicht unerheblichen Leistungsverlust durch
  die Emulation hinnehmen muss, als auch bei den Peripherie-
  speichern, die entweder selbst emuliert werden oder fuer jede
  virtuelle Maschine physisch separat vorhanden sein muessen.

Diese Nachteile lassen es fraglich erscheinen, inwieweit bei
dem seit Jahren anhaltenden kontinuierlichen Abwaertstrend der
Hardware-Preise der Einsatz virtueller Maschinen auf die Dauer
noch wirtschaftlich ist; es kann bald guenstiger sein, die
virtuellen Maschinen durch reale, separate Prozessoren zu ersetzen
und diese bei Bedarf im Rahmen eines verteilten Systems zusammen-
zuschalten. Dennoch wurde dieser Ansatz in den letzten Jahren vom
amerikanischen Verteidigungs-Ministerium als Grundlage zur
Entwicklung eines sicheren Systems ("KVM/370", "Kernelized Virtual
Machine") [29] vorgesehen, so dass diesem Konzept in Zukunft
einige Aufmerksamkeit zu schenken ist.

6.7.2 Daten-Abstraktion und moderne Programmier-Techniken

Ein anderer Ansatz zur Erhoehung der Sicherheit von Betriebssystemen geht vom Einsatz moderner Programmier-Techniken zu ihrer
Realisierung aus. Das erste Betriebssystem, das in grossem Umfang
gezeigt hat, dass eine effiziente Implementierung auch niederer
Software-Ebenen nicht unbedingt in Assembler erfolgen muss, war
wohl UNIX [56]. Seit dieser bahnbrechenden Arbeit von Ritchie und
Thompson wurden eine Reihe von (zum Teil portablen) Betriebssystemen in hoeheren Programmiersprachen (vor allem C, Pascal und
Ratfor) geschrieben; einige dieser portablen Betriebssysteme, wie
etwa Thoth [11], erfreuen sich einer zunehmenden Verbreitung.

Ein wesentliches Ergebnis dieser Entwicklung ist, dass es den System-Entwicklern nun doch weitgehend bewusst geworden ist, dass eine gute Implementierung ihre Qualitaet eher von klaren System-strukturen als vom "Ausquetschen" der letzten Bits auf Assembler-Ebene erhaelt. Die Effizienz, die man durch die Programmierung auf niederer Ebene gewinnt, wird oft durch einen unklaren System-aufbau und daraus resultierende globale Ineffizienz mehr als verschenkt. Hinzu kommt, dass Systeme, die auf einer solchen niederen Ebene realisiert sind, durch ihre Unuebersichtlichkeit im allgemeinen erhebliche Wartungsprobleme und damit letztlich Unzu-verlaessigkeit und Unsicherheit verursachen.

Aufgrund dieser Erkenntnis ist eine zunehmende Tendenz zum Einsatz hoeherer Programmiersprachen und zur Verwendung moderner Programmier-Techniken wie strukturierter Programmierung und Top-/ Down-Entwurf auch bei der Realisierung innerer Software-Schichten eines Betriebssystems festzustellen. Eines der fuer die Sicher-heit wesentlichsten Konzepte ist hier das des "Information-Hiding", also des Verbergens der internen Strukturen einzelner Modulen vor den sie aufrufenden Programmteilen. Dieses Verfahren hat einen doppelten Vorteil:

- Wenn die interne Struktur eines Moduls nach aussen nicht sichtbar ist, so wird automatisch erzwungen, dass dieser Modul nur so benutzt werden kann, wie es seine Interface-Beschreibung vorsieht. Hierdurch wird eine "trickreiche" Programmierung, die durch die Verwendung interner Schnitt-stellen eines Moduls unabsehbare Nebenwirkungen verursachen kann, sehr wirkungsvoll ausgeschlossen.

- Da nur das deklarierte Interface des Moduls nach aussen sichtbar ist, kann die interne Struktur des Moduls, also seine Implementierung, veraendert werden, ohne dass dies Rueckwirkungen nach aussen hat, solange Interface-Beschrei-bung und Funktion des Moduls unveraendert bleiben. Es ist also ohne weiteres moeglich, interne Algorithmen und Daten-strukturen zu veraendern und zu verbessern, ohne dass deswegen andere Teile des Gesamtsystems in Mitleidenschaft gezogen wuerden.

Aus diesem Grund werden in modernen Programmiersprachen wie etwa Ada eigene Sprachkonstrukte vorgesehen, die eine explizite Unterscheidung zwischen der nach aussen sichtbaren Interface-Beschreibung und der unsichtbaren Intern-Struktur eines Moduls erlauben. So ist es zum Beispiel in Ada moeglich, durch die Deklaration "privater" Teile eines Moduls diese Teile nach aussen hin zu verbergen. Hinzu kommt, dass es in dieser Sprache moeglich ist, die Modul-Spezifikation und den Modul-Koerper, also die Implementierung, voneinander zu trennen. Hierdurch laesst sich schon auf der Sprachebene erzwingen, dass nur bestimmte Teile eines Moduls nach aussen wirksam bzw. von aussen beeinflussbar sein koennen und dass Modul-Koerper (in Grenzen) austauschbar sind, ohne dass sich deshalb am Modul-Interface etwas aendert.

Verfolgt man dieses Konzept weiter, so kommt man zum Konzept des "abstrakten Datentyps". Man versteht darunter eine Klasse von Objekten, die durch eine Menge vorgegebener Operationen charak-terisiert werden, wobei diese Operationen die **einzige** Moeglichkeit

zur Erzeugung und Manipulation der Objekte sind [30]. Sieht man
zum Beispiel einen abstrakten Datentyp "Stack" vor, so waere dieser zu charakterisieren durch die drei Operationen

create_stack(stack_name,element_type,max_depth)

push(stack_name,value)

pop(stack_name)

Wesentlich ist dabei, dass die interne Struktur dieses abstrakten
Datentyps nach aussen voellig verborgen ist; ob der Stack als
Liste oder als Feld implementiert ist und wie die ihn manipulie-
renden Operationen realisiert sind, ist nach aussen nicht sichtbar, so dass die Implementierung gewechselt werden kann, ohne dass
dies Rueckwirkungen nach aussen hat.

Abstrakte Datentypen stellen daher ein wichtiges Werkzeug zur
sauberen Strukturierung grosser Programmsysteme dar, zu denen ja
auch die Betriebssysteme gehoeren. Ihr allgemeiner Einsatz bei
der Software-Entwicklung ist zur Zeit jedoch noch aus zwei
Gruenden etwas problematisch:

-   Die meisten aelteren Programmiersprachen wie FORTRAN oder
    COBOL unterstuetzen dieses Konzept nicht, so dass hier
    abstrakte Datentypen bestenfalls manuell nachgebildet werden
    koennen. Dies setzt jedoch eine hohe Programmierdisziplin
    voraus, und die (illegale) Verwendung der Kenntnisse ueber
    die interne Struktur eines abstrakten Datentyps wird nicht
    zuverlaessig verhindert, da diese Struktur in solchen Spra-
    chen eben doch nach aussen sichtbar und zugreifbar bleibt.

-   Hiermit verbunden ist das psychologische Problem, dass das
    Denken in abstrakten Datentypen fuer solche Programmierer,
    die bisher nur in diesen Sprachen oder in Assembler program-
    miert haben, zunaechst sehr ungewohnt ist. Dies kann zu
    einem gewissen Widerstand gegen diese Technik und auch zu
    mangelnder Programmierdisziplin fuehren, sofern die Disziplin
    nicht von der verwendeten Sprache erzwungen wird.

Aufbauend auf der Technik der abstrakten Datentypen ist es
moeglich, ganze Systeme in Software-Ebenen zu strukturieren, von
denen jede den darueberliegenden Ebenen definierte Dienstleistungen ueber festgelegte Schnittstellen zur Verfuegung stellt,
waehrend sie selbst wieder die Dienste der darunterliegenden
Ebenen ueber definierte Schnittstellen in Anspruch nimmt. Mit
diesem Ansatz laesst sich das Gesamtsystem in ueberschaubare
Bloecke reduzierter Komplexitaet zerlegen [40]. Stellt man
sicher, dass jede dieser Ebenen korrekt funktioniert und die in
ihrer Interface-Beschreibung festgelegten Dienstleistungen exakt
gemaess dieser Beschreibung erbringt, so laesst sich hieraus die
Korrektheit des Gesamtsystems ableiten.

Ausgehend von einem Capability-Mechanismus (siehe Abschnitt
5.2.6) als unterste Schutzebene wurde von Feiertag und Neumann
[22] ein Betriebssystem ("PSOS", "Provably Secure Operating
System") entworfen, das auf einer derartigen Ebenenstruktur
aufbaut. Ziel dieser Entwicklung ist es, die korrekte Funktion

jeder einzelnen Ebene mathematisch zu beweisen und durch die
Verwendung abstrakter Datentypen hieraus die Sicherheit des
Gesamtsystems ableiten zu koennen.

6.7.3 Verifizierte Systeme

Damit stellt sich die Frage, ob es prinzipiell moeglich ist,
Systeme zu entwerfen und zu realisieren, die **garantiert** sicher
sind. Eine solche Sicherheits-Garantie ist dann gegeben, wenn es
moeglich ist, die Sicherheits-Anforderungen an ein System mathematisch zu formulieren und ausserdem zu beweisen, dass ein
bestimmtes System diesen Anforderungen in jedem Betriebszustand
genuegt. Man nennt diesen Vorgang die "Verifikation" eines
Systems und erhofft sich von ihm eine wesentliche Erhoehung der
Sicherheit.

Das zur Verifikation verwendete Verfahren geht davon aus,
dass eine formale Spezifikation des Systemverhaltens vorliegt und
dass diese Spezifikation den geforderten Sicherheits-Eigenschaften
genuegt (siehe hierzu auch Abschnitt 7.5). Durch mathematische
Beweise soll dann sichergestellt werden, dass die zur Realisierung
vorgesehenen Algorithmen in Bezug auf ihre Spezifikationen korrekt
funktionieren und dass die implementierten Programme diese Algorithmen korrekt realisieren. Durch induktives Beweisen logischer
Zusammenhaenge zwischen den Ein- und Ausgabe-Variablen einzelner
Programmteile ("inductive assertion") laesst sich dann nachweisen,
dass ein bestimmter Programmteil seine Spezifikationen korrekt
erfuellt. Man geht dabei folgendermassen vor [33]:

- Durch eine Eingabe-Bedingung werden die zulaessigen Werte
  definiert, die die Variablen annehmen duerfen, mit denen das
  Programm arbeitet.

- Eine Ausgabe-Bedingung legt die zulaessigen Werte fest, die
  diejenigen Variablen annehmen duerfen, die das Programm nach
  aussen sichtbar werden laesst.

- Fuer jede Schleife innerhalb des Programms wird eine
  Bedingung angegeben, die einen induktiven Beweis der Korrektheit der Ergebnisse dieser Schleife erlaubt.

Anschliessend muss fuer jedes Programmstueck, das zwischen
zwei dieser Bedingungen ablaeuft, bewiesen werden, dass sich die
Ausgabe-Bedingungen mathematisch aus den Eingabe-Bedingungen und
den Operationen dieses Programmstueckes ableiten lassen. Zusaetzlich muss fuer jede Schleife im Programm bewiesen werden, dass die
Anzahl der Schleifendurchlaeufe endlich ist, dass das Programm
also sein Ende erreicht. Ist es moeglich, alle diese Beweise zu
fuehren, so ist das betreffende Programm verifiziert.

Dieses Verfahren hat einige Einschraenkungen, die es beim
jetzigen Stand der Technik noch fraglich erscheinen lassen, ob es
mit ihm moeglich ist, die Korrektheit groesserer Programmsysteme
wirklich sicherzustellen:

- Zur Zeit stehen automatische Verifikationssysteme, die in der
  Lage waeren, ein grosses Software-System auf Richtigkeit hin
  zu ueberpruefen, noch nicht zur Verfuegung; dazu erfordern
  die derzeit verfuegbaren Systeme wie etwa HDM oder Ina Jo
  [10] die manuelle Durchfuehrung umfangreicher und komplizierter Zwischenschritte beim Uebergang von einer Design-
  Spezifikation zu einer Implementierung, so dass auch diese
  Systeme noch wenigstens als halb manuell und keinesfalls als
  automatisch einzustufen sind. Manuelle Verifikation ist
  jedoch mit so grossem Aufwand und daher mit so grossen
  Fehlermoeglichkeiten verbunden, dass sie zur Gewaehrleistung
  von Sicherheit nicht verwendbar ist. Selbst bei einfachen
  Algorithmen wurden manuelle Verifikationen vorgenommen, die
  deren Richtigkeit "beweisen", obwohl die Algorithmen selbst
  falsch waren [27]. Damit steht im Augenblick noch kein
  Mittel zur Verfuegung, um die Richtigkeit eines sicheren
  Systems als Ganzes zu beweisen bzw. sicherzustellen.

- Selbst wenn es moeglich waere, die Uebereinstimmung eines
  Systems mit seinen Spezifikationen durch Verifikation zu
  beweisen, so waere damit die Sicherheit des Systems erst dann
  bewiesen, wenn gleichzeitig bewiesen wuerde, dass diese
  Spezifikationen Sicherheit garantieren. Versteht man nun
  unter Sicherheit nicht nur die Erfuellung eines bestimmten
  formalen Zugriffs- oder Informationsflussmodells (siehe
  Kapitel 7), sondern allgemeiner die Verhinderung unauto-
  risierter Bedienung des Systems, so ist Sicherheit ein der
  Semantik zuzurechnender Begriff, und die Moeglichkeiten der
  Verwendung von (eventuell sogar automatisierten) Verifikationstechniken sind hier sogar noch geringer.

Aus diesen Gruenden muss die Verwendung von Verifikation auf
sehr kurze Codestuecke beschraenkt bleiben, bei denen eine gewisse
Chance besteht, diese Verifikation korrekt durchzufuehren und
gleichzeitig die Funktion dieser Codestuecke innerhalb einer
Gesamtspezifikation abzugrenzen.

6.7.4 Sicherheits-Kerne

Die Ueberlegungen des letzten Abschnittes legen es nahe zu
versuchen, die sicherheitsrelevanten Teile eines Betriebssystems
moeglichst an einer Stelle zu konzentrieren, um den Umfang des zu
verifizierenden Codes klein zu halten. Geht man davon aus, dass
nur diese Teile, die als "Sicherheits-Kern" ("security kernel")
bezeichnet werden, korrekt arbeiten muessen, um die Sicherheit des
Gesamtsystems zu garantieren, so kann durch einen solchen Ansatz
der Aufwand fuer die Verifikation des Systems erheblich reduziert
werden.

Ein solcher Sicherheits-Kern stellt dem Rest des Systems eine
virtuelle Umgebung zur Verfuegung, deren Objekte, wie etwa
Prozesse, Hauptspeicher, Geraete oder abstrakte Datentypen, sich
entsprechend den Sicherheits-Anforderungen verhalten. Die Hauptaufgaben des Sicherheits-Kerns sind daher die Verwaltung des
Hauptspeichers, der Prozessoren und der Ein-/Ausgabe-Vorgaenge.

In den letzten Jahren wurden eine Reihe von Betriebssystemen
mit solchen Sicherheits-Kernen entworfen und zum Teil auch realisiert. Die bekanntesten Vertreter dieser System-Klasse sind Data
Secure UNIX (DSU) der Universitaet Los Angeles (UCLA) [55],
Kernelized Secure Operating System (KSOS) von Ford Aerospace fuer
die PDP-11/70 (KSOS-11) [4,46] und von Honeywell fuer die Level-6-
Anlage (KSOS-6 bzw. SCOMP) [8] sowie Kernelized VM/370 (KVM/370)
von SDC [29].

Um einen Eindruck vom generellen Aufbau eines Systems mit
Sicherheits-Kern zu geben, sei DSU hier kurz beschrieben [17].
Dieses System benutzt als wesentlichen Schutzmechanismus die
verschiedenen Prozessor-Zustaende des PDP-11-Prozessors. Jeder
Prozess laeuft dabei in einer eigenen "Schutz-Domaene" ab, die
zwei Adressraeume enthaelt. In dem einen Adressraum laeuft das
Benutzerprogramm im User-Mode ab, waehrend der andere ein UNIX-
Interface enthaelt, das im (hoeher privilegierten) Supervisor-Mode
ablaeuft. Dieses Interface enthaelt eine Teilmenge des Betriebssystems UNIX sowie ein "Kernel Interface SubSystem" ("KISS"), das
die Schnittstelle zum eigentlichen System-Kern darstellt, der im
(am hoechsten privilegierten) Kernel-Mode ablaeuft.

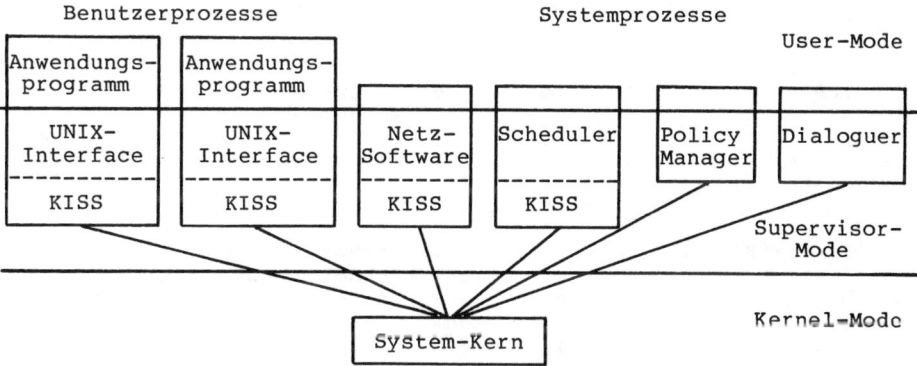

Fig. 6-6 Struktur des sicheren UNIX-Systems DSU

Jede Schutz-Domaene wird durch eine Liste von Capabilities
repraesentiert, die vom Sicherheits-Kern verwaltet wird. Die
angewendete Schutz-Strategie wird von einem eigenen, im Supervisor-Mode ablaufenden, "Policy Manager" bstimmt, der die Zuteilung der Capabilities veranlasst. Der Kern erteilt und entzieht
Zugriffsrechte aufgrund dieser Capabilities, veraendert diese
selbst aber nicht; er sorgt nur dafuer, dass die durch den Policy
Manager festgelegten Zugriffsrechte auch tatsaechlich realisiert
werden. Da Prozesse selbst keine Capabilities weitergeben
koennen, sondern hierzu die Funktionen des Kerns benoetigen, der
seinerseits an die Entscheidungen des Policy Managers gebunden
ist, wird sichergestellt, dass keine unkontrollierte Weitergabe
von Zugriffsrechten moeglich ist.

Eine sichere Verbindung zum Benutzer wird schliesslich durch
einen eigenen Prozess, der als "Dialoguer" bezeichnet wird, realisiert. Damit ist alle sicherheitssensitive Information sowie

deren Verarbeitung an drei Stellen konzentriert, naemlich im Kern, im Policy Manager sowie im Dialoguer. Eine Verifikation dieser drei Teile ermoeglicht es daher, ein insgesamt sicheres System zu erhalten. Da der Kern, im Gegensatz zu einem ueblichen Betriebssystem, sehr klein ist - weniger als 2000 Programmzeilen -, ist seine Verifikation erheblich leichter und zuverlaessiger moeglich, als dies fuer ein komplettes Betriebsystem getan werden koennte.

Es darf an dieser Stelle jedoch nicht verschwiegen werden, dass selbst die Konzentration der sicherheitssensitiven Teile eines Betriebsystems in einem Kern nicht alle Probleme loest. Sieht man einmal von dem generellen Problem einer formalen Spezifikation allgemeiner Sicherheits-Anforderungen ab, so bleibt doch die Tatsache bestehen, dass allein der Sicherheits-Kern eines allgemeinen Betriebssystems oft um die 30000 Programmzeilen enthaelt, was eine Verifikation vor erhebliche Probleme stellt. Versuche, den Umfang des Kerns durch eine geeignete Systemstruktur erheblich zu reduzieren, sind im allgemeinen nur fuer kleinere und einfachere Betriebssysteme (wie etwa DSU) erfolgreich; allerdings benoetigt man fuer solche kleinen Systeme nicht unbedingt einen Sicherheits-Kern, da hier eine Verifikation des Gesamtsystems in den Bereich des Moeglichen rueckt.

Aus diesen Gruenden ist die Euphorie, die auf dem Gebiet der Entwicklung von Sicherheits-Kernen Ende der siebziger Jahre herrschte, einer gewissen Ernuechterung gewichen [28]. Dies kommt zum Teil auch daher, dass erkannt wurde, dass ein gemaess einer Verifikation korrektes Betriebssystem nicht unbedingt sicher sein muss, da Loecher in der Systemsicherheit, die nicht von den Systemspezifikationen abgedeckt werden, auch durch eine Verifikation nicht erkannt oder gar geschlossen werden koennen.

Es wird daher verschiedentlich vorgeschlagen [52], die Stabilitaet eines Systems gegen technologische Attacken auch weiterhin durch gezielte Unterwanderungsversuche, sogenannte "Penetrationstests" zu bestimmen. Derartige Tests haben den Vorteil, dass sie auch solche Luecken in der Sicherheit eines Systems erkennen lassen, die sich durch formale Verfahren wie die Verifikation nicht erfassen lassen. Wie alle Testverfahren, so ist allerdings auch dieses nur in der Lage, auf vorhandene Fehler aufmerksam zu machen, nicht jedoch, das Vorhandensein von Fehlern definitiv auszuschliessen.

Insgesamt ist es wohl zweckmaessig, die verschiedenen zur Erhoehung der Systemsicherheit hier beschriebenen Verfahren miteinander zu kombinieren und durch zusaetzliche Penetrationstests die Wahrscheinlichkeit fuer das Vorhandensein formal nicht erfassbarer Luecken in der Sicherheit zu verringern. Da diese Verfahren zum Teil sehr verschiedene Aspekte der Systemsicherheit betreffen, ist ihr Zusammenspiel nicht unproblematisch, und es ist auch nicht gesagt, dass sich durch eine bestimmte Kombination dieser Verfahren alle Sicherheitsloecher auffinden lassen. Das Problem der Realisierung wirklich "sicherer" Betriebssysteme ist daher noch ziemlich weit von einer endgueltigen Loesung entfernt.

6.8 Zusammenfassung

Gemaess seiner zentralen Stellung innerhalb jeder Software, die auf einem Rechner laeuft, spielt das Betriebssystem auch fuer die Sicherheit einer Datenverarbeitungsanlage eine sehr wichtige Rolle. Es hat unter anderem dafuer zu sorgen, dass die von der Hardware ermoeglichten Schutzverfahren auch wirksam werden koennen, wobei die Trennung der einzelnen Benutzer, die in modernen Hauptspeicherverwaltungen angelegt ist, durch eine Prozess-Struktur auf der Ebene des Betriebssystems effektiv unterstuetzt wird. Andererseits muessen geeignete sichere Verfahren zur Interprozess-Kommunikation vorhanden sein, da sonst parallele Ablaeufe innerhalb des Rechners kaum zu koordinieren sind.

Fuer die Sicherheit des Gesamtsystems sind der System-Kern und seine Schnittstellen zur Anwender-Software von hoechster Bedeutung; Fehler im System-Kern machen im allgemeinen jeglichen Schutz im Rechner hinfaellig. Ausserdem stellt in den meisten unsicheren Systemen gerade die Benutzerschnittstelle des System-Kerns die Hauptverwundbarkeit fuer technologische Attacken dar, da diese nur zu oft durch Aufruf von Systemdiensten mit geeigneten falschen Parametern einen unkontrollierten Wechsel des Prozessors in einen privilegierten Modus und damit eine Unterwanderung jeglicher Sicherheit erreichen.

Auch die Kontrolle des logischen Zugangs zum System ist eine Aufgabe, die auf der Ebene des Betriebssystems zu erfolgen hat. Dabei ist zunaechst die Identifikation des Benutzers durchzufuehren, da sich aus dieser die Rechte zur Arbeit mit dem System ergeben. Um Unterwanderungsversuche an dieser Stelle auszuschliessen, muss die Identifikation durch eine geeignete Ueberpruefung der angegebenen Identitaet abgesichert werden. Ein gaengiges Verfahren zur Authentikation sind Passwoerter, die das System vom Benutzer erfragt, doch sind auch maschinenlesbare Ausweise oder abschliessbare Terminals bei Systemen ohne Fernzugriff ueblich.

Den zur Systembedienung zugelassenen Benutzern werden im Rahmen einer Autorisierung Rechte zugewiesen, die bestimmen, welche Operationen unter welchen Restriktionen auf welchen Datenobjekten durchgefuehrt werden duerfen. Durch Verbrauchsrechte laesst sich zusaetzlich die Belastung des Systems durch einzelne Benutzer begrenzen, und durch die Zuweisung von Privilegien und einer spezifischen Eingabesprache kann ein Benutzer auf die Operationen beschraenkt werden, die er zur Durchfuehrung seiner Aufgaben benoetigt. Erweiterte Funktionsrechte koennen durch vertrauenswuerdige Programme einer groesseren Anzahl von Benutzern verfuegbar gemacht werden.

Die im System erfolgenden Aktivitaeten koennen durch verschiedene Ueberwachungsverfahren ueberpruefbar und nachvollziehbar gemacht werden. Diese Ueberwachung erfasst im allgemeinen den Betriebsmittelverbrauch und die Rechnerbelastung durch die einzelnen Benutzer und bei Bedarf die Ausfuehrung sensitiver Operationen bzw. die Zugriffe auf sensitive Datenbestaende. Hinzu kommen oft noch Moeglichkeiten zur direkten Bestimmung des Zustandes des Systems und/oder einzelner Prozesse.

Um die Sicherheit auf der Ebene des Betriebssystems zu erhoehen, wurden verschiedene Verfahren erprobt oder zur Realisierung ganzer Systeme eingesetzt. System-Architekturen erhoehter Sicherheit beruhen dabei oft auf einem relativ kleinen, aber sehr zuverlaessigen Sicherheits-Kern oder auf einer totalen Isolation der Anwender durch die Bereitstellung emulierter virtueller Maschinen. Durch den Einsatz moderner Software-Methoden, insbesondere die Verwendung abstrakter Datentypen und Verifikationstechniken, wird zusaetzlich versucht, zu beweisbar sicheren Systemstrukturen oder zumindest einem korrekten Sicherheits-Kern zu kommen.

7 Zugriff auf Daten

7.1 Schutzmethoden

7.1.1 Grundlagen

Waehrend im vorigen Kapitel die Verfahren besprochen wurden, mit denen auf der Ebene des Betriebssystems eine sichere Umgebung geschaffen werden kann, in der die fuer einzelne Datenaggregate notwendigen Zugriffsbeschraenkungen wirksam werden koennen, sollen hier nun diese Zugriffsbeschraenkungen selbst und ihre Beziehungen zu den Daten genauer untersucht werden. Die folgenden Diskussionen werden sich zwar hauptsaechlich auf den Zugriff auf Informationen, also Nutzdaten, beziehen, doch sollte man hierbei nicht vergessen, dass auch Operationen wie die einem Benutzer verfuegbaren Funktionen oder auch Transaktionen in einem kommerziellen Dialogsystem Objekte sind, die einem aehnlichen Zugriffsschutz unterworfen sein muessen. Da hinter diesen Operationen jedoch letztlich wieder Datenobjekte stehen, die die Operationen realisieren, lassen sich die meisten der im Abschnitt 7.2 angestellten Ueberlegungen ohne grosse Muehe auch auf Operationen anwenden, so dass in den meisten Faellen eigene Betrachtungen hierfuer entfallen koennen.

Das Ziel aller Kontrollen des Zugriffs auf Datenobjekte im Rechner ist es, nur autorisierte Zugriffe zuzulassen und alle nicht autorisierten Zugriffe zuverlaessig zu verhindern. Waehrend es in Rechenzentren mit "closed shop"-Betrieb im Prinzip moeglich war, ohne derartige Zugriffskontrollen auszukommen, da schon der Zugang zum Rechner selbst und damit auch zu seinen Datenbestaenden geschuetzt war, ist fuer Rechner, auf die ueber Datenfernuebertragung zugegriffen werden kann oder an die - auch lokale - Terminals angeschlossen sind, eine an die einzelnen Datenobjekte gebundene Zugriffskontrolle unabdingbar. Hinzu kommt, dass auch dann, wenn alle Zugaenge zum Rechner so geschuetzt sind, dass nur autorisiertes Personal mit dem Rechner arbeiten kann, im allgemeinen eine Kontrolle des Zugriffs auf bestimmte Daten erfolgen muss, da nicht alle Daten in gleicher Weise fuer alle Benutzer zugreifbar sein duerfen. (So sollten etwa in einem Personal-Datenbestand die Gehaltsdaten nur dem Lohnbuero zur Verfuegung stehen, waehrend der Zugriff auf bestimmte persoenliche Daten dem Personalbuero vorbehalten sein muss.)

Bei der Beschreibung der Zugriffskontrollen ist es zweckmaessig, zwischen den <u>Strategien</u> zur Spezifikation der Zugriffsrechte einerseits und den <u>Verfahren</u> zur Durchsetzung der Zugriffskontrolle andererseits zu unterscheiden. Diese Unterscheidung

erlaubt eine separate Betrachtung der Schutzanforderungen eines
bestimmten Systems und der Implementierung dieser Anforderungen.
Dies hat insbesondere den Vorteil, dass man durch diese Unter-
scheidung in die Lage versetzt wird, verschiedene Strategien unter
Zugrundelegung derselben Verfahren zu realisieren, je nach den
Schutzbeduerfnissen einer bestimmten Installation.

Bei der Beschreibung der Strategien zum Schutz der vorhandenen Daten muss man zwei grundsaetzlich unterschiedliche Ansaetze
betrachten, die in den beiden folgenden Abschnitten getrennt
beschrieben werden.

7.1.2 Diskrete Kontrollen

Es ist im Prinzip moeglich, fuer jedes Datenobjekt separat
die Schutzanforderungen dieses Datenobjektes anzugeben. Eine
derartige Beschreibung der Zugriffskontrolle legt im wesentlichen
fuer die einzelnen Benutzer fest, welche Operationen sie - eventuell unter bestimmten Randbedingungen - auf dieses Datenobjekt
anwenden duerfen. Zur generellen Beschreibung einer derartigen
Schutzstrategie ist es zunaechst unerheblich, ob das zu ihrer
Realisierung verwendete Verfahren davon ausgeht, dass die
Zugriffsrechte an das Datenobjekt gebunden und fuer jeden
einzelnen Benutzer spezifiziert sind, oder ob jedem Benutzer eine
Liste von Rechten gegeben ist, die beschreibt, welche Operationen
er auf einzelne Datenobjekte anwenden darf. Vom Standpunkt der
Strategie her handelt es sich hier um duale Beschreibungen
desselben Sachverhaltes, so dass wir die Unterschiede der
Verfahren an dieser Stelle zunaechst ignorieren koennen.

Wesentliches Charakteristikum der hier beschriebenen Schutzstrategie ist es, dass die Zugriffsrechte auf einer individuellen
Basis festgelegt werden. Die Rechte, die ein bestimmter Benutzer
in Bezug auf ein bestimmtes Datenobjekt hat, beeinflussen weder
seine Rechte in Bezug auf andere Datenobjekte - zumindest solange
diese von dem betrachteten Datenobjekt unabhaengig sind -, noch
beeinflussen sie direkt die Rechte anderer Benutzer bezueglich
dieses Datenobjektes. Man spricht daher bei dieser Schutzstrategie von "diskreter Kontrolle" der Zugriffsrechte.

Der Hauptvorteil diskreter Zugriffskontrollen ist ihre
Flexibilitaet und Anpassbarkeit an individuelle Schutzbeduerfnisse
einzelner Datenobjekte und an individuelle Zugriffserfordernisse
einzelner Benutzer. Durch die Vergabe einzelner Zugriffsrechte
laesst es sich im Prinzip erreichen, dass jeder Benutzer auf genau
die Datenobjekte in genau der Form zugreifen darf, fuer die er
autorisiert ist.

Um die Vergabe der Zugriffsrechte formal beschreiben und
damit auch steuern zu koennen, geht man bei diskreten Zugriffskontrollen im allgemeinen vom Konzept des "Eigentuemers" ("owner")
eines Datenobjektes aus. Eigentuemer wird dabei im allgemeinen
zunaechst der, der dieses Datenobjekt erzeugt bzw. auf dessen
Veranlassung es erzeugt wird. Der Eigentuemer ist - bei personenbezogenen Daten - im allgemeinen **nicht** die Quelle dieser Daten,
also nicht die Person, auf die sich die Daten beziehen, sondern
die Person, die die Kontrolle ueber die Daten hat.

Bei Erzeugung eines Datenobjektes stehen seinem Eigentuemer bestimmte Zugriffsrechte auf dieses Objekt zur Verfuegung. Zu diesen Zugriffsrechten gehoert insbesondere das Recht der Veraenderung der Zugriffsrechte auf dieses Objekt. Der Eigentuemer kann, sofern er nicht sowieso alle Zugriffsrechte fuer dieses Objekt besitzt, seine Rechte erweitern; ebenso kann er bei Bedarf - etwa um sich selbst vor Fehlern zu schuetzen - seine eigenen Rechte einschraenken.

Ein wichtiges Recht, das dem Eigentuemer eines bestimmten Datenobjektes zusteht, ist das der Vergabe und Zuruecknahme von Zugriffsrechten fuer andere Benutzer, durch das er die allgemeine Zugreifbarkeit des Objektes steuern kann. Es ist eine wesentliche Eigenschaft des Eigentuemer-Modells, dass die Vergabe aller Zugriffsrechte letztlich vom Eigentuemer eines Datenobjektes kontrolliert wird. Es ist zwar in manchen auf diskreter Zugriffskontrolle basierenden Systemen moeglich, dass der Eigentuemer Rechte zur Kontrolle und auch Weitergabe der Zugriffsrechte an andere Benutzer weitergeben kann, doch ist letztlich er selbst die Quelle auch aller weitergegebenen Zugriffsrechte.

In manchen Systemen ist nicht unbedingt immer derselbe Benutzer Eigentuemer eines bestimmten Datenobjektes. Das Eigentumsrecht kann hier durch eine spezielle Operation, die entweder der Eigentuemer oder der Systemverwalter (oder beide) ausfuehren duerfen, auf einen anderen Benutzer uebertragen werden. Der urspruengliche Eigentuemer verliert durch diese Operation die Kontrolle ueber das betreffende Datenobjekt und eventuell sogar seine Zugriffsrechte auf dieses Objekt, waehrend der neue Eigentuemer zumindest die Kontrolle ueber das Datenobjekt erhaelt; falls er keine Zugriffsrechte hat, so kann er sie sich selbst dann eintragen.

Es ist zum Teil auch moeglich, dass der Eigentuemer eines Datenobjektes andere Benutzer als "Miteigentuemer" deklariert; in diesem Fall gehen die Rechte des Eigentuemers auf diese anderen Benutzer ueber, ohne dass er selbst diese Rechte verliert. Problematisch wird dies dann, wenn es moeglich ist, die Miteigentuemerschaft wieder zu entziehen; es muss dabei unterschieden werden, ob ein solcher Entzug:

- vom urspruenglichen Eigentuemer oder einem der Miteigentuemer veranlasst wurde

- und ob er sich auf einen der Miteigentuemer oder auf den urspruenglichen Eigentuemer bezieht.

Je nach den Kombinationen dieser Moeglichkeiten, die in einem konkreten System realisiert oder zugelassen sind, koennen ziemlich komplizierte Abhaengigkeiten der Zugriffsrechte von der Eigentuemerschaft entstehen. Insbesondere ist es denkbar, dass einer der Miteigentuemer im Nachhinein dem urspruenglichen Eigentuemer seine Eigentumsrechte entzieht.

Besonders kompliziert wird dieser Sachverhalt, wenn man noch beruecksichtigt, dass auch die Zugriffsrechte selbst wieder entzogen werden koennen. Wird einem (Mit-)Eigentuemer das Recht zur Vergabe von Zugriffsrechten entzogen, so stellt sich naemlich die Frage, ob die von ihm vergebenen Zugriffsrechte von diesem Entzug

betroffen sein sollen. Zur Behandlung dieses Vorgangs sind zwei
unterschiedliche Strategien moeglich:

- Es ist moeglich, einmal vergebene Zugriffsrechte als statische Objekte zu verstehen, die ab dem Zeitpunkt ihrer Vergabe
  existieren und explizit geloescht werden muessen, wenn sie
  einem bestimmten Benutzer entzogen werden sollen. In diesem
  Fall werden die von einer anderen Person vergebenen Zugriffsrechte nicht veraendert, wenn der vergebenden Person das
  Recht zur Vergabe entzogen wird.

- Andererseits kann man Zugriffsrechte auch als Endpunkte von
  Wegen verstehen, die vom Eigentuemer des betrachteten Datenobjektes ausgehen und deren Existenz davon abhaengt, ob der
  betreffende Weg ohne Unterbrechung vorhanden ist. Bei einem
  solchen Ansatz werden die von einer anderen Person vergebenen
  Zugriffsrechte zwangsweise geloescht, wenn dieser Person das
  Recht zur Vergabe von Zugriffsrechten entzogen wird.

Diese Betrachtungen zeigen, dass die auf den ersten Blick
recht einfache Strategie der Vergabe diskreter Zugriffsrechte in
einer konkreten Implementierung zu recht verwickelten Situationen
fuehren kann, die es im Extremfall sogar prinzipiell unmoeglich
machen koennen zu entscheiden, ob ein bestimmter Benutzer bei einer gegebenen Verteilung von Zugriffsrechten das Recht zum Zugriff
auf ein bestimmtes Datenobjekt erlangen kann oder nicht [43].

Ein weiteres Problem diskreter Zugriffsrechte stellt sich
durch die "Granularitaet" der zu schuetzenden Daten. Man versteht
darunter die Groesse der einzelnen Datenobjekte mit unterschiedlichen Schutzbeduerfnissen. Einerseits kann ein solches Datenobjekt aus einer ganzen Bibliothek oder einer Menge von Dateien
bestehen, waehrend andererseits unter Umstaenden ein einzelnes
Datenfeld eines bestimmten Datensatzes einer bestimmten Datei
(etwa das Gehalt des Firmenchefs) einen von allen anderen Datenobjekten verschiedenen Schutz erfordern kann. Daraus folgt, dass
die Anzahl der diskreten Zugriffsrechte umso groesser wird, je
feiner die benoetigte Schutzgranularitaet ist, bis hin zu einer
Situation, in der das Datenvolumen der Zugriffsrechte das der
Nutzdaten bei weitem uebersteigt. Falls es sich nicht durch eine
geeignete Strukturierung der Daten und der Zugriffsrechte
erreichen laesst, dass sich der Umfang der Zugriffsrechte erheblich verringert, werden diskrete Zugriffsrechte ab einer gewissen
Granularitaet der Schutzbeduerfnisse so unhandlich, dass sie praktisch nicht mehr anzuwenden sind.

Schliesslich ist die Anwendung diskreter Zugriffsrechte auch
vom Standpunkt der organisatorischen Ebene des Datenschutzes nicht
ganz unproblematisch. Dies liegt daran, dass es zur Durchsetzung
einer auf der organisatorischen Ebene festgelegten Schutzstrategie
bei der Verwendung diskreter Zugriffskontrollen erforderlich ist,
dass alle Zugriffsrechte genau im Einklang mit dieser Strategie
vergeben werden. Da dies jedoch ein korrektes Verhalten aller
Eigentuemer von Datenobjekten voraussetzt, laesst sich diese Forderung nicht automatisch erzwingen, wenn man diskrete Kontrollen
als Basis des Zugriffsschutzes zugrundelegt.

7.1.3 Globale Kontrollen

Um diese Probleme der diskreten Zugriffskontrolle zu loesen, wurden verschiedene Modelle entwickelt, die eine globale Spezifikation einer Schutzstrategie und deren automatische Umsetzung in die Kontrolle des Zugriffs auf einzelne Datenobjekte ermoeglichen.

Derartige Modelle gehen von der Existenz globaler Schutzkriterien aus, die gemeinsame Schutzbeduerfnisse ganzer Klassen von Datenobjekten beschreiben. Diesen Schutzkriterien stehen globale Zugriffsrechte gegenueber, die den Benutzern des Systems zugewiesen werden koennen. Ein Zugriff auf ein bestimmtes Datenobjekt wird nur dann gestattet, wenn die Zugriffsrechte des betreffenden Benutzers im Einklang stehen mit den Schutzbeduerfnissen der Klasse, zu der das gewuenschte Datenobjekt gehoert.

Globale Zugriffsmodelle wurden zuerst im Kontext militaerischer Systeme entwickelt [42], da hier einerseits relativ leicht formalisierbare Schutzstrategien vorgegeben waren und da andererseits gerade hier ein besonderer Bedarf an Schutzsystemen besteht, die die Einhaltung vorgegebener Datenschutz-Richtlinien erzwingen. Entsprechend orientieren sich die meisten globalen Zugriffsmodelle an militaerischen Datenschutz-Vorgaben, und erst in letzter Zeit sind Versuche festzustellen, auch fuer den nicht-militaerischen Bereich Grundlagen fuer einen globalen Zugriffsschutz zu entwickeln [45].

Die Vorteile globalen Zugriffsschutzes ergeben sich direkt aus der Motivation zu seiner Entwicklung. Es sind dies im wesentlichen die direkte Uebertragung organisatorischer Vorgaben in die Realisierung des Zugriffsschutzes, ohne dass dazu eine korrekte Vergabe von Zugriffsrechten durch die Eigentuemer der einzelnen Datenobjekte erforderlich waere, und die Reduktion des Umfangs der beeotigten Zugriffsschutz-Information. Die letztere ergibt sich daraus, dass bei globalen Zugriffskontrollen nicht mehr einzelne Datenobjekte, sondern nur noch ganze Klassen von Objekten verwaltet werden muessen und dass auch meist eine Einteilung der Benutzer in Klassen und damit eine weitere Reduktion der Anzahl der zu verwaltenden Zugriffsrechte erfolgen kann.

Es darf jedoch nicht uebersehen werden, dass globale Zugriffsrechte auch nur eine globale Steuerung der Zugriffe auf den Datenbestand erlauben; eine spezifische Kontrolle der Zugriffe bestimmter Benutzer auf bestimmte Datenobjekte ist bei globalen Kontrollen im allgemeinen nicht moeglich. Eine wesentlich schwerere Einschraenkung ist noch, dass durch das zugrundegelegte Zugriffsmodell die Menge der moeglichen Verteilungen von Zugriffsrechten und deren Aenderung vorweggenommen oder zumindest sehr stark eingeschraenkt werden. Aus dieser Einschraenkung resultiert hauptsaechlich der Mangel an globalen Zugriffskontrollen fuer nicht-militaerische Systeme, da es durchaus noch nicht klar ist, welche Zugriffsmodelle auf ein konkretes kommerzielles System anzuwenden sind [45].

Aufgrund dieser Einschraenkungen ist es langfristig wohl zu erwarten, dass eine allgemein verwendbare Zugriffskontrolle sowohl diskrete als auch globale Komponenten umfassen wird, die in einer der jeweiligen Anwendung angemessenen Form miteinander zu kombinieren sind. Bei einer derartigen Kombination diskreter und

globaler Zugriffskontrollen koennen etwa die Schutzbeduerfnisse
einzelner Klassen von Datenobjekten durch globale Kontrollen
befriedigt werden, waehrend diskrete Kontrollen fuer eine genauere
Abstimmung des Zugriffsschutzes innerhalb der einzelnen Klassen
sorgen.

Der folgende Abschnitt beschreibt verschiedene gebraeuchliche
Verfahren zur Realisierung diskreter Zugriffskontrollen und
vergleicht diese Verfahren hinsichtlich ihrer Wirksamkeit miteinander. Globale Zugriffskontrollen werden dagegen im Abschnitt 7.5
ausfuehrlich beschrieben. Schliesslich werden in zwei weiteren
Abschnitten dieses Kapitels noch die Probleme untersucht, die sich
ergeben, wenn die zu schuetzenden Datenobjekte in einer Datenbank
abgespeichert sind und mit den Moeglichkeiten eines Datenbanksystems bearbeitet werden koennen.

7.2 Dateischutz

7.2.1 Passwoerter

Eines der aeltesten Verfahren der Zugriffskontrolle beruht
darauf, dass der Benutzer ein <u>Passwort</u> an das Datei-System uebergeben muss, wenn er eine bestimmte Zugriffsart auf eine
geschuetzte Datei anwenden will. Diese Passwoerter werden vom
Eigentuemer der Datei fuer die verschiedenen moeglichen Zugriffsarten vergeben, wobei die Vergabe im allgemeinen fuer jede
einzelne Datei gesondert erfolgt. Schutzsysteme dieser Art unterscheiden meist zwischen lesendem und schreibendem Zugriff auf eine
Datei; enthaelt diese Datei ein Programm, so wird in manchen
Systemen zusaetzlich fuer die Zugriffsart "Ausfuehren" ein
weiteres Passwort vorgesehen. Um eine bestimmte Datei lesen zu
koennen, muss ein Benutzer dem Datei-System also das zu dieser
Datei gehoerende Lese-Passwort uebergeben; will er sie dagegen
veraendern, so muss er das Schreib-Passwort (und eventuell noch
zusaetzlich das Lese-Passwort) uebergeben.

Damit ist es moeglich, gezielt einzelnen Benutzern bestimmte
Zugriffe auf eine Datei zu erlauben, indem man ihnen die zugehoerigen Passwoerter mitteilt; andere Benutzer, die diese Passwoerter nicht kennen, werden bei einem Zugriffsversuch abgewiesen.

Ferner ist es moeglich, den Zugriff auf eine so geschuetzte
Datei auf die Bearbeitung mittels ausgewaehlter Programme zu
beschraenken, indem man die betreffenden Passwoerter in diese
Programme codiert und sie von diesen an das Datei-System uebermitteln laesst. Der Benutzer eines solchen Programms sieht gar
nicht, dass zum Datei-Zugriff ein Passwort noetig ist, und welches
Passwort den Zugriff erteilt, erfaehrt er erst recht nicht, da
dieses Passwort im Programm versteckt ist.

Aus den hier dargestellten Ueberlegungen heraus wurde ein
Dateischutz durch Passwoerter in vielen aelteren Systemen wie etwa
BS3, BS2000 oder den verschiedenen Varianten der IBM-Betriebs-
systeme OS und DOS realisiert. Teilweise wurden dabei Varianten
in die hier beschriebene Grundidee eingebracht. So wurde etwa in
BS3 das Schreib-Passwort aus zwei Teilen aufgebaut, deren erster
das Lese-Passwort war; das Recht zu schreibenden Zugriffen impli-

zierte daher immer auch das Recht zu lesenden Zugriffen. Ferner
wurde die Anzahl der Zugriffsversuche mit falschen Passwoertern
ueberwacht, und nach Ueberschreiten einer Maximalzahl wurde der
Job abgebrochen, so dass illegale Zugriffsversuche, die durch
wiederholtes Probieren das legale Passwort zu finden hofften,
erheblich erschwert wurden.

Auf den ersten Blick scheint man hier ein sehr einfaches und
auch sehr brauchbares Mittel zum Schutz wichtiger Dateien zu
haben. Bei genauerer Betrachtung zeigen sich jedoch grundlegende
Schwaechen dieses Verfahrens, die inzwischen weitgehend zu einer
Abkehr vom Dateischutz mit Passwoertern gefuehrt haben:

- Wie jedes Passwort-System, so ist auch dieses durch Passwort-
  Diebstahl verwundbar; faellt der Dieb nicht durch Manipulation irgendwelcher Daten auf, so kann ein solcher Diebstahl lange unbemerkt bleiben.

- Falls die Datei-Passwoerter in unverschluesselter Form irgendwo im Datei-System abgespeichert sind, so bricht jeglicher Schutz zusammen, sobald es einem Eindringling moeglich
  wird, Zugriff auf die abgespeicherten Passwoerter zu erhalten. Aus diesem Grund werden in manchen Systemen (z.B.
  BS2000) auch Datei-Passwoerter in derselben Weise, wie dies
  fuer die Systemzugangs-Passwoerter im Abschnitt 6.4.3.1 beschrieben wurde, einer nicht umkehrbaren Verschluesselung
  unterzogen, ehe sie abgespeichert werden.

- In dem Augenblick, in dem der Eigentuemer einer Datei einer
  anderen Person Zugriff durch Mitteilung eines Passwortes
  erlaubt, hat er im Prinzip jegliche Kontrolle ueber die
  Sicherheit dieser Datei verloren, da er nicht sicherstellen
  kann, dass diese Person nicht ihrerseits das Passwort weiter-
  gibt. Wird eine Sicherheitsverletzung festgestellt, so
  laesst sich nicht ohne weiteres bestimmen, wer dafuer verantwortlich ist, da:

  o einerseits jede der Personen, die das Passwort kennt,
    seine Weitergabe - absichtlich oder indem sie bestohlen
    wurde - verursacht haben kann, und

  o andererseits jede der nicht zum Dateizugriff berechtigten
    Personen, also letztlich jeder - legale oder illegale -
    Benutzer des Systems, sich das Passwort angeeignet haben
    kann.

- Hat der Eigentuemer einer Datei einer groesseren Anzahl von
  Benutzern durch Mitteilung eines Passwortes Zugriff auf eine
  Datei gegeben, so wird es fuer ihn sehr schwer oder sogar
  unmoeglich, dieses Passwort noch einmal zu veraendern, da
  diese Veraenderung Rueckwirkungen auf die Arbeit aller dieser
  Benutzer haben kann.

  Insbesondere wenn andere Benutzer das Datei-Passwort in
ein Programm eingebracht haben, so erfordert eine Aenderung
des Passwortes auch eine Aenderung dieses Programms, was mit
hohem Aufwand verbunden sein kann. Im Extremfall, in dem die
Quellen dieses Programms nicht mehr vorhanden sind oder keine
Person mehr verfuegbar ist, die diese Quellen noch hinrei-

chend versteht, um sie aendern zu koennen, steht man daher nur noch vor der Wahl, das Passwort auf seinem alten Wert zu lassen oder das Programm wegzuwerfen.

- Auch vom praktischen Gesichtspunkt her sind Datei-Passwoerter in einer heutigen Programmier-Umgebung kaum noch einsetzbar: Beruecksichtigt man, dass oft ein einzelner Benutzer mehrere Tausend (!!!) Dateien besitzt und dass in einem groesseren Timesharing-System die Anzahl der systemweit verfuegbaren Dateien bis in die Hunderttausend geht, so wird die Verwaltung der Datei-Passwoerter zu einem erheblichen Problem. Ein Benutzer in einer solchen Umgebung hat eigentlich nur zwei Alternativen:

  o Entweder verwendet er fuer ganze Mengen von Dateien immer das gleiche Passwort, mit der Konsequenz, dass der Diebstahl dieses einen Passwortes alle dazugehoerenden Dateien auf einmal in Gefahr bringt;

  o oder er macht sich die - nicht unbetraechtliche - Muehe, sich Hunderte oder Tausende von Passwoertern auszudenken. In diesem zweiten Fall ist er jedoch, falls er nicht ueber ein ganz ausserordentlich gutes Gedaechtnis verfuegt, gezwungen, diese Passwoerter irgendwo zu notieren - eventuell sogar wieder im Rechner -, und jeder, der in diese Passwort-Liste Einsicht nehmen kann, hat den Dateischutz voellig unterlaufen.

Eine der Konsequenzen der zuletzt genannten Probleme ist, dass Datei-Passwoerter nur sehr selten oder ueberhaupt nicht geaendert werden. Daraus folgt aber automatisch, dass die Gefaehrdung der durch diese Passwoerter geschuetzten Dateien mit ihrer Lebensdauer anwaechst, da die Gefahr, dass ein Passwort gestohlen wurde, direkt proportional zu seiner Lebensdauer ist. Hinzu kommt, dass Datei-Passwoerter oft aus systemtechnischen Gruenden relativ kurz und auf einen kleinen Zeichenvorrat eingeschraenkt sind, so dass sie durch ein spezielles Suchprogramm in endlicher Zeit aufgefunden werden koennen; ein derartiges Suchprogramm laesst sich im allgemeinen innerhalb sehr kurzer Zeit schreiben, so dass der Aufwand zum Brechen eines Dateischutzes durch Passwoerter vernachlaessigbar klein sein kann.

Die hier geschilderten gravierenden Maengel haben dazu gefuehrt, dass Dateischutz durch Passwoerter in modernen Systemen nicht mehr verwendet wird. Charakteristisch fuer diese Abkehr von Datei-Passwoertern ist unter anderem, dass bei der Installation des Sicherheits-Systems RACF [35] (siehe Abschnitt 7.2.2.2) der im Betriebssystem OS von IBM vorhandene Passwort-Dateischutz abgeschaltet wird. Entsprechend sind in den naechsten Abschnitten modernere Verfahren zum Dateischutz zu besprechen, die die hier genannten Maengel nicht mehr aufweisen, dafuer aber auch den Benutzer zum Teil mit neuen Problemen konfrontieren.

7.2.2 Zugriffsmatrizen

7.2.2.1 Das allgemeine Modell - Die Basis fuer viele Systeme zur diskreten Zugriffskontrolle, die auf dem Eigentuemer-Modell basieren, stellt das zuerst von Lampson [41] formulierte Modell der "Zugriffsmatrizen" dar. Dieses Modell laesst sich durch "Schutzzustaende" und Uebergaenge zwischen diesen Zustaenden beschreiben. Jeder dieser Schutzzustaende wird durch den Inhalt einer sogenannten Zugriffsmatrix definiert, und Zustandsueber- gaenge werden durch Operationen repraesentiert, die diese Matrix auf bestimmte Arten veraendern [17].

Jede Zeile der Zugriffsmatrix enthaelt die Zugriffsrechte ei- nes Benutzers, waehrend die einzelnen Spalten durch die geschuetz- ten Objekte adressiert werden. In jeder Zelle der Matrix stehen die aktuell gueltigen Zugriffsrechte des Benutzers, zu dessen Zeile diese Zelle gehoert, auf das Objekt, zu dessen Spalte die Zelle gehoert. Ein einfaches Beispiel einer solchen Zugriffs- matrix koennte etwa so aussehen:

Objekte

		O1	O2	O3	O4	O5	O6
Benutzer	B1	R W E		Own R W		E	
	B2		R E	R	Own R E	E	

Fig. 7-1 Beispiel einer Zugriffsmatrix

Dabei bezeichnet "R(ead)" das Recht zum Lesen, "W(rite)" das Recht zum Schreiben, "E(xecute)" das Recht zur Ausfuchrung als Programm und schliesslich "Own" das Recht, als Eigentuemer des betreffenden Datenobjektes aufzutreten. Waehrend O1 und O2 fuer beide Benutzer fremde Datenobjekte sind, werden durch O3 und O4 eigene Datenobjekte repraesentiert; das Objekt O3 kann zusaetz- lich vom Benutzer B2 fuer dessen eigenen Gebrauch gelesen werden. Durch O5 wird ein Objekt repraesentiert, das allgemein zur Verfue- gung steht, aber von keinem Benutzer veraendert oder auch nur kopiert werden darf; man kann sich hierunter zum Beispiel ein Hilfsprogramm des Betriebssystems vorstellen. Auf das Objekt O6 schliesslich darf keiner der beiden Benutzer zugreifen.

Operationen, die zu einer Aenderung des Schutzzustandes fuehren, duerfen prinzipiell nur dann ausgefuehrt werden, wenn der Benutzer, der diese Operation veranlasst, Eigentuemer des betref- fenden Objektes ist. Dies bedeutet, dass in der zu veraendernden Spalte der Matrix in der Zeile, die zu dem die Operation veran- lassenden Benutzer gehoert, der Eintrag "Own" vorhanden sein muss. Derartige Operationen koennen das Erteilen eines Zugriffsrechtes, sein Entzug oder eventuell auch der Wechsel des Eigentuemers oder der Eintrag zusaetzlicher Eigentuemer sein.

Gegenueber dem Passwort-Schema hat dieses Verfahren den grossen Vorteil, dass es dem Eigentuemer einer Datei oder eines sonstigen zu schuetzenden Datenobjektes eine echte Kontrolle ueber die Zugriffsrechte anderer Benutzer auf dieses Datenobjekt gibt, ohne dass die im letzten Abschnitt aufgezaehlten negativen Effekte auftreten.

Allerdings ist das Zugriffsmatrix-Modell ohne geeignete Modifikationen noch nicht fuer einen praktischen Einsatz verwendbar. Dies liegt im wesentlichen daran, dass normalerweise die Zugriffsrechte sehr ungleich in dieser Matrix verteilt sind: Waehrend einerseits bestimmte Objekte allgemein oder zumindest sehr weit verfuegbar sein muessen, duerfen andererseits die meisten privaten Datenobjekte nur dem Eigentuemer oder einer relativ kleinen Gruppe von Benutzern zugreifbar sein. Dies bedeutet, dass - abgesehen von den systemweiten Objekten, in deren Spalte ueblicherweise fuer alle Benutzer dieselben Eintrage enthalten sind - die Matrix ziemlich leer ist. Beruecksichtigt man nun, dass in einem groesseren System die Anzahl der Benutzer leicht in die Hunderte oder Tausende geht, waehrend die Anzahl der zu schuetzenden Objekte noch um bis zu 3 Groessenordungen darueber liegt, so kann man sich leicht vorstellen, dass es aeusserst unpraktisch waere, die Zugriffsmatrix direkt, wie sie dem Modell entspricht, abzuspeichern; eine solche Matrix bestuende aus vielen Millionen von Zellen, die fast alle leer waeren. Aus diesem Grunde wurden fuer eine praktische Realisierung des Zugriffsmatrix-Modells verschiedene Abwandlungen entwickelt, die hier kurz diskutiert werden sollen.

7.2.2.2 Benutzerklassen und -gruppen - Man erhaelt eine sehr starke Reduzierung der Matrixgroesse, wenn man fuer jedes Datenobjekt nicht mehr soviele Zeilen eintraegt, wie man Benutzer im System kennt, sondern stattdessen diese Benutzer gemaess ihrer "Entfernung" zum Eigentuemer in Klassen einteilt. Eine sinnvolle und in verschiedenen Betriebssystemen wie etwa UNIX oder TOPS-10 implementierte Einteilung unterscheidet verschiedene Zugriffsrechte nur fuer:

- den Eigentuemer (oder alle im Sinne des Zugriffsschutzes mit ihm aequivalenten Benutzer)

- alle Benutzer derselben Benutzergruppe wie der Eigentuemer

- alle sonstigen Benutzer

In manchen Systemen wie etwa VAX/VMS unterscheidet man noch den Systemverwalter als eine zusaetzliche Klasse, die im allgemeinen sehr weitreichende, aber nicht totale Zugriffsberechtigung hat; in Systemen mit nur drei Klassen hat der Systemverwalter dagegen oft voelligen Zugriff.

Der Vorteil einer solchen Klasseneinteilung ist, dass durch sie die Anzahl der Zeilen der Matrix auf drei oder vier reduziert wird, was den Umfang der Matrix um den Faktor 100 oder mehr verringern kann. Nachteilig ist jedoch, dass es nicht moeglich ist, gezielt fuer einzelne Benutzer, unabhaengig von ihrer relativen Entfernung zum Eigentuemer, Zugriffsrechte zu spezifizieren;

werden anderen Benutzern der eigenen Benutzergruppe gewisse Zugriffsrechte gewaehrt, so gelten diese Rechte fuer alle Benutzer derselben Gruppe. Ferner ist es nicht moeglich, Benutzern fremder Gruppen Zugriffsrechte zu geben, ohne dass diese Rechte fuer die Gesamtheit aller Benutzer gelten. Diese Einschraenkung ist ein wesentlicher Schwachpunkt einer solchen Klasseneinteilung; sie kann einer sinnvollen Vergabe von Zugriffsrechten nicht zu vernachlaessigende Schwierigkeiten bereiten.

In manchen Systemen wird diese Einschraenkung dadurch umgangen, dass die Zuordnung der einzelnen Benutzer zu irgendwelchen Benutzergruppen nicht starr vorgenommen wird. So ist es bei UNIX und bei der "Resource Access Control Facility" (RACF) von IBM [35] zum Beispiel moeglich, fuer einzelne Benutzergruppen deren Zugriffsrechte zu definieren, wobei die fuer eine bestimmte Gruppe verantwortliche Person die Zugehoerigkeit anderer Benutzer zu dieser Gruppe spezifizieren oder auch existierende Zugehoerigkeiten wieder aufheben kann. Auf diese Weise laesst sich die Menge der Benutzer in Bezug auf ihre Zugriffsrechte auf eine hierarchische oder eine netzartige Struktur abbilden; fuer groessere Teile dieser Struktur lassen sich dadurch global gueltige Zugriffsrechte definieren, so dass die Gesamtmenge der abzuspeichernden Zugriffsrechte deutlich reduziert wird. Eine derartige Verwaltung der Zugriffsrechte ist eine Mischform zwischen den hier besprochenen starren Zugriffsmatrizen und den im Abschnitt 7.2.3 beschriebenen Zugriffslisten, die eine detaillierte Kontrolle bis auf den einzelnen Benutzer erlauben.

7.2.2.3 Zugriffsarten − Wenn man mithilfe der Zugriffsrechte eine genaue Kontrolle der von den einzelnen Benutzern ausfuehrbaren Operationen auf den verschiedenen Datenobjekten erhalten will, so sind die bisher genannten Rechte zum Lesen, Schreiben und Ausfuehren noch zu grob. So wird beim Recht auf einen Lesezugriff nicht unterschieden, ob dieses Lesen einen Zugriff auf das betreffende Datenobjekt zum Zweck der eigenen Verwendung oder nur zur Weitergabe an einen anderen berechtigten Benutzer bedeutet. Gerade der zweite Fall hat jedoch bei Operateur-Betrieb in der Praxis eine nicht zu vernachlaessigende Bedeutung, da es oft zweckmaessig ist, Kopien einer bestimmten Information von einem Operateur anlegen zu lassen - etwa zum Zweck der Datensicherung -, ohne dass man dem Operateur selbst das Recht zum Zugriff auf die Daten geben will.

Eine solche spezifischere Kontrolle der ausfuehrbaren Operationen laesst sich durch eine genauere Unterscheidung der auf die einzelnen Datenobjekte anzuwendenden Zugriffsarten erreichen. Eine Unterscheidung, die eine sehr spezifische Vergabe von Rechten erlaubt, ist etwa die folgende:

- **pass:** Zugriff auf von dem betrachteten Datenobjekt abhaengige Datenobjekte (ohne deshalb notwendigerweise Zugriff auf das betrachtete Datenobjekt selbst zu haben)

- **see:** Feststellung, ob ein bestimmtes Datenobjekt existiert oder nicht

- **move:** Transport des Datenobjektes aus seiner Umgebung in eine andere Umgebung

- **execute:** Ausfuehrung des Datenobjektes als Programm oder Prozedur

- **read:** Kopieren des Datenobjektes in den eigenen Adressraum zur privaten Verarbeitung, z.B. Ausgabe auf den Bildschirm

- **history:** Eintragen zusaetzlicher Historiendaten zu einem Datenobjekt, ueber dessen Verwaltung eine Historie gefuehrt wird

- **extend:** Erweitern des Datenobjektes um neue Information

- **change:** Veraendern/Ueberschreiben des Datenobjektes mit neuem Inhalt

- **delete:** Loeschen des Datenobjektes und Freigabe der von ihm belegten Betriebsmittel

- **erase:** Loeschen des Datenobjektes und aller von ihm abhaengigen Datenobjekte

- **control:** Veraendern der Zugriffsrechte auf das Datenobjekt

Dabei ist es bedeutend, dass diese Zugriffsarten im wesentlichen als disjunkt aufzufassen sind, d.h. die Gewaehrung einer Zugriffsart erlaubt nur die durch sie spezifizierten Operationen, nicht jedoch mit ihnen verwandte Operationen, die von einer anderen Zugriffsart erlaubt werden. So ist zum Beispiel durch **"execute"** oder **"move"** kein lesender Zugriff auf ein Datenobjekt ermoeglicht. Eine gewisse Ueberschneidung besteht dabei lediglich zwischen den Rechten **"delete"** und **"erase"**; eine sinnvolle Regel ist hier die, dass das Recht **"erase"** das Recht **"delete"** umfasst, nicht jedoch umgekehrt.

Generell sind diese Zugriffsrechte so zu interpretieren, dass zur Erlaubnis einer Zugriffsart ein entprechendes Recht vorhanden sein muss; Fehlen einer Zugriffs-Spezifikation muss bedeuten, dass die betreffende Zugriffsart nicht erlaubt ist. Bezueglich der Vergabe von Zugriffsrechten sind naemlich zwei grundsaetzlich unterschiedliche Strategien moeglich:

- Bei der Strategie des "expliziten Verbietens" sind alle Zugriffsarten erlaubt, sofern nicht (einer) der Eigentuemer der Daten bestimmten Benutzern oder Gruppen oder der Gesamtheit der Benutzer den Zugriff ausdruecklich untersagt.

- Bei der Strategie des "expliziten Erlaubens" ist keinerlei Zugriff erlaubt, der nicht explizit vom Eigentuemer der Daten bestimmten Benutzern oder Gruppen oder der Gesamtheit der Benutzer ausdruecklich erlaubt wurde.

Vom Standpunkt des Schutzes privater Daten ist der zweiten dieser Strategien deutlich der Vorzug zu geben, da sie nicht anfaellig ist gegen die unbeabsichtigte Veroeffentlichung von

Daten durch Vergessen einer Zugriffssperre. (Dass Dateischutz
durch Passwoerter im allgemeinen die erste dieser Strategien
anwendet, indem Dateien ohne Passwort im wesentlichen offen sind,
sei hier am Rande angemerkt.) Ein Nachteil der Strategie des
expliziten Erlaubens ist jedoch, dass sie fuer die Spezifikation
der Zugriffsrechte auf Dateien, die einem groesseren Benutzerkreis
verfuegbar sein muessen, einen erhoehten Aufwand erfordert. Hier
kann eine gewisse Hilfe durch einen vom Benutzer einstellbaren
Default-Schutz (etwa: Eigentuemer alle Rechte, Gruppe nur Lesen,
alle anderen gar nichts) geboten werden, doch besteht auch hier
noch die Gefahr der automatischen Vergabe zu geringer oder zu
grosser Zugriffsberechtigungen, wenn der Benutzer seinen Default-
Schutz falsch einstellt.

7.2.2.4 Erweiterte Zugriffsrechte – Wenn bei einer Steuerung der
Zugriffsrechte ueber Zugriffsmatrizen die Zugriffsrechte an die
einzelnen **Benutzer** gebunden sind, so kann ein sehr subtiles
Problem des Zugriffsschutzes entstehen: Es ist oft wuenschenswert, einzelnen oder allen Benutzern den direkten Zugriff auf
bestimmte Datenobjekte zu verwehren, ihnen jedoch gleichzeitig
diesen Zugriff zu gestatten, wenn er mithilfe bestimmter Programme
(etwa ueber die im Abschnitt 6.5.7 besprochenen "vertrauenswuerdigen" Programme) erfolgt. Sind die Zugriffsrechte an den Benutzer gebunden, so ist auch der Zugriff ueber ein vertrauenswuerdiges Programm verboten, wenn der direkte Zugriff fuer diesen
Benutzer nicht zulaessig ist; umgekehrt hat der Benutzer auch
direkten Zugriff, wenn er mit einem solchen Programm zugreifen
darf.

Beispiel: So waere es wuenschenswert, wenn Zugriffe auf die
Datei, die die Benutzerprofile enthaelt und damit der Schluessel
zur Sicherheit des Systems ist, nur von dem Programm durchgefuehrt
werden koennen, das zur Verwaltung und Bearbeitung der Benutzerprofile vorgesehen ist; direkte Zugriffe unter Umgehung dieses
Verwaltungsprogramms sollten in jedem Fall verhindert werden.
Eine derartige Kanalisierung der Zugriffe auf die Benutzerprofile
erlaubt es dem Verwaltungsprogramm, durch zusaetzliche Ueberpruefungen den Schutz der Profile zu erweitern; kann das Programm
jedoch umgangen werden, so ist dieser zusaetzliche Schutz hinfaellig.

Zur Loesung dieses Problems bestehen im Prinzip drei
verschiedene Moeglichkeiten:

- Man kann solche vertrauenswuerdigen Programme mit globalen
  Zugriffsrechten ausstatten, so dass mit ihnen auf alle Daten
  im System zugegriffen werden kann; dann muss man jedoch den
  Zugriff auf diese Programme selbst beschraenken. Dieser
  Ansatz ist nicht ungefaehrlich, da er:

  o einerseits fuer einen Benutzer solcher Programme jegli-
    chen Datenschutz ausschaltet und

  o andererseits aus diesem Grund die sichere Benutzung
    vertrauenswuerdiger Programme zum Zugriff auf selektierte
    Datenmengen ausschliesst.

Leider ist ein Grossteil der System-Utilities vieler Rechner
nach diesem Prinzip aufgebaut; ihre Benutzung stellt daher
eine ernste Gefahr fuer die Sicherheit dar.

- Man kann auch den einzelnen vertrauenswuerdigen Programmen
  "virtuelle" Benutzer mit festgelegten Zugriffsrechten zuordnen; diese Programme laufen dann unter der Benutzerkennung
  der zugeordneten virtuellen Benutzer ab und erben von dieser
  und nicht von ihrem Benutzer ihre Zugriffsrechte. Mit diesem
  Verfahren laesst sich erreichen, dass die gerade genannten
  Probleme der Vergabe totaler Zugriffsrechte nicht auftreten,
  doch ist das Umschalten auf einen anderen Benutzer oft nicht
  ohne Probleme, die sich etwa bei der Zuordnung der Betriebsmittel zum realen und zum virtuellen Benutzer zeigen oder die
  einen Zugriff des vertrauenswuerdigen Programms auf die
  Datenbestaende des realen Benutzers erschweren koennen.

- Geht man den zuletzt beschriebenen Weg noch einen Schritt
  weiter, so fasst man Programme selbst als eigenstaendige
  Traeger von Zugriffsrechten auf; die Zugriffsrechte eines
  bestimmten Programmlaufes ergeben sich dabei als Vereinigung
  der Rechte des Benutzers mit denen des Programms. Man hat
  dann einen sehr flexiblen Mechanismus zur Steuerung solcher
  erweiterter Zugriffsrechte, doch gehen die Anforderungen
  dieses Verfahrens im allgemeinen ueber die Leistungsfaehigkeit eines einfachen Dateischutzes ueber Zugriffsmatrizen
  hinaus. Entsprechend wird die Behandlung von Programmen als
  Traeger eigener Zugriffsrechte auch eher im Zusammenhang mit
  einer Realisierung des Zugriffsschutzes ueber die im
  naechsten Abschnitt beschriebenen Zugriffslisten implementiert.

7.2.3 Zugriffslisten

Ausgangspunkt der Ueberlegungen, die zur Bildung von auf den
Eigentuemer bezogenen Zugriffsmatrizen gefuehrt haben, war der
Wunsch nach einer Reduktion des Umfangs der ausfuehrlichen Zugriffsmatrizen, wie sie im Abschnitt 7.2.1 dargestellt wurden.
Geht man davon aus, dass diese ausfuehrlichen Matrizen im wesentlichen leer sind, so bietet sich als ein alternatives Kompres-
sionsverfahren der Ersatz dieser Matrizen durch Listen an. In
eine solche Liste werden jeweils alle in einer bestimmten Zeile
oder Spalte der Matrix stehenden nicht leeren Eintraege aufgenommen. Es gibt daher zwei grundsaetzliche Methoden zur Darstellung dieser Matrix durch Listen:

- Man kann die Matrix-Elemente zeilenweise aufsammeln; in
  diesem Fall enthaelt eine Liste jeweils alle Rechte eines
  bestimmten Benutzers. Die einzelnen Listen verhalten sich
  daher im wesentlichen wie Capabilities (siehe Abschnitt
  5.2.6), so dass auf eine detailliertere Beschreibung dieses
  Ansatzes hier verzichtet werden kann. Es sei jedoch angemerkt, dass dieses Verfahren einen ziemlichen Aufwand zur
  Beantwortung der Frage erfordert, **wer** auf ein bestimmtes
  Datenobjekt zugreifen darf.

- Alternativ dazu kann man die Matrix-Elemente auch spaltenwei-
se aufsammeln; eine Liste enthaelt dann alle Zugriffsrechte
auf ein bestimmtes Datenobjekt, so dass die zuvor genannte
Frage bei diesem Verfahren sehr leicht zu beantworten ist.
Man bezeichnet diesen Typ der Zurifiskontrolle als ueber
"Zugriffslisten" ("access control lists", ACL) gesteuert;
diese Form der Zugriffsrechte soll hier genauer betrachtet
werden, da sie fuer die Praxis eine zunehmende Bedeutung
erlangt.

Zugriffslisten sind im allgemeinen aus einer Aneinanderrei-
hung von Zugriffsrecht-Elementen aufgebaut, wobei jedes dieser
Elemente aus einer Spezifikation der erlaubten Zugriffsarten und
der Menge von Benutzer-Identifikationen, denen diese Zugriffsarten
erlaubt werden, besteht. Jede dieser Benutzerklassen kann definiert werden:

- entweder durch Angabe einer Benutzer-Identifikation

- oder durch Angabe einer Benutzergruppe

wobei oft die Verwendung von Platzhaltern zur Spezifikation einer
Menge gleichlautender Teilbezeichnungen ("wild cards") erlaubt
ist.

Es ist zweckmaessig, diese Zugriffsrecht-Listen selbst als
Datenobjekte zu verwalten, die dem Zugriffsschutz unterliegen, da
sonst eine unkontrollierte Veraenderung der gegebenen Zugriffsrechte moeglich waere. Dieser Ansatz erlaubt es, zur Spezifikation der Zugriffsrechte auf ein bestimmtes Datenobjekt in dieses
Datenobjekt lediglich einen Verweis auf die entsprechende
Zugriffsrecht-Liste einzutragen, so dass auch bei Verwendung sehr
detaillierter und damit sehr umfangreicher Listen keine Auf-
blaehung der geschuetzten Datenobjekte selbst erfolgt; gleichzeitig kann dadurch eine redundante Abspeicherung identischer
Zugriffsprofile verschiedener Datenobjekte entfallen.

Werden Zugriffsrecht-Listen mit einer weitgehenden Auf-
schluesselung der moeglichen Zugriffsarten, wie sie im Abschnitt
7.2.2.3 dargestellt wurde, kombiniert, so erhaelt man ein sehr
flexibles und praezise einzusetzendes Mittel zur Vergabe von
Zugriffsrechten. Aus diesen Gruenden werden Zugriffsrecht-Listen
vor allem in Timesharing-Systemen eingesetzt, in denen es einer
grossen Anzahl von Benutzern auf einfache Weise moeglich sein
muss, die Zugriffsrechte fuer umfangreiche Datei-Mengen festzulegen. Systeme, die von diesem Konzept des Zugriffsschutzes
ausgehen, sind unter anderem Multics, TOPS-10 und VAX/VMS.

Allerdings ist das Durchsuchen der Zugriffsrecht-Listen zu
einem Datenobjekt ein Vorgang, der ziemlich zeitaufwendig sein
kann, wenn viele Benutzer Rechte in Bezug auf dieses Objekt haben.
Gerade fuer systemweit verfuegbare Objekte, auf die alle Benutzer
Zugriff haben, sind diese Listen am laengsten, was hier besonders
stoerend in Erscheinung tritt, da gerade fuer diese Objekte ein
moeglichst effizienter Zugriff im Sinne der Performance notwendig
ist.

Deshalb empfiehlt es sich, die Zugriffskontrolle ueber Listen mit der durch Zugriffsmatrizen zu kombinieren. Fuer ein solches Verfahren ist eine relativ einfache Strukturierung der Zugriffs-matrizen ausreichend; eine Unterteilung in die Rechte des Eigen-tuemers, die seiner Projektgruppe und schliesslich die aller uebrigen Benutzer genuegt durchaus zur Spezifikation der Schutz-beduerfnisse eines Grossteils der Datenobjekte. Spezifischere Schutzanforderungen, die sich durch die Zugriffsmatrizen nicht abdecken lassen, koennen dann mithilfe geeigneter Zugriffslisten spezifiziert werden. Man geht dabei so vor, dass die beiden Zugriffskontrollen hintereinander geschaltet werden:

- Zuerst wird ueberprueft, ob sich das Recht zu dem gewuensch-ten Zugriff aus der entsprechenden Zugriffsmatrix ergibt; ist dies der Fall, so ist der Zugriff zu gewaehren.

- Ergibt die Matrix jedoch keine Zugriffsberechtigung, so sind die Zugriffslisten des betreffenden Datenobjektes zu ueber-pruefen, ob sie eventuell trotzdem einen Zugriff gestatten.

Ein solches zweistufiges Verfahren hat den Vorteil, dass in der ueberwiegenden Anzahl der Faelle sehr schnell eine Entschei-dung erreicht wird, so dass also in dem gerade genannten Fall der systemweiten Datenobjekte kein wesentlicher Overhead durch die Zugriffsrecht-Ueberpruefung entsteht. Andererseits ist es durchaus moeglich, ueber Zugriffsrecht-Listen gezielt einzelnen Benutzern bestimmte Rechte zu geben, ohne dass diese Rechte dann gleich fuer die gesamte Benutzergruppe oder gar fuer alle Benutzer gelten. Eine zweistufige Zugriffskontrolle, wie sie hier beschrieben wurde, findet sich etwa im Betriebssystem TOPS-10 [9].

Beispiel: Wenn die Datei TEST.FOR unter TOPS-10 gemaess dem Schutz durch die Zugriffsmatrix das Schutz-Attribut <057> hat, so bedeutet dies, dass der Eigentuemer das Zugriffsrecht "0" hat, was voellige Kontrolle ueber die Datei bewirkt; die Mitglieder der Projektgruppe ("26" in diesem Beispiel) haben das Zugriffsrecht "5", das ihnen das Lesen und Ausfuehren der Datei erlaubt, und allen anderen Benutzern ist durch das Zugriffsrecht "7" jeder Zugriff untersagt. Enthaelt die Zugriffsliste des zugehoerigen Datei-Katalogs den Eintrag

    TEST.FOR /LOG=[26,*] /READ=[47,11]

so erfolgt ein Eintrag in eine Log-Datei, wenn ein Benutzer aus der Projektgruppe des Eigentuemers die Datei veraendert; zusaetz-lich wird dem Benutzer "11" der Projektgruppe "47" das Recht eingeraeumt, die Datei zu lesen.

Kombiniert man dieses Verfahren noch mit der Moeglichkeit, auch Programme als Traeger von Zugriffsrechten zuzulassen, wie dies im letzten Abschnitt beschrieben wurde, so ist es hiermit auf eine relativ einfache und dennoch effiziente Weise moeglich, alle Anforderungen an ein System zur diskreten Zugriffskontrolle zu erfuellen. Die Ueberlegungen, die zur Entwicklung globaler Zugriffsmodelle gefuehrt haben, behalten jedoch immer noch ihre Gueltigkeit, denn eine globale Steuerung der Zugriffsrechte auf bestimmte Datenobjekte ist auch mit dem hier beschriebenen System nur in sehr eingeschraenkter Weise moeglich, und auch dies nur,

wenn das Datei-System hierarchisch oder netzwerkfoermig   aufgebaut
ist.

Bei einem hierarchischen Datei-System, wie es etwa   im
Betriebssystem VAX/VMS vorhanden ist, laesst sich der Zugriff auf
ganze Mengen von Datenobjekten dadurch verhindern, dass man den
Zugriff auf einen uebergeordneten Katalog verbietet; Zugriff auf
die darunterliegenden Kataloge und Datenobjekte ist nur   moeglich,
wenn auf den uebergeordneten Katalog Lese-Zugriff (oder der im
Abschnitt 7.2.2.3 genannte Zugriff der Art **"pass"**) besteht.   Oft
erlaubt es ein solches Konzept des hierarchischen Zugriffsschutzes
den unteren Ebenen nur, die Zugriffsrechte auf einzelne Datenobjekte weiter einzuschraenken, nicht jedoch weiter oben spezifizierte Rechte zu erweitern.

Beispiel: Im Datei-System einer VAX sei die folgende Struktur von
Dateien und Katalogen gegeben:

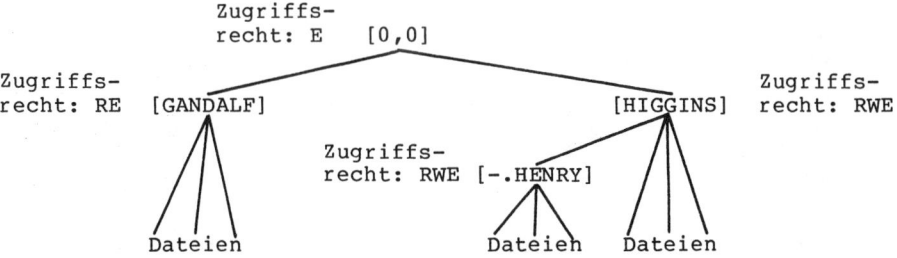

Fig. 7-2 Beispiel einer hierarchischen Dateistruktur

Fuer einen bestimmten Benutzer sei das Zugriffsrecht "E" fuer den
Hauptkatalog [0,0] gegeben, das der Zugriffsart **"pass"** entspricht.
Dieser Benutzer kann dann zwar gezielt einzelne Kataloge wie
[GANDALF] oder [HIGGINS] ansprechen, doch ist es ihm nicht moeglich, eine Liste aller vorhandenen Benutzer-Kataloge zu erhalten,
da ihm das Recht "R" zur Zugriffsart **"read"** auf den Hauptkatalog
fehlt. Im eigenen Katalog |HIGGINS| und in dessen Unterkatalogen
kann er beliebig mit den dort eingetragenen Dateien arbeiten; er
kann auch neue Dateien erzeugen oder bestehende loeschen, da ihm
durch das Zugriffsrecht "W" die Zugriffsart **"write"** fuer diesen
Katalog erlaubt ist. Im Katalog [GANDALF] dagegen kann er zwar
Dateien lesen und veraendern, fuer die er die entsprechenden
Zugriffsrechte hat, doch kann er keine Dateien anlegen oder
loeschen, weil er keinen schreibenden Zugriff auf den Katalog hat;
er kann sich jedoch eine Liste aller dort vorhandenen Dateien
ausgeben lassen.

Bei netzwerkaehnlichen Datei-Systemen, wie sie etwa durch
Multics oder UNIX repraesentiert werden, gelten diese Ueberlegungen im Prinzip fuer jeden moeglichen Weg von den Einstiegs-
punkten in das Datei-System bis hin zu dem gewuenschten Datenobjekt. Problematisch wird hier die Bestimmung des geltenden
Zugriffsrechtes, wenn sich entlang der verschiedenen Wege unterschiedliche Zugriffsrechte ergeben; je nach der Implementierung
kann das resultierende Zugriffsrecht eines der wegabhaengigen
Rechte oder deren Vereinigung sein.

7.2.4 Der Einsatz eines File-Daemons

Zum Abschluss dieser Betrachtungen ueber die Schutzmassnahmen des Datei-Systems sei noch auf ein sehr leistungsfaehiges und allgemeines Verfahren zur Implementierung der Funktionen zur Zugriffskontrolle und auch zur Ueberwachung der Zugriffe hingewiesen.

Um auf eine Datei zugreifen zu koennen, muss der Prozess, der diesen Zugriff wuenscht, einen Datenstrom zur Kommunikation mit dieser Datei aufbauen. Man bezeichnet diesen Vorgang als "Eroeffnung" der Datei; er wird in den meisten Betriebssystemen im Zusammenspiel zwischen Ein-/Ausgabe-System und Datei-System auf einen Aufruf des Benutzerprozesses hin durchgefuehrt. In diesen Vorgang laesst sich - fuer den aufrufenden Prozess transparent - eine Bearbeitung durch einen permanent im System vorhandenen Hintergrund-Prozess, einen sogenannten "Daemon", einschachteln. Dieser Daemon kann beliebige Operationen durchfuehren, ehe er die Eroeffnung der Datei fuer den betreffenden Benutzer zulaesst oder verhindert. Moegliche Operationen eines solchen Daemons koennen etwa die folgenden sein:

- Der Daemon kann sehr umfangreiche und komplexe Zugriffsrecht-Ueberpruefungen durchfuehren, deren Implementierung direkt im Datei-System hoechst unpraktisch oder ineffizient sein koennte.

- Des weiteren laesst sich mithilfe eines solchen Daemons fuer sensitive Datenbestaende eine Historie der Zugriffe aufbauen. Bei der Fuehrung dieser Historie kann der Daemon gleichzeitig kontrollieren, ob die Anzahl der unzulaessigen Zugriffe auf die betreffende Datei ein festgesetztes Mass ueberschreitet; ist dies der Fall, so kann er geeignete Massnahmen einleiten, die etwa im Abbruch des Benutzer-Jobs und/oder der automatischen Benachrichtigung des Systemverwalters bestehen koennen.

- Zur Ueberwachung der Datei-Aktivitaet kann der Daemon in eine Log-Datei Eintraege vornehmen, wenn auf bestimmte Datenobjekte zugegriffen wird; diese Eintraege koennen in Abhaengigkeit vom Benutzer oder der eroeffneten Datei gesteuert werden.

Da der Aufruf eines Daemons einen nicht vernachlaessigbaren Aufwand darstellt, ist bei der Planung der Zugriffskontrollen eines Datei-Systems sehr genau zu ueberlegen, in welchen Faellen die Kontrolle an den Daemon zu uebergeben ist. Entscheidungsparameter hierfuer koennen zum Beispiel die folgenden sein:

- die Sensitivitaet der zu eroeffnenden Datei;

- die Identitaet des zugreifenden Benutzers und/oder Programms;

- die Abweisung der Datei-Eroeffnung durch einen Teil des Zugriffskontroll-Verfahrens;

- Kombinationen hiervon.

Wendet man zum Beispiel das im letzten Abschnitt beschriebene kombinierte Verfahren zur Zugriffskontrolle ueber Zugriffsmatrizen und Zugriffsrecht-Listen an, so koennte etwa bei einer Abweisung durch die Matrix die Kontrolle an den Daemon uebergeben werden, der dann anhand der Listen eine genauere Bestimmung der Zugriffs- rechte vornimmt und eventuell weitere Massnahmen einleitet. Ein derartiges Verfahren ist im Betriebssystem TOPS-10 realisiert; hier wird der Aufwand fuer den Aufruf des Daemons nur in den Sonderfaellen getrieben, in denen sich nicht aus der Zugriffs- matrix direkt das gewuenschte Zugriffsrecht ergibt.

7.3 Schutz in und von Datenbanken

7.3.1 Abgrenzung zu Datei-Systemen

Zwischen der Abspeicherung von Daten in Dateien und der in Datenbanken bestehen eine Reihe von zum Teil gravierenden Unter- schieden, die vom Standpunkt der Datensicherheit jedoch bei weitem nicht alle von Interesse sind. Die fuer das hier besprochene Thema wesentlichsten Gesichtspunkte werden in den folgenden Abschnitten kurz dargestellt.

Waehrend bei einer Abspeicherung der Daten in einer Datei die Struktur dieser Daten den verarbeitenden Programmen bekannt sein muss, gehoert eine Beschreibung dieser Struktur mit zu den im Datenbanksystem abgespeicherten Informationen. Dies ermoeglicht es den Anwenderprogrammen und auch den Benutzern interaktiver Anfragesprachen, mit den Daten zu arbeiten, ohne deren physi- kalischen Aufbau kennen zu muessen. Die Daten paesentieren sich dem Anwender in einer logischen, anwendungs-orientierten Struktur, die vom Datenbanksystem auf die physikalische Struktur des Hinter- grund-Speichers und der eventuell darauf vorhandenen Dateien abge- bildet wird.

Diese logische Schnittstelle fuer den Anwender bietet gegen- ueber der Schnittstelle eines Datei-Systems erweiterte Zugriffs- moeglichkeiten, die vor allem durch das Wort "inhalts-gesteuert" gekennzeichnet werden koennen. Ein wesentliches Charakteristikum dieser Zugriffsarten ist, dass die betreffenden Daten ueber

- in ihnen enthaltene Werte (etwa den Namen einer Person, auf die sich diese Daten beziehen) oder ueber

- ihre Beziehung zu anderen Daten in der Datenbank (etwa die Abteilung, der die gesuchte Person angehoert)

ausgewaehlt werden. Fuer die Sicherheit dieser Daten hat dies unter anderem die Folge, dass nicht nur der Informationsgehalt der Daten selbst, sondern auch ihre logische Verknuepfung mit anderen Daten sicherheitsrelevant sein kann, bis hin zu dem Extremfall, in dem alle sicherheitsrelevante Information ueber die betreffenden Daten in ihrer Verknuepfung enthalten ist und die Daten selbst offen sein koennen. Diese Tatsache hat zur Folge, dass sich fuer den Schutz der Daten in einem Datenbanksystem erheblich weiter- gehende Anforderungen an die Zugriffskontrolle stellen, als dies bei einem Datei-System der Fall ist.

Ein weiterer Unterschied zwischen einem herkoemmlichen Datei-System und einem Datenbanksystem ist die Anzahl der Benutzer, die gleichzeitig mit einem bestimmten Datenaggregat arbeiten, zusammen mit der Groesse dieses Datenaggregates. Waehrend in einem Datei-System, vor allem bei Batch-Verarbeitung, im allgemeinen einzelne Dateien als Einheiten des Zugriffs aufzufassen sind, kann es in einem Datenbanksystem durchaus vorkommen, dass verschiedene Benut-zer gleichzeitig auf denselben Datensatz zugreifen wollen, even-tuell sogar auf das gleiche Feld dieses Satzes. Dies bedeutet, dass die Koordination paralleler Zugriffe, die in Datei-Systemen einfacher Art auf einzelne Dateien beschraenkt ist, bei Datenbank-systemen mit einer erheblich feineren Granularitaet wirken muss.

Diese Moeglichkeit des parallelen Zugriffs mehrerer Benutzer auf die gleichen Daten hat zur Folge, dass im Datenbanksystem eine Synchronisation dieser Zugriffe notwendig ist, um die in den Abschnitten 6.2.4 und 6.3.2 genannten Probleme des "concurrent update" zu loesen. Wie dort ausgefuehrt, bringt eine solche Syn-chronisation jedoch die Gefahr von Deadlocks mit sich; das Daten-banksystem muss daher durch geeignete Abarbeitungsstrategien und/ oder Einschraenkungen der dem Benutzer moeglichen Abfolgen von Funktionen fuer eine Aufloesung bzw. Vermeidung dieser Deadlocks sorgen. Da die Koordinationsfunktionen hier an einer Stelle konzentriert sind, hat man im allgemeinen eine groessere Zuver-laessigkeit und bessere Steuerung des Parallelzugriffs, als dies bei den meisten Datei-Systemen der Fall ist - denn diese ueber-lassen die Koordination der Zugriffe innerhalb einer Datei oft den Anwenderprogrammen. Wie schon im Abschnitt 6.3.2 ausgefuehrt, ist eine auf der Anwendungsebene realisierte Synchronisation wesent-lich fehleranfaelliger als die zentralisierte Koordination durch eine allgemein verfuegbare Instanz, in diesem Fall also das Daten-banksystem, so dass in dieser Beziehung einige Sicherheit des Betriebes und Schutz der Daten vor Zerstoerung durch Synchro-nisationsfehler gewonnen werden kann.

Ein wesentliches Konzept zur Beschreibung der parallelen Zugriffe auf gemeinsame Datenbestaende ist das der "Transaktion". Alle Zugriffe auf Daten, die innerhalb einer - vom Benutzer spezi-fizierten oder vom System erzwungenen - Transaktion stattfinden, sind gegen Zugriffe anderer Benutzer so geschuetzt, dass die Konsistenz der bearbeiteten Daten und der Verarbeitung selbst gewahrt bleibt. Erst beim Abschluss der Transaktion werden die von dieser Transaktion durchgefuehrten Aenderungen fuer andere Benutzer sichtbar, doch ist in diesem Augenblick die fuer den Parallelzugriff kritische Phase beendet, so dass keine Ueber-schneidungen mehr mit den Aktionen der anderen Benutzer auftreten koennen.   Die gesamte Synchronisationslogik ist auf diese Art in die Transaktionssteuerung verlagert, und diese steht als allge-meine Dienstleistung im Datenbanksystem oder - bei aelteren Betriebssystemen - in einem eigenen "Transaktions-Monitor" allen Anwenderprogrammen zur Verfuegung.

Durch die Zentralisierung vieler Daten in einem einzigen Datenbanksystem gibt es eine gegen Angriffe und Schaeden aller Art hoechst verwundbare Stelle im System.   Waehrend die Zerstoerung oder Offenlegung einer einzelnen Datei im allgemeinen nur einen Teil der sicherheitsrelevanten Daten eines Systems betrifft, kann eine Verletzung der Sicherheit eines Datenbanksystems mit einem Schlag **alle** wesentlichen Daten betreffen. Aus diesem Grund ist es erforderlich, die Datenbestaende eines Datenbanksystems in hoechstem Masse vor unberechtigtem globalem Zugriff und vor Zerstoerung zu schuetzen.

Die mit dem Schutz vor unberechtigtem Zugriff auf einzelne Datenobjekte innerhalb eines Datenbanksystem zusammenhaengenden Aspekte werden im naechsten Abschnitt besprochen; der Schutz vor globalen Zugriffsverletzungen ist Thema des Abschnitts 7.3.3, und die Verfahren zur Sicherung des Datenbestandes gegen Zerstoerung und zu seiner Wiederherstellung nach einer solchen Zerstoerung werden im Abschnitt 7.3.4 dargestellt.

7.3.2 Zugriffsschutz in Datenbanken

7.3.2.1 Zugriffskontrolle durch Arbiter – Eine wesentliche Schutzeigenschaft eines Datenbanksystems ist es, dass man hier eine zentrale Schutz-Instanz hat, die alle Zugriffe auf von ihr verwaltete Datenobjekte auf ihre Berechtigung ueberpruefen kann. Da innerhalb einer Datenbank Abhaengigkeiten zwischen einzelnen Datenobjekten und auch Abhaengigkeiten zwischen den Schutzanforderungen dieser Datenobjekte bestehen koennen, ist die Bestimmung der Zulaessigkeit eines gewuenschten Zugriffes oft eine relativ komplizierte Operation. Es ist daher zweckmaessig, zur Festlegung der dabei anzuwendenden Ueberpruefungs-Strategien ein allgemeines Verfahren anzugeben, aus dem sich dann die in jedem Einzelfall durchzufuehrenden Operationen ableiten lassen.

Zu diesem Zweck wurde das Modell des "Arbiters" entwickelt [15]. Man versteht darunter ein zentrales Programm innerhalb eines Datenbanksystems, das jeden durchzufuehrenden Zugriff auf seine Vertraeglichkeit mit den Schutzanforderungen aller betroffenen Datenobjekte vergleicht und den Zugriff dann erlaubt oder zurueckweist. Eine Strategie, nach der ein solcher Arbiter vorgehen kann, ist die, fuer jede Ebene des zugrundeliegenden Datenmodells, ausgehend von der obersten, die folgenden Pruefungen zu durchlaufen:

1. Es ist zu bestimmen, ob volle Zugriffsberechtigung auf alle noch nicht abgeprueften Objekte dieser Stufe besteht. Ist dies der Fall, so darf der Zugriff gewaehrt werden, und weitere Pruefungen sind nicht mehr erforderlich.

2. Es ist zu bestimmen, ob keine Zugriffsberechtigung auf eines der noch nicht abgeprueften Objekte dieser Stufe besteht. Ist dies der Fall, so muss der Zugriff abgelehnt werden, und weitere Pruefungen sind nicht mehr erforderlich.

3. Es ist zu bestimmen, ob fuer eines der noch nicht abgeprueften Objekte dieser Stufe das Zugriffsrecht **"pass"** besteht. Ist dies der Fall, so sind die Pruefungen fuer die vom gewuenschten Zugriff betroffenen Teilobjekte der naechst niederen Ebene zu wiederholen.

Da die Anzahl der Ebenen und die der betroffenen Datenobjekte endlich ist, so fuehrt diese Folge von Pruefungen - abgesehen von wertabhaengigen Pruefungen - auf alle Faelle zu einer definitiven

Aussage, ob der gewuenschte Zugriff zu gewaehren ist oder nicht.
Ist der Zugriff erlaubt und es liegen noch wertabhaengige
Zugriffsrechte vor, so ist der Zugriff zunaechst durchzufuehren,
doch sind die Daten nur dann an den Benutzer auszuliefern, wenn
sie den wertabhaengigen Pruefungen genuegen.

Sinnvollerweise definiert man einige Restriktionen fuer die
moeglichen Zugriffsrechte, die fuer voneinander abhaengige Datenobjekte zu gelten haben, wenn man Inkonsistenzen innerhalb dieser
Rechte und daraus folgendes indeterminiertes Verhalten des
Arbiters vermeiden will [15]:

- Wenn ein bestimmter Benutzer unter einer vorgegebenen
  Bedingung auf irgendwelche Datenobjekte lesend zugreifen
  darf, so darf er unter derselben Bedingung auch auf alle
  Teilmengen dieser Datenobjekte lesend zugreifen.

- Wenn ein Benutzer unter einer vorgegebenen Bedingung auf ein
  bestimmtes Datenobjekt schreibend zugreifen darf, so darf er
  auf dasselbe Objekt unter derselben Bedingung auch lesend
  zugreifen.

- Umgekehrt darf kein Benutzer, der ein bestimmtes Datenobjekt
  nicht lesen darf, dieses Objekt veraendern koennen.

Diese Forderungen haben eine recht allgemeine Gueltigkeit,
doch ist es zur Realisierung eines konkreten Zugriffsschutzes notwendig, zusaetzlich Verfahren anzugeben, durch die sich diese
Prinzipien und die Funktion des Arbiters in die Realitaet umsetzen
lassen.

7.3.2.2 Schutz durch Subschemata – Fuer Datenbanksysteme, auf die
aus Anwenderprogrammen zugegriffen wird, muss ein Interface
zwischen diesen Programmen und denen des Datenbanksystems
existieren. Bei einer geeigneten Konstruktion dieser Zwischen-
schicht laesst sich an dieser Stelle die benoetigte Zugriffskontrolle einbauen. Da die konkrete Realisierung eines so realisierten Schutzes in hohem Masse von dem zugrundegelegten Datenbanksystem abhaengig ist, sei hier an einigen Beispielen
erlaeutert, wie dieses Interface als Zugriffskontrolle wirken kann
[15]:

- In IMS erfolgen alle Zugriffe einer Transaktion auf das
  Datenbanksystem ueber einen sogenannten "Program Communi-
  cation Block" ("PCB"), in dem die Datenobjekte beschrieben
  werden, auf die diese Transaktion zugreifen kann. Zugriffe
  auf Datenobjekte, die in diesem PCB nicht aufgefuehrt sind,
  koennen von der Transaktion nicht durchgefuehrt werden, sind
  also vor ihr geschuetzt. Dabei laesst sich hier auch
  zwischen lesenden und aendernden Zugriffen eine Unterscheidung treffen, weil die Zugriffsart im PCB angegeben
  wird. Da IMS den Anwendungen den PCB extern zur Verfuegung
  stellt, lassen sich hierdurch die Zugriffe aller Anwendungen
  auf geeignete Teilmengen des Datenbestandes beschraenken.

Eine wichtige Einschraenkung dieser Art des Zugriffsschutzes ist es, dass es hier keine Moeglichkeit gibt, ueber
den PCB Zugriffsbeschraenkungen zu erzwingen, die in
Abhaengigkeit vom Wert des betreffenden Datenobjektes gelten
sollen. Es ist so zum Beispiel nicht moeglich, bei einer
Kontofuehrung nur solche Geldbewegungen zuzulassen, die einen
bestimmten Betrag nicht ueberschreiten; von IMS werden
entweder alle oder gar keine Buchungen zugelassen, was im
Einzelfall unerwuenscht sein kann.

Als Anomalie der Anwendung dieses Zugriffsschutzes auf
das hierarchische Datenmodell von IMS ist noch anzumerken,
dass es hier moeglich ist, dass eine bestimmte Anwendung zwar
Zugriff auf ein uebergeordnetes Datensegment hat, nicht
jedoch auf die davon abhaengigen, untergeordneten Segmente.
Loescht diese Anwendung nun das uebergeordnete Segment, so
verschwinden damit auch alle abhaengigen Segmente, obwohl auf
diese gar kein Zugriff bestand! Der Fehler, der zu dieser
Anomalie fuehrt, ist im wesentlichen die mangelnde Unterscheidung zwischen den im Abschnitt 7.2.2.3 definierten
Zugriffsarten **"delete"** und **"erase"** und deren inkorrekte
Anwendung auf voneinander abhaengige Datenobjekte.

- In CODASYL-Datenbanksystemen wird durch sogenannte "Subschemata" ein aehnlicher Schutz wie in IMS erreicht. Jeder
  Zugriff auf die Datenbank erfolgt ueber das zu einer
  Anwendung gebundene Subschema und ist auf die dort angegebenen Datenobjekte begrenzt. Wie in IMS, so koennen auch
  hier durch die Abhaengigkeiten zwischen einzelnen Datenobjekten Beeinflussungen von Objekten entstehen, obwohl auf
  diese kein Zugriffsrecht besteht. Diese Beeinflussungen sind
  hier jedoch nicht auf das Loeschen beschraenkt, sondern sie
  koennen auch bei Hinzufuegen oder Veraenderungen unliebsam in
  Erscheinung treten.

  Im urspruenglichen CODASYL-Entwurf war zusaetzlich ein
  expliziter Schutz ueber sogenannte "Locks" und "Keys" (im
  Prinzip eine Variante des Passwort-Verfahrens) vorgesehen,
  doch wurde dieser Mechanismus wegen einer Reihe gravierender
  Inkonsistenzen und Unzulaenglichkeiten [15] wieder zurueck-
  gezogen. Einzelne Implementierungen des CODASYL-Modells
  verfuegen zwar ueber - zum Teil wesentlich verbesserte -
  Modifikationen dieses Schutzes, doch besteht hier kaum Kompa-
  tibilitaet zwischen verschiedenen Systemen.

- In System R wird das hier beschriebene Verfahren zur
  Zugriffskontrolle erheblich verfeinert und erweitert. Die
  Zugriffe koennen hier ueber sogenannte "Views" gesteuert
  werden, wobei man unter einem View eine logische Sicht auf
  die zugrundeliegenden Relationen versteht. Eine solche
  logische Sicht kann - stark vereinfacht - als das Ergebnis
  einer beliebigen Retrieval-Operation auf dem Datenbestand
  beschrieben werden, wobei diese Operation durchaus auch
  dynamisch aus mehreren physikalischen Relationen eine
  virtuelle Relation erzeugen und dem Benutzer praesentieren
  kann. Fuer die Definition und Erzeugung der Views bestehen
  sehr weitgehende Moeglichkeiten, die Rueckbezuege auf den
  aktuellen Benutzer und sogar statisch vorgegebene wertabhaengige Zugriffsueberpruefungen umfassen.

Obwohl dieser Mechanismus sehr allgemein ist, unterliegt er doch einigen Einschraenkungen, die seine Verwendung als alleinige Zugriffskontrolle nicht ausreichen lassen. Die wichtigsten dieser Einschraenkungen sind die folgenden:

o Durch Views lassen sich nur bestimmte Datenmengen fuer einen Benutzer sichtbar oder unsichtbar machen; eine Unterscheidung zwischen verschiedenen Zugriffsarten erfolgt nicht. Will man unterschiedliche Rechte fuer lesende und aendernde Zugriffe vergeben, so muss man hierzu separate Views - eventuell zum Teil auf dieselben Daten - vorsehen, was zu undurchsichtigen Strukturen und auch zu erheblichen Unbequemlichkeiten fuer den Benutzer fuehren kann.

o Views, die sich auf virtuelle Relationen beziehen, haben oft keine direkte Entsprechung aller ihrer Attribute in physischen Relationen der Datenbank, so dass Aenderungen der Daten des Views nicht unbedingt direkt in die Datenbank uebertragbar sind. Zudem koennen Eintraege neuer Daten in einen View zu nur teilweisen Eintraegen in die physischen Relationen fuehren, wenn bestimmte Attribute der physischen Relationen nicht im View repraesentiert sind; hieraus koennen schwer zu ueberschauende Anomalien bei Aenderungsvorgaengen entstehen [14,15].

Um auch verschiedene Zugriffsarten separat steuern zu koennen, wird in System R der View-Mechanismus noch durch explizite Rechte, einzelne Zugriffsarten auf einen View auszueben zu duerfen, unterstuetzt. Diese Rechte werden als "Privilegien" bezeichnet (**Vorsicht:** dieses Wort hat hier eine andere Bedeutung als in der Diskussion im Abschnitt 6.5.4!), und die Vergabe oder Ruecknahme dieser Privilegien kann durch explizite **"GRANT"**- und **"REVOKE"**-Operationen fuer einzelne Views bzw. Relationen gesteuert werden.

Zur Kontrolle der Konsistenz von Parallelzugriffen ist es moeglich, fuer Transaktionen verschiedene Konsistenz-Ebenen zuzulassen, von denen jeweils eine zu Beginn einer Transaktion zu spezifizieren ist. Diese Ebenen geben dem Benutzer automatischen Schutz verschiedenen Grades bei Problemen der Zugriffskontrolle, wodurch auch verschiedene Moeglichkeiten von Parallelzugriffen erlaubt oder verboten werden. Zusaetzlich kann sich ein in Ebene 1 oder 2 arbeitender Benutzer durch explizite Steuerung der parallelen Zugreifbarkeit schuetzen. Diese drei Ebenen lassen sich folgendermassen charakterisieren:

o **Ebene 1:** Eine Transaktion sieht jederzeit den echten Zustand des Datenbestandes, also auch inkonsistente Zwischenzustaende und Zustaende, die beim Rueckgaengigmachen einer Transaktion wieder verschwinden. Diese Ebene kann etwa fuer statistische Auswertungen verwendet werden; fuer Anwendungen, die von bestimmten Datenwerten abhaengen, koennen allerdings Probleme auftreten, wenn diese Datenwerte nicht explizit gegen parallel erfolgende Aenderungen geschuetzt werden.

o **Ebene 2:** Eine Transaktion sieht nur konsistente und nicht mehr rueckgaengig zu machende Zustaende des Datenbestandes. Diese koennen sich jedoch zwischen zwei Zugriffen aendern, wenn die betreffenden Daten inzwischen von einer anderen Transaktion geaendert wurden; dies laesst sich jedoch wieder durch explizite Steuerung verhindern.

o **Ebene 3:** Eine Transaktion sieht den Datenbestand immer in demselben Zustand, abgesehen von Aenderungen, die sie selbst verursacht; gleichzeitige Aenderungen der bearbeiteten Daten durch andere Transaktionen sind generell unterbunden.

Diese verschiedenen Konsistenz-Ebenen sind dadurch realisiert, dass auf die angesprochenen Datenobjekte geeignete Locks angewendet werden, die ueber eine zentrale Zugriffskoordination die gewuenschte Konsistenz erzielen.

Vergleicht man die Zugriffskontrollen der verschiedenen hier dargestellten Datenbanksysteme, so muss man feststellen, dass sowohl IMS als auch die CODASYL-Systeme nur ueber hoechst rudimentaere Schutzmassnahmen verfuegen, die noch dazu teilweise in sich inkonsistent sind. System R dagegen hat in seiner Kombination von Views und Privilegien einen sehr ausgefeilten Datenschutz, der - bis auf die Update-Anomalien virtueller Relationen - so ziemlich alle Anforderungen an eine diskrete Zugriffskontrolle abdeckt. Die beschriebenen Anomalien sind jedoch prinzipieller Art; da sie in den Eigenschaften des relationalen Datenmodells begruendet sind, lassen sie sich nicht vermeiden, sofern man nicht auf den View-Mechanismus ganz verzichten will.

Waehrend in den meisten anderen Datenbanksystemen die Kontrolle paralleler Zugriffe den einzelnen Anwendungen ueberlassen bleibt, steht in System R hierfuer ein allgemeines, automatisches Steuerungsinstrument zur Verfuegung. Bei einer expliziten Kontrolle der parallelen Zugreifbarkeit von Datensaetzen muessen die Probleme der Zugriffskonflikte und Deadlocks zwischen verschiedenen Transaktionen von diesen selbst geloest werden; in System R kann dagegen mit dem Mechanismus der Konsistenz-Ebenen diese Aufgabe einer zentralen Koordinations-Instanz zur korrekten Synchronisation von Parallelzugriffen uebertragen werden.

Gemeinsam ist den in diesem Abschnitt beschriebenen Verfahren zur Zugriffskontrolle in Datenbanksystemen, dass sie ihre Schutzfunktion durch Einschraenkung der Menge der einem Benutzer sichtbaren Datenobjekte ausueben; Datenobjekte, die einem Benutzer nicht sichtbar sind, koennen von ihm nicht adressiert werden und sind daher vor seinem Zugriff geschuetzt. Dieser Ansatz zum Schutz von Datenobjekten ist zwar wirksam, doch vermischt er die beiden Aspekte

- der Sichtbarkeit und

- des Schutzes

von Datenobjekten, die durchaus nicht identisch sein muessen; es kann oft sinnvoll sein, bestimmte Datenobjekte, die fuer einen

Benutzer sichtbar sind, dennoch unter gewissen Bedingungen vor
seinem Zugriff zu schuetzen. Aus diesen Ueberlegungen heraus
wurde vorgeschlagen [49], das externe Datenbankschema in zwei
separate Teile aufzuspalten, wobei das aeussere Schema in
gewohnter Weise die Sichtbarkeit und Darstellungsform der Daten
steuert, waehrend ein zwischen diesem und dem konzeptuellen Schema
liegendes "Sicherheits-Schema" die Zugreifbarkeit der Daten festlegt.

7.3.2.3 Modifikation der Zugriffsanforderungen – Ein von den im
vorigen Abschnitt dargestellten Zugriffskontrollen deutlich verschiedenes Verfahren wird in INGRES angewandt. Hier werden alle
von einem Benutzer an das Datenbanksystem gerichteten Auftraege
dynamisch gemaess den fuer diesen Benutzer geltenden Zugriffsrechten modifiziert. Dabei werden die in den einzelnen Auftraegen
angesprochenen Datenmengen durch diese Auftrags-Modifikation so
eingeschraenkt, dass die Schutzanforderungen des Datenbestandes
gewahrt bleiben. Das folgende Beispiel zeigt die Auswirkungen
eines solchen dynamischen Schutzes in einem konkreten Fall [15]:

Die Rechte des Benutzers "FRODO" erlauben ihm den Zugriff auf
die Personal-Datensaetze (in der Relation "EMPLOYEE"), sofern sich
diese Saetze auf Angestellte der Abteilung D3 beziehen. Dieses
Recht kann in QUEL, der Datenmanipulationssprache von INGRES,
folgendermassen definiert werden:

```
RANGE OF EX IS EMPLOYEE
DEFINE PERMIT RETRIEVE ON EX TO FRODO
      WHERE EX.DEPT# = 'D3'
```

Wenn nun dieser Benutzer die Personalnummer und das Gehalt aller
Angestellten, die mehr als 75000 DM im Jahr verdienen, bestimmen
will, so kann er dies durch die folgende Anfrage machen:

```
RANGE OF EY IS EMPLOYEE
RETRIEVE (EY.EMP#, EY.SALARY) WHERE EY.SALARY > 75000
```

INGRES modifiziert diese Anfrage aufgrund der Benutzerberechtigung
folgendermassen:

```
RANGE OF EY IS EMPLOYEE
RETRIEVE (EY.EMP#, EY.SALARY) WHERE EY.SALARY > 75000
                            AND (EY.DEPT# = 'D3')
```

Das Ergebnis dieser Modifikation ist, dass die Anfrage des
Benutzers auf die fuer ihn zugelassenen Datenobjekte eingeschraenkt wird.

Dieses Verfahren der Zugriffskontrolle ist in seinen Auswirkungen ziemlich aehnlich zu dem der Kontrolle mittels Views, ohne
jedoch fuer verschiedene Zugriffsarten unterschiedliche Sicht-
weisen der Daten zu erfordern, wie dies bei den Views von System R
notwendig ist. Der hier dargestellte Mechanismus geht auch insofern ueber die Zugriffskontrolle mittels Views hinaus, als er
zusaetzliche Einschraenkungen der Zugriffsrechte in Abhaengigkeit
vom Zeitpunkt der Operation und/oder dem Terminal, von dem aus
diese Operation veranlasst wird, moeglich macht.

Wie bei System R, so bleiben jedoch auch hier die allgemeinen Probleme, die sich bei der Modifikation virtueller Relationen ergeben, da diese Probleme dem verwendeten Datenmodell inhaerent sind. Fuer eine ausfuehrlichere Diskussion dieser Problematik und der sich daraus ergebenden Folgen fuer die Konsistenz des Datenbestandes sei der Leser auf die entsprechende Fachliteratur ueber Datenbanken hingewiesen, zum Beispiel auf [14,15].

7.3.3 Umgehen des Datenbanksystems

Auf unterer Ebene bestehen wechselseitige Abhaengigkeiten zwischen der Sicherheit eines Datenbanksystems und der des zugrundegelegten Betriebssystems. Dies kann folgendermassen verdeutlicht werden:

- Einerseits kann ein Datenbanksystem keine groessere Sicherheit bieten, als es das zugrundegelegte Betriebssystem gestattet. Luecken in der Sicherheit des Betriebssystems koennen von einem erfahrenen Benutzer des Rechners immer ausgenuetzt werden, um die Schutzmassnahmen des Datenbanksystems zu unterlaufen. Dies soll an einigen Beispielen demonstriert werden:

  o Ungenuegender Schutz im Datei-System kann benutzt werden, sich unberechtigten Zugriff auf die Dateien des Datenbanksystems zu verschaffen bzw. diese zu zerstoeren. Besteht naemlich die Moeglichkeit, ueber das Datei-System direkt auf die Dateien bzw. Hintergrundspeicher zuzugreifen, in bzw. auf denen die Datenbestaende des Datenbanksystems abgelegt sind, so sind saemtliche Zugriffskontrollen des Datenbanksystems im wesentlichen hinfaellig geworden.

     Der einzige Schutz, der dann noch fuer die Sicherheit der Datenbestaende vorhanden ist, besteht in der Komplexitaet ihrer Struktur und in ihrem Umfang, da diese den Aufwand, ein bestimmtes Datenobjekt ohne die Hilfe des Datenbanksystems in ihnen zu finden, erheblich in die Hoehe treiben koennen. Wenn die betreffenden Daten jedoch fuer den Angreifer einen hohen Wert haben, so ist dieser Restschutz allerdings zu vernachlaessigen.

  o Ungenuegender Schutz der Hauptspeicherverwaltung kann dazu benutzt werden, gerade bearbeitete Informationen des Datenbanksystems in eigene Speicherbereiche zu kopieren, um sie dort auszuwerten, oder den aktuellen Inhalt des Datenbanksystems zu verfaelschen.

  o Beide Schutzmaengel koennen benutzt werden, das Datenbanksystem selbst so zu veraendern, dass es fehlerhaft arbeitet oder gezielt unberechtigten Einwirkungen von aussen zugaenglich wird. Dazu ist es im Prinzip nur erforderlich, sich unberechtigt Zugriff auf Programme oder Datenstrukturen des Datenbanksystems auf dem Hintergrund oder im Hauptspeicher zu verschaffen und diese geeignet zu modifizieren.

Diese Gefaehrdungen der Sicherheit koennen teilweise eingeschraenkt werden, wenn das Datenbanksystem als geschlossenes System realisiert ist, das dem Benutzer keine direkte Zugriffsmoeglichkeit auf die Funktionen des Betriebssystems erlaubt, und wenn neben dem Datenbanksystem keine weitere Aktivitaet auf diesem Rechner laufen kann, so dass man im Sinne des Abschnitts 6.5.3.2 einen dedizierten Rechner hat.

- Zum anderen kann unter Umstaenden ein unsicheres Datenbanksystem die Betriebssystem-Sicherheit unterlaufen, wenn es:

   o wenigstens zeitweise mit Berechtigungen arbeitet, die eigentlich dem Betriebssystem vorbehalten sind;

   o dem Benutzer Moeglichkeiten bietet, sich diese Berechtigungen ueber Sicherheits-Schwachstellen des Datenbanksystems anzueignen und damit in nicht zulaessiger Weise in das Betriebssystem einzugreifen.

Dies kann zum Beispiel dadurch geschehen, dass ein Benutzer eine Operation des Datenbanksystems anstoesst, die solche Berechtigungen benoetigt und vom Betriebssystem erhaelt. Bricht er anschliessend seine Verbindung zum Datenbanksystem ab, so kann es bei ungenuegenden Sicherheitsvorkehrungen geschehen, dass ihm dann diese hohen Berechtigungen uneingeschraenkt fuer eigene Programme zur Verfuegung stehen, mit denen er in diesem Fall beliebigen Schaden anrichten kann. In einem geschlossenen System, in dem der Benutzer das Datenbanksystem ueberhaupt nicht verlassen kann, ist ein Unterlaufen der Sicherheits-Massnahmen des Betriebssystems jedoch nicht auf diese einfache Weise moeglich, so dass hier ein groesserer Schutz gegeben ist.

Diese gegenseitige Abhaengigkeit der Schutz-Eigenschaften von Betriebs- und Datenbanksystem hat zur Folge, dass die insgesamt erreichte Sicherheit im besten Falle dem Minimum der Einzel-Sicherheiten beider Komponenten entspricht. Die hier geschilderten Probleme lassen sich weitgehend vermeiden, wenn man bei der Einbettung des Datenbanksystems in seine Systemumgebung die folgenden Regeln beruecksichtigt:

- Die Datenbestaende muessen vom Datei-System gegen **jeden** Zugriff geschuetzt sein, der nicht vom Datenbanksystem selbst kommt (mit eventueller Ausnahme von Systemfunktionen wie Platten-Backup). Legt man einen Zugriffsschutz ueber Zugriffsmatrizen oder -listen zugrunde, so bedeutet dies, dass als Eigentuemer der Datenbestaende der Systemverwalter oder auch ein virtueller Benutzer "Datenbanksystem" eingetragen wird und dass fuer keine sonstigen Benutzer Zugriffsrechte vergeben werden duerfen. Das Datenbanksystem kann dann unter der Eigentuemer-Kennung auf den Datenbestand zugreifen, ohne dass irgendein anderer Benutzer Zugriff auf diese Daten hat. Ein derartiger Schutz laesst sich bei Datei-Schutz durch Passwoerter kaum erreichen, da sich die verwendeten Datei-Passwoerter meist ohne grossen Aufwand aus dem Code des Datenbanksystems bestimmen lassen; kennt man jedoch erst einmal die Passwoerter, so kann man unter

Umgehung des Datenbanksystems auf die Datenbestaende zugreifen.

- Wenn das Datenbanksystem mit erhoehten Berechtigungen
  arbeitet, so ist es entsprechend den Ausfuehrungen in
  Abschnitt 6.5.7 als geschlossenes Subsystem zu realisieren,
  wobei insbesondere zu beachten ist, dass die dort genannten
  Verfahren zur Entfernung der erhoehten Privilegien bei einer
  Unterbrechung wirksam werden. Dadurch laesst sich erreichen,
  dass keine erhoehten Privilegien des Datenbanksystems an den
  Benutzer uebergehen koennen.

- Eine Kompromittierung des Betriebssystems durch Fehler im
  Datenbanksystem laesst sich nur dann zuverlaessig ausschliessen, wenn das Betriebssystem auf einer hoeheren Schutzstufe
  als das Datenbanksystem ablaeuft. Wenn der verwendete
  Prozessor nur ueber zwei Modi (siehe Abschnitt 5.3) verfuegt,
  so hat dies zur Konsequenz, dass das Datenbanksystem im
  Benutzermodus ablaufen muesste, um dieser Forderung zu
  genuegen. In diesem Fall waere jedoch die Konsistenz des
  Datenbanksystems gegenueber dem Benutzer gefaehrdet, was
  insgesamt noch unerfreulichere Folgen haben koennte. Bei nur
  zwei Prozessor-Zustaenden laesst sich daher **kein** Schutz des
  Betriebssystems vor Unterwanderung durch Fehler im Datenbanksystem erreichen; hierzu sind wenigstens drei Zustaende
  erforderlich, da man je einen fuer das Anwendungsprogramm,
  fuer das Datenbanksystem und fuer das Betriebssystem braucht.

Diese Diskussion zeigt, dass man zwar durch eine geeignete
Software-Struktur einen Teil der hier angesprochenen Probleme
loesen kann, dass jedoch andererseits manche Probleme nur bei
Zugrundelegung einer geeigneten Hardware, die gewissen Mindest-
Anforderungen genuegt, wirksam zu bewaeltigen sind. Fuer das
gaengige Verstaendnis der Probleme bei Datenbanksystemen ist dies
zunaechst etwas ueberraschend, da man sich hier doch auf einer
Ebene befindet, die vom System-Kern und von der Hardware relativ
weit entfernt ist. An dieser Stelle wird eine wesentliche Eigenschaft der Sicherheits-Problematik offenkundig, naemlich die
Tatsache, dass zur Erzielung eines hohen Sicherheits-Standards
alle Ebenen einer System-Architektur einzeln und in ihrem
Zusammenspiel zu beruecksichtigen sind; klammert man eine
bestimmte Ebene aus irgendwelchen Betrachtungen aus, so besteht
immer die Gefahr, dass man genau dadurch eine moegliche Verwundbarkeit des Gesamtsystems uebersieht.

7.3.4 Sicherheit des Datenbestandes

Es ist offensichtlich, dass durch die Zentralisierung umfangreicher Datenbestaende in einem Datenbanksystem nicht nur eine
Offenlegung dieser Datenbestaende gegenueber unberechtigten
Zugriffen, sondern auch eine Zerstoerung dieser Datenbestaende
durch gewollte Einwirkung oder durch Fehlfunktionen der Hardware
und/oder Software gravierende Auswirkungen haben kann. Selbst die
nur zeitweise Unverfuegbarkeit der Datenbestaende kann schwere
Schaeden verursachen, wie die Eroerterung im Abschnitt 3.3.1
gezeigt hat. Es ist daher fuer die Sicherheit des Datenbank-

betriebes wichtig, dass Methoden zur Rekonstruktion des Datenbestandes nach einer Zerstoerung, zur Reparatur lokaler Fehler und
zur Verhinderung vermeidbarer Inkonsistenzen vorhanden sind.

Bei Datenbanken, deren Datenbestaende relativ statisch sind,
also im wesentlichen zur Auswertung verwendet werden, genuegt es
manchmal, Kopien des Datenbestandes an einem sicheren Ort verfuegbar zu haben. Bei einer Zerstoerung des Originalbestandes kann
dieser durch eine Kopie ersetzt werden, und die Arbeit mit den
Daten kann fortgesetzt werden. (Zweckmaessig sollte man dann
moeglichst bald eine neue Kopie erzeugen, um Ersatz fuer das
verlorengegangene Exemplar zu haben.)

Wenn jedoch haeufig Aenderungen im Datenbestand durchgefuehrt
werden, so reicht das Vorhandensein von Kopien nicht aus, da alle
seit der Erzeugung der Kopie durchgefuehrten Aenderungen beim
Ersatz des zerstoerten Originals durch die Kopie verloren gingen.
Hat man jedoch alle Aenderungen seit dem Zeitpunkt der Kopien-
Erstellung in einer Log-Datei erfasst, so kann man den Zustand des
zerstoerten Originals in der Kopie wiederherstellen, indem man
alle in der Log-Datei eingetragenen Aenderungen der Reihe nach auf
die Kopie anwendet. Man spricht in diesem Falle von einem "Redo-
Log", da schon einmal ausgefuehrte Operationen wiederholt werden.
Der letzte Zustand, der sich mit diesem Verfahren erreichen
laesst, enthaelt alle Aenderungen, die bis zum Zeitpunkt der
Zerstoerung auf den Datenbestand angewendet wurden, mit Ausnahme
der Aenderungen solcher Transaktionen, die zum Zeitpunkt der
Zerstoerung noch nicht abgeschlossen waren; diese Transaktionen
muessen anschliessend wiederholt werden. Dieses Verfahren wird in
seiner Anwendbarkeit dadurch eingeschraenkt, dass der Umfang des
Redo-Logs und damit auch die Zeit zu seiner Abarbeitung mit der
Anzahl der in ihm enthaltenen Aenderungen anwaechst; erreichen
diese Groessen unakzeptable Werte, so ist die Erstellung einer
neuen Kopie des Datenbestandes erforderlich.

Eine andere Form des Logs wird verwendet, um lokale Fehler in
der Datenbank direkt nach ihrem Auftreten automatisch zu beheben.
Bei einem solchen "Undo-Log" werden Inkonsistenzen oder auch Deadlocks einzelner Transaktionen dadurch aufgeloest, dass eine oder
mehrere Transaktionen auf ihren Anfangspunkt zurueckgesetzt
werden, indem alle von ihnen durchgefuehrten Aenderungen des
Datenbestandes rueckgaengig gemacht werden. Dies laesst sich
dadurch erreichen, dass in das Undo-Log vor jeder Veraenderung
eines Datenobjektes dessen alter Wert eingetragen wird; bei einem
Ruecksetzen kann dieser alte Wert dann zurueck in den Datenbestand
uebertragen werden. Beim Start des Datenbanksystems nach einem
Systemzusammenbruch koennen mithilfe des Undo-Logs alle zu diesem
Zeitpunkt offenen Transaktionen zurueckgesetzt werden, so dass
anschliessend wieder mit einem konsistenten Datenbestand weitergearbeitet werden kann. Ebenso koennen Transaktionen, die sich in
einem Deadlock befinden oder die irgendwelche Inkonsistenzen im
Datenbestand verursacht haben, mithilfe des Undo-Logs auf ihren
Anfangspunkt zurueckgesetzt werden.

Die auf eine bestimmte Transaktion bezogenen Eintraege des
Undo-Logs koennen jeweils beim Abschluss dieser Transaktion oder
nach dem Ruecksetzen geloescht werden, da sie ab diesem Zeitpunkt
nicht mehr benoetigt werden. Dies hat zur Folge, dass der Umfang
des Undo-Logs, im Gegensatz zu dem des Redo-Logs, im Mittel

begrenzt bleibt. Die Anwendbarkeit des Undo-Logs ist daher keiner
zeitlichen Schranke unterworfen, doch ist mit ihm nur dann eine
Rekonstruktion des Datenbestandes moeglich, wenn dieser bei einem
Systemzusammenbruch nicht zerstoert wurde oder wenn - bei einer
Zerstoerung - eine aktuelle Kopie vorhanden ist.

Zu jedem Zeitpunkt aktuelle Kopien koennen durch das Verfahren des "Doppelschreibens" erhalten werden. Dazu geht man von
zwei (oder mehr) identischen Datenbestaenden aus, auf denen alle
Aenderungen parallel ausgefuehrt werden. Lesende Zugriffe erfolgen entweder immer auf derselben dieser Kopien (dem "Master"),
oder sie werden entsprechend einer Zugriffsoptimierung auf die
Kopien verteilt. Problematisch bei diesem Verfahren ist, dass es
moeglich sein sollte, eine der Kopien ohne oder mit einer nur
geringen Betriebsunterbrechung aus dem Datenbanksystem zu entfernen - etwa um sie als Sicherungskopie wegzulegen - und durch
einen leeren Datentraeger zu ersetzen. Ein solches dynamisches
Abkoppeln ist nur zu einem Zeitpunkt moeglich, zu dem keine Transaktion offen ist, da sich der Datenbestand nur an solchen Ruhe-
punkten in einem konsistenten Zustand befindet. Nach dem
Einbringen eines leeren Datentraegers muss dieser durch einen
Hintergrundprozess aktualisiert werden, was durch Kopieren des
Datenbestandes unter Beruecksichtigung der waehrend dieses Kopier-
vorganges darin durchgefuehrten Aenderungen geschehen kann. Nach
Abschluss dieses Kopiervorganges stehen wieder zwei identische
Versionen des Datenbestandes zur Verfuegung, und alle weiteren
Aenderungen koennen mit Doppelschreiben durchgefuehrt werden.

Kombiniert man dieses Verfahren mit dem des Undo-Logs, so hat
man, wenn auch mit einem erheblichen Aufwand, eine Sicherung des
Datenbestandes, die - bis auf den unwahrscheinlichen Fall der
gleichzeitigen Zerstoerung beider Kopien - Schutz vor allen
Bedrohungen des Datenbestandes durch Zerstoerung bietet und eine
Wiederaufnahme des Betriebes innerhalb weniger Minuten nach der
Zerstoerung ermoeglicht. Ein solches kombiniertes Schutzverfahren
wird daher vor allem in Datenbanksystemen eingesetzt, die unter
Realzeit-Bedingungen, etwa in der Steuerung industrieller Prozesse
eingesetzt werden [70]. Fuer extreme Anforderungen sind inzwischen sogar schon Plattencontroller verfuegbar, die die hier
geschilderten Sicherungsverfahren des Doppelschreibens mit auto-
matischem Nachziehen von Kopien realisieren, so dass diese
Sicherung auf der Ebene der Hardware ablaufen kann, ohne dass
hierdurch eine zusaetzliche Belastung des Rechners selbst
auftritt.

7.4 Statistische Datenbanken

7.4.1 Problemstellung

In den Faellen, in denen es einem groesseren Personenkreis
moeglich sein muss, auf Datenbanken zuzugreifen, die sensitive
Daten enthalten, kann ein Zugriffsschutzproblem eigener Art
entstehen. Es ist dann naemlich in manchen Faellen erforderlich,
die Durchfuehrung statistischer Analysen der abgespeicherten Daten
allgemein zuzulassen, ohne jedoch Zugriffe auf einzelne Datenobjekte zu gestatten. Legt man als Beispiel wieder eine Personal-
Datenbank zugrunde, so kann etwa gefordert sein, dass man

beliebige Statistiken ueber die Verteilung der Gehaelter in
Abhaengigkeit von diversen Parametern wie Abteilung, Alter,
Geschlecht, Position usw. erzeugen darf, **ohne** dass die Benutzer
dieser Datenbank in der Lage sein duerfen, die Gehaelter einzelner
Personen zu erfahren.

Auf den ersten Blick scheint diese Schutzanforderung dadurch
loesbar zu sein, dass man den direkten Zugriff auf die Datenbank
nicht zulaesst, sondern nur Statistik-Operatoren zur Verfuegung
stellt, die ihrerseits auf die Datenbank zugreifen und die
gewuenschten Statistiken extrahieren und verfuegbar machen. Eine
genauere Ueberlegung zeigt jedoch, dass sich das hier geschilderte
Problem nicht so einfach loesen laesst, da diese Statistiken ja
Rueckschluesse auf die Informationen zulassen, aus denen sie abgeleitet sind. Durch geeignete Auswahl der statistischen Anfragen
an eine solche Datenbank kann es einem geschickten Benutzer moeglich sein, vertrauliche Informationen aus den produzierten
Statistiken abzuleiten, ohne dass er dazu auf die gewuenschten
Daten direkt zugreifen muesste.

Will der Benutzer etwa das Gehalt einer bestimmten Person
herausfinden, ueber die er gewisse Informationen schon besitzt, so
kann er dies durch eine Anfrage erreichen, die genau den Datensatz
dieser einen Person als die Grundmenge selektiert, ueber die die
Gehaltsstatistik berechnet wird. Wenn der Angreifer zum Beispiel
weiss, dass die betreffende Person in einem bestimmten Jahr
geboren ist, an einem bestimmten Ort wohnt, fuenf Kinder hat und
vor drei Jahren wegen einer bestimmten Krankheit operiert wurde,
so kann er mit einiger Wahrscheinlichkeit das exakte Gehalt dieser
Person als Ergebnis erwarten, wenn er das durchschnittliche Gehalt
aller Personen erfragt, auf die alle diese Kriterien zutreffen.

Man erkennt aus diesem Beispiel, dass Datenbanken, die statistische Auswertungen vertraulicher Informationen erlauben, ueber
Zugriffskontrollen verfuegen muessen, die ueber die bisher
beschriebenen Kontrollen hinausgehen. Dieses Problem ist von
einiger Bedeutung, weil es in allen Datenbanksystemen, die sensitive Daten enthalten, im Prinzip auftreten kann. Man denke nur an
ein Krankenhaus-Informationssystem, das die Krankengeschichten der
Patienten zusammen mit anderen Informationen, etwa zur Abrechnung
der Leistungen, enthaelt. Es kann hier sinnvoll sein, zur Erfor-
schung der Verbreitung und des Verlaufs bestimmter Krankheiten
einem groesseren Kreis von Personen statistische Analysen der
Krankendaten zu erlauben, waehrend andererseits natuerlich die
Vertraulichkeit der einzelnen Faelle gewahrt bleiben muss.

7.4.2 Sensitivitaet von Statistiken

Man kann nach [17] den "Informations-Zustand" einer statistischen Datenbank durch zwei Komponenten beschreiben: die Daten
selbst und externes Wissen ueber diese Daten, ueber das die
Benutzer der Datenbank verfuegen. Dieses externe Wissen laesst
sich wieder in zwei Kategorien unterteilen:

- das Wissen ueber den generellen Aufbau und die Struktur der
  Datenbank sowie die ueber den Inhalt der Datenbank verfuegbaren Statistiken, und

- zusaetzliches Wissen ueber Fakten, die normalerweise nicht von der Datenbank freigegeben werden; dieses zusaetzliche Wissen kann frei verfuegbar (wie etwa der Wohnort) oder sensitiv (wie etwa eine bestimmte Krankengeschichte) sein.

Wenn es einem Benutzer aufgrund seines zusaetzlichen Wissens gelingt, sensitive Daten aus der Datenbank abzuleiten, so hat er die Sicherheit dieser Datenbank verletzt. Um diesen allgemeinen Tatbestand etwas genauer beschreiben zu koennen, benoetigt man den Begriff der "sensitiven Statistik". Man nennt eine Statistik dann sensitiv, wenn sie zuviele Informationen ueber ein einzelnes Datenobjekt direkt zugaenglich macht; Statistiken ueber Mengen von Datenobjekten, die die Maechtigkeit 1 haben, sind aus diesem Grund immer sensitiv.

Um den Begriff der "sensitiven Statistik" zahlenmaessig erfassen zu koennen, ist es sinnvoll, Schranken fuer die Anzahl der Werte, die signifikante Beitraege zum Gesamtwert der Statistik liefern, und fuer den prozentualen Anteil dieser Beitraege vorzugeben. Eine Statistik ist in diesem Sinne sensitiv, wenn weniger als n Datensaetze zusammen einen Beitrag zum Gesamtwert liefern, der k % dieses Wertes uebersteigt, wobei n und k Groessen sind, die vorgegeben sind als Richtlinien, ab wann die Ausgabe einer Statistik die Sicherheit der Daten in Frage stellt.

Sogar wenn man alle sensitiven Statistiken unterdrueckt, ist damit jedoch noch nicht die Sicherheit der Daten vor Aufdeckung gewaehrleistet, da es einem Angreifer im Prinzip moeglich ist, mehrere nicht sensitive Anfragen zu stellen und deren Ergebnisse dann so zu kombinieren, dass diese Kombination sensitiv ist. Nimmt man im einfachsten Fall an, dass der Angreifer eine Anfrage ueber die Gesamtheit aller Datensaetze stellt und anschliessend diese Anfrage wiederholt, wobei er durch eine Ausschlussbedingung einen einzigen Datensatz ausklammert, so kann er leicht durch Differenzbildung aus den beiden Anfragen die exakten Werte dieses Datensatzes bestimmen.

Selbst wenn die Werte bestimmter Datenfelder (wie etwa des Personennamens) in solchen Statistiken generell unterdrueckt werden, so kann es dem Angreifer doch, wenn er ueber geeignetes zusaetzliches Wissen verfuegt, moeglich sein, die Werte dieser Felder aus denen der uebrigen Felder und/oder den in seiner Anfrage gestellten logischen Bedingungen abzuleiten. Ist dieses zusaetzliche Wissen notwendig, um die Sicherheit der Datenbank zu kompromittieren, so spricht man von "externer Aufdeckung" ("external disclosure" [17]).

Laesst sich ein bestimmter Datenwert exakt aus einer Statistik bestimmen, so spricht man von "exakter Aufdeckung", andernfalls von "approximativer Aufdeckung". Bei der letzteren ist es zwar nicht moeglich, den exakten Wert eines bestimmten Datenfeldes zu erfahren; man kann jedoch - mit einer angebbaren oder einer absoluten Sicherheit - feststellen, dass der gesuchte Wert in einem Intervall liegt, dessen Grenzen entweder vorgegeben sind oder im Verlauf des Angriffs bestimmt werden. Varianten der approximativen Aufdeckung bestehen darin, Schaetzwerte fuer die Grenzen dieses Intervalls mit vorgebbarer oder bestimmbarer Genauigkeit zu finden oder sicherzustellen, dass der gesuchte Wert

nicht in diesem Intervall liegt oder von einem vorgegebenen Wert verschieden ist.

Eine statistische Datenbank bietet dann "<u>perfekten Schutz</u>", wenn es nicht moeglich ist, **irgendeine** sensitive Statistik (gemaess vorgegebenen Parametern n und k) aus ihr abzuleiten. Dieses Ziel ist jedoch nur asymptotisch zu erreichen, da jede Anfrage an eine statistische Datenbank eine, wenn auch noch so kleine, Information ueber jeden einzelnen Datensatz ausgibt; durch geeignete Kombination aller dieser Einzel-Informationen ist es oft moeglich, sensitive Statistiken aus einer Menge von Anfragen abzuleiten, wenn auch jede einzelne dieser Statistiken nicht sensitiv ist.

Man erhaelt jedoch eine relative Sicherheit einer statistischen Datenbank, wenn man beruecksichtigt, dass der Angreifer nur eine endliche Anzahl von Anfragen an die Datenbank stellt und dass sein Arbeitsaufwand wenigstens linear mit der Anzahl seiner Anfragen steigt. Wird dieser Arbeitsaufwand zu gross, so erreicht der Arbeitsfaktor des Angreifers (siehe Abschnitt 1.2.3) so hohe Werte, dass mit einem Angriff auf die betreffenden Daten nicht mehr zu rechnen ist. Zur Beschreibung der Sicherheit einer statistischen Datenbank benoetigt man daher neben den beiden Parametern n und k noch die Minimalzahl m von Anfragen, die benoetigt werden, um eine bezueglich n und k sensitive Statistik abzuleiten.

Will man die Aufdeckung sensitiver Statistiken verhindern, so muss man die Menge der insgesamt ausgegebenen Statistiken geeignet einschraenken. Ideal waere es, wenn man nur die sensitiven Statistiken von einer Ausgabe ausschliessen koennte. Da sich jedoch die Menge der nicht sensitiven und die der auszugebenden Statistiken im allgemeinen voneinander unterscheiden, so muss man im Interesse der Sicherheit fordern, dass die zweite eine Teilmenge der ersten ist. Im Interesse der Verwendbarkeit der Datenbank darf jedoch auch diese Teilmenge nicht zu klein sein, d.h. ihre Komplementaermenge, also die Menge der nicht-sensitiven, aber aus Sicherheitsgruenden unterdrueckten Statistiken sollte moeglichst klein sein. Leider laesst sich zeigen, dass die Minimisierung dieser Komplementaermenge in praktischen Systemen nicht durchfuehrbar ist, da der dazu notwendige Rechenaufwand gegen unendlich geht [17].

7.4.3 Tracker

Um einen Schutz gegen die Kompromittierung statistischer Datenbanken zu finden, ist es erforderlich, die wesentlichen Angriffsmethoden gegen derartige Datenbanken zu untersuchen. Die einfachste Art des Angriffs, auf die sich auch das im Abschnitt 7.4.1 genannte Beispiel bezog, besteht darin, durch geeignete Anfragen an die Datenbank eine hinreichend kleine Menge von Datensaetzen auszuwaehlen, auf die dann die gewuenschte Statistik angewendet wird; ist diese Menge nur klein genug, so ist die verlangte Statistik in jedem Falle sensitiv.

Da derart einfache Angriffe durch Vorgabe eines Mindestumfangs dieser Menge in den meisten Faellen abgeblockt werden, kann man eine sensitive Statistik in zwei (oder mehreren) nicht sensi-

tiven Statistiken verbergen, indem man die Differenz dieser
Statistiken bildet, wobei man erwartet, dass durch die Differenzbildung alle die Datensaetze aus der Statistik herausfallen, die
fuer die gewuenschte sensitive Statistik nicht interessieren. Ein
gaengiges Verfahren ist dabei, die eine der dabei verwendeten
Statistiken auf die Gesamtmenge aller Datensaetze zu beziehen, wie
dies im vorigen Abschnitt geschildert wurde, waehrend die restlichen Statistiken sich auf die Komplementaermengen der gesuchten
Statistik beziehen. Eine Verallgemeinerung dieses Verfahrens ist
das der "Tracker", das im folgenden genauer erlaeutert wird.

Fuer die folgenden Betrachtungen sei angenommen, dass der
Angreifer eine Anfrage **A** an die Datenbank kennt, durch die er
einen bestimmten, ihn interessierenden Datensatz eindeutig auswaehlen kann. (Dies koennte zum Beispiel die im Abschnitt 7.4.1
genannte komplexe Anfrage sein.) Will der Angreifer nun bestimmen,
ob dieser Datensatz ein vorgegebenes Kriterium (etwa ob die
betreffende Person vorbestraft ist) erfuellt, so koennte er dies
durch eine Anfrage feststellen, die **A** enthaelt und zusaetzlich
durch eine Bedingung **B** nur solche Datensaetze selektiert, die das
gewuenschte Kriterium erfuellen. Die kombinierte Anfrage **A and B**
liefert als Ergebnis

- entweder genau einen Datensatz, wenn dieser das gewuenschte
  Kriterium erfuellt

- oder gar keinen Datensatz, wenn er das Kriterium nicht erfuellt.

Durch die Auswertung der Antwortmenge ist es somit moeglich,
alle noch nicht bekannten Felder des betreffenden Datensatzes zu
bestimmen, indem man der Reihe nach geeignete Bedingungen **B** spezifiziert. Dieses Verfahren funktioniert in jedem Fall, wenn man
nur eine Bedingung **A** kennt, die den betreffenden Datensatz eindeutig selektiert.

Es ist offensichtlich, dass ein Angreifer auf diese Art
sensitive Daten aus der Datenbank herauslesen kann, sofern er nur
aufgrund seines zusaetzlichen Wissens in der Lage ist, sich eine
geeignete Selektionsbedingung **A** zu konstruieren. Da die durch
A and B selektierten Datensaetze jeweils Mengen der Maechtigkeiten
0 bzw. 1 bilden, sind die durch sie gegebenen Statistiken in jedem
Falle sensitiv. Man sollte nun meinen, dass sich diese Bedrohung
leicht durch Verweigerung der Aussage in den Faellen, in denen die
erzeugte Statistik sensitiv ist, abwehren liesse.

Wenn sich die Bedingung **A** jedoch so in zwei Teilbedingungen
A1 und A2 aufspalten laesst, dass gilt:

A = A1 and A2

und dass gleichzeitig die durch die Anfragen

A1   und   **T = A1 and not A2**

selektierten Statistiken nicht sensitiv sind, so laesst sich
mithilfe dieser beiden Teilbedingungen die sensitive Statistik
berechnen, ohne dass dazu eine Anfrage an die Datenbank gestellt

werden muesste, die selbst zu einer sensitiven Statistik fuehrt.
Dazu ist lediglich zu beachten, dass gilt:

A = A1 and (not A1 or A2) = A1 and not (A1 and not A2)

    = A1 and not T

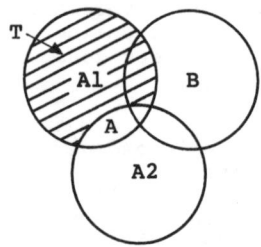

Fig. 7-3 Venn-Diagramm eines individuellen Trackers

Aus dieser Gleichung ergeben sich die entsprechenden
Beziehungen zwischen den Ergebnismengen der Anfragen **A1** und **T**
einerseits und **A** andererseits. Stellt man somit die beiden
Anfragen **A1 and B** und **T and B**, so laesst sich aus den nicht sensi-
tiven Ergebissen dieser beiden Anfragen das sensitive Ergebnis der
Anfrage **A and B** bestimmen.

Man bezeichnet das Paar von Anfragen A1 und T als den "individuellen Tracker" des durch A ausgewaehlten Datensatzes, da es
durch diese beiden Anfragen moeglich ist, gezielt Informationen
ueber diesen Datensatz unter Umgehung einer eventuellen Sensitivi-
taets-Pruefung des Datenbanksystems zu gewinnen [17]. Der Angriff
ueber individuelle Tracker funktioniert in jedem Fall, unabhaengig
von der zugelassenen Sensitivitaet einzelner Anfragen; seine
Wirksamkeit ist nur dadurch eingeschraenkt, dass im allgemeinen
jeder einzelne Datensatz seinen eigenen individuellen Tracker hat,
so dass die durch einen Tracker aufgedeckte Informationsmenge sehr
begrenzt bleibt. Ferner ist es meist mit einem gewissen Arbeitsaufwand verbunden, einen individuellen Tracker fuer einen bestimmten Datensatz ausfindig zu machen.

Diese Einschraenkungen lassen sich durch die Verwendung
"allgemeiner Tracker" aufheben [17]. Geht man dabei von der
Annahme aus, dass alle Statistiken, die sich auf weniger als n der
insgesamt **N** Datensaetze beziehen, wobei n eine systemweit vorgegebene Groesse ist, als sensitiv zu betrachten sind, so laesst
sich **jede** Anfrage **T**, deren Ergebnismenge wenigstens 2n und
hoechstens **N-2n** Datensaetze enthaelt, als allgemeiner Tracker
verwenden. Beachtet man, dass die beiden Anfragen T und **not T**
zusammen die Gesamtmenge aller Datensaetze ergeben, so laesst sich
das Ergebnis einer beliebigen sensitiven Anfrage A, die weniger
als **n** Datensaetze in ihrer Ergebnismenge hat, aus den Ergebnissen
der Anfragen **A or T** und **A or not T** sowie dem Ergebnis fuer die
Gesamtmenge bestimmen. Fuer eine beliebige Statistik-Funktion **q**,
die sich als Summe von Produkten nicht-negativer Potenzen von
Werten schreiben laesst (also fuer die endlichen Momente dieser
Werte), gilt naemlich aufgrund der Mengenbeziehungen zwischen den
Ergebnismengen der einzelnen Anfragen:

q(Gesamt) = q(T) + q(not T)

q(A) = q(A or T) + q(A or not T) - q(Gesamt)

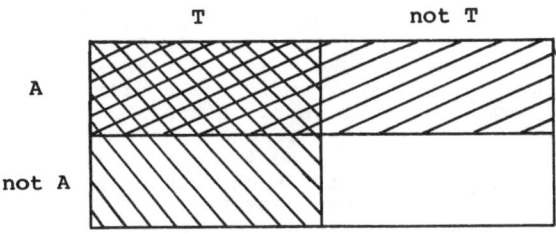

Fig. 7-4 Mengenbeziehungen eines allgemeinen Trackers

        Nach Konstruktion des allgemeinen Trackers muessen alle zu
dieser Berechnung erforderlichen Anfragen nicht-sensitiv sein,
sofern nur die Ergebnismenge der Anfrage A weniger als n Datensaetze enthaelt. Wenn diese Menge dagegen mehr als n Datensaetze
enthaelt, so muss sie sogar mehr als N-n Saetze enthalten, denn
andernfalls waere diese Anfrage nicht sensitiv. In diesem Fall
enthaelt jedoch die Ergebnismenge der Anfrage not A weniger als n
Datensaetze, und q(A) laesst sich aus den folgenden nicht-sensitiven Anfragen berechnen:

        q(A) = 2*q(Gesamt) - q(not A or T) - q(not A or not T)

In jedem Fall kann auf diese Weise q(A) fuer eine beliebige sensitive Statistik aus maximal fuenf nicht-sensitiven Anfragen an die
Datenbank berechnet werden.

        Da die gaengigen Statistik-Funktionen wie Anzahl, Summe,
Durchschnitt, Varianz usw. entweder selbst endliche Momente sind
oder sich aus solchen berechnen lassen, koennen fast beliebige
sensitive Informationen mithilfe eines allgemeinen Trackers
bestimmt werden. Man koennte nun hoffen, dass die Konstruktion
eines allgemeinen Trackers sehr aufwendig waere, so dass dieser
Angriff keine ernste Gefahr darstellen wuerde. Leider ist genau
das Gegenteil der Fall, da sich Algorithmen angeben lassen, die
eine sehr schnelle und effiziente Konstruktion eines allgemeinen
Trackers erlauben [19].

        Hinzu kommt, dass sich ein allgemeiner Tracker immer dann
finden laesst, wenn die Grenze fuer sensitive Statistiken bei
weniger als einem Viertel aller Datensaetze liegt; legt man diese
Grenze auf einen hoeheren Wert, so schliesst man dadurch zwar die
Existenz allgemeiner Tracker aus, doch erlaubt man dann im wesentlichen nur noch solche Statistiken, die sich auf etwa die Haelfte
aller Datensaetze beziehen, was aber fuer die Anwendbarkeit der
Datenbank eine viel zu starke Einschraenkung darstellt. Selbst
wenn man diese Einschraenkung noch hinzunehmen geneigt waere, so
wuerde dies die Sicherheit statistischer Datenbanken nur unwesentlich erhoehen, da sich das Konzept des allgemeinen Trackers durch
"Doppel-Tracker" und "Vereinigungs-Tracker" so erweitern laesst,
dass die Grenze fuer sensitive Statistiken beliebig nahe an die

Haelfte aller Datensaetze herangeschoben werden kann, ohne dass
man dadurch die Existenz derartiger Tracker ausschliessen koennte
[17].

Im Grenzfall bedeutet dies, dass nur bei einer Sensitivi-
taetsgrenze von exakt N/2 die Aufdeckung durch Tracker ausgeschlossen werden kann; in diesem Falle sind jedoch nur noch
solche Statistiken ausgebbar, die sich auf exakt die Haelfte aller
Datensaetze beziehen, was so ziemlich alle Statistiken als sensitiv von der Ausgabe ausschliesst. Hieraus folgt insgesamt, dass
durch Einschraenkung der Antwortmenge prinzipiell kein Schutz
gegen Angriffe durch Tracker zu erzielen ist, da sich bei jeder
anderen Einstellung der Sensitivitaets-Schwelle die Sicherheit der
Daten durch Tracker unterlaufen laesst.

7.4.4 Schutzmassnahmen

Will man statistische Datenbanken gegen die Offenlegung
sensitiver Daten schuetzen, so ist es also erforderlich, Schutzmassnahmen zu verwenden, die die Anwendung von Trackern verhindern. Zusaetzlich sind weitere Gefaehrdungen durch verschiedene
andere Verfahren [17], deren Beschreibung hier zu weit fuehren
wuerde, im Prinzip moeglich und folglich durch die Schutzmassnahmen auszuschliessen. Wie die Ueberlegungen im vorigen
Abschnitt gezeigt haben, ist es hierzu nicht ausreichend, nur den
Umfang der Antwortmengen der Anfragen eines Benutzers zu kontrollieren.

Durch eine Verfeinerung dieser Kontrollen liesse sich jedoch
der Angriff durch Tracker zumindest erschweren. Man muesste dazu
die verschiedenen Anfragen, die bei einem Tracker-Angriff gestellt
werden, miteinander vergleichen und bei Erkennen eines solchen
Angriffs die aktuelle Anfrage abweisen. Ein solches Vorgehen ist
jedoch einerseits sehr aufwendig, weil es das Fuehren einer
Historie ueber alle Anfragen eines Benutzers erfordert, und
andererseits ist es nicht sonderlich wirkungsvoll, da es mit
geringer Muehe zu unterlaufen ist:

- Die Anfragen des Tracker-Angriffs muessen ja durchaus nicht
  direkt hintereinander gestellt werden; sind sie ueber weite
  Zeitraeume verteilt, in denen andere Anfragen zwischen denen
  des Tracker-Angriffs gestellt werden, so wird die Analyse der
  Historie sehr komplex, da sie die sensitiven Anfragen in
  einer grossen Menge ungefaehrlicher Anfragen erkennen
  muesste. Da dem Umfang der zu fuehrenden Historie und damit
  auch einer derartigen Analyse Grenzen gesetzt sind, kann man
  einen Tracker-Angriff unkenntlich machen, wenn man nur
  hinreichend viele andere Anfragen zwischen denen des Tracker-
  Angriffs stellt.

- Weiterhin koennen sich verschiedene Benutzer zusammen-
  schliessen, um gemeinsam einen Tracker-Angriff durchzufuehren. Einen derartigen Angriff koennte die Analyse der
  Historie nur dann erkennen, wenn sie die Historien aller
  Benutzer umfassen wuerde. Dies ist jedoch nicht zweckmaessig, da es einerseits die Analyse noch erheblich aufwendiger gestalten wuerde, und andererseits koennte es dazu

fuehren, dass berechtigte Anfragen verschiedener Benutzer
abgewiesen wuerden, weil sie zufaellig in das Muster eines
Tracker-Angriffs fallen, obwohl diese Anfragen zueinander
voellig unkorreliert sind.

Da also Schutzverfahren, die auf einer Einschraenkung der
Antwortmengen beruhen, im wesentlichen unwirksam und unpraktikabel
sind, ist es erforderlich, solche Verfahren einzusetzen, die den
Angriffsmethoden ihre Grundlage entziehen. Dazu ist zu beachten,
dass die Tracker-Angriffe (und auch die meisten anderen Angriffsmethoden) darauf beruhen, dass sie verschiedene Anfragen so
miteinander kombinieren, dass aus dieser Kombination die Werte
aller der Datensaetze, die den Angreifer nicht interessieren,
durch die verwendeten Berechnungen wieder herausfallen, so dass
nur noch die sensitiven Daten uebrig bleiben.

Dies funktioniert aus dem Grund, dass konstante Werte (die
Ergebnisse der nicht interessierenden Datensaetze) zu den Ergebnissen aller Anfragen hinzugefuegt werden und dass sich diese
Werte bei anschliessender Differenzbildung wieder exakt aufheben.
Sorgt man nun dafuer, dass bei den einzelnen Anfragen nicht die
exakten Statistiken, sondern nur deren Naeherungen ausgegeben
werden, so fallen die hinzugefuegten Werte bei der Differenzbildung nicht exakt heraus, sondern nur mit der Genauigkeit, mit
der die ausgegebene Statistik angenaehert wurde. Waehlt man also
die Genauigkeit der Naeherung so, dass sie mindestens in der
Groessenordnung einzelner Datenwerte liegt, so werden hierdurch
die Ergebnisse der Differenzbildung so verzerrt, dass sie
unbrauchbar werden. Zulaessige Statistiken ueber groessere Mengen
von Datensaetzen werden dagegen durch dieses Verfahren nur
unwesentlich verfaelscht, da die relative Genauigkeit der Ausgabe
mit dem Umfang der Ergebnismenge anwaechst. Auf diese Weise
lassen sich Tracker-Angriffe unwirksam machen, ohne dass hierdurch
die zulaessigen Anfragen wesentlich an Wert verlieren.

Es gibt eine Reihe verschiedener Verfahren zur Erzielung der
hierzu benoetigten statistischen Unschaerfe:

- Durch Rundung laesst sich die Genauigkeit der ausgegebenen
  Ergebnisse in einfacher Weise verringern. Bei der gewoehn
  lichen systematischen Rundung, die einen Wert durch den
  jeweils naechstgelegenen Wert der gewuenschten Genauigkeit
  ersetzt, besteht unter bestimmten Bedingungen dennoch die
  Moeglichkeit, die exakten Werte aus den gerundeten abzuleiten
  [17]. Es ist daher unter Umstaenden guenstiger, die Rundung
  gemaess einer vorgegebenen Wahrscheinlichkeitsverteilung nach
  oben oder unten vorzunehmen; durch eine geeignete Wahl
  dieser Verteilung laesst sich erreichen, dass durch die
  zufaellige Rundung keine systematischen Fehler in die Daten
  eingefuehrt werden.

  Wird dieselbe Anfrage mehrfach gestellt, so laesst sich
  bei zufaelliger Rundung der exakte Wert durch Mittelwert-
  Bildung ueber die Ergebisse aller Anfragen dennoch bestimmen.
  Um dies zu verhindern, kann man den Rundungs-Algorithmus so
  steuern, dass er bei gleichen Anfragen immer denselben Wert
  liefert.

Ein Nachteil der hier beschriebenen Rundungsverfahren ist der, dass die Summe der Ergebnisse einzelner Teilmengen im allgemeinen vom Ergebnis derselben Statistik ueber die Vereinigung dieser Teilmengen verschieden ist. Da dies bei manchen Anwendungen stoerend in Erscheinung treten kann, wurden Verfahren zur kontrollierten Rundung entwickelt, bei denen diese Ungleichheit nicht auftritt oder unter einer vorgegebenen Grenze bleibt.

- Wenn man die gewuenschte Statistik nicht aus der Gesamtmenge aller Daten ableitet, sondern zuerst eine zufaellige Teilmenge aus dieser Gesamtmenge auswaehlt, ehe man die Statistik berechnet, so fuehrt auch dies zu einer Verringerung der Genauigkeit der ausgegebenen Werte. Bei geeigneter Auswahl der Teilmenge sind die fuer diese Teilmenge ausgegebenen Statistiken Approximationen der Gesamtstatistik, ohne dass sich die Ausgaben jedoch fuer einen Tracker-Angriff miteinander kombinieren liessen.

Bei der Auswahl dieser Teilmenge sind prinzipiell zwei verschiedene Vorgehensweisen moeglich:

o Man kann aus der Gesamtmenge aller Datensaetze einen repraesentativen Querschnitt auswaehlen, aus dem man die Saetze zur Berechnung der Statistik selektiert. Fuer verschiedene Anfragen ist dabei jeweils eine andere Teilmenge aller Datensaetze zugrundezulegen.

o Andererseits kann man auch zunaechst alle Datensaetze, ueber die eine Statistik angefordert wurde, selektieren und anschliessend eine Teilmenge dieser Datensaetze zur Bildung der Statistik auswaehlen. Bei verschiedenen Anfragen ergibt sich hierbei automatisch ein Wechsel der zugrundegelegten Menge von Datensaetzen.

Beide Verfahren haben den Vorteil, dass der Angreifer nie sicher sein kann, ob der ihn interessierende Datensatz ueberhaupt in der Menge der Saetze enthalten ist, die der ausgegebenen Statistik zugrundeliegt.

- Es ist auch moeglich, durch Hinzufuegen einer Funktion, die im statistischen Mittel verschwindet, die in eine Statistik eingehenden Werte zu stoeren. Die einzelnen Werte werden dabei zwar durch beliebig stark abgewandelte Werte ersetzt, doch bleibt der Wert der Gesamtstatistik im Rahmen einer vorgegebenen Genauigkeit, da die Auswirkungen dieser Stoerung bei der Bildung der Statistik - bis auf einen Rest vorgegebener maximaler Groesse - verschwinden.

Die hierbei verwendete Verzerrungsfunktion muss mit einiger Sorgfalt gewaehlt werden, damit sie einerseits eine moeglichst grosse Unsicherheit in die Daten einfuehrt, um einen Angriff zu verhindern, und andererseits die Genauigkeit der zulaessigen Anfragen nicht zu stark verringert.

- Schliesslich besteht noch die Moeglichkeit, einzelne Datenwerte zwischen verschiedenen Datensaetzen in kontrollierter Form auszutauschen. Damit hierdurch keine Fehler in den ausgegebenen Statistiken von Teilmengen der Datensaetze auftreten, muss die Vertauschung einer Reihe von Kriterien genuegen. Allerdings geht der Rechenaufwand zur Bestimmung einer allgemeinen Datenwert-Vertauschung gegen unendlich, so dass die praktische Durchfuehrbarkeit dieses Verfahrens noch fraglich ist [17].

Diese Schwierigkeit laesst sich umgehen, wenn man die Originaldaten durch zufaellig erzeugte Daten, die jedoch denselben statistischen Verteilungen unterliegen, ersetzt. Man kann mit diesem Verfahren den Zugriff auf einzelne Datenwerte sicher verhindern, ohne dabei die ausgegebenen Statistiken zu ungenau werden zu lassen.

Diese Verfahren zur Verringerung der Genauigkeit der Ausgabe haben miteinander gemeinsam, dass sie nur bei hinreichend umfangreichen Ergebnismengen zu aktzeptabler Genauigkeit der ausgegebenen Statistiken fuehren; wendet man sie auf zu kleine Ergebnismengen an, so koennen die Resultate beliebig falsch werden. Waehrend dieser Effekt zur Verhinderung von Tracker-Angriffen erwuenscht ist, kann er doch stoerend in Erscheinung treten, wenn sich in Einzelfaellen die geforderte Genauigkeit und die zur Wahrung der Sicherheit notwendige Stoerung der Datenwerte nicht miteinander vereinbaren lassen; die Gefahr, dass diese Schwierigkeit auftritt, waechst mit abnehmendem Umfang der Datenbank.

Um einen geeigneten Schutz statistischer Datenbanken zu erhalten, muessen im allgemeinen Verfahren zum Abblocken sensitiver Anfragen mit solchen zur Verringerung der Genauigkeit der Ausgaben kombiniert werden. Durch die ersteren wird dabei verhindert, dass ein direkter Zugriff auf zu kleine Datenmengen erfolgen kann, waehrend komplexere Angriffe durch die letzteren verhindert werden.

Insgesamt ist zu diesem Thema jedoch festzustellen, dass das Problem des Schutzes statistischer Datenbanken noch ziemlich weit von einer endgueltigen Loesung entfernt ist. Entsprechend gibt es auf diesem Gebiet zur Zeit eine rege Forschungstaetigkeit, deren bisherige Ergebnisse in [17] wesentlich ausfuehrlicher dargestellt sind, als es an dieser Stelle moeglich ist; der interessierte Leser sei daher auf dieses Buch zur Vertiefung hingewiesen.

7.5 Globale Zugriffsmodelle

7.5.1 Das Modell von Bell und LaPadula

Waehrend die bis jetzt besprochenen Methoden zur Zugriffskontrolle das Ziel haben, die Zugriffe auf einzelne Datenobjekte aufgrund der individuellen Schutzbeduerfnisse dieser Datenobjekte zu regeln, soll durch die schon im Abschnitt 7.1.3 kurz geschilderten globalen Zugriffskontrollen erreicht werden, dass die Einhaltung extern vorgegebener Datenschutz-Richtlinien erzwungen wird. Ein derartiger Zugriffsschutz bezieht sich nicht auf individuelle Datenobjekte, sondern auf Klassen solcher Objekte, wobei die Klasseneinteilung durch identische Schutzanforderungen gegeben ist.

Das im folgenden beschriebene Modell zur globalen Zugriffskontrolle wurde auf der Basis militaerischer Sicherheitsklassen
Anfang der siebziger Jahre von Bell und LaPadula [3] entwickelt;
seitdem wurden am urspruenglichen Modell eine Reihe von Ergaenzungen und Erweiterungen vorgenommen. Da dieses Modell die Grundlage bzw. der Ausgangspunkt der meisten globalen Zugriffskontrollen ist, lohnt es sich, die ihm zugrundeliegenden Prinzipien genauer zu betrachten.

Die Basis der militaerischen Sicherheitsklassen stellt eine
Einteilung der Datenobjekte in zweierlei Hinsicht dar:

- Zum einen wird jedem Datenobjekt eine bestimmte "Geheimhaltungsstufe" zugewiesen, wobei die Menge dieser Stufen fest
  vorgegeben ist und die einzelnen Stufen hierarchisch ange-
  ordnet sind. Im militaerischen Bereich sind die Stufen

  o unklassifiziert (offen)

  o Verschluss-Sache, nur fuer den Dienstgebrauch (VS-NfD)

  o vertraulich

  o geheim

  o streng geheim

  innerhalb einer Nation gebraeuchlich; fuer grenzueberschrei-
  tenden Informationsaustausch (etwa innerhalb der NATO) gelten
  weitere Geheimhaltungsstufen.

- Zum anderen werden die einzelnen Datenobjekte bestimmten
  Sachgebieten, den "Schutzkategorien", zugeordnet, wobei
  zwischen den einzelnen Schutzkategorien kein Unterschied der
  Geheimhaltungsstufe bestehen muss. Dabei kann ein bestimmtes
  Datenobjekt mehreren Schutzkategorien zugleich angehoeren;
  die Schutzkategorien koennen sich also durchaus ueberlappen.

Eine Person, die Zugriff auf ein bestimmtes klassifiziertes,
also nicht offenes, Datenobjekt wuenscht, muss zum Umgang mit Ver-
schluss-Sachen wenigstens derselben Geheimhaltungsstufe ermaechtigt sein, zu der das betreffende Datenobjekt gehoert. Zusaetzlich muss diese Person den Zugriff aufgrund ihres Aufgabenberei-
ches benoetigen ("need to know"-Prinzip); diese Kontrolle wird
durch einen Vergleich der Schutzkategorien, zu denen das Datenobjekt gehoert, mit dem Aufgabenbereich der Person realisiert. Im
Falle der Ueberschneidung verschiedener Schutzkategorien ist es
erforderlich, dass der Aufgabenbereich **alle** diese Schutzkategorien
abdeckt.

Das Modell von Bell und LaPadula geht ueber diese sogenannte
"einfache Sicherheits-Bedingung", dass naemlich

**keine Person lesenden Zugriff auf ein Datenobjekt einer
hoeheren Geheimhaltungsstufe hat, als es der Berechtigung dieser Person entspricht,**

hinaus, indem es auch noch vorschreibt, in welcher Weise Infor-

mation von einer Geheimhaltungsstufe zu einer anderen uebergehen
kann. Die dazu spezifizierte zusaetzliche Schutzbedingung wird im
englischen Sprachraum als "*-property" (gesprochen "star-prop-
erty") bezeichnet. Sie besagt, dass

> **keine Person schreibenden Zugriff auf ein Datenobjekt
> einer niedrigeren Geheimhaltungsstufe hat, als es der
> Berechtigung dieser Person entspricht.**

Durch diese Regel wird sichergestellt, dass es nicht moeglich ist,
Informationen einer hoeheren Geheimhaltungsstufe (illegalerweise)
in ein Datenobjekt einer niedrigeren Geheimhaltungsstufe zu
kopieren und damit einem unberechtigten Personenkreis verfuegbar
zu machen.

Werden diese beiden Regeln von einem System zur globalen
Zugriffskontrolle erzwungen, so ist sichergestellt, dass Datenobjekte einer bestimmten Geheimhaltungsstufe nur solchen Personen
verfuegbar sind, die zu dieser Stufe ermaechtigt sind, und dass
diese Personen gleichzeitig nicht in der Lage sind, diese Datenobjekte einem groesseren Personenkreis verfuegbar zu machen und
damit die Geheimhaltungsvorschriften zu verletzen.

Ein gravierender Nachteil dieser als "Multi-Level-Security"
bezeichneten Schutzstrategie ist jedoch, dass die von ihr verwalteten Datenobjekte ihre Geheimhaltungsstufe prinzipiell nur
erhoehen, nie jedoch erniedrigen koennen, da ja jedes Schreiben in
Datenobjekte einer niedrigeren Geheimhaltungsstufe explizit
verboten ist. Diese Schwierigkeit laesst sich umgehen, wenn es
einem besonders berechtigten Sicherheits-Offizier erlaubt ist, die
*-property gezielt ausser Kraft zu setzen, um Information, die
eine bestimmte Geheimhaltungsstufe nicht mehr verdient, manuell
zurueckzustufen. Natuerlich birgt eben diese Moeglichkeit das
Risiko der Umgehung bzw. Ausserbetriebsetzung des Zugriffsschutzes
in sich.

Das Zugriffsmodell von Bell und LaPadula wurde inzwischen die
Grundlage mehrerer Entwicklungen von Betriebs- und Datei-Systemen
mit erhoehter Sicherheit, deren bekannteste die im Abschnitt 6.7.4
genannten Systeme DSU [55], KSOS [4,6,8,46], KVM/370 [29] und PSOS
[51] sind; gleichzeitig sind Bestrebungen festzustellen, auch in
kommerzielle Betriebssysteme die Konzepte der Multi-Level-Security
einzufuehren [1]. Parallel dazu wurde das Modell selbst weiter-
entwickelt, wobei unter anderem die folgende, mittels der Begriffe
"Subjekt", "Objekt", "Aenderungs-" und "Lese-Operation" definierte
Formulierung der Grundprinzipien durch [21] zu nennen ist:

1. Einfache Sicherheits-Bedingung: Ein Subjekt kann ein be-
    stimmtes Objekt nur dann lesen, wenn die Geheimhaltungsstufe
    des Subjekts wenigstens ebenso hoch ist wie die des Objekts.

2. *-property: Ein Subjekt kann ein Objekt O1 nur dann in einer
    von einem Objekt O2 abhaengigen Weise veraendern, wenn die
    Geheimhaltungsstufe von O1 wenigstens ebenso hoch ist wie die
    von O2.

3. Ruhe-Prinzip: Ein Subjekt kann die Geheimhaltungsstufe eines
    aktiven Objektes nicht veraendern.

4. **Nicht-Erreichbarkeit** inaktiver **Objekte:** Ein Subjekt kann den Inhalt eines nicht aktivierten Objektes nicht lesen.

5. **Neu-Schreiben** aktivierter **Objekte:** Ein neu aktiviertes Objekt erhaelt einen Anfangs-Zustand, der unabhaengig ist von allen frueheren Inkarnationen dieses Objekts.

Zusaetzlich zu dieser axiomatischen Formulierung der Multi-Level-Security wurde von [21] ein dazu aequivalentes Modell entwickelt, das als die Grundlage automatischer Verifikations-Verfahren dient, mit denen die beweisbare Sicherheit der so realisierten Systeme erreicht werden soll (siehe dazu auch Abschnitt 6.7.3). Eine kurze Einfuehrung in dieses umformulierte Modell findet sich in [42], ausfuehrlichere Darstellungen sind in den Original-Arbeiten [21,51] enthalten.

Eine wichtige Erweiterung des hier dargestellten Modells betrifft die Integritaet, d.h. die Korrektheit der abgespeicherten Daten [5]. Waehrend das Modell von Bell und LaPadula nur das Ziel hat, die Offenlegung geheimer Information zu verhindern, soll durch diese Erweiterung erreicht werden, dass zusaetzlich keine Information eines geringeren Integritaets-Grades andere Informationen eines hoeheren Integritaets-Grades "kontaminieren" kann.

Da das Modell von Bell und LaPadula keine Aussagen ueber die Integritaet der von ihm behandelten Informationen macht, ist es naemlich im Rahmen dieses Modells durchaus moeglich, Informationen einer hohen Geheimhaltungsstufe dadurch unbrauchbar zu machen, dass man sie mit Informationen einer niedrigeren Geheimhaltungsstufe, z.B. unklassifizierter Information, ueberschreibt. Es ist zwar in diesem Modell einem Eindringling nicht moeglich, die eingestufte Information zu lesen, doch kann er sie durch Ueberschreiben durchaus zerstoeren.

Die in [5] vorgeschlagene Erweiterung ordnet, um auch in dieser Hinsicht Schutz zu gewaehren, jeder Information einen bestimmten Integritaets-Grad zu und beschreibt die zulaessigen Uebergaenge zwischen den einzelnen Integritaets-Graden durch zwei Bedingungen, die das genaue Spiegelbild der Bedingungen von Bell und LaPadula sind:

1. **Einfache** Integritaets-Bedingung: Keine Person hat schreibenden Zugriff auf ein Datenobjekt eines hoeheren Integritaets-Grades, als es dem Integritaets-Grad dieser Person entspricht.

2. **Erweiterte** Integritaets-Bedingung (dual zur *-property): Keine Person hat lesenden Zugriff auf ein Datenobjekt eines niedrigeren Integritaets-Grades, als es dem Integritaets-Grad dieser Person entspricht.

Die Formulierung dieser Integritaets-Bedingungen gemaess [21] ergibt sich in analoger Weise.

Wenn auch die Notwendigkeit zur Einfuehrung einer solchen "Multi-Level-Integrity" unbestritten ist, so sind die Auswirkungen dieser Form des Schutzes doch noch relativ wenig untersucht. In manche Systeme, die ueber Multi-Level-Security verfuegen, wurde allerdings auch Multi-Level-Integrity mit eingebaut; hier sind bei den militaerischen Systemen die beiden Versionen von KSOS [4, 6,8,46] und auf der kommerziellen Seite VAX/VMS [1] zu nennen; die ersteren sehen zwei Integritaets-Grade (Systemverwalter und Benutzer) vor, waehrend das zuletzt genannte System von gleichen Anzahlen von Geheimhaltungsstufen und Integritaets-Graden ausgeht. Es ist offensichtlich einfacher, dieses Konzept im Zusammenhang mit einer Realisierung des Modells von Bell und LaPadula gleich mit zu implementieren, als seine Auswirkungen zu ueberblicken.

7.5.2 Informationsflussmodelle

Waehrend das Modell von Bell und LaPadula im wesentlichen Regeln fuer den Zugriff auf Datenobjekte (im allgemeinen Dateien) aufstellt, ist es zur strikten Trennung von Informationen verschiedener Geheimhaltungsstufen notwendig, ueber diese Regeln noch hinauszugehen. Es konnte naemlich gezeigt werden, dass es unter Benutzung von Rest-Informationen im Hauptspeicher ("storage channels") moeglich ist, Objekte einer hoeheren Geheimhaltungsstufe Subjekten einer niedrigeren Geheimhaltungsstufe zugaenglich zu machen [42]. Das dabei verwendete Verfahren ist aehnlich zu dem einer Informationsuebertragung ueber "timing channels" (siehe Abschnitt 6.3.2). Durch eine Reihe von Zugriffsversuchen, die entweder erlaubt oder abgewiesen werden, laesst sich anhand des Return-Codes, der anzeigt, ob ein Zugriff durchfuehrbar war oder nicht, der Wert eines Datenobjektes an eine niedrigere Geheimhaltungsstufe uebermitteln, ohne dass dies den Zugriffskontrollen der Multi-Level-Security widerspricht.

Um Sicherheitsverletzungen dieser Art zu auszuschliessen, wurden sogenannte "Informationsflussmodelle" entwickelt, deren bekanntestes in [18] eingefuehrt und in [17] ausfuehrlich beschrieben wird. Ein solches Informationsflussmodell besteht aus fuenf Komponenten:

1. einer Menge von Datenobjekten (z.B. Dateien, Programm-Variablen, Bits);

2. einer Menge von Prozessen, die als aktive Komponenten des Modells allen Informationsfluss verursachen;

3. einer Menge von Sicherheitsklassen, die die Gesamtmenge aller vom Modell beschriebenen Informationen in disjunkte Teilmengen zerlegt;

4. einem assoziativen und kommutativen Operator, der fuer jede binaere Operation auf Informationen aus zwei Sicherheitsklassen die resultierende Sicherheitsklasse bestimmt;

5. einer Fluss-Relation, die fuer je zwei Sicherheitsklassen bestimmt, ob ein Informationsfluss von der einen zur anderen zulaessig ist oder nicht.

Unter Verwendung der als Elemente von Mengen geschriebenen Sicherheitsklassen a, b und c ergibt sich zum Beispiel der folgende Zulaessigkeitsgraph fuer die Informationsfluesse, wenn die Fluss-Relation einen Informationsfluss von x nach y genau dann

zulaesst, wenn **y** wenigstens dieselben Sicherheitsklassen   enthaelt
wie **x**:

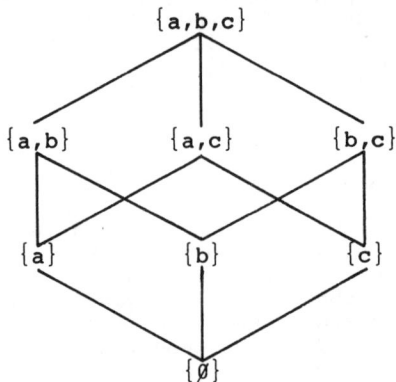

Fig. 7-5 Verbands-Modell zur Darstellung von Informationsfluessen

Es konnte gezeigt werden, dass sich ein solches Modell   unter
sehr   allgemeinen   Bedingungen als Verband im mathematischen Sinne
beschreiben laesst [16]. Ein System   ist   dann   sicher   im   Sinne
eines   Informationsflussmodells,   wenn   gewaehrleistet   ist,   dass
aller Informationsfluss in diesem System im Einklang steht mit der
Fluss-Relation   des   Verbandes.   Dabei   wird   in (versuchsweisen)
Realisierungen dieses Modells die Ueberpruefung der   Zulaessigkeit
von Informationsfluessen hauptsaechlich auf der Ebene der Programmiersprachen durchgefuehrt, so dass sich die   folgende   Diskussion
auf diesen Spezialfall beschraenken kann.

Man hat dann einen Informationsfluss von einem   Objekt   **x**   zu
einem Objekt **y**, wenn die in **x** enthaltene Information in das Objekt
y uebertragen wird oder wenn die Uebertragung irgendwelcher Information   in das Objekt **y** abhaengig ist von Informationen in **x**.   Man
unterscheidet dabei:

- einen "expliziten Informationsfluss" von **x** nach **y**,   wenn   die
  zu   diesem   Informationsfluss fuehrenden Operationen vom Wert
  von **x** unabhaengig sind, und

- einen "impliziten Informationsfluss" von **x** nach **y**,   wenn   ein
  anderer   Informationsfluss   von einem dritten Objekt **z** nach **y**
  in Abhaengigkeit vom Wert von **x** erfolgt.

Waehrend ein expliziter Informationsfluss durch   eine   Zuweisung der Form

    y = x

modelliert werden kann, erhaelt man bei einer bedingten   Zuweisung
der Art

```
if x > 0 then
    y = z
end if
```

neben dem expliziten Fluss von z nach y einen impliziten Fluss von
x nach y. Bezieht man die Ablauf-Charakteristika eines Programms
mit in diese Ueberlegungen ein, so kommt man zu noch schwerer
feststellbaren Formen impliziten Informationsflusses, die durch
das folgende Programmstueck verdeutlicht werden koennen:

```
do while x > 0
end do
stop
```

Falls x > 0 ist, wird die Schleife nie verlassen, waehrend sie im
anderen Fall nicht durchlaufen wird; aus der Tatsache, ob sich
dieses Programm beendet oder nicht, kann daher abgeleitet werden,
ob die Variable x positiv ist oder nicht. Derartige Formen
verdeckten Informationsflusses lassen sich jedoch ausschliessen,
wenn man (etwa im Rahmen einer Programm-Verifikation) beweisen
kann, dass alle Schleifen eines Programmes nach einer endlichen
Anzahl von Durchlaeufen beendet werden [18]. Allerdings ist zu
diesem Punkt festzustellen, dass sich Informationsfluesse, die
ueber "timing channels" (siehe Abschnitt 6.3.2) erfolgen, nicht
mit den Methoden der Informationsfluss-Analyse feststellen lassen.

Es gibt eine Reihe von Verfahren zur Bestimmung der Informationsfluesse in einem Programm, von denen vor allem zwei eine
groessere Bedeutung erlangt haben:

- Wenn man die zulaessigen Informationsfluesse in einem Programm in der Form logischer Bedingungen beschreibt, so lassen
  sich diese Bedingungen - zusammen mit anderen - als die
  Grundlage einer Programm-Verifikation benutzen (siehe
  Abschnitt 6.7.3). Diese Verifikation beweist dann, dass nur
  zulaessige Informationsfluesse in dem betreffenden Programm
  erfolgen. Wie alle Verifikations-Verfahren, so hat auch
  dieses den doppelten Nachteil hohen Aufwandes einerseits und
  der Notwendigkeit zur Wiederholung der Programm-Verifikation
  bei jeder Aenderung andererseits.

- Es ist wesentlich einfacher, bei einer statischen Zuordnung
  von Sicherheitsklassen zu den einzelnen Programm-Variablen
  diese Zuordnung als Teil der Typ-Deklarationen der Variablen
  in der Programmquelle selbst festzuhalten. Unter Verwendung
  einer Technik, die der der Typ-Ueberpruefungen aehnlich ist,
  kann der Compiler dann die Zulaessigkeit der Informationsfluesse eines Programms untersuchen und Programme mit unzulaessigen Informationsfluessen zurueckweisen.

Waehrend die zweite dieser Methoden den Vorteil groesserer
Einfachheit und Effizienz hat, kann sie doch in Einzelfaellen zu
restriktiv sein, da eine Zulaessigkeits-Ueberpruefung zur Uebersetzungszeit aus formalen Gruenden Programme zurueckweisen kann,
die bei einer genaueren Untersuchung ihrer tatsaechlichen Informationsfluesse zulaessig waeren. Beide Methoden haben den
Nachteil, dass sie auf statischen Untersuchungen beruhen; sie
koennen daher keine Programme beschreiben, deren Variablen ihre

Sicherheitsklasse zur Laufzeit veraendern koennen oder bei
verschiedenen Programmlaeufen Daten unterschiedlicher Sicherheitsklassen verarbeiten sollen. Es ist daher notwendig, zur Abdeckung
derartiger Anforderungen die statischen Ueberpruefungen mit
dynamischen, zur Laufzeit des Programms erfolgenden Pruefungen zu
kombinieren. Zur Zeit gibt es jedoch erst einzelne Ueberlegungen,
wie solche kombinierten Systeme zu realisieren waeren; es ist
wahrscheinlich, dass man dazu spezielle Hardware benoetigt, um
noch eine hinreichende Effizienz erhalten zu koennen. Eine
ausfuehrliche Diskussion moeglicher statischer und dynamischer
Verfahren findet sich in [17].

Wie schon im vorigen Abschnitt angesprochen, so besteht auch
bei den Informationsflussmodellen die Tendenz, dass die Geheimhaltungsstufe eines Datenobjektes immer weiter anwaechst, da es ja
explizit verboten ist, dass ein Informationsfluss von einem Objekt
einer hoeheren Stufe zu einem solchen einer niedrigeren Stufe
stattfindet. Eine Erniedrigung der Geheimhaltungsstufe eines
Datenobjektes hat also wieder durch spezielle vertrauenswuerdige
Programme zu erfolgen, die explizit - unter Beachtung geeigneter
Randbedingungen - in der Lage sind, auch (in formaler Hinsicht)
unzulaessige Informationsfluesse zu verursachen. Zu diesen
Programmen koennen auch Verfahren zaehlen, die statistische
Auswertungen irgendwelcher Mengen von Datenobjekten durchfuehren;
es ist oft ausreichend, derartigen Statistiken eine niedrigere
Geheimhaltungsstufe zu geben, als die Originaldaten sie hatten
(siehe jedoch dazu auch die Ausfuehrungen des Abschnittes 7.4!).
Generell ist zu diesem Punkt zu sagen, dass die Frage, unter
welchen Bedingungen ein bestimmtes vertrauenswuerdiges Programm,
das die Geheimhaltungsstufe von Informationen erniedrigen kann, im
Sinne eines vorgegebenen Informationsflussmodells zulaessig ist,
noch weitgehend offen und ungeklaert ist.

7.5.3 Anwendung auf kommerzielle Systeme

Die den globalen Zugriffsmodellen zugrundeliegenden Ueberlegungen waeren von ziemlich eingeschraenkter Bedeutung, wenn sich
diese Modelle nur auf militaerische Systeme anwenden liessen.
Neuere Arbeiten, insbesondere [45], zeigten jedoch, dass die Einfuehrung von Sicherheitsklassen auch im kommerziellen Bereich
zweckmaessig sein kann, wenn auch diesen Klassen hier andere
Schutzanforderungen zugrundeliegen. Genauere Untersuchungen der
Schutzproblematik im kommerziellen Bereich zeigen, dass dort die
Definition sinnvoller Sicherheitsklassen problematisch werden
kann; zur Zeit liegt also das Hauptproblem der Anwendung globaler
Zugriffsmodelle nicht in der Realisierung eines solchen Modells,
sondern in der Abbildung dieses Modells auf die Realitaet.

Ein einfacher Ansatz zur Bestimmung dieser Abbildung koennte
etwa von existierenden Unterteilungen der vorhandenen Daten
ausgehen und gleichzeitig diesen Daten jeweils einen bestimmten
Vertraulichkeitsgrad wie etwa "offen", "vertraulich" oder "geheim"
zuordnen; als Schutzkategorien waeren zum Beispiel "Fertigung",
"Personal", "Lagerbestand" oder "Buchhaltung" denkbar. Leider
zeigt es sich bei genauerer Betrachtung, dass eine derartige
Unterteilung der Daten in einer konkreten Umgebung nicht allzu
sinnvoll ist. Dies hat mehrere Gruende:

- Waehrend sich eine Unterteilung in Schutzkategorien in den meisten Faellen noch anhand der Unternehmensstruktur angeben laesst, ist es fast immer unmoeglich, einzelnen Benutzern eine eindeutige Ermaechtigung zum Umgang mit Daten einer bestimmten dieser Geheimhaltungsstufen zuzuweisen. Stattdessen ist den einzelnen Mitarbeitern der Zugang zu einer bestimmten Information im allgemeinen aufgrund der Aufgabenbereiche dieser Personen zu gewaehren; diese Verantwortlichkeiten sind jedoch nur selten mit hierarchisch angeordneten Geheimhaltungsstufen in Einklang zu bringen.

- Oft wird der Zugriff auf einzelne Datenobjekte als relativ unkritisch bewertet, waehrend die Auswertung groesserer Datenmengen erheblich schwerwiegendere Folgen fuer den Schutz der Unternehmensdaten haben kann. (Waehrend zum Beispiel eine einzelne Kontenbewegung ziemlich bedeutungslos sein kann, lassen sich aus der Gesamtheit aller Kontenbewegungen Rueckschluesse auf den finanziellen Zustand des Unternehmens ziehen.) Um hier einen Schutz mithilfe globaler Zugriffsmodelle bieten zu koennen, muesste eine Historie ueber alle Zugriffe der einzelnen Benutzer gefuehrt werden; aus denselben Gruenden, die fuer den Schutz statistischer Datenbanken im Abschnitt 7.4.4 genannt wurden, ist ein auf Historienfuehrung beruhender Schutz auch bei globalen Zugriffsmodellen nicht praktikabel.

- Schliesslich ist zu beachten, dass in einer kommerziellen Umgebung ein globaler Schutz, der nur auf einem Multi-Level-Security-Modell beruht, oft von untergeordneter Bedeutung ist, da es hier in vielen Faellen eher auf einen Schutz vor unberechtigter Modifikation von Daten ankommt. Wenn also im kommerziellen Bereich globale Zugriffskontrollen eingesetzt werden sollen, so muessen diese auf alle Faelle auch Multi-Level-Integrity beinhalten.

Um zu einem fuer kommerzielle Systeme sinnvollen globalen Zugriffsmodell zu kommen, ist es daher erforderlich, die Schutzanforderungen anhand realer Produktions-Umgebungen zu untersuchen. In [45] werden die folgenden Anforderungen an eine sichere kommerzielle Umgebung genannt:

- Benutzer einer Anwendung arbeiten mit Produktionsprogrammen und -daten; sie duerfen keine eigenen Programme zur Bearbeitung der Produktionsdaten schreiben.

- Die Entwicklung von Anwendungsprogrammen findet in einer Testumgebung statt, aus der kein Zugriff auf Produktionsprogramme oder -daten moeglich ist. Falls in dieser Entwicklung Zugriff auf Produktionsprogramme (etwa zu deren Weiterentwicklung) erforderlich ist, so ist dieser Zugriff ueber die Bereitstellung von Kopien der Produktionsprogramme abzuwickeln.

- Die Uebernahme eines Programms von der Testumgebung in die Produktions-Umgebung erfolgt nur nach Durchlaufen bestimmter Kontrollen.

- Die Operationen, die vom Systemverwalter und eventuellen
  Systemprogrammierern durchgefuehrt werden, muessen kontrolliert und ueberwacht werden.

- Der Firmenleitung und sonstigen Pruefinstanzen (wie etwa
  Auditoren) muss der aktuelle Systemzustand und der Inhalt der
  Log-Informationen verfuegbar sein.

Will man diese Anforderungen auf ein globales Zugriffsmodell
abbilden, so kommt man zu den

- Schutzstufen:

  o Log-Informationen ("Log")
  o sonstige Daten ("offen")

- Schutzkategorien:

  o Produktion
  o Entwicklung
  o System-Entwicklung

- Integritaetsstufen:

  o Systemprogramme ("System")
  o Anwendungsprogramme und Daten ("Anwendung")
  o sonstige Informationen ("offen")

- Integritaetskategorien:

  o Produktion
  o Entwicklung

Man kann nun den einzelnen Systembenutzern geeignete Schutzstufen und -kategorien zuordnen, mit denen sich die obengenannten
Anforderungen realisieren lassen:

Benutzer	Integritaets-		Schutz-	
	stufe	kategorie	stufe	kategorie
Systemverwal-tung/Auditing	offen	–	Log	alle
Anwendungs-benutzer	offen	Produktion	offen	Produktion
Anwendungs-programmierer	offen	Entwickl.	offen	Entwickl.
System-programmierer	offen	Entwickl.	offen	System-Entwickl.
System-kontrolle	System	Produktion Entwickl.	offen	Produktion Entwickl.
Wartung	offen	Produktion	offen	Produktion

Fig. 7-6 Schutzstufen verschiedener Benutzerklassen

Weiterhin kann man den einzelnen Datenobjekten im System die folgenden Schutzstufen und -kategorien zuweisen:

Datenobjekt	Integritaets-stufe	kategorie	Schutz-stufe	kategorie
Produktions-daten	offen	Produktion	offen	Produktion
Produktions-programme	Anwendung	Produktion	offen	Produktion
Programme/Daten in Entwicklung	offen	Entwickl.	offen	Entwickl.
Hilfsmittel (Compiler usw.)	Anwendung	Entwickl.	offen	-
Systemprogramme im Einsatz	System	Produktion Entwickl.	offen	-
Systemprogramme in Entwicklung	offen	Entwickl.	offen	System-Entwickl.
Log-Information	offen	-	Log	alle
Wartungsprogr.	System	Produktion	offen	Produktion

Fig. 7-7 Schutzstufen verschiedener Datenobjekte

Daraus ergeben sich schliesslich fuer die einzelnen Personenkreise die folgenden Zugriffsrechte in Bezug auf die genannten Datenobjekte:

Benutzer	Prod. Daten	Prod. Proq.	Prog. Daten Entw.	Hilfs-mittel	Sysl. Prog. Eins.	Sysl. Prog. Entw.	Log Info.	Wartg. Prog.
Systemverwaltung/Auditing	Read	Read	Read	Read	Read	Read	Read Write	Read
Anwendungsbenutzer	Read Write	Read			Read		Write	
Anwendungsprogrammierer			Read Write	Read	Read		Write	
Systemprogrammierer				Read	Read	Read Write	Write	
Systemkontrolle	Read Write	Read Write	Read Write	Read Write	Read Write	Read Write	Write	Read Write
Wartung	Read Write	Read			Read		Write	Read

Fig. 7-8 Resultierende Zugriffsrechte

Die diesem in [45] vorgeschlagenen Zugriffsmodell zugrundeliegenden Ueberlegungen zielen daraufhin ab, eine strikte Trennung
zwischen Produktion, also der Arbeit mit moeglicherweise
sensitiven Daten, und sonstiger Benutzung des Rechners, wie
Entwicklung und Wartung, zu erreichen. Durch die zwischen
"System" und "offen" eingeschobene Integritaetsstufe wird eine
Modifikation von Produktionsprogrammen und Hilfsmitteln (Compilern
usw.) durch ihre Benutzer verhindert; man erkennt auch hier
wieder die Notwendigkeit von wenigstens drei Schutzstufen, ohne
die ein sicherer Betrieb nicht zu gewaehrleisten ist.

Die Funktion der Systemverwaltung ist hier aufgespalten in
eine Auditing-Funktion und eine System-Steuerungsfunktion, genannt
"Systemkontrolle"; durch die Aufteilung der Verantwortlichkeiten
wird, zusammen mit den diesen beiden Funktionen zugewiesenen
Zugriffsrechten, eine wechselseitige Kontrolle erzielt, durch die
eine Verletzung der Sicherheit seitens des Systemverwalters
schwieriger wird. Die Systemkontrolle, zu der auch das Operating
gehoert, ist zwar in der Lage, Daten und Programme beliebig im
System umherzuschieben, doch unterliegen diese Operationen dem
Eintrag in das Log, so dass sich Sicherheits-Verletzungen und
Manipulationen im Nachhinein feststellen lassen.

Die Auditing-Funktion ist bei der hier angegebenen Zuordnung
von Zugriffsrechten zwar in der Lage, alle Log-Informationen zu
lesen, kann sie aber nicht modifizieren, wodurch Faelschungen des
Logs zu verhindern sind. Umgekehrt koennen alle Vorgaenge im
System die Eintragung von Log-Information verursachen, ohne dass
der Verursacher dies feststellen kann, so dass sich hier ein hoher
Grad an Ueberwachung der Systemaktivitaeten erreichen laesst.

Die Rechte der Wartung und der Schutz der Wartungsprogramme
unterscheiden sich im wesentlichen nicht von den Rechten der
Anwendungsbenutzer und dem Schutz der Produktionsprogramme. Diese
auf den ersten Blick etwas ueberraschende Tatsache hat ihren Grund
darin, dass bestimmte Wartungsprogramme benoetigt werden, um
zerstoerte Produktionsdatenbestaende wiederherstellen zu koennen;
damit diese Programme eingesetzt werden koennen, muessen sie und
ihre Benutzer aehnlich wie die Programme bzw. Benutzer der
Produktionsumgebung eingestuft werden. Um einen Missbrauch der
Wartungsprogramme zu verhindern, muessen die globalen Zugriffsrechte durch diskrete Zugriffsrechte, die unautorisierten Zugriff
auf diese Programme verhindern, geeignet ergaenzt werden.

Man sieht, dass es zur Erzwingung einheitlicher Zugriffsrechte auch in einer kommerziellen Umgebung zweckmaessig sein
kann, globale Zugriffsschutz-Verfahren einzusetzen, sofern die
dabei verwendeten Modelle auf die aktuelle Anwendungs-Umgebung
abgestimmt sind.

Generell ist es zur Realisierung eines sinnvollen Zugriffsschutzes erforderlich, auch die Erfordernisse der Anwendungsebene
mit zu beruecksichtigen; um diese Erfordernisse besser verstehen
zu koennen, empfiehlt sich eine genauere Betrachtung dieser Ebene.
Im naechsten Kapitel werden daher die sich beim Entwurf und
Einsatz von Anwendungssystemen stellenden Schutzprobleme untersucht; aus den sich dabei ergebenden Problemstellungen koennen
dann Aussagen ueber noetige und moegliche Sicherheitsmassnahmen
auf dieser Ebene abgeleitet werden.

7.6 Zusammenfassung

Bei der Kontrolle des Zugriffs auf Daten muss man zwischen den dabei eingesetzten Strategien einerseits und den zur ihrer Durchsetzung bzw. Realisierung verwendeten Verfahren andererseits unterscheiden. Bei den Strategien unterscheidet man im wesentlichen die beiden Klassen der diskreten Kontrollen und die der globalen Zugriffsmodelle, wobei die ersteren meist von einem Eigentuemer-Modell ausgehen, waehrend die letzteren das Ziel der Durchsetzung organisatorischer Richtlinien haben, die fuer alle Eigentuemer von Daten bindend sind.

Aeltere Verfahren zum Schutz von Dateien beruhen auf der Vergabe von Zugriffs-Passwoertern; diese Verfahren werden in modernen Schutzsystemen wegen gravierender Schwaechen nicht mehr angewendet. Schutzverfahren, die auf Eigentuemer-Modellen beruhen, organisieren die Zugriffsschutz-Informationen meist in der Form von Zugriffsmatrizen oder -listen. Wenn die Zugriffslisten ueber die zu schuetzenden Dateien adressiert werden, spricht man von Zugriffsrecht-Listen (oder Zugriffslisten im engeren Sinn); bei einer Adressierung vom zugreifenden Benutzer aus hat man dagegen einen Capability-Mechanismus.

Komplexere Probleme des Zugriffsschutzes ergeben sich in Datenbanken, bei denen vor allem die Granularitaet des zu realisierenden Schutzes und die wechselseitigen Abhaengigkeiten der Daten eine wichtige Rolle spielen. Der Zugriffsschutz kann dabei statisch durch Einschraenkung der Menge der sichtbaren bzw. zugreifbaren Objekte erreicht werden, wobei sich die Definition der Einschraenkung aus einem Subschema bzw. View, also einer logischen Sicht der Daten, oder aus einem eigenen Sicherheits-Schema ergeben kann. Einen dynamischen Zugriffsschutz erhaelt man dagegen durch nachtraegliche Modifikation und Einschraenkung der gegen die Datenbank gerichteten Operationen.

Datenbanken, die statistische Analysen vertraulicher Daten erlauben sollen, muessen ueber zusaetzlichen Schutz verfuegen, da sonst die Gefahr der Ableitung sensitiver Statistiken oder sogar des Zugriffs auf einzelne, geheime Datenwerte besteht. Waehrend direkte illegale Anfragen durch Vorgabe von Minimal- und Maximalgroessen fuer die betroffenen Datenmengen abgewehrt werden koennen, sind zur Abwehr von Tracker-Angriffen Schutzverfahren erforderlich, die durch geeignete Verzerrungen eine hinreichende Unschaerfe in die erzeugten Statistiken einbringen, so dass aus diesen keine Einzeldaten mehr ableitbar sind.

Globale Zugriffsmodelle beruhen zumeist auf Einteilungen der Daten und der Benutzer in Kategorien und Schutzklassen, wobei nur bei Vorliegen bestimmter mathematischer Beziehungen zwischen den Klassifikationen der Daten und denen der zugreifenden Benutzer der gewuenschte Zugriff ausgefuehrt wird. Diese statischen Kontrollen koennen durch Ueberpruefung der Informationsfluesse in den zugreifenden Programmen ergaenzt werden. Waehrend globale Kontrollen im Hinblick auf die Sicherheit militaerischer Systeme eine wichtige Rolle spielen, ist ihre Bedeutung und die Form ihres Einsatzes in einer kommerziellen Umgebung noch weitgehend unklar.

8 Entwurf und Realisierung von Anwendungs-
   programmen

8.1 Konfigurationskontrolle

8.1.1 Der Software-Lebenszyklus

Aus den Diskussionen des Abschnittes 7.5.3 wurde deutlich, dass es zur Gewaehr eines sicheren Anwendungsbetriebes notwendig ist, nicht nur den zu bearbeitenden Daten, sondern auch den sie bearbeitenden Programmen einige Aufmerksamkeit zu widmen. Waehrend die auf die Daten bezogenen Aspekte der Datensicherheit im vorigen Kapitel untersucht wurden, sollen nun Massnahmen zur Erhoehung der Sicherheit auf der Ebene der Anwendungsprogramme betrachtet werden.

Genaugenommen gelten die folgenden Aussagen nicht nur fuer Programme, die auf der Anwendungs-Ebene laufen, sondern auch fuer alle Komponenten des Betriebssystems und eventuelle Datenbank- und Rechnernetz-Software. Da jedoch diese allgemeinen Software-Komponenten meist vom Hardware-Hersteller und/oder einem Systemhaus fertig bezogen werden, ergibt sich fuer den Anwender selten die Notwendigkeit, in diese zentralen Systemteile auf der Ebene der Programmierung einzugreifen - es sei denn, die gebotenen Software-Dienstleistungen reichen nicht zur Unterstuetzung der Anwendungsprogrammierung aus. Man kann daher im allgemeinen davon ausgehen, dass die System-Software als fertige, nicht mehr zu veraendernde Menge von Programmen vorliegt und somit nur vor **allen** Veraenderungen geschuetzt werden muss, was sich mit den ueblichen Mitteln der Zugriffskontrolle erreichen laesst.

Bei den Programmen der Anwendungs-Ebene (und bei eventuell zu modifizierenden Systemprogrammen) ist die Situation erheblich komplizierter. Hier ist es oft notwendig, Aenderungen in bestehende Programme einzubringen, um veraenderten oder erweiterten Beduerfnissen der Benutzer des Systems Rechnung tragen zu koennen. Man ueberlegt sich leicht, dass jede solche Aenderung einem potentiellen Angreifer die Moeglichkeit zur Zerstoerung der Anwendungsprogramme oder zu deren unkontrollierter Modifikation bietet, wenn nicht durch besondere Schutzmassnahmen dafuer gesorgt wird, dass nur solche Anwendungsprogramme zum Einsatz kommen, die dem geforderten Sicherheits-Standard genuegen.

Dies laesst sich dann erreichen, wenn alle die Programme, die moeglicherweise einmal Zugriff auf sensitive Daten erhalten, nur nach Durchlaufen geeigneter Pruefungen zur Anwendung kommen. Dazu ist insbesondere eine strikte Trennung zwischen Test- und Produktionsbetrieb erforderlich, da fuer die Korrektheit und

Sicherheit von noch nicht fertiggestellten bzw. nicht ausge-
testeten Programmen naturgemaess keine Gewaehr zu uebernehmen ist.

Um Schutzmassnahmen angeben zu koennen, die auf dieser Ebene
wirken, ist es notwendig, zunaechst einmal den Prozess der
Programm-Erstellung zu betrachten. Dabei ist das Hauptziel,
hierfuer ein schrittweises Vorgehen festlegen zu koennen, bei dem
nach jedem dieser Schritte geeignete Kontrollen wirksam werden,
die den Beginn eines neuen Schrittes verhindern, solange der
vorherige Schritt noch nicht ausreichend korrekt und vollstaendig
bearbeitet wurde. Zu diesem Zweck wurde das Modell des "Software-
Lebenszyklus" geschaffen, das im folgenden eingehender betrachtet
werden soll. (Je nach den verwendeten Methoden des Software-
Engineering kann sich der Aufbau dieses Lebenzyklus' geringfoermig
unterscheiden; fuer das hier verfolgte Ziel sind diese Unterschiede jedoch ohne Belang.)

In einer einleitenden Projektphase werden zunaechst die
Anforderungen an das zu entwickelnde System untersucht. Diese
"Problemdefinition" dient im wesentlichen zur Erzeugung einer
gemeinsamen Sprachbasis, ohne die eine Verstaendigung zwischen
Anwender und System-Entwickler nicht moeglich ist. In dieser
Projektphase werden die Anforderungen (auch sicherheitstechnischer
Art) an das zu realisierende System bestimmt, **ohne** dass jedoch
jetzt schon eine konkrete Implementierung ins Auge gefasst wird.
Als Ergebnis dieser Projektphase sind Dokumente zu erstellen, die
diese Anforderungen beschreiben und das globale Verhalten des
gewuenschten Systems spezifizieren. Diese Dokumente muessen
einerseits so klar geschrieben sein, dass es ueber ihren Inhalt
keine Missverstaendnisse zwischen den beteiligten Personen geben
kann; andererseits muessen sie die zu realisierenden Leistungen
hinreichend exakt beschreiben, so dass es moeglich ist, aus ihnen
einen Grobentwurf des Systems abzuleiten.

In der anschliessenden Phase des "Systementwurfs", die erst
nach der Abnahme der Ergebnisse der vorangehenden Phase begonnen
werden darf, wird die Grobstruktur des zu realisierenden Systems
festgelegt. Dabei werden die Realisierungs-Randbedingungen
beruecksichtigt, da sie den Aufwand und auch die Form der Implementierung meist in hohem Masse beeinflussen. Auch kann es an
dieser Stelle zweckmaessig sein, Kosten-/Nutzen-Analysen durchzufuehren, um eine optimale Systemstruktur und/oder Anpassung an
vorgegebene Fakten zu erreichen - oder auch um das Projekt wegen
Undurchfuehrbarkeit, zu hohen Kosten oder zu geringem Nutzen
rechtzeitig abbrechen zu koennen. Das Ergebnis der System-
entwurfs-Phase ist eine technische Beschreibung des zu realisierenden Systems, die als Grundlage fuer die eigentliche Realisierung dienen kann.

Anschliessend folgen Entwurf und Realisierung der einzelnen
Systemteile, wobei, je nach Komplexitaet des Gesamtsystems,
Subsysteme oder Sub-Subsysteme aus dem Ganzen herausgeloest und
fuer sich allein konstruiert werden. Nachdem jedes einzelne
dieser Subsysteme separat durch geeignete Methoden wie zum
Beispiel Tests, Code-Ueberpruefungen oder eventuell sogar
Programm-Verifikation als korrekt und funktionsfaehig befunden
wurde, koennen diese Teile durch sogenannte "Integrations-
Schritte" zu groesseren Einheiten zusammengefasst werden. Am Ende
dieser Phase steht ein funktionsfaehiges, den Forderungen des

Anwenders entsprechendes System zur Verfuegung, zusammen mit einer Dokumentation, die sowohl die Bedienung des Systems als auch seinen inneren Aufbau beschreibt.

Nach der "Abnahme" des Systems, also der Feststellung, dass es gemaess seinen Spezifikationen und gemaess den Anwender-Forderungen arbeitet, kann es als Produktionsprogramm in den echten Betrieb uebernommen werden. Wesentlich fuer die Sicherheit der Anwendungs-Ebene ist dabei, dass diese Uebernahme nur nach ausreichender Ueberpruefung im Rahmen einer formalen Abnahme erfolgt, so dass die unkontrollierte Installation zweifelhafter Software ausgeschlossen ist.

Im Laufe des Systembetriebes ergibt sich im allgemeinen, aufgrund geaenderter Umgebungsbedingungen und/oder zusaetzlich benoetigter Leistungen des Systems, die Notwendigkeit zur Aenderung oder Erweiterung der damit realisierten Dienstleistungen. Wichtig ist nun, dass auch diese Weiterentwicklungen im Rahmen desselben Phasenmodells durchgefuehrt werden, wie es bei der erstmaligen Realisierung zur Anwendung kam. Auch hier ist es erforderlich, vor der eigentlichen Realisierung eine Problemanalyse und einen Entwurf der notwendigen Aenderungen zu erarbeiten, und wieder duerfen die nachfolgenden Phasen erst nach erfolgreichem Abschluss der vorherigen begonnen werden. Es ist klar, dass der Aufwand hierzu bei kleineren Aenderungen bzw. Erweiterungen wesentlich niediger ist als beim erstmaligen Entwurf, doch sollte gerade darum auch hier mit der gleichen Sorgfalt gearbeitet werden, zumal oft die urspruenglichen Entwickler nicht mehr vorhanden sind.

In der Praxis ist jedoch ein derartiges lineares Vorgehen von einer Phase zur naechsten meist nicht moeglich; aus diesem Grund muss es in einem sinnvollen Phasenmodell jederzeit erlaubt sein, beim Erkennen von Schwierigkeiten, die aus ungenuegenden Ergebnissen einer frueheren Phase herruehren, zu dieser Phase zurueckzugehen, um nach Behebung der Probleme auf einer korrekten Basis weiterarbeiten zu koennen. So stellt sich oft erst in der Phase des Systementwurfs heraus, dass bestimmte Anforderungen an das System bei der Problemdefinition uebersehen oder falsch eingeschaetzt wurden, und auch bei der Realisierung kann es vorkommen, dass Fehler in der Problemdefinition oder im Systementwurf erkannt werden.

Da der Ruecksprung auf eine fruehere Phase umso aufwendiger und folgenschwerer wird, je weiter diese Phase von der aktuell bearbeiteten entfernt ist, ergibt sich, dass den beiden ersten Phasen besondere Aufmerksamkeit zu widmen ist, weil Fehler bei ihrer Abwicklung hohe Kosten und/oder erhebliche Terminverschiebungen nach sich ziehen koennen. Dies bedeutet insbesondere, dass die grundlegenden Probleme des zu realisierenden Systems schon in diesen fruehen Phasen hinreichend genau erkannt werden muessen, so dass sie beim Gesamtentwurf an den richtigen Stellen beruecksichtigt werden koennen.

Es bedarf wohl keiner zusaetzlichen Anmerkung, dass bei Systemen, die sensitive Daten zu bearbeiten haben, schon in einer sehr fruehen Phase eine Festlegung der benoetigten Datensicherheit und der zu ihrer Realisierung notwendigen Schutzmassnahmen zu erfolgen hat. Schutzmassnahmen, die ad hoc bei der Implementie-

rung oder gar erst im Nachhinein bei Wartungsarbeiten eingebaut
werden, spielen im allgemeinen mit dem Rest des Systems so
schlecht zusammen, dass sie leicht zu unterlaufen sind.

8.1.2 Aenderungskontrolle

Man geht heute allgemein davon aus, dass bei einem System,
das laengere Zeit im Einsatz bleibt, nur etwa ein Drittel des
gesamten Realisierungsaufwandes bei der erstmaligen Erstellung
dieses Systems anfaellt. Die beiden anderen Drittel des Aufwandes
werden waehrend des Systembetriebes fuer Korrekturen, Aenderungen
und Erweiterungen des urspruenglichen Systems notwendig. Es ist
daher sinnvoll, den Vorgaengen der Programm-Aenderung einige
Aufmerksamkeit zu schenken, da jede Aenderung auch fuer die
Sicherheit des betrachteten Systems relevant sein kann.

Die waehrend der Lebenszeit eines Software-Systems durchgefuehrten Aenderungen lassen sich meist auf eine oder mehrere der
folgenden Ursachen zurueckfuehren:

- Die Anforderungen an das System koennen sich im Laufe der
  Zeit aufgrund neuer Randbedingungen veraendern.

- Es kann notwendig oder sinnvoll werden, die von dem betrachteten System gebotenen Dienstleistungen zu erweitern oder die
  Mensch-/Maschine-Schnittstelle zu aendern oder zu verbessern.

- Andererseits koennen auch Aenderungen der zugrundegelegten
  Hardware und/oder (Betriebs-, Datenbank-) System-Software Anpassungen im Anwendungssystem erfordern oder sinnvoll machen.

- Weitere Aenderungen im Anwendungssystem koennen zur Erhoehung
  der Effizienz bzw. zur Behebung von Engpass-Situationen
  notwendig werden.

- Schliesslich koennen auch Aenderungen in den Formaten der
  bearbeiteten Daten oder in deren logischer Struktur entsprechende Anpassungen in den diese Strukturen bearbeitenden
  Programmen nach sich ziehen.

Wenn diese Aenderungen nicht in kontrollierter Form durchgefuehrt werden, so besteht - neben der Gefahr der Kompromittierung
der Sicherheit - auch die Wahrscheinlichkeit, dass die Stabilitaet
des Systems im Laufe der Zeit leidet, da zuviele moeglicherweise
miteinander unvertraegliche Komponenten in das System eingebracht
oder dort ausgetauscht werden. Da die Folgen mangelnder Stabilitaet meist auch ein Anzeichen fuer mangelnde Kontrolle von
Programm-Aenderungen sind, ist es zweckmaessig, auf die wesentlichen Anzeichen moeglicher Probleme in diesem Bereich zu achten:

- Eine geringe Stabilitaet eines Systems, die zu haeufigem
  Absturz der Anwendungsprogramme oder sogar des gesamten
  Betriebssystems fuehrt, ist zunaechst einmal ein Indikator
  fuer Maengel in der Qualitaet der betreffenden Software.
  Dies gilt sowohl fuer das Anwendungssystem als auch fuer die
  darunterliegende System-Software; wenn Anwendungsprogramme

in der Lage sind, einen Systemzusammenbruch zu verursachen, so kann man in den meisten Faellen der System-Software und/ oder den zugrundeliegenden Verfahren zum Schutz des Hauptspeichers mangelnde Qualitaet bescheinigen. Sinkt die Stabilitaet eines urspruenglich stabilen Systems im Laufe seiner Lebenszeit deutlich ab, so ist dies ein klares Anzeichen dafuer, dass daran unkontrolliert und in unqualifizierter Weise Aenderungen vorgenommen wurden.

- Ein weiteres Anzeichen fuer mangelnde Software-Qualitaet ist das Vorhandensein grosser Anzahlen lokaler Aenderungen, insbesondere in der Form binaerer "Patches", die direkt den ausfuehrbaren Code eines Programmes veraendern, ohne dass dazu die Programmquelle geaendert wird. Derartige Aenderungen deuten, wenn sie in grosser Anzahl vorkommen, darauf hin, dass in dem betreffenden System urspruenglich viele lokale Fehler waren, die auch nur lokal behoben wurden, wobei es durchaus vorkommt, dass die Behebung eines Fehlers drei neue Fehler in das Programm einbringt.

   Eine unerfreuliche Folge dieser Binaer-Aenderungen ist, dass die Programmquelle und das ausfuehrbare Programm voneinander verschieden werden; dies hat zur Konsequenz, dass im allgemeinen die Dokumentation des Programmverhaltens nicht mehr mit dem tatsaechlichen Verhalten uebereinstimmt und dass das tatsaechliche Verhalten oft ueberhaupt nicht mehr dokumentiert ist. Es ist offensichtlich, dass hier auch eine erhebliche Gefahr fuer die Sicherheit des betreffenden Programms besteht; durch solche Patches koennen naemlich nach aussen unsichtbare Aenderungen ("Falltueren") in ein urspruenglich sicheres Programm eingebracht werden, die im Nachhinein die Sicherheit dieses Programms untergraben.

- Generell ist auch die Unzufriedenheit **qualifizierter** Benutzer als Alarmzeichen zu werten; sie deutet darauf hin, dass das betrachtete System seine Spezifikationen nicht erfuellt oder dass diese Spezifikationen das durch dieses System zu loesende Problem nicht adaequat beschreiben. Eine der moeglichen Konsequenzen dieses Tatbestandes kann mangelnde Sicherheit sein, da bei falschen oder unzutreffenden Spezifikationen immer die Gefahr besteht, dass das System unbemerkte Sicherheitsloecher enthaelt.

- Besondere Aufmerksamkeit ist jedoch dann geboten, wenn Not-Korrekturen zur Aufrechterhaltung des Betriebs erforderlich werden. Bei einer Instabiliaet des Systems, die seinen Einsatz definitiv verhindert, kann es manchmal notwendig werden, durch schnelle lokale Korrekturen, etwa durch geeignete Patches, die aufgetretenen Probleme soweit zu beheben, dass mit dem System notduerftig weitergearbeitet werden kann. Allerdings besteht gerade hier die erhebliche Gefahr, dass durch solche "Nacht-und-Nebel-Aktionen" Fehler oder sogar Falltueren in das System eingebaut werden. Es ist daher unbedingt notwendig, derartige Not-Korrekturen auf die Faelle zu beschraenken, in denen keine andere Wahl besteht, als die Korrektur durchzufuehren oder den Rechenbetrieb einzustellen.

Nachdem eine solche Korrektur durchgefuehrt wurde, ist **in jedem Fall** die Ursache fuer den Fehler, der zu der Not-situation gefuehrt hatte, durch eine genaue Analyse zu bestimmen. Anschliessend **muss** moeglichst schnell eine saubere Loesung des betreffenden Problems gefunden und reali-siert werden, und das lokal korrigierte System ist unbedingt durch eine neue Version zu ersetzen, die eine saubere Loesung enthaelt. Es ist in keinem Fall zulaessig, nach der Not-Korrektur im Vertrauen darauf, dass das System "jetzt schon laufen" wird, den ganzen Vorgang zu vergessen; wer so handelt, braucht sich nicht zu wundern, wenn die Sicherheit seiner Daten oder die Stabilitaet des Systembetriebes nicht mehr zu gewaehrleisten sind.

Generelles Ziel jeder Aenderungskontrolle muss es sein, moeg-lichst **alle** Aenderungen an Produktionsprogrammen gemaess dem bei der Entwicklung dieser Programme eingesetzten Phasenmodell ablaufen zu lassen. Auf diese Weise kann sichergestellt werden, dass durch die notwendigen Aenderungen keine groessere Unsicher-heit in das System aufgenommen wird, als dies auch bei der Ueber-nahme neuer Programme der Fall ist. Wie gross die in jedem Fall resultierende Unsicherheit ist, haengt von der Ausfuehrlichkeit und Exaktheit der am Ende jeder Phase durchgefuehrten Kontrollen ab. Wenn in Notfaellen wie dem eben geschilderten punktuell ein Abweichen von diesem strikten Phasenmodell erforderlich wird, so muss doch durch nachfolgende Korrekturen der Not-Korrektur dafuer gesorgt werden, dass nach moeglichst kurzer Zeit das betreffende Programm wieder in allen Einzelheiten den - eventuell in diesem Prozess geaenderten - Spezifikationen entspricht.

Wie durch alle Schutzmassnahmen, so werden auch durch die hier betrachtete formale Entwicklungs- und Aenderungskontrolle Kosten verursacht, die durchaus nicht zu vernachlaessigen sind. Hinzu kommt, dass durch die notwendigen Kontrollschritte die Software-Entwicklung oft in nicht unbetraechtlichem Masse verlang-samt wird. Andererseits ist hier jedoch auch zu beruecksichtigen, dass ein Teil dieser Kosten und Verzoegerungen durch die bei sauberem Arbeiten groessere Stabilitaet des entwickelten Systems wieder aufgefangen wird, so dass die Entwicklung sicherer Anwender-Software durchaus nicht in allen Faellen so teuer sein muss, wie es im ersten Augenblick vielleicht scheinen mag.

8.1.3   Sicherheitsrelevante Aenderungen

Das beste Phasenmodell ist gegen die gezielte Einfuehrung von Fehlern oder Falltueren in ein System relativ hilflos, wenn die Aenderungs-Operationen, die aus dem erfolgreichen Abschluss einer Phase resultieren, ohne hinreichende technische und organi-satorische Kontrollen wirksam werden koennen. Zu dieser Kontrolle ist es insbesondere erforderlich, die Verantwortlichkeiten der verschiedenen an einer Aenderung beteiligten Personen klar festzu-legen und hierdurch auch zu verhindern, dass einzelne dieser Personen in der Lage sind, Aenderungen in Produktionsprogramme einzubringen, ohne dass andere Personen dies erfahren und ohne dass diese Aenderungen spezifisch autorisiert wurden.

Dies bedeutet vor allem, dass es notwendig ist, durch die Zuweisung eindeutiger und voneinander getrennter Verantwortlichkeiten gemaess den Ausfuehrungen des Abschnitts 3.2.2.2 fuer eine wechselseitige Kontrolle aller Beteiligten zu sorgen. Durch standardisierte und wirksame Verfahren zur Mitteilung sicherheitsrelevanter Vorgaenge ist dafuer zu sorgen, dass alle diese Operationen und damit das Zustandekommen des aktuellen Systemzustandes soweit nachvollziehbar sind, dass die Verantwortlichen fuer diese Operationen festgestellt werden koennen. Weiterhin ist durch geeignete Verfahren in Not- oder Konfliktfaellen fuer eine Behebung der betreffenden Probleme zu sorgen, ohne dass dies die Sicherheit wesentlich gefaehrdet oder das Risiko der Handlungsunfaehigkeit aus unaufloesbaren Konflikten heraus in unzumutbarer Weise erhoeht.

Um diese allgemeinen Anforderungen auf konkrete Situationen der Aenderungskontrolle anwenden zu koennen, ist es zweckmaessig, die Zeitpunkte, zu denen Aenderungen wirksam werden, und die zu diesen Zeitpunkten durchgefuehrten Operationen etwas genauer zu betrachten. Fuer die Sicherheit eines Anwendungssystems sind dies insbesondere alle Veraenderungen der an einem Produktionssystem beteiligten Hard- und vor allem Software-Komponenten. Die durchgefuehrten Aenderungen koennen sich im wesentlichen auf die folgenden Komponenten beziehen:

- Aenderungen der Hardware wie Austausch von Teilen des Rechners oder Erweiterungen eines Terminalnetzes ziehen im allgemeinen auch entsprechende Aenderungen in der Software-Konfiguration des Betriebs- und/oder Anwendungssystems nach sich. Nach jeder solchen Aenderung ist daher sorgfaeltig zu pruefen, ob nicht durch sie die Sicherheit der einen oder anderen Komponente oder des Zusammenspiels aller Komponenten gelitten hat.

- Aehnliches gilt fuer Aenderungen der System-Software, die beim Uebergang auf eine neue Version dieser Software erfolgen. Hier ist zusaetzlich zu beachten, dass zwar die Gefahr, dass diese System-Software Schwachstellen enthaelt, um gezielt die Sicherheit der eigenen Daten bzw. Verarbeitungsleistungen zu kompromittieren, bei weitverbreiteten Systemen als relativ gering einzustufen ist, doch bietet gerade der Augenblick der Installation dem eigenen Personal oft Gelegenheiten, derartige Falltueren unbemerkt einzubauen. Es ist daher fuer die Sicherheit wesentlich, dass auch die Uebernahme neuer externer Software in kontrollierter Weise geschieht.

- Von noch groesserer Bedeutung sind die Vorgaenge des Ersetzens von Produktionsprogrammen und/oder Daten durch eine neue Version. Hier hat es sich als fuer die Sicherheit zweckmaessig erwiesen, den Vorgang dieser Ersetzung **nicht** von der Person durchfuehren zu lassen, die diese neue Version erstellt hat, sondern von einem andern Mitarbeiter, der in seiner Funktion als "Bibliothekar" fuer den aktuellen Zustand der Produktionsprogramme und -daten verantwortlich ist. Diese Aufteilung der Funktionen verhindert, dass der Ersteller der neuen Version diese unbemerkt in das System einbringen kann und so moeglicherweise die Sicherheit kompromittiert, ohne dass ueberhaupt die Tatsache bekannt wird,

dass eine Aenderung erfolgte. Eine Konsequenz dieser
Funktionsaufteilung ist die, dass der Bibliothekar selbst
nicht in der Lage sein darf, neue Versionen von Produktionsprogrammen und -daten zu erstellen.

Es ist fuer die Kontrolle des Systemzustandes und
-aufbaus wesentlich, dass der Bibliothekar den Ueberblick
darueber behaelt, welche System- und Anwendungsprogramme im
aktuellen Gesamtsystem, zumindest soweit es die Produktions-
umgebung betrifft, vorhanden sind und woher diese Programme
kommen. Zu diesem Zweck ist eine genaue Buchfuehrung ueber
alle in die System-Software und in die Menge der Produktionsprogramme uebernommenen Programme notwendig. Dabei ist nicht
nur festzuhalten, wer fuer die Erstellung und Freigabe dieser
Programme verantwortlich ist und wann sie uebernommen wurden,
sondern es sind auch Verweise auf die durch diese Aenderungen
ersetzten Programme und, bei an der eigenen Installation
erstellten Programmen, auch auf die zugehoerigen Programm-
quellen festzuhalten.

Waehrend in einfacheren und aelteren Systemen diese
Buchhaltung noch manuell erfolgen muss, stellen moderne
Software-Produktions-Umgebungen Hilfsmittel zur Verfuegung,
durch die dieser Vorgang automatisiert und, bei sinnvoll
eingerichteten Zugriffskontrollen, auch faelschungssicher
gemacht werden kann. So werden zum Beispiel die Rueck-
verweise vom ausfuehrbaren Programmcode auf die zugehoerigen
Quellen von den Compilern und vom Binder automatisch und,
ohne dass der Programm-Ersteller dies verhindern kann, in den
Binaercode eingetragen.

Um gegen Unzulaenglichkeiten einer neuen Version der
Produktionsprogramme geschuetzt zu sein, ist es notwendig,
eine Kopie der alten Version noch fuer eine gewisse Zeit
aufzubewahren, damit man zur Not auf diese zurueckgehen kann,
wenn sich bei der neuen Version unerwartet Probleme zeigen
sollten. Wie alle Sicherungskopien, so sollte auch diese an
einem sicheren Ort aufbewahrt werden, damit nicht durch sie
ein zusaetzliches Sicherheitsrisiko entsteht und damit sie
nicht bei einer Zerstoerung des Originals mit diesem zusammen
vernichtet wird.

- Schliesslich ist auch der Systemstart selbst ein sicherheits-
relevanter Vorgang, da die in einem Software-System
vorhandenen Schutzmechanismen erst nach dem Start dieses
Systems wirksam werden. So hat man ueblicherweise vor dem
Start des Betriebssystems noch die totale Kontrolle ueber die
Rechner-Hardware (wenn auch auf einer sehr niederen logischen
Ebene). Analog gilt, dass auch die in ein Datenbank- oder
Anwendungssystem eingebauten Schutzmassnahmen vor dem Start
dieses Systems oft noch von der Ebene des Betriebssystems her
unterlaufen werden koennen. Es ist daher fuer die Sicherheit
des Gesamtsystems wichtig, dass jeder Systemstart und jede
Abschaltung notiert und kontrolliert werden. Dazu ist es
unter anderem auch zweckmaessig, das Log der Hauptkonsole als
Ausgabe auf eine Hardcopy, und zwar auf Endlospapier, zu
realisieren, da es hierdurch schwieriger wird, dieses Log so
zu manipulieren, dass Systemstarts verschwiegen werden und
dort nicht mehr erscheinen.

Durch einen geeigneten Zugriffsschutz im Datei-System muss dafuer gesorgt werden, dass es nicht moeglich ist, die zum Systemaufbau relevanten Dateien und Datenstrukturen ohne explizite Autorisierung zu veraendern oder zu ersetzen; andernfalls besteht die Gefahr, dass beim naechsten System- start unbemerkt ein veraendertes System, das eventuell mit unliebsamen Ergaenzungen versehen ist, an Stelle des korrek- ten Systems geladen wird.

Bei einigen altertuemlichen Betriebssystemen wird bei jedem Systemstart noch eine Menge von Binaeraenderungen als Patches eingespielt. Falls dies in einem System vorgesehen ist, so stellt dieser Vorgang eine nicht zu unterschaetzende Gefahr fuer die Systemsicherheit dar: Diese Patches unter- liegen nicht dem Schutz des Datei-Systems, da sie noch vor dem Aufbau der Software des Datei-Systems und damit auch noch vor dem Wirksamwerden der Zugriffskontrollen ablaufen mues- sen. Es ist daher fuer einen Insider durchaus moeglich, die Menge dieser Patches um einige zusaetzliche Aenderungen zu ergaenzen, durch die er die Sicherheit des Gesamtsystems unterwandert. Der einzige Schutz gegen Manipulationen dieser Art besteht darin, alle unautorisierten Zugriffe auf den Datentraeger, der diese Patches enthaelt, auf physischer Ebene zu verhindern.

Als generelle Richtlinie fuer die Konfigurationskontrolle, also die Steuerung und Ueberwachung der Zugehoerigkeit von Programmen zu einer Produktionsumgebung, kann man festhalten, dass diese Programme wenigstens denselben Schutz erfordern wie die von ihnen bearbeiteten Daten und dass man ihnen auch wenigstens denselben Wert zubilligen sollte - durch Manipulation dieser Programme koennen naemlich die von ihnen bearbeiteten Daten in nahezu beliebiger Form zerstoert, veraendert oder offengelegt werden. Es ist daher unbedingt notwendig, dass auch der Schutz auf der Anwendungs-Ebene in ein allgemeines Schutzprogramm, das als integraler Teil der organisatorischen Gesamtstruktur reali- siert ist, in geeigneter Weise eingebettet wird.

Schliesslich empfiehlt es sich noch, ein Wort zum Vergleich der Sicherheit selbst erstellter Software mit der Sicherheit externer, fertig bezogener Software-Pakete zu sagen. Bei selbst erstellter Software besteht die Gefahr, dass der Ersteller, der ja im allgemeinen weiss, mit welchen Daten diese Software nachher arbeiten wird, gezielt Fehler und Falltueren einbaut, um die Datensicherheit zu untergraben. Extern bezogene Standard-Software ist dagegen meist auf ein breites Anwendungsspektrum hin ausge- legt, und man kann daher davon ausgehen, dass sie keine spezi- fischen Fehler oder Falltueren enthaelt. Insbesondere bei Software von renommierten Herstellern und Systemhaeusern ist kaum damit zu rechnen, dass diese Software in manipulierter Form ausge- liefert wird, da einerseits bei hohen Stueckzahlen der betref- fenden Programme die Gefahr der Entdeckung derartiger Sicherheits- luecken ziemlich hoch waere und da andererseits die Folgen der Entdeckung einer solchen Manipulation fuer den Software-Liefe- ranten zu gravierend waeren, als dass sich das damit verbundene Risiko fuer ihn lohnen wuerde.

Es ist daher auch im Sinne der Sicherheit zweckmaessig, ueberall da, wo Standard-Software fuer eine bestimmte Aufgabe verfuegbar ist, diese Standard-Software einzusetzen und keine eigenen Programme zu schreiben bzw. schreiben zu lassen. Dennoch ist auch beim Einsatz von Standard-Paketen darauf zu achten, dass diese Pakete korrekt eingesetzt werden und auch dass ihre nachtraegliche Manipulation zuverlaessig verhindert wird. Auch der Einsatz standardisierter Software enthebt den Betreiber eines Rechenzentrums nicht von der Verantwortung, fuer den Schutz dieser Software und ihren bestimmungsgemaessen Einsatz Sorge zu tragen. Es ist in jedem Fall zweckmaessig, wenn auch hierauf im Rahmen des allgemeinen Schutzprogramms Wert gelegt wird.

8.2 Sicherheitstechniken für Anwendungsprogramme

8.2.1 Die Rolle der Spezifikation

Bei der Entwicklung eigener Produktionsprogramme kann durch die Befolgung geeigneter Richtlinien beim Entwurf und bei der Realisierung eine wesentliche Steigerung der Sicherheit auf der Anwendungs-Ebene erzielt werden. Dabei sind hauptsaechlich drei Ziele im Auge zu behalten [9]:

- Es ist notwendig, die Aktionen der zur Benutzung der Produktionsprogramme berechtigten Personen zu kontrollieren, um einen Missbrauch dieser Programme und der von ihnen bearbeiteten Daten zu verhindern.

- Indem man das System robust gegen interne Fehler und gegen Fehlbedienung macht, laesst sich die Wahrscheinlichkeit technologischer Angriffe auf der Anwendungs-Ebene und auch die Wahrscheinlichkeit ungewollter Zerstoerung von Daten erheblich verringern.

- Durch geeignete Steuerungs- und Ueberwachungsfunktionen muss sichergestellt werden, dass die auf der organisatorischen Ebene festgesetzten Sicherheits-Richtlinien auf der Anwendungs-Ebene wirksam durchgesetzt werden.

Eine wesentliche Rolle kommt dabei der Spezifikation des Anwendungssystems zu. Unklare und widerspruechliche Spezifikationen fuehren im allgemeinen zu einem verworrenen System-Design und zu einer chaotischen Realisierung, was wiederum interne Fehler und Luecken in der Sicherheit wahrscheinlich macht. Es ist daher gerade bei der Schaffung sicherer Anwender-Software notwendig, auf saubere und vollstaendige Spezifikationen zu achten.

Vor allem fuer Software im kommerziellen Bereich stehen heute eine Reihe von Methoden und Verfahren zur Unterstuetzung der Spezifikationsarbeit zur Verfuegung. Fuer die Sicherheit der resultierenden Software ist es dabei unerheblich, welche dieser Methoden, ob etwa Structured Analysis oder HIPO oder was auch immer, eingesetzt wird, solange dieser Einsatz konsequent und der jeweiligen Methode entsprechend erfolgt. Fuer die Spezifikation von Software mit Realzeit-Komponenten sind diese Methoden zwar im allgemeinen ebenfalls gute Hilfen, doch kann es hier sein, dass die Beschreibung komplexer Zeitabhaengigkeiten zwischen einzelnen Systemablaeufen zusaetzliche Beschreibungswerkzeuge erfordert. Hier wird zur Zeit vielfach mit Petri-Netzen zur Darstellung paralleler, aufeinander bezogener Ablaeufe experimentiert, doch ist es noch offen, ob dieser Formalismus tatsaechlich zu klareren Beschreibungen fuehrt, als man sie mit einfacheren Methoden erstellen kann [2].

Die Teile der Spezifikation, die von groesster Relevanz fuer die Sicherheit der bearbeiteten Informationen und fuer die Korrektheit der Verarbeitung - sofern man Synchronisationsprobleme bei Realzeit-Systemen ausser Acht laesst - sind, beziehen sich vor allem auf die

- Eingaben,

- Funktionen und

- Ausgaben

der einzelnen Systemkomponenten; sie sind daher mit den traditionellen Spezifikations-Hilfsmitteln relativ gut zu beschreiben. Wenn sichergestellt ist, dass

- in jeden Modul nur die Informationen hineinkommen, die von diesem Modul zur Durchfuehrung seiner Aufgaben benoetigt werden;

- jeder Modul seine Funktionen exakt gemaess seinen Spezifikationen ausfuehrt;

- jeder Modul nur die Informationen ausgibt, die von ihm erwartet werden, und zwar in genau der spezifizierten Form und in dem spezifizierten Verarbeitungszustand,

so ist zumindest auf Modul-Ebene die korrekte Arbeitsweise des Anwendungssystems sichergestellt.

Um also die korrekte Arbeitsweise der gesamten Anwendung gewaehrleisten zu koennen, muessen

- alle Moduln korrekt spezifiziert sein,

- alle Datenfluesse zwischen den Moduln und alle Verarbeitungsvorgaenge in den Moduln exakt beschrieben sein, und

- diese einzelnen Teile der Spezifikation miteinander konsistent sein.

Durch die Verwendung automatisierter Hilfsmittel zur Spezifikation ("Software-Tools") kann die Vollstaendigkeit und Konsistenz der Gesamtspezifikation mit wesentlich groesserer Zuverlaessigkeit ueberprueft werden, als dies bei manuellen Reviews moeglich ist. Man muss sich jedoch davor hueten, diese Tools als Allheilmittel gegen schlechte Spezifikationen anzusehen; die Anwendung von Tools erfordert die Beherrschung der zugrundeliegenden Methode, sie ersetzt diese Beherrschung nicht. Das beste automatisierte Spezifikationsverfahren kann in keinem Fall bessere Ergebnisse

liefern, als es die ihm uebergebenen Daten erlauben; ob die
betreffenden Spezifikationen das zu loesende Problem adaequat
beschreiben oder Loecher enthalten, ist eine Frage, die in den
Bereich der Semantik gehoert und daher mit rein formalen Verfahren
beim heutigen Stand der Technik nicht zuverlaessig automatisch
beantwortet werden kann.

8.2.2 Programmiertechniken

Zur Erstellung sicherer Anwendungen ist es jedoch nicht
allein ausreichend, diese Anwendungen korrekt zu spezifizieren;
vielmehr ist dafuer zu sorgen, dass die Spezifikationen auch
tatsaechlich ihren Weg in den Programmcode finden und dort, selbst
nach jahrelangen Aenderungen, auffindbar bleiben. Dieses Ziel
laesst sich erreichen, wenn bei der erstmaligen Erstellung aller
Programme entsprechend sauber gearbeitet wird und wenn alle an
einem Programm durchgefuehrten Aenderungen entsprechend dem
Phasenmodell wieder an Spezifikationen gebunden und aus diesen
ebenso sauber abgeleitet werden.

Es ist daher zweckmaessig, einige Regeln zur Erstellung klar
strukturierter Programme anzugeben. Derartige Regeln werden zwar
in den meisten Programmierkursen mehr oder weniger ausfuehrlich
behandelt, doch empfiehlt es sich wegen der Wichtigkeit, die ihre
Einhaltung auf die Stabilitaet und Korrektheit sicherer Software
hat, die wesentlichsten Regeln noch einmal explizit zu erwaehnen.

Generell sind Programme gemaess moderner Programmier-
Standards zu erstellen, wozu insbesondere die Vermeidung jeglicher
"Trick-Programmierung" und auch der Verzicht auf solche Platz- und
Zeit-Optimierungen gehoert, die zu Lasten der Klarheit der
Programmstruktur gehen. Als vom Standpunkt der Sicherheit wesent-
lichstes Kriterium fuer die Guete einer Implementierung ist die
Uebersichtlichkeit und Verstaendlichkeit der einzelnen Programme
und ihres Zusammenspiels zu nennen. Es ist von aeusserster
Wichtigkeit, dass das Gesamtsystem mit endlichem Aufwand
verstehbar bleibt, da nur so das Vorhandensein gewollter oder
zufaelliger Fehler bzw. Sicherheits-Luecken auffaellt.

Dies bedeutet, dass es bei der Implementierung der Spezifikationen vor allem darauf ankommt, dass die in diesen Spezifikationen vorhandenen logischen Strukturen moeglichst klar aus dem
Aufbau des Gesamtsystems hervorgehen. Da die eigentliche Implementierung aus logischer Sicht eine Verfeinerung der Spezifikationen darstellt, ist es ebenso wichtig, dass auch die
implementierungsabhaengigen Strukturen moeglichst einfach und
deutlich erkennbar realisiert werden. Einige wesentliche Regeln
zum Erreichen einer klaren Programmstruktur sind die folgenden:

- Die Anzahl der (bedingten und unbedingten) Spruenge in einem
  Programm sollte moeglichst gering sein. Fuer die Uebersichtlichkeit ist es dabei nicht erforderlich, auf Spruenge ganz
  zu verzichten, wie dies manche Puristen fordern; im Gegenteil gibt es Faelle (insbesondere bei der Fehlerbehandlung),
  in denen durch ueberlegte Einfuehrung von Sprungbefehlen die
  Programmstruktur gegenueber einer voellig sprungfreien
  Programmierung erheblich einfacher und uebersichtlicher wird.

Waehrend sich bei der Verwendung hoeherer Programmiersprachen das Ziel einer "sprungarmen" Programmierung bei
einiger Programmierdisziplin ohne grosse Schwierigkeiten
erreichen laesst, indem geeignete Kontrollstrukturen verwendet werden, kann bei der Verwendung von Assembler-Programmierung im allgemeinen auf Spruenge in grosser Zahl nicht
verzichtet werden. Eine gewisse Hilfe kann hier die Verwendung von Pseudocode bieten, den man als Kommentar zwischen
die Assembler-Befehle einstreut und der die durch die
Spruenge realisierten Kontrollstrukturen verdeutlicht –
sofern er mit dem Programmcode uebereinstimmt.

- Aehnliche Sorgfalt ist bei der Realisierung der einem
  Programm zugrundeliegenden Datenstrukturen und deren
  Adressierung notwendig. Es ist fuer die Uebersichtlichkeit
  eines Programms sehr schaedlich, wenn haeufig ueber Zeiger
  oder sekundaere Namen (etwa durch Verwendung des EQUIVALENCE-
  Statements in FORTRAN) auf Daten zugegriffen wird; fuer den
  Betrachter eines Programms wird es dann sehr schwierig, die
  moeglichen Zugriffe auf Variablen im Programm zu verfolgen.

- Ueberhaupt kann der Programmierer dem Betrachter eines
  Programms durch die Vergabe geeigneter Namen fuer die
  einzelnen Datenobjekte und Moduln seines Programms wesentliche Hilfen geben. Dies bedeutet insbesondere, dass moeglichst **keine** numerischen Werte "hart" in die Programme
  codiert werden sollten; auch numerische Werte sollten durch
  mnemonische Namen, die ihre aktuelle Bedeutung beschreiben,
  angesprochen werden, zumal hierdurch im allgemeinen kein
  Effizienz-Verlust zur Laufzeit, sondern hoechstens eine etwas
  laengere Uebersetzungszeit in Kauf zu nehmen ist.

Bei der Vergabe der Namen fuer die Konstanten und
Variablen eines Programms sollte man sich von der beabsichtigten Verwendung dieser Variablen leiten lassen; selbst
wenn – was auf jeden Fall geschehen sollte – die Bedeutung
dieser Datenobjekte in Kommentaren erlaeutert wird, ist ihr
Auftauchen an einer bestimmten Stelle eines Programms fuer
den Leser doch wesentlich aussagekraeftiger, wenn sie schon
durch ihren Namen auf diese Bedeutung hinweisen. Allerdings
ist hier anzumerken, dass einige Programmiersprachen (wie
etwa Standard-FORTRAN) bzw. ihre Compiler durch die Vorgabe
unsinnig kurzer Maximal-Laengen fuer Namen unnoetige Restriktionen auferlegen, die letztlich fuer die Qualitaet der damit
erzeugten Programme schaedlich sind.

- Schliesslich ist als weitere wesentliche Regel noch zu
  nennen, dass man nie zuviel Kommentare in ein Programm
  schreiben kann – sofern diese Kommentare in verstaendlicher
  Weise beschreiben, was sich an der betreffenden Programm-
  stelle abspielt. Kommentare, die nach einem festen Schema in
  Programme eingestreut werden, ohne dass dabei auf ihren Sinn
  Ruecksicht genommen wird, sind dagegen nicht nur nutzlos,
  sondern eher noch schaedlich, da sie den Programmtext optisch
  unnoetig zerreissen und den Betrachter eher irrefuehren als
  ihm beim Verstaendnis helfen.

Diese Ueberlegungen haben vor allem deutlich gemacht, dass es bei der Realisierung sicherer Anwender-Software darauf ankommt, fuer einen klaren und verstaendlichen Aufbau der betreffenden Programme Sorge zu tragen. Der Grund fuer diese starke Betonung eines einzelnen Aspektes der Erstellung sauberer Programme liegt darin, dass es vom Standpunkt der Sicherheit wesentlich ist, dass die erstellten Programme durch geeignete Reviews auf das Vorhandensein beabsichtigter oder zufaelliger Luecken in ihrer Sicherheit ueberprueft werden koennen, und dass Manipulationen, etwa zur Installation von Falltueren, moeglichst auch einem unbefangenen Betrachter eines solchen Programms auffallen. Je leichter ein Programm fuer einen externen Beobachter zu verstehen ist, desto schwerer wird es, in diesem Programm unbemerkt illegale Seitenzweige zur Verwirklichung einer technologischen Attacke zu verstecken, und umso eher werden zufaellige Fehler in diesem Programm bei einem Review auffallen - sofern diese Reviews auch tatsaechlich entsprechend den Vorgaben des eingesetzten Phasenmodells durchgefuehrt werden.

Eine der Konsequenzen dieser Forderungen ist es, dass es zur Erstellung sicherer Anwender-Software zweckmaessig ist, die betreffenden Programme moeglichst **nicht** in Assembler zu codieren, sondern eine geeignete hoehere Programmiersprache einzusetzen, da sich auf diese Weise dieselben logischen Strukturen im allgemeinen erheblich einfacher und uebersichtlicher darstellen lassen. Auch an den Stellen, an denen explizit Leistungen des Betriebssystems, etwa in der Form von Systemdiensten, in Anspruch genommen werden, sollten die entsprechenden Aufrufe moeglichst **ohne** Dazwischenschieben einer Assembler-Ebene direkt aus der hoeheren Sprache erfolgen; erfahrungsgemaess bieten naemlich solche eingeschobenen Assembler-Routinen, die eng mit dem Betriebssystem zusammenarbeiten, exzellente Moeglichkeiten zur unbemerkten Unterwanderung des Systems.

Aus diesem Grund stellen die duerftigen Schnittstellen, die die meisten aelteren Betriebssysteme, vor allem die traditionellen Grossrechner-Systeme, den hoeheren Programmiersprachen bieten, eine ernstzunehmende Gefahr fuer die Sicherheit der Anwendungs-Ebene und auch des Betriebssystems selbst dar. Wenn die Anwendungs-Software ohne derartige Zwischenebenen auskommen will, so erfordert dies einen voelligen Verzicht auf die herkoemmliche Systemprogrammierung auf Assembler-Ebene. Zur Zeit sind im wesentlichen drei Ansaetze zur Erreichung dieses Ziels zu verzeichnen:

- Der einfachste und aelteste Weg zum Durchgriff von einer hoeheren Programmiersprache auf Systemfunktionen wird von den sogenannten "Systemprogrammiersprachen" wie etwa BCPL, BLISS oder C geboten. Der Nachteil dieses Verfahrens ist die relativ niedere logische Ebene dieser Sprachen, die insbesondere keine saubere Deklaration anwendungsbezogener Datenstrukturen und als Folge auch keine strikten Ueberpruefungen der Zugriffe auf diese Strukturen durch den Compiler ermoeglicht [23].

- Um diesem Mangel abzuhelfen, wurden Sprachen entwickelt, die die betreffenden Betriebssystem-Schnittstellen auf einer hohen logischen Ebene enthalten. Waehrend als wohl aeltester Versuch einer solchen allgemeinen Sprache wohl PL/I zu nennen

ist, duerfte mit Ada das bis jetzt ehrgeizigste Projekt einer
"hoeheren" Systemprogrammiersprache zu verzeichnen sein. Die
wesentlichste Kritik an diesem Ansatz ist, neben der oft
schwierigen Abbildung dieser Sprachen auf eine reale Systemumgebung, ihre Komplexitaet und Unhandlichkeit bzw. Unueber-
schaubarkeit, die sowohl zusaetzliche Probleme beim
Verstaendnis der damit geschriebenen Programme als auch Moeglichkeiten des unbemerkten Einbaus von Falltueren unter
Benutzung von Seiteneffekten wenig bekannter Statements mit
sich bringt.

- Schliesslich kann man auch traditionelle Programmiersprachen
  wie etwa COBOL oder FORTRAN mit expliziten Erweiterungen zum
  direkten Zugriff auf Funktionen des Betriebssystems versehen.
  Dieser Weg wird vor allem bei neueren Betriebssystemen,
  insbesondere im Bereich der Prozessdatenverarbeitung, einge-
  schlagen. Die hier zu verzeichnenden Nachteile sind im
  wesentlichen, dass eine so erweiterte Sprache in Bezug auf
  ihre Sicherheit und Uebersichtlichkeit selten nennenswert
  besser ist als die entsprechende dem Standard genuegende
  Sprache und dass diese Erweiterungen im allgemeinen
  maschinenspezifisch und zum Teil auch nicht recht in das
  Konzept der Sprache integriert sind.

Betrachtet man diese Alternativen, so liegt der Gedanke nahe,
dass man wohl am besten auf die Anwendungs-Programmierung ganz
verzichtet. Diese Idee ist bei weitem nicht so unsinnig, wie sie
auf den ersten Blick scheinen mag: Inzwischen sind von verschiedenen Herstellern und fuer verschiedene Rechner eine Reihe von
Systemen zur Generierung von Anwendungen und zur Arbeit auf sehr
hoher logischer Ebene verfuegbar. Dabei handelt es sich zum einen
um sogenannte Programm-Generatoren, die aus einer Spezifikation
direkt das zugehoerige Anwendungsprogramm erzeugen, und zum
anderen sind hier die sogenannten "Programmiersprachen der vierten
Generation" zu nennen, die das direkte Arbeiten mit Datenbanken
unter der Verwendung von Formularen zur Daten-Ein- und -Ausgabe
erlauben. Vertreter dieses neuen Typs von Programmiersprachen
sind zum Beispiel NATURAL und Datatrieve. Falls es moeglich ist,
diese Hilfsmittel zur Vermeidung direkter Anwendungsprogrammierung
einzusetzen, so laesst sich hierdurch - neben der allgemeinen
Arbeitsersparnis - oft auch ein erheblicher Sicherheitsgewinn
verzeichnen.

8.2.3 Prueftechniken

8.2.3.1 Dateneingabe - Nicht zuletzt die in einer Anwendung
durchgefuehrten Ueberpruefungen aller einkommenden und aller
auszugebenden Daten sowie der mit diesen Daten durchgefuehrten
Operationen entscheidet ueber die Sicherheit des Betriebs dieser
Anwendung. Wenn auch die Einzelheiten der durchzufuehrenden
Pruefungen naturgemaess in hohem Masse anwendungsspezifisch sind,
so lassen sich doch generelle Richtlinien angeben, die bei der
Realisierung der Ueberpruefungs-Komponenten einer Anwendung
beachtet werden sollten. Das generelle Ziel dieser Ueberpruefungen ist dabei ein Zweifaches:

- Einerseits ist es wichtig, alle Eingaben in das System auf ihre Korrektheit und Zulaessigkeit zu kontrollieren und diese Eingaben anschliessend entsprechend zu behandeln bzw. zu verarbeiten.

- Andererseits ist es auch notwendig, die durchgefuehrten Operationen und sonstige Vorkommnisse wie etwa Versuche, das System zu unterlaufen, in einem anwendungsspezifischen Log festzuhalten.

Diese beiden Aspekte werden in diesem und dem folgenden Abschnitt genauer betrachtet.

Bei der Pruefung der Eingaben kommt es vor allem darauf an, alle moeglichen - gewollten und ungewollten - Falsch-Eingaben zuverlaessig zu erkennen und einzuordnen. So sind bei der Eingabe von Daten, neben den sowieso notwendigen formalen Pruefungen, auch Plausibilitaetspruefungen erforderlich, mit denen die eingegebenen Werte und auch ihre Kombination auf Angemessenheit untersucht werden koennen. Ebenso kann durch geeignete Plausibilitaets-kontrollen auch ein gewisser Schutz gegen die Kompromittierung statistischer Datenbanken erreicht werden, indem durch solche Pruefungen die Anzahl der Anfragen, die sich auf dieselbe oder weitgehend aehnliche Datenmengen beziehen, eingeschraenkt werden.

Weitere Pruefungen sind notwendig und sinnvoll, um die Integritaet des Datenbestandes gegen die Eingabe unkorrekter Daten und gegen die Korruption vorhandener richtiger Daten zu schuetzen. Dabei stellt oft die korrekte Behandlung des Fehler-Abbruchs einer Operation ein erhebliches Problem dar, da diese Operation schon teilweise Aenderungen in den Daten durchgefuehrt haben kann, so dass diese bis zum Abschluss der Operation inkonsistent sind. Wird die Operation nun - aus welchem Grund auch immer - vorzeitig abgebrochen, so sind alle von ihr bis zu diesem Zeitpunkt durchgefuehrten Aenderungen wieder rueckgaengig zu machen, was unter Umstaenden sowohl sehr aufwendig als auch ziemlich schwierig nachzuvollziehen sein kann. Eine wesentliche Hilfe bei dieser Aufgabe stellt das im Abschnitt 7.3.1 beschriebene Konzept der Transaktion dar; wird dieses Konzept von einem Datei- oder Datenbanksystem oder von einem Transaktions-Monitor unterstuetzt, so kann oft die Aufgabe der Konsistenthaltung der Daten dieser System-Komponente mit relativ geringem Aufwand uebertragen werden.

Schliesslich sind Pruefungen zum Erkennen duplizierter, ge- oder verfaelschter und unerlaubter Eingaben erforderlich. Waehrend jedoch die Notwendigkeit derartiger Pruefungen unmittelbar einsichtig ist, laesst sich kaum eine allgemeine Regel fuer ihren Aufbau und fuer ihr Zusammenspiel mit dem Rest des Anwendungssystems und den anderen Schutzmassnahmen angeben; hier ist jeweils entsprechend den Besonderheiten der betrachteten Anwendung zu verfahren.

Durch konsequenten Einsatz einiger relativ einfacher Prueftechniken laesst sich eine Vielzahl falscher Eingaben mit geringer Muehe abfangen. Als Verfahren, die sich in der Praxis bewaehrt haben, sind zu nennen:

- Durch die Vergabe von Folgenummern fuer die Datensaetze einer Datei oder eines Verbundes in einer Datenbank laesst sich erreichen, dass Doppel-Eintraege oder die unkorrekte Vernichtung von Datensaetzen erkannt werden. Dabei kann man die folgenden heuristischen Regeln zur Ueberpruefung dieser Folgenummern angeben:

    o Bei der Abspeicherung eines neuen Datensatzes ist eine Nummer zu vergeben, die um 1 hoeher ist als die hoechste bis dahin vergebene Nummer. Wird versucht, einen Datensatz mit irgendeiner anderen Nummer abzuspeichern, oder ist schon ein Datensatz mit der fuer den neuen Satz vorgesehenen Nummer vorhanden, so deutet dies auf eine Inkonsistenz hin.

    o Aenderungs- und Loesch-Operationen erfordern die Angabe einer Nummer, die sich auf einen existierenden Datensatz bezieht; daraus folgt unter anderem, dass die bei ihnen angegebenen Nummern hoechstens so gross sein duerfen wie die hoechste bis dahin vergebene Nummer.

    o Bei Loesch-Operationen freigegewordene Nummern sollten nicht mehr vergeben werden, damit keine Probleme verschiedener Instanzen gleicher Nummernbelegungen auftreten.

- Durch die Einfuehrung einer gewissen Redundanz in die Daten lassen sich Quer- und Laengspruefungen durchfuehren, durch die abgecheckt werden kann, ob bei der Verarbeitung Werte in unzulaessiger Weise modifiziert wurden. Falls diese Pruefsummen mit den erwarteten Werten uebereinstimmen und falls die Anzahl der verarbeiteten Datensaetze dieselbe ist, die man aus den Folgenummern berechnet hat, so sind schon viele moegliche Fehler erheblich unwahrscheinlicher geworden.

- In vielen Faellen kann man Schaetzwerte fuer die Gesamtresultate einer Verarbeitung oder auch fuer bestimmte Pruefsummen statisch angeben oder anhand vorgegebener Regeln berechnen. Durch Vergleich der tatsaechlichen Resultate mit diesen Schaetzwerten lassen sich grobe Fehler in der Verarbeitung leicht erkennen.

- Auch durch die Fuehrung einer begrenzten Historie ueber die zuletzt bearbeiteten Transaktionen lassen sich moegliche Angriffe auf sensitive Teile des Datenbestandes in einfacheren Faellen erkennen. Wie jedoch die Diskussionen im Abschnitt 7.4.4 gezeigt haben, ist der hierdurch erreichbare Schutz begrenzt; er kann daher komplexe Angriffe nicht erkennen.

- Schliesslich koennen auch auf Anwendungs-Ebene spezifische Autorisationen vergeben werden, gegen die die aufgerufenen Funktionen und die von ihnen zu verarbeitenden Datenobjekte ueberprueft werden koennen. Die dabei einzusetzenden Verfahren entsprechen weitgehend denen der Autorisation auf der Ebene des Betriebssystems und denen der Zugriffskontrolle auf der Ebene der Datenhaltung, so dass sich eine ausfuehrlichere Beschreibung an dieser Stelle eruebrigt.

Durch die an dieser Stelle aufgefuehrten Massnahmen laesst sich oft mit relativ geringem Aufwand eine erhebliche Steigerung der Sicherheit der Anwendungs-Ebene erreichen. Da jedoch vollstaendiger Schutz auch auf dieser Ebene nicht moeglich ist, empfiehlt es sich, diese Prueftechniken noch durch Methoden zu ergaenzen, mit denen Verletzungen der Sicherheit wenigstens im Nachhinein aufgedeckt und auf ihren Urheber zurueckgefuehrt werden koennen. Aus diesem Grund werden im folgenden Abschnitt die Grundzuege der Erstellung auswertbarer Audit-Logs beschrieben.

8.2.3.2 Auditing-Techniken - Das Hauptziel aller Auditing-Funktionen ist die Moeglichkeit der exakten Nachverfolgung, wie es zu einem bestimmten Systemzustand und damit eventuell auch zu einer bestimmten Unterwanderung der Sicherheit kam. Dazu ist es vor allem erforderlich, im Nachhinein noch Zugriff auf die in das System eingegebenen Daten und Kommandos zu haben. Waehrend dies bei Batch-Verarbeitung mit Eingaben ueber mechanische Geraete wie Lochkartenleser recht einfach - wenn auch fuer die spaetere Behandlung des Audit-Logs sehr ineffizient - durch Aufheben der Eingabemedien geschehen konnte, ist bei moderneren Systemen, insbesondere bei Dialog- und Transaktions-Verarbeitung, eine explizite Protokollierung der Eingaben in einer Log-Datei erforderlich. Um die nachtraegliche Verfaelschung dieser Log-Information, etwa zum Zweck der Verwischung der Spuren einer illegalen Tat, verhindern zu koennen, ist es notwendig, dass auf die Log-Datei ein sehr strikter Zugriffsschutz angewandt wird, zumindest was die Veraenderung dieser Datei betrifft.

Neben dieser normalen Protokollierungs-Funktion, die immer mitlaeuft, wird zusaetzlich ein Protokoll aller aussergewoehnlichen Ereignisse in einer separaten Log-Datei ("Event-Log") benoetigt. Es ist sinnvoll, dieses Log vom Standard-Log zu trennen, damit nicht wesentliche Vorkommnisse in der Fuelle des routinemaessig gesammelten Materials untergehen. Zu den Ereignissen, die in ein Event-Log einzutragen sind, gehoeren zum Beispiel Systemstarts und -zusammenbrueche sowie alle Operationen, die einwandfrei als sicherheitsbedrohend erkannt wurden.

Weiterhin ist es sinnvoll, alle Veraenderungen sensitiver Datenbestaende zu protokollieren, sofern dies nicht schon sowieso von dem zur Abspeicherung der Daten eingesetzten Datei- oder Datenbanksystem gemacht wird. Bei besonders sensitiven Daten kann es sogar notwendig sein, auch die lesenden Zugriffe in das Log einzutragen, um bei einer Offenlegung dieser Daten die Ursache hierfuer finden zu koennen. Die dazu notwendigen Mechanismen wurden schon in den Abschnitten 7.2.4 und 7.3.4 besprochen; Logging auf der Anwendungs-Ebene kann sich im allgemeinen auf diese Funktionen abstuetzen oder sie, sofern dies nicht moeglich ist, nachbilden.

Wesentlich fuer die Wirksamkeit des durch extensives Auditing gebotenen Schutzes ist das Vorhandensein geeigneter Auswertungsprogramme, mit denen sicherheitsrelevante Vorkommnisse aus der Fuelle des protokollierten Materials selektiert werden koennen. Wird die Log-Information nur abgespeichert und eventuell auch noch ausgedruckt, so ist sie nutzlos, da niemand in der Lage ist, manuell die wesentlichen Daten in ihr aufzufinden. Entsprechend

gilt, wie fuer die meisten Ausdrucke, dass der Wert gedruckter
Logs mit wachsendem Umfang abnimmt; nur Log-Ausdrucke, die auf
die wesentlichen Informationen beschraenkt sind, koennen ihre
Sicherheitsfunktion auch tatsaechlich wahrnehmen - sofern sie auch
durchgearbeitet und nicht nur abgelegt werden.

Zur Durchfuehrung der Auswertung ist es daher notwendig, alle
sicherheitsbedrohenden und ungewoehnlichen Vorkommnisse in der
Menge der Log-Informationen zu erkennen, wobei das Problem dieser
Aufgabe in der Frage liegt, welche Log-Eintraege als relevant
auszugeben und welche als harmlos zu ignorieren sind. Die hier
geltenden Entscheidungskriterien sind jeweils anwendungsspezifisch
zu bestimmen, wozu eine genaue Analyse der betrachteten Anwendung
erforderlich ist. Bei der Neuerstellung einer Anwendung sollte
diese Untersuchung sinnvollerweise waehrend der Phase der Problemdefinition und bei der Spezifikation des Systems erfolgen, damit
ihre Ergebnisse direkt in den Systementwurf integriert werden
koennen.

Wurden bei der Auswertung eines Audit-Logs sicherheits-
bedrohende oder -verletzende Vorgaenge festgestellt, so sind diese
an geeignete Stellen innerhalb der Organisation zu melden, damit
auf der organisatorischen Ebene entsprechende Gegenmassnahmen
eingeleitet werden. Diese koennen in Untersuchungen zur
Bestimmung des Schadens-Ausmasses, zur Identifizierung des Verantwortlichen und in der Installation zusaetzlicher bzw. der Veraenderung existierender Schutzmassnahmen bestehen. Um diese
Anbindung an die organisatorische Ebene gegen Unterwanderung
unempfindlicher zu machen, sollte man mehrere voneinander unab-
haengige Stellen vorsehen, denen nach einem bestimmten Schema
Bericht zu erstatten ist - es koennte sonst sein, dass die Meldung
unterdrueckt wird, weil derjenige, der sie empfaengt, der Verursacher der Sicherheitsverletzung ist oder mit diesem unter einer
Decke steckt.

In dieser Hinsicht kommt auch dem Datenschutz-Beauftragten
der betreffenden Organisation eine wichtige Rolle zu, da gerade er
aufgrund seiner relativ unabhaengigen Stellung die geeignete
Person zur Auswertung dieser Log-Informationen ist. Eben diese
Stellung ermoeglicht es ihm, Verletzungen der Sicherheit zu
melden, ohne deshalb Probleme mit der laufenden Arbeit zu bekommen, was normalerweise fuer die Benutzer des Rechners und das
technische Personal keineswegs gilt. Ist fernerhin dafuer
gesorgt, dass der Datenschutz-Beauftragte selbst keinen Zugriff
auf die Produktionsdaten und keinen schreibenden Zugriff auf die
Produktionsprogramme hat, so wird gleichzeitig die Gefahr
verringert, dass er selbst derjenige ist, der die Sicherheit
unterlaeuft und damit das schwache Glied in der Kette der Schutzmassnahmen darstellt.

Wesentlich fuer die Schutzfunktion des Auditing ist, wie
schon mehrfach angemerkt, vor allem die Moeglichkeit, mit diesem
Hilfsmittel den Schuldigen bei einer Kompromittierung der
Sicherheit zu identifizieren. Damit dieses Mittel wirksam ist,
muss allerdings sichergestellt sein, dass anschliessend auf der
organisatorischen Ebene auch die entsprechenden Massnahmen ergriffen werden, die - neben einer Verbesserung des Schutzes und einer
Behebung des Schadens - in der Einleitung geeigneter Sanktionen
gegen den Schuldigen bestehen. Erfolgen jedoch mit einiger Wahr-

scheinlichkeit keine solchen Sanktionen, so ist das Mittel des
Auditing als Schutzmassnahme ziemlich bedeutungslos, da es dann
seine abschreckende Wirkung verloren hat.

8.3 Zusammenfassung

Um auch auf Anwendungs-Ebene die noetige Sicherheit zu
erreichen, ist es erforderlich, jederzeit ueber den aktuellen
Aufbau des Anwendungssystems und dessen Zustandekommen informiert
zu sein. Die Erstellung jeglicher Software muss daher im Rahmen
einer Konfigurationskontrolle gemaess einem Phasenmodell geschehen, wobei nach Abschluss jeder dieser Phasen geeignete Kontrollen
wirksam werden muessen. Auch alle Aenderungen und Weiterentwicklungen sind in aehnlich kontrollierter Form durchzufuehren, damit
ihre Art, ihr Zeitpunkt und ihr Urheber auch spaeter noch jederzeit nachvollziehbar sind.

Um das unbemerkte Einbringen von Programmen bzw. Programm-
Aenderungen in ein Produktionssystem zu verhindern, ist es erforderlich, den Produktionsprogrammen wenigstens denselben Schutz wie
den von ihnen bearbeiteten Daten angedeihen zu lassen. Ferner ist
es wichtig, auch den Vorgang des Systemstarts in besonderer Weise
zu schuetzen, da hier meist eine gute Gelegenheit zu unbemerkten
Modifikationen des Systems besteht.

Diese allgemeinen Richtlinien sind durch den Einsatz spezifischer Sicherheitstechniken auf Anwendungs-Ebene zu ergaenzen.
Dazu gehoert nicht zuletzt eine klare, eventuell durch die Anwendung von Methoden und/oder Software-Tools unterstuetzte Spezifikation der Anwendungsaufgaben und des Anwendungssystems. Durch
eine saubere Programmierung laesst sich erreichen, dass die
interne Arbeitsweise des Anwendungssystems verstehbar bleibt bzw.
wird, wodurch zufaellige oder gewollte Luecken in seiner Sicherheit erkennbar werden. Hierzu gehoert insbesondere der Verzicht
auf Assembler-Programmierung jedweder Art, da die schwer ueber-
schaubaren Strukturen von Assembler-Programmen erstklassige
Angriffspunkte fuer eine technologische Attacke bieten. Stattdessen sollten geeignete hoehere Programmiersprachen eingesetzt
werden, sofern nicht durch Einsatz von Sprachen der vierten Generation voellig auf die Anwendungsprogrammierung verzichtet werden
kann.

Schliesslich kann auch das Anwendungssystem selbst durch
darin wirkende spezifische Schutzmassnahmen die Sicherheit des
Betriebs erhoehen. So lassen sich alle Eingaben an ein Programm
(in bestimmten Grenzen) auf ihre Zulaessigkeit und Korrektheit
ueberpruefen, und durch Fuehren eines anwendungsspezifischen Logs
lassen sich nachtraegliche Ueberpruefungen der vom Rechner durchgefuehrten Operationen im Rahmen des Auditing unterstuetzen.

9 Fernzugriff und Rechnernetze

9.1 Spezielle Gefährdungen

9.1.1 Abhoeren

Die zunehmende Verbreitung von Rechnernetzen und Dialog-systemen mit Fernzugriff hat in den letzten Jahren dazu gefuehrt, dass die Sicherheit der in solchen Systemen verarbeiteten Informationen sowie die Sicherheit der Verarbeitung selbst neuen Bedrohungen ausgesetzt ist. Solange Rechnernetze und Dialog-systeme noch relativ selten und hauptsaechlich auf den akademischen Bereich beschraenkt waren, konnten die Gefaehrdungen der Datensicherheit, die aus spezifischen Eigenheiten der Datenfern-uebertragung erwachsen, weitgehend vernachlaessigt werden. Mit zunehmender Bedeutung der Datenfernuebertragung waechst jedoch einerseits die Menge der Daten, die diesen Gefaehrdungen ausgesetzt sind, und andererseits wird es eben dadurch fuer einen potentiellen Gegner attraktiver, illegale Zugriffe auf und/oder Manipulationen von Daten in einem Datenfernuebertragungssystem zu versuchen. Aus diesem Grund ist es zweckmaessig, die hier ins Spiel kommenden Bedrohungen und moegliche Gegenmassnahmen einer genaueren Betrachtung zu unterwerfen.

Die Gefaehrdung, an die man hier zunaechst denkt, ist das Abhoeren des Datentransportes ueber eine Leitung in einem solchen Rechner- oder Terminalnetz. Die physischen Moeglichkeiten des Abhoerens wurden schon im Abschnitt 4.4 untersucht, so dass es an dieser Stelle genuegt, die Auswirkungen des Abhoerens auf logischer Ebene zu behandeln. Dabei sind vor allem zwei Formen des Abhoerens zu unterscheiden:

- Falls es gelingt, die uebertragenen Informationen direkt aufzunehmen und selbst zu verwerten, so entspricht dies in seinen Auswirkungen im wesentlichen einer Verletzung des Zugriffsschutzes, stellt also gegenueber den Ueberlegungen des Kapitels 7 nichts prinzipiell Neues dar.

Gegen diese Form des Abhoerens hilft, sofern der Ueber-tragungsweg nicht auf der physischen Ebene hinreichenden Schutz bietet und auch nicht durch zusaetzliche Massnahmen auf dieser Ebene geschuetzt werden kann, nur die Verschlues-selung der zu uebertragenden Daten. Aus diesem Grund kommt Verschluesselungsverfahren fuer die Sicherheit der Datenfern-uebertragung eine hohe Bedeutung zu; die diesen Verfahren zugrundeliegenden Prinzipien werden im Abschnitt 9.3 bespro-chen.

- Eine gewisse Information laesst sich jedoch sogar dann aus
  den uebertragenen Daten ableiten, wenn diese Daten selbst -
  etwa aufgrund einer nicht zu brechenden Verschluesselung -
  nicht verwendbar sind. Durch "Verkehrsfluss-Analyse" kann
  zumindest festgestellt werden, ob zwischen zwei Kommuni-
  kations-Teilnehmern Daten uebertragen werden und in welcher
  Groessenordnung der Umfang dieser Datenuebertragung liegt.
  Wenn auch hiermit nicht feststellbar ist, welche Operationen
  bei den einzelnen Teilnehmern durchgefuehrt werden, so lassen
  sich doch aus einem ploetzlichen Anwachsen des Datenverkehrs
  Rueckschluesse darauf ziehen, dass ueberhaupt an einer
  bestimmten Stelle Operationen durchgefuehrt werden. Denkt
  man etwa an Boersen-Transaktionen oder an militaerische Operationen, so kann allein diese Information schon einen hohen
  Wert fuer den Gegner haben.

  Als Gegenmassnahme kann man dafuer sorgen, dass auf
  einer Uebertragungsstrecke immer Daten fliessen, wobei dann,
  wenn keine Nutzdaten zu uebertragen sind, Zufallsdaten, die
  der Empfaenger einfach vernichtet, ausgetauscht werden.
  Durch diese Massnahme laesst sich, in Verbindung mit einer
  Verschluesselung aller uebertragenen Daten, eine Bedrohung
  durch Verkehrsfluss-Analyse unwirksam machen, allerdings auf
  Kosten der insgesamt im Netz verfuegbaren Uebertragungs-Band-
  breite und unter zusaetzlichen Uebertragungskosten.

Waehrend die Probleme, die sich auf logischer Ebene durch die
Moeglichkeit des Abhoerens stellen, bei Verfuegbarkeit geeigneter
Verschluesselungsverfahren allgemein geloest werden koennen, sind
in Netzen jedoch noch einige andere Formen der Bedrohung moeglich,
die nur zum Teil durch Verschluesselung der uebertragenen Informationen unwirksam gemacht werden koennen. Die wichtigsten dieser
Bedrohungen werden in den folgenden Abschnitten kurz geschildert,
ehe im Abschnitt 9.2 eine ausfuehrlichere Diskussion der Zugriffskontrolle in Rechnernetzen folgt.

9.1.2 Verfaelschung

Wie schon die Diskussion der physischen Sicherheit der Daten-
fernuebertragungs-Medien gezeigt hat, besteht unter bestimmten
Voraussetzungen nicht nur die Moeglichkeit des passiven Abhoerens,
sondern auch die der aktiven Verfaelschung des uebertragenen
Datenstroms. Dabei sind vor allem die folgenden Eingriffs-Moeg-
lichkeiten auf der logischen Ebene zu nennen:

- Durch Wiederholung von Nachrichten koennen indirekt unzulaessige Datenmanipulationen beim Empfaenger ausgeloest werden.
  Wird etwa eine Transaktion, die einen bestimmten Geldbetrag
  von einem Konto auf ein zweites ueberweist, durch Verfaelschung des Datentransportes wiederholt, so erfolgt die
  Umbuchung bei der Zielmaschine mehrfach, mit der Konsequenz,
  dass anschliessend ein oder mehrere Kontostaende falsch sind
  und dass eventuell die Gesamtbilanz nicht mehr stimmt.

Verschluesselung der uebertragenen Informationen hilft gegen diese Bedrohung nur bedingt; ist es dem Angreifer, etwa durch Verkehrsfluss-Analyse, moeglich, die betreffende Nachricht zu identifizieren, so kann er sie auch in verschluesselter Form wiederholen - der Empfaenger erkennt auch die wiederholte Nachricht als korrekt und fuehrt die in ihr enthaltenen Befehle aus. Schutz gegen diese Art des Angriffs laesst sich im wesentlichen nur durch eine Kombination von Verschluesselung mit geeigneten Pruefverfahren auf Anwendungs-Ebene finden. Werden zum Beispiel alle Transaktionen durchnumeriert, so kann die Wiederholung einer Nachricht vom Anwendungsprogramm erkannt werden; sind diese numerierten Nachrichten zusaetzlich in geeigneter Weise verschluesselt, so hat der Angreifer kaum noch eine Moeglichkeit, die Numerierung der Wiederholung so zu veraendern, dass diese Wiederholung unentdeckt bleibt.

- Das _Einfuegen_ zusaetzlicher Daten in den Datenstrom laesst sich im allgemeinen auf einfachere Weise entdeckbar machen; auch hier koennen durch geeignete Numerierung oder eine gewisse Redundanz in den uebertragenen Daten, etwa in der Form von Pruefsummen ueber den Inhalt mehrerer Nachrichten hinweg, eingefuegte Nachrichten erkannt werden. Durch Kombination dieser Verfahren mit einer geeigneten Verschluesselung kann wieder erreicht werden, dass eingefuegte Nachrichten zuverlaessig als Falsifikate zu erkennen sind.

- Dem steht das _Loeschen_ uebertragener Nachrichten gegenueber, das ebenfalls fuer den Angreifer einen gewissen Wert haben kann. (Wenn der Angreifer zum Beispiel Transaktionen, die von seinem Konto Geld abbuchen, bei der Datenuebertragung vernichten kann, so kann er - zumindest fuer eine gewisse Zeit - viel Geld sparen.) Auch hier kann wieder durch Numerierung der Nachrichten auf Anwendungs-Ebene und durch die Uebertragung von Pruefsummen die Manipulation erkennbar gemacht werden.

Verschluesselung spielt hier eher eine untergeordnete Rolle, da es bei der Vernichtung einer Nachricht gleichgueltig ist, ob sie verschluesselt war oder nicht. Allerdings wird es durch diese Verschluesselung fuer den Angreifer schwieriger, die zu loeschenden Nachrichten zu erkennen, und es kann ihm sogar unmoeglich gemacht werden, die Numerierung der folgenden Nachrichten oder die uebertragenen Pruefsummen so zu manipulieren, so dass die fehlende Nachricht nicht auffaellt.

- Auf einer etwas anderen Ebene liegt die _Stoerung_ jeglicher Uebertragung, die sowohl durch Vernichtung aller uebertragenen Nachrichten als auch durch Einfuegung grosser Anzahlen von (im allgemeinen inhaltslosen) Stoer-Nachrichten erfolgen kann. Inwieweit sich durch einzelne Gegenmassnahmen Schutz gegen diese Form der Bedrohung finden laesst, kann nicht allgemein gesagt werden; hier gehen die Einzelheiten der zugrundeliegenden Netz-Architektur sehr stark in die Moeglichkeiten der Stoerung durch "_denial of service_" und auch in die Wirksamkeit der Gegenmassnahmen ein. Werden zum Beispiel eingefuegte Stoer-Nachrichten schon von der Hardware des empfangenden Rechners als falsch erkannt und vernichtet,

so sind die Auswirkungen dieser Stoerungen viel geringer als
bei einer Abweisung dieser Stoer-Nachrichten durch das Anwendungssystem.

- Schliesslich besteht fuer den Angreifer noch die Moeglichkeit, Nachrichten abzufangen und vor ihrer Weiterleitung
  geeignet zu modifizieren. (Wird etwa bei Ueberweisungen die
  Ziel-Kontonummer immer durch die eigene ersetzt, so sammeln
  sich auf diesem Konto in kurzer Zeit erhebliche Betraege an.)
  Schutz gegen diese, als "piggybacking" bekannte, Art der
  Manipulation bieten wieder Pruefsummen ueber mehrere Nachrichten, vor allem in Verbindung mit Verschluesselung.

Wie die Diskussionen des Abschnitts 4.4 gezeigt haben, sinkt
jedoch mit zunehmender Verbreitung von Paketvermittlungs-Netzen
wie Datex-P und mit der Abwicklung von Datenuebertragungen ueber
Funk die Wahrscheinlichkeit, dass eine bestimmte Datenuebertragung
extern manipulierbar ist, allerdings oft auf Kosten erhoehter
Abhoerbarkeit.

9.1.3 Impersonation

Der Fernzugriff auf Rechner bringt fuer die Sicherheit dieser
Rechner und der auf ihnen verarbeiteten Daten ebenfalls nicht zu
unterschaetzende Gefahren mit sich. Dies wird insbesondere dann
gravierend, wenn ein Rechner an ein oeffentliches Netz angeschlossen ist. Im einfachsten Fall kann ein solcher Anschluss in einer
Terminal-Leitung bestehen, die ueber ein "Modem" mit dem Telephon-
netz in Verbindung steht. Komplexere Anschluesse sind im allgemeinen bei Rechnernetzen erforderlich, insbesondere wenn diese
Netze einen Teil ihres Datenaustauschs ueber oeffentliche Paket-
vermittlungs-Netze abwickeln. Die Sicherheitsproblematik, die
hier zu untersuchen ist, bleibt jedoch davon im wesentlichen unbe-
ruehrt, so dass die konkrete Form des Anschlusses an ein oeffentliches Netz hier nicht eigens unterschieden werden muss.

Eine relativ gefaehrliche Verwundbarkeit der meisten Dialog-
systeme stellt das Passwort des Benutzers dar. Wenn ein (legaler)
Benutzer ueber ein Fernzugriffs-Terminal mit einem Dialogsystem
Kontakt aufnimmt, so muss er sich diesem System gegenueber im
allgemeinen wie ein lokaler Benutzer identifizieren und die angegebene Identifikation, meist durch ein Passwort, verifizieren.
Wird nun dieser Dialogbeginn von einem Angreifer abgehoert, so
kommt dieser, sofern keine Verschluesselung eingesetzt wird, in
den Besitz des Passwortes und kann anschliessend anstelle des
legalen Benutzers auftreten, ohne dass dieser den Passwort-Diebstahl ueberhaupt bemerkt.

Selbst bei Verschluesselung des Datentransportes vom und zum
Terminal ist gerade der Dialogbeginn die am meisten gefaehrdete
Stelle des gesamten Dialogs, da der Rechner meist die zum Dialogbeginn benoetigten Informationen mit festen Anforderungstexten wie
etwa "Username:" und "Password:" promptet; Versuche, die verwendete Verschluesselung zu brechen, werden gerade bei diesen
konstanten, erkennbaren Texten ansetzen.

Hinzu kommt, dass bei Fernzugriff nicht nur jeder, der ueber die entsprechenden Geraete verfuegt, von einem eigenen Terminal aus Zugriffsversuche auf den Rechner unternehmen kann; dieses Terminal kann vielmehr ohne weiteres durch einen Rechner, und wenn es nur ein Heim-Computer ist, ersetzt werden, der erheblich komplexere Angriffe erlaubt, als sie manuell moeglich waeren. So ist es absolut kein Problem, mit einem Rechner, so schnell die verwendete Leitung es zulaesst, alle moeglichen Passwoerter durchzuprobieren, bis man das richtige gefunden hat; die Untersuchungen in [50] haben gezeigt, dass dies in der Praxis oft ueberraschend schnell zum Erfolg fuehrt. Durch den rapiden Preisverfall bei Klein- und Kleinst-Rechnern duerfte diese Form des Angriffs auf Rechner auch in Deutschland bald schon die Ausmasse annehmen, die seit einigen Jahren in den Vereinigten Staaten beobachtet werden. Hiergegen hilft nur ein geeignetes Passwort-Management, wie es in seinen Grundzuegen im Abschnitt 6.4.3.1 beschrieben wurde, eventuell kombiniert mit einer Verschluesselung aller Fernzugriffsleitungen auf Hardware-Ebene.

Ein weiteres Problem besteht bei Rechnernetzen darin, dass hier zum Teil sogenannte "Gast-Benutzer" definiert sind; ist das diesen Benutzern zugewiesene Passwort bekannt, so besteht die Moeglichkeit der Unterwanderung ueber die zugehoerige Benutzer-Identifikation. Eine aehnliche Situation besteht, wenn anstelle der Gast-Benutzer fuer die Authentikation von Fernzugriffen auf Netz-Dienstleistungen "Default-Passwoerter" vorgesehen sind; auch diese werden zu leicht bekannt und stellen daher eine Gefahr fuer die Sicherheit dar. Eine ausfuehrlichere Diskussion dieser speziellen Gefaehrdungen folgt im Abschnitt 9.2.1.2.

Ebenso wie es einem Benutzer an einem Terminal moeglich ist, dem Rechner einen anderen Benutzer vorzuspiegeln, so kann in einem komplexen Rechnernetz auch ein Rechner, der gar nicht zu diesem Netz gehoert, den Rechnern dieses Netzes Informationen uebermitteln, die ihnen diesen externen Rechner als legalen Teilnehmer des Netzes erscheinen lassen. Daher ist es erforderlich, dass sich innerhalb von Rechnernetzen auch die einzelnen Rechner einander identifizieren, wenn sie Verbindungen aufbauen. Diese Identifikation kann, wie auch fuer gewoehnliche Benutzer, eine Authentikation durch Passwoerter beinhalten, die in diesem Fall automatisch ausgetauscht werden.

Dies gilt selbst dann, wenn im Falle von Netzen, bei denen Daten ueber mehrere Rechner hinweg ausgetauscht werden, die unmittelbar benachbarten Rechner nur Mittlerfunktion haben. So kann zum Beispiel bei DECnet spezifiziert werden, dass Rechner, die Zugriff auf einen bestimmten Rechner wuenschen - auch wenn dieser nur ihre Daten an einen dritten Rechner weitersenden soll -, beim Verbindungs-Aufbau einen identifizierenden String uebermitteln. Fuer diese "Rechner-Passwoerter" gelten im Prinzip dieselben Ueberlegungen wie fuer die Passwoerter der Benutzer; insbesondere sind sie ebenso gut wie diese gegen unautorisierte Zugriffe zu schuetzen.

In manchen Rechnernetzen gibt es Rechner, die Teile ihrer Software oder sogar die gesamte Software (einschliesslich des Betriebssystems) nicht lokal halten, sondern im Rahmen eines sogenannten "down-line load" von Netz zugeschickt bekommen. Man kann sich leicht ueberlegen, dass hier eine doppelte Gefahr besteht:

- Einerseits ist es moeglich, dass von einem System, das selbst
  schon unterwandert wurde, eine geaenderte Kopie dieser
  Software uebermittelt wird oder dass beim Transport der
  Software ueber das Netz unliebsame Aenderungen durch eine
  geeignete Verfaelschung der betreffenden Nachrichten eingebaut werden. Auf diese Weise koennen Schwaechen der Sicherheit einzelner Netzknoten oder des Netzes selbst in vormals
  sichere Systeme "exportiert" werden.

- Andererseits ist es auch denkbar, dass sich Fremdrechner
  Zugang zum Netz verschaffen, wie dies gerade geschildert
  wurde, und beliebige Software in einen Netzknoten laden; in
  diesem Fall ist natuerlich die Sicherheit des gesamten Netzes
  im hoechsten Masse gefaehrdet.

Diese Diskussionen haben gezeigt, dass der Identifikation und
Authentikation in Rechnernetzen eine noch hoehere Bedeutung
zukommt als in einzelnen Rechnern. Wie der naechste Abschnitt
zeigt, gilt dasselbe im Prinzip auch fuer die Zugriffskontrolle,
doch ist eine sinnvolle Handhabung dieser Schutzmassnahme in
Netzen, vor allem heterogener Art, noch erheblich schwieriger als
bei isolierten Systemen.

9.1.4 Unterlaufen von Zugriffsberechtigungen

Wie in isolierten Rechnern, so besteht auch in den Knoten
eines Rechnernetzes die Gefahr, dass durch Fehler und durch
Luecken in der System-Sicherheit die Zugriffskontrolle unterlaufen
wird und dass somit unautorisierte Zugriffe auf Daten erfolgen.
Gegenueber der Situation von Einzelrechnern kommen hier jedoch
noch einige spezielle Gefaehrdungen hinzu, die von der Einbindung
des Rechners in ein Netz herruehren.

Neben den schon besprochenen zusaetzlichen Bedrohungen durch
Abhoeren und Verfaelschung des Datentransportes im Netz, durch die
die Zugriffskontrolle innerhalb der Netzknoten umgangen wird,
bestehen auch Moeglichkeiten des direkten illegalen Zugriffs unter
Ausnutzung spezifischer Eigenschaften der Netz-Software. Generell
ist zu erwarten, dass die Software des Betriebs- und des Datei-
Systems bei einem Rechner, der in ein Netz eingebunden ist, nicht
einfacher, sondern erheblich komplizierter ist als bei einem
isolierten System ohne Netz-Software. Da mit wachsender Komplexitaet eines Systems auch die Wahrscheinlichkeit fuer das Vorhandensein von Fehlern anwaechst, ist die Gefahr nicht von der Hand
zu weisen, dass die Verwundbarkeit von Rechnern in einem Netz
hoeher ist, auch ohne dass man die sonstigen in diesem Kapitel
besprochenen Sicherheitsrisiken in Betracht zieht.

Zu dieser allgemeinen Gefaehrdung kommen spezifische Probleme
der Authentikation der Benutzer in einem Netz hinzu; diese im
naechsten Abschnitt besprochenen Probleme koennen in bestimmten
Faellen dazu fuehren, dass die Identitaet des Eigentuemers der
Daten, die des Benutzers, der den Zugriff auf die Daten versucht,
oder die Beziehung zwischen diesen beiden Identitaeten unklar
wird. Dies kann insbesondere dann auftreten, wenn Eigentuemer und
Zugreifer Benutzer verschiedener Netzknoten sind, wobei das

betreffende Datenobjekt womoeglich auf einem dritten Knoten liegt. Zugriffe dieser Art erfordern eine Abbildung der Zugriffsrechte eines Knotens auf die eines zweiten, und diese Abbildung kann, etwa aufgrund von Widerspruechen zwischen den Autorisationen der beiden Knoten, nicht eindeutig durchfuehrbar sein. Falls die Betriebssysteme der beiden Knoten verschieden sind, kann es sogar unmoeglich sein, diese Abbildung in jedem Fall korrekt durchzufuehren - mit dem Ergebnis, dass entweder die Sicherheit oder die netzweite Verfuegbarkeit der Daten leidet.

Hinzu kommt, dass der Fernzugriff auf Daten in dem Rechner, der diese Daten enthaelt, einen Prozess benoetigt, der diesen Zugriff durchfuehrt und die Daten an das Netz uebermittelt bzw. von dort entgegennimmt. Einerseits benoetigt dieser Prozess, um ueberhaupt arbeiten zu koennen, gewisse Zugriffsrechte als lokales Objekt im Rechner; andererseits muss er jedoch die Zugriffsrechte des externen Benutzers uebernehmen, da er den Zugriff ja fuer diesen durchfuehrt. Ferner muss sichergestellt sein, dass nicht die Zugriffsrechte eines Benutzers auf einen anderen uebergehen, wenn derselbe Server-Prozess nacheinander oder (quasi-)gleichzeitig Zugriffe fuer verschiedene externe Benutzer durchfuehrt.

Realisiert man die Zugriffsrechte mittels Capabilities, so lassen sich diese Probleme im wesentlichen dadurch loesen, dass der beauftragende Benutzer seine Capabilities dem Server-Prozess uebermittelt, der sie nach Durchfuehrung des Auftrages dann vernichtet. Allerdings stellt sich dann das Problem der faelschungssicheren Uebertragung von Capabilities ueber ein Netz, und dieses Problem ist noch alles andere als geloest. Bei konventioneller Zugriffsrechts-Verwaltung, etwa ueber Zugriffsmatrizen oder -listen, stellt sich dagegen das Problem der Abbildung oder Uebertragung der Zugriffsrecht-Informationen von einem Rechner zu einem anderen.

Dieses Problem ist jedoch letztlich eine Frage der Zuordnung verschiedener Benutzer-Identifikationen und deren zugeordneter Autorisierung, und die Form dieser Zuordnung ist in hohem Masse von den beteiligten Betriebssystemen und deren Anbindung an die Netz-Software abhaengig. Die folgenden Abschnitte versuchen, wenigstens fuer den Fall, dass bei allen beteiligten Rechnern Zugriffsmatrizen oder -listen als Basis der Zugriffsrechte eingesetzt werden, die Probleme einer netzweiten Autorisierung darzustellen und Loesungsmoeglichkeiten zu diskutieren.

9.2 Schutzprobleme bei Rechnernetzen

9.2.1 Identifikation und Autorisierung

9.2.1.1 Echte Benutzer - Der Zugriff auf fremde Rechner ueber ein Rechnernetz hat im allgemeinen zwei typische Gruende:

- Einerseits kann dieser Zugriff erfolgen, um mit auf diesem Rechner gespeicherten Daten zu arbeiten.

- Andererseits kann der Zugriff auch bezwecken, spezifische Dienstleistungen dieses Rechners, die zum Beispiel auf dem eigenen Rechner nicht verfuegbar oder ueberlastet sind, in

Anspruch zu nehmen. Dabei muss man wieder zwischen den beiden folgenden Faellen unterscheiden:

o Der Benutzer tritt auf dem Zielsystem gar nicht explizit in Erscheinung, sondern benutzt nur eine Standard-Dienstleistung wie etwa einen Print-Spooler.

o Es kann jedoch auch sein, dass der Benutzer sein eigenes Terminal "virtuell" an den Fremdrechner schaltet, um so mit diesem Rechner zu arbeiten, als sei sein Terminal dort lokal angeschlossen. Ein aequivalenter Fall liegt vor, wenn der Benutzer dem Fremdsystem einen Batch-Job zur Ausfuehrung sendet.

Zunaechst soll nur die letzte der hier aufgefuehrten Moeglichkeiten betrachtet werden, da diese noch am ehesten ueberschaubar ist. Hier kann die Benutzer-Identifikation auf dem Fremdrechner im Prinzip auf zwei Arten erfolgen:

- Entweder hat der Benutzer auf dem Zielsystem dieselbe Identitaet wie auf dem System, an das sein Terminal physikalisch (lokal) angeschlossen ist. In diesem Fall ist es zum Aufbau des Jobs auf dem Zielsystem ausreichend, wenn die Identifikation des lokalen Benutzers durch die Netz-Software (automatisch, ohne Eingriffsmoeglichkeit des Benutzers!) an das Zielsystem uebermittelt wird.

- Oder der Benutzer hat auf dem Zielsystem eine andere Identitaet bzw. ist dort in einer anderen Form bekannt. In diesem Fall ist es erforderlich, dass er beim Zielsystem eine explizite Identifikation und Authentikation vornimmt.

Der erste dieser beiden Faelle ist eher als die Ausnahme zu betrachten, da im allgemeinen die Benutzer-Identifikationen verschiedener Systeme unterschiedlich sein werden. Der zweite Fall wirft dagegen eine Reihe von Problemen auf, die fuer den Fall, dass die Authentikation beim Zielsystem durch Passwoerter erfolgt, kurz dargestellt werden sollen.

Wenn eine explizite Authentikation beim Zielsystem erforderlich ist, so muss das Passwort des Benutzers ueber das Netz an das Zielsystem geschickt werden - mit dem Risiko, dass es unterwegs abgefangen wird. Wie die Diskussionen des Abschnitts 9.1.2 gezeigt haben, hilft hier auch Verschluesselung des Datentransportes nur in beschraenktem Masse, da es fuer einen Angreifer zum Eindringen in das Zielsystem ausreicht, die bei der Identifikation und Authentikation uebermittelte Information - verschluesselt oder nicht - aufzuzeichnen und zu wiederholen.

Um Angriffe dieser Form mit einiger Sicherheit verhindern zu koennen, muss fuer das Zielsystem erkennbar sein, dass eine Authentikation in Echtzeit erfolgt und nicht eine Kopie einer frueheren Authentikation ist. Ein Verfahren, mit dem sich dies erreichen laesst, besteht darin, dass das Zielsystem dem Benutzer eine bestimmte Information (zweckmaessig die aktuelle Zeit einschliesslich Datum) uebermittelt, worauf der Benutzer eine geeignete Transformation dieser Information zuruecksenden muss;

ist diese transformierte Information korrekt, so ist es hoechst
wahrscheinlich, dass die Authentikation in Echtzeit erfolgt und
keine Wiederholung ist. (Die verwendete Transformation kann
durchaus fuer alle Benutzer dieselbe und sogar ziemlich einfach
sein, wenn zur eigentlichen Authentikation nicht die Transformation, sondern ein unabhaengig davon uebermitteltes Passwort
verwendet wird; auf diese Weise treten die Probleme, die im
Abschnitt 6.4.3.2 fuer die Verwendung von Frage- und Antwort-
Spielen zur Authentikation genannt wurden, nicht in Erscheinung.)
Werden sowohl die Original-Information als auch ihre Transformation verschluesselt, so kann dieses Verfahren den Vorgang der
Authentikation wesentlich sicherer machen [69].

Weiterhin setzt die explizite Authentikation voraus, dass der
Benutzer beim Zielsystem als legaler Benutzer bekannt ist; stellt
explizite Authentikation die einzige Zugriffsmoeglichkeit auf
einen Rechner dar, so wird es sehr schwierig, spezielle Dienstleistungen dieses Rechners den Benutzern anderer Rechner
verfuegbar zu machen.

Schliesslich erfordert die explizite Authentikation auch,
dass selbst dann, wenn kein Job auf dem Fremdsystem erzeugt,
sondern nur Zugriff auf Daten dieses Systems gewuenscht wird, die
Identifikation und Authentikation uebermittelt wird. Abgesehen
davon, dass dies fuer den Benutzer zu der Notwendigkeit haeufiger
Eingabe seines Passwortes und damit zu einiger Unbequemlichkeit
fuehren kann, steigt mit der Haeufigkeit der Passwort-Eingabe und
-Uebermittlung auch das Risiko des Passwort-Diebstahls. Es ist
daher zweckmaessig, nach Wegen zur Vermeidung der zwangsweisen
expliziten Authentikation zu suchen - was allerdings durchaus
nicht heisst, dass in jedem Fall auf sie verzichtet werden
koennte.

9.2.1.2 "Gast"-Benutzer - Eine Moeglichkeit zur Umgehung der
expliziten Authentikation besteht darin, fuer Fernzugriffe einen
sogenannten "Gast-Benutzer" einzurichten. Man versteht darunter
eine Benutzer-Identifikation, die automatisch allen Fernzugriffen
zugewiesen wird, bei denen ihr Verursacher nicht selbst eine
Identifikation fuer das Zielsystem angibt. Dabei kann die
Zuordnung der Identifikation des Gast-Benutzers an zwei Stellen
geschehen:

- Wenn die Maschine, an der der Benutzer lokal angeschlossen
  ist, die Zuordnung vornimmt, so ist es erforderlich, dass
  jeder Netzknoten die Authentikationen, also die Passwoerter,
  aller Gast-Benutzer der anderen Rechner im Netz kennt. Auch
  wenn diese Passwoerter nun automatisch uebermittelt werden,
  besteht doch immer noch die Gefahr, dass sie unterwegs abgefangen werden und dass damit die Sicherheit des Zielsystems
  kompromittiert wird.

  Hinzu kommt, dass bei der Aenderung des Passwortes eines
  Gast-Benutzers auf einem Rechner diese Aenderung auf allen
  anderen Rechnern ebenfalls durchgefuehrt werden muss, da
  diese Rechner ja sonst nicht mehr auf die Identifikation des
  Gast-Benutzers des Zielsystems zugreifen koennten. Sollen
  die Passwoerter aller Gast-Benutzer in regelmaessigen Zeitab-

staenden geaendert werden, was vom Standpunkt der Sicherheit
her wuenschenswert ist, so steigt aus diesem Grund die Anzahl
der notwendigen Aenderungen mit dem Quadrat der Anzahl der
Netzknoten, was fuer grosse Netze zu unvertretbarem Aufwand
fuehren kann.

Fuer die Sicherheit des Zielsystems stellt sich noch
zusaetzlich das Problem, dass der Gast-Benutzer so gut wie
keinen Schutz geniesst, da sich ja hinter diesem Benutzer
beliebige echte Benutzer des Netzes verstecken koennen. Will
man das hierdurch entstehende Sicherheitsrisiko moeglichst
gering halten, so hat man nur die Moeglichkeit, die Rechte
des Gast-Benutzers weitestgehend einzuschraenken - was allerdings viele Vorteile dieses Konzeptes aufhebt.

Um illegale Zugriffe auf Daten unter Benutzung der
Zugriffsrechte der Gast-Benutzer zu vermeiden, ist es erforderlich, durch geeignete Zuweisung dieser Rechte jeden freien
Zugriff auf sensitive Daten zu unterbinden. Dies ist zwar in
den meisten Faellen eine Selbstverstaendlichkeit, da
normalerweise der Allgemeinheit kein Zugriff auf sensitive
Daten gegeben wird; falls jedoch, besonders bei "closed-
shop"-Betrieb, alle Benutzer eines Rechners auf die betreffenden Daten Zugriff benoetigen, so kann es vorkommen, dass
diese Daten lokal frei zugreifbar sind. Wird nun in einem
solchen System ein Gast-Benutzer eingerichtet, so ist es fuer
die Sicherheit unerlaesslich, dass diese allgemeine Zugreifbarkeit aufgehoben wird - andernfalls kann ueber das Rechnernetz ein unerlaubter Zugriff erfolgen, und die Sicherheit ist
kompromittiert.

- Als Alternative zur Zuweisung der Identifikation des Gast-
  Benutzers beim lokalen System kann diese Zuweisung auch beim
  Zielsystem erfolgen. Hierdurch werden die Probleme der
  haeufigen Uebertragung der Passwoerter von Gast-Benutzern
  eliminiert, ebenso wie der Aufwand fuer die Aenderung dieser
  Passwoerter.

Als grosser Nachteil dieses Verfahrens ist jedoch zu
werten, dass der Schutz der Gast-Benutzer hier noch erheblich
geringer ist, da sie im wesentlichen keinerlei Authentikation
mehr erfordern. Will man also die Sicherheit des Zielsystems
wahren, so muessen die Rechte der Gast-Benutzer so weit wie
nur irgend moeglich eingeschraenkt werden - wieder mit der
Konsequenz, dass dann kaum noch Dienstleistungen ueber die
Identifikation des Gast-Benutzers fuer andere Netzknoten
verfuegbar gemacht werden koennen.

Man sieht, dass - gleichgueltig welchen dieser Ansaetze man
waehlt -, eine Reihe von Problemen zu verzeichnen sind, so dass
nur in Sonderfaellen und eventuell bei Verwendung zusaetzlicher
Schutzmassnahmen ein sicherer und dennoch einigermassen flexibler
Fernzugriff auf Rechner in dieser Weise zu erreichen ist. Eine
sinnvolle Schutzmassnahme bei Einsatz des Gast-Benutzer-Konzepts
in der einen oder anderen Form ist dabei das Fuehren eines Audit-
Logs fuer diesen Benutzer, da so ein Missbrauch wenigstens im
Nachhinein entdeckt werden kann. Fuer die Sicherheit besser ist
es in jedem Fall, wenn man auf Gast-Benutzer verzichten kann.

9.2.1.3 Automatische Zuordnung von Identifikationen – Ein Konzept, mit dem moeglicherweise fuer bestimmte Netzkonfigurationen sowohl die Probleme der zwangsweisen expliziten Authentikation als auch die der Verwendung von Gast-Benutzern umgangen werden koennen, wird zur Zeit in einigen Netzen untersucht [1]. Dabei wird jedem Benutzer eines Fremdrechners, dem man Zugang zum eigenen Rechner gewaehren will, eine virtuelle Identifikation ("proxy login") zugeordnet. Durch diese Zuordnung wird die Identifikation und Authentikation im Fremdrechner auf eine Identifikation im lokalen Rechner abgebildet, so dass ein Zugriff des Benutzers des Fremdrechners bezueglich seiner Berechtigungen im lokalen Rechner zum Zugriff eines lokalen Benutzers wird.

Dieses Verfahren ist im Prinzip eine Kombination des Verfahrens der expliziten Authentikation mit dem der Gast-Benutzer. Je nachdem, wie man die Abbildung waehlt, laesst sich das eine oder andere dieser Verfahren aus dem der Proxy-Logins ableiten. Wird etwa verlangt, dass diese Abbildung die Identitaet ist, so hat man explizite Authentikation, ohne dass jedoch die Passwoerter uebertragen werden muessen; bei der Abbildung beliebiger Fremd-Benutzer auf einen einzigen lokalen Benutzer spielt dieser dagegen die Rolle des Gast-Benutzers. Zwischen diesen beiden Extremen lassen sich, je nach Anforderung, beliebige Zwischenformen realisieren, die etwa darin bestehen koennen, dass bestimmte Klassen externer Benutzer jeweils auf einen lokalen Benutzer mit geeignet festgesetzten Rechten abgebildet werden.

Als Nachteil dieses Verfahrens ist zu nennen, dass es eine Kenntnis der Benutzer-Identifikationen fremder Rechner voraussetzt, also fuer beliebige Rechnerkopplungen ueber oeffentliche Netze kaum einsetzbar ist. Hinzu kommt, dass durch diese Abbildung die Rechte des lokalen Benutzers fuer das lokale System eine Gefaehrdung darstellen, die abhaengt von der Zuverlaessigkeit des Authentikations-Verfahrens des Fremdrechners und generell von der Sicherheit des Fremdrechners. Dennoch hat man hier zumindest ein Werkzeug, mit dem sich in begrenzten Netzen die Autorisationen verschiedener Rechner zueinander in Bezug setzen lassen, und die Gefaehrdung durch die Verbindung mit dem Netz laesst sich auf die von den betreffenden lokalen, virtuellen Benutzern erreichbaren Datenobjekte und ausfuehrbaren Funktionen einschraenken.

9.2.2 Nicht-lokale Dienstleistungen

Noch etwas komplizierter ist der Fall, dass mithilfe des Rechnernetzes Dienstleistungen eines Fremdrechners abgerufen werden sollen, die auf dem lokalen Rechner nicht verfuegbar (oder auch ueberlastet) sind. Dies kann etwa darin bestehen, dass man Spezial-Peripherie, die nur an einem Rechner eines Netzes vorhanden ist, von allen Rechnern des Netzes aus benutzt, oder dass man Rechner im Netz, die nur wenig ausgelastet sind, fuer umfangreiche Berechnungen, die am lokalen Rechner stoerend in Erscheinung treten wuerden, ausnutzt.

Die Inanspruchnahme derartiger nicht-lokaler Dienstleistungen laesst sich am einfachsten durch ein Server-Modell beschreiben. Dabei geht man davon aus, dass am Fremdrechner, dessen Dienstleistungen in Anspruch genommen werden sollen, Prozesse zur

Abwicklung dieser Dienstleistungen vorhanden sind oder, je nach
Bedarf, dynamisch erzeugt und auch wieder vernichtet werden. Der
Auftrag vom lokalen Rechner wird ueber das Netz bzw. dessen
Software an den Server-Prozess uebermittelt und von diesem ausge-
fuehrt; eventuell zurueckzugebende Daten (oder Fehlermeldungen)
werden anschliessend vom Server-Prozess ueber das Netz an den
Auftraggeber zurueckuebermittelt.

Vom Standpunkt der Sicherheit laufen hierbei aehnliche
Vorgaenge ab wie bei der direkten Arbeit mit einem Fremdrechner im
Timesharing-Betrieb. Es ist erforderlich, dass der Benutzer, der
den Auftrag an den Fremdrechner gibt, auf irgendeine der in den
vorangegangenen Abschnitten beschriebenen Arten auf die Autorisationen des Fremdrechners abgebildet wird. Der Server-Prozess
kann dann den Auftrag mit den resultierenden Berechtigungen durchfuehren und gegebenenfalls Ergebnisse ueber das Netz zurueck-
liefern, falls die Autorisation des Fremdrechners dies gestattet.

Gegenueber der direkten Arbeit mit dem Fremdrechner sind hier
jedoch zwei zusaetzliche Komponenten bei der Betrachtung der
Sicherheits-Aspekte zu beruecksichtigen:

- Der Server-Prozess muss in jedem Fall mit den Autorisationen
  arbeiten, die sich fuer den Fernzugriff des auftraggebenden
  Benutzers auf dem Zielrechner ergeben. Dies hat zur Folge,
  das die Berechtigungen des Server-Prozesses wechseln, wenn er
  mehrere Auftraege nacheinander oder verzahnt bearbeiten muss.
  Dabei muss sichergestellt sein, dass nicht die Rechte eines
  Benutzers, der die Dienste des Server-Prozesses in Anspruch
  nimmt, auf einen anderen Benutzer dieses Prozesses uebergehen. Waehrend sich dies relativ einfach erreichen laesst,
  wenn fuer jeden Auftrag ein eigener Server-Prozess erzeugt
  und nach Abwicklung dieses Auftrags vernichtet wird, koennen
  sich hier Probleme ergeben, wenn derselbe Prozess quasi-
  gleichzeitig mehrere Auftraege verschiedener Benutzer bearbeitet, also in gewissem Sinn selbst noch einmal in (Unter-)
  Prozesse zerfaellt.

- Der Server-Prozess, der waehrend seiner Existenz mit verschiedenen Berechtigungen arbeiten kann, stellt vom Standpunkt der Autorisation her ein spezielles Objekt dar. Es ist
  einleuchtend, dass das Zielsystem durch einen Server-Prozess,
  der sich in illegaler Weise Berechtigungen aneignet, in hohem
  Masse gefaehrdet werden kann. Da jedoch die ueber ein Netz
  nach aussen angebotenen Dienstleistungen im allgemeinen starr
  definiert sind, lassen sich die Server-Prozesse (oder zumindest ihre Namen) als netzweit bekannte Objekte statisch festlegen, und die Server-Prozesse selbst koennen als vertrauenswuerdige Programme installiert werden.

Ist somit das Problem des direkten Fernzugriffs fuer ein Netz
geloest, so stellen auch die nicht-lokalen Dienstleistungen keine
unueberwindlichen Schwierigkeiten mehr dar.

9.2.3 Fernzugriff auf Daten

Eine zusaetzliche Stufe der Komplexitaet des Problems der Autorisation in Rechnernetzen ist dann zu erwarten, wenn es moeglich ist, ueber ein Netz auf die Dateien eines Fremdrechners oder auf einzelne dieser Dateien zuzugreifen. Dieser Zugriff wird im Fremdrechner im allgemeinen auf dieselbe Weise ausgefuehrt wie die Inanspruchnahme nicht-lokaler Dienstleistungen, also beispielsweise unter Zuhilfenahme eines Server-Prozesses.

Gegenueber allgemeinen nicht-lokalen Dienstleistungen ergibt sich hier allerdings noch die weitere Komplikation, dass nun die Zugriffsrechte auf die betreffenden Datenobjekte netzweit zu interpretieren sind. Diese netzweite Gueltigkeit kann zwar im allgemeinen auf eine der im Abschnitt 9.2.1 genannten Arten auf lokale Zugriffsrechte zurueckgefuehrt werden, doch koennen sich hier ernste Sicherheitsprobleme ergeben, insbesondere bei der Verwendung des Konzeptes der Gast-Benutzer, das im wesentlichen keine Unterscheidung zwischen den Fernzugriffen einzelner Fremdrechner oder sogar des Gesamtnetzes erlaubt.

Wird kontrollierter netzweiter Zugriff auf lokale Datenbestaende benoetigt, so ist es daher unerlaesslich, explizite Authentikationen der Zugriffe ueber das Netz oder aber Proxy-Logins zu verlangen. Die Verwendung von Dateizugriffs-Passwoertern als eventueller zusaetzlicher Schutz ist dagegen – abgesehen von den im Abschnitt 7.2.1 genannten Problemen der lokalen Verwendung solcher Passwoerter – bei Netzen insbesondere auch deshalb abzulehnen, weil diese Passwoerter durch ihre Uebertragung ueber das Netz zusaetzlichen Gefaehrdungen durch Abhoeren ausgesetzt sind; hierdurch kann die ohnehin schon geringe Sicherheit eines auf Passwoertern beruhenden Dateischutzes noch weiter verringert werden.

Zu diesen auf die Autorisation bezogenen Sicherheits-Problemen des Fernzugriffs auf Daten kommen noch die Gefaehrdungen der einzelnen Zugriffe selbst durch den Transport der Daten ueber das Netz hinzu. Dabei sind, wie schon im Abschnitt 9.1 ausgefuehrt, zwei Typen von Bedrohungen zu unterscheiden:

- Auf der einen Seite steht die Bedrohung durch Abhoeren der beim Fernzugriff transportierten Daten; diese Bedrohung ist nur relativ schwer zu entdecken, kann jedoch durch Anwendung geeigneter Verschluesselung der Datenuebertragung mit hoher Zuverlaessigkeit verhindert werden.

- Aktive Bedrohungen der uebertragenen Daten sind dagegen oft nur mit grossem Aufwand oder sogar ueberhaupt nicht zu verhindern, doch koennen sie meist mit hinreichender Zuverlaessigkeit entdeckt werden. Zu diesen Bedrohungen zaehlen im wesentlichen

  o die Modifikation der Daten waehrend ihres Transportes ueber das Netz, wobei es auf dieser Ebene der Betrachtung zunaechst unwesentlich ist, ob dieser Transport vom Benutzer zum Datenbestand auf dem Fremdrechner oder in umgekehrter Richtung erfolgt, und

o die zeitweilige oder dauernde Unterbrechung dieses Transportes ("denial of service") durch Stoerung der Uebertragung, Abfangen und Vernichten der uebertragenen Daten
   oder allgemeine Stoerung des Uebertragungsprotokolls.

Die wichtigste Schutzmassnahme gegen beide Arten der
Bedrohung stellt die Verschluesselung der uebertragenen Daten dar,
zweckmaessigerweise kombiniert mit zusaetzlich uebertragenen und
ebenfalls verschluesselten Pruefinformationen, die Manipulationen
der verschluesselten Daten, etwa durch Veraenderung, Duplizieren
und Loeschen von Nachrichten, erkennbar machen. Es ist daher
sinnvoll, die hierfuer verfuegbaren Verfahren hinsichtlich ihrer
Wirkung, Leistungsfaehigkeit und Einsatzmoeglichkeit zu betrachten.

9.3 Verschlüsselungstechniken

9.3.1 Grundlagen

9.3.1.1 Begriffe - Ziel der Verschluesselungsverfahren ist es,
Daten in einer solchen Weise einer mathematischen Transformation
zu unterwerfen, dass es einem Angreifer nicht moeglich ist, die
Originaldaten aus den transformierten Daten zu rekonstruieren.
Damit die verschluesselten Daten fuer ihre legalen Benutzer noch
verwendbar bleiben, muss es diesen jedoch moeglich sein, durch
Anwendung einer inversen Transformation aus ihnen wieder die
Originaldaten zu regenerieren.

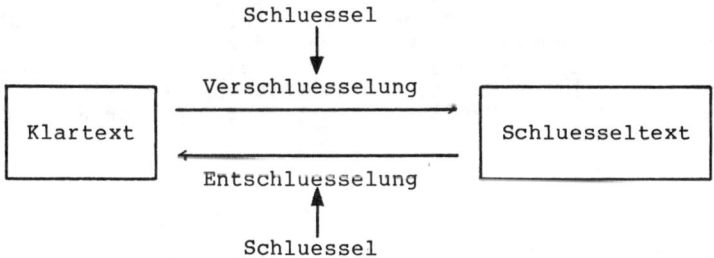

Fig. 9-1 Verfahrensweise der Verschluesselung

Man nennt dabei die Originaldaten den "<u>Klartext</u>" und die
transformierten Daten den "<u>Schluesseltext</u>"; die Transformation
selbst wird als "<u>Verschluesselung</u>", ihr Inverses als "<u>Entschlues-
selung</u>" bezeichnet. (Die fuer die Passwort-Verschluesselung
wesentliche "<u>Einweg-Verschluesselung</u>", die im Abschnitt 6.4.3.1
angesprochen wurde, zeichnet sich dadurch aus, dass hier die
Entschluesselung nur mit untragbar hohem Aufwand moeglich ist; da
dieses Verfahren fuer die sichere Uebertragung von Daten ueber ein
Rechnernetz nicht anwendbar ist, kann auf seine Diskussion an
dieser Stelle verzichtet werden.) Unter Verwendung dieser Begriffe
kann man das generelle Ziel der Verschluesselung folgendermassen
formulieren:

> Die Entschluesselung darf nur dem legalen Empfaenger der
> uebermittelten Informationen moeglich sein, nicht jedoch
> anderen Personen - im Extremfall nicht einmal dem Absen-
> der, der die Informationen selbst verschluesselt hat.

Dieses Ziel laesst sich offensichtlich genau dann erreichen,
wenn nur der legale Empfaenger die inverse Transformation kennt
und wenn es ohne deren Kenntnis auch nicht moeglich ist, diese aus
den uebermittelten Daten zu bestimmen. Es waere also auf den
ersten Blick ausreichend, wenn Sender und Empfaenger eine nur
ihnen bekannte Transformation untereinander absprechen und die
Kenntnis darueber geheimhalten. Dieser naive Ansatz ist jedoch
aus zwei Gruenden nicht verwendbar:

-   Zum einen ist der Aufwand zur Definition und Realisierung
    eines Verschluesselungs-Algorithmus' nicht zu vernachlaes-
    sigen, so dass es hoechst unpraktisch waere, fuer jede
    vertrauliche Kommunikation einen eigenen Algorithmus zu ent-
    werfen. Dieses Argument ist umso schwerwiegender, als es von
    Zeit zu Zeit notwendig werden kann, die Verschluesselung zu
    wechseln, und auch in diesem Falle muesste ein neuer Algo-
    rithmus eingesetzt werden.

-   Zum anderen besteht das Risiko, dass es einem Angreifer moeg-
    lich ist, aus der Struktur der verschluesselten Daten den
    Klartext oder die zur Verschluesselung bzw. Entschluesselung
    verwendete Transformation abzuleiten, also die Verschlues-
    selung zu "brechen". Dies kann immer dann geschehen, wenn
    ein Verschluesselungsverfahren eingesetzt wird, das den
    Klartext in unzureichender Weise verschleiert. Da es sehr
    aufwendig ist, den Nachweis zu fuehren, dass ein bestimmtes
    Verschluesselungsverfahren gegen derartige Angriffe durch
    "Kryptanalysis" sicher ist, und da ad hoc bestimmte Algo-
    rithmen mit hoher Wahrscheinlichkeit unsicher sind, ist der
    Einsatz eigener Verfahren fuer jede einzelne Kommunikation
    praktisch unmoeglich.

Als Loesung dieser Probleme bietet es sich an, zur
Verschluesselung einige wenige Algorithmen einzusetzen, deren
Sicherheit erwiesen ist. Um jedoch die Forderung nach einer Vielzahl von Verschluesselungsverfahren erfuellen zu koennen, macht
man diese Algorithmen zusaetzlich abhaengig von einem Parameter,
dem sogenannten "Schluessel", der den Ablauf der Transformation so
stark beeinflusst, dass ohne seine Kenntnis keine Entschluesselung
moeglich ist. Haelt man den Schluessel geheim, so kann der
Verschluesselungs-Algorithmus selbst durchaus oeffentlich bekannt
sein.

9.3.1.2 Techniken - Bei der Verschluesselung eines Klartextes
kann man so vorgehen, dass man jeweils einen Block fester Groesse
dieses Klartextes mithilfe des durch den Schluessel parame-
trisierten Verschluesselungs-Algorithmus' in einen Block des
Schluesseltextes transformiert; die Blockgroessen liegen dabei
meist in derselben Groessenordnung wie die Laenge des verwendeten
Schluessels. Verfahren dieser Art werden als "Block-Verschlues-

selung" ("block cipher") bezeichnet; ihre Sicherheit kann dann
problematisch werden, wenn der zu verschluesselnde Text Muster mit
einer Periode enthaelt, die ein ganzzahliges Vielfaches oder ein
ganzzahliger Bruchteil der verwendeten Blocklaenge ist, da hierdurch eine Analyse der Haeufigkeitsverteilung der Bloecke moeglich
wird.

Um diese Schwierigkeiten zu umgehen, wurden die sogenannten
"Strom-Verschluesselungsverfahren" ("stream ciphers") entwickelt,
bei denen die ganze zu uebermittelnde Nachricht als Datenstrom
aufgefasst und insgesamt verschluesselt wird. Hier wird aus dem
Schluessel nach einem definierten Verfahren ein "Schluesselstrom"
("key stream") derselben Laenge wie der des Klartextes erzeugt,
und die Verschluesselung erfolgt kontinuierlich aus jeweils einem
Teil der Klartext-Nachricht und dem entsprechenden Teil des
Schluesselstroms. Hierdurch laesst sich erreichen, dass gleiche
Teile des Klartextes je nach ihrer Position in der Gesamtnachricht
und je nach ihrer Umgebung verschieden verschluesselt werden,
wodurch eine Untersuchung von Haeufigkeitsverteilungen wesentlich
erschwert werden kann.

Da bei Strom-Verschluesselung der resultierende Schluesseltext an jeder Stelle vom gesamten vorangegangenen Klar- und/oder
Schluesseltext abhaengen kann, stellt sich fuer die Entschluesselung das Problem der Synchronisation des Schluesselstroms von
Sender und Empfaenger. Geht etwa bei der Uebertragung durch
irgendeinen Fehler ein Teil der Nachricht verloren, so besteht die
Gefahr, dass der Empfaenger fuer den Rest der Nachricht einen
anderen Schluessel generiert, als er beim Sender verwendet wurde;
das Resultat ist dabei, dass dieser Rest der Nachricht nicht zu
entschluesseln ist.

Ein Verfahren, mit dem sich das Risiko derartiger Stoerungen
weitgehend einschraenken laesst, besteht darin, eine geeignete
Kombination von Block- und Strom-Verschluesselung anzuwenden. Von
besonderem Interesse sind dabei die "CTAK-Verschluesselungen"
("ciphertext autokey"), bei denen der Schluesselstrom aus dem
eigentlichen Schluessel und dem zuvor verschluesselten Textblock
generiert wird. Verfahren dieser Art sind selbstsynchronisierend,
da sie auch nach einem Fehler wieder einen korrekten Schluesselstrom liefern, wenn sie eine bestimmte Menge Schluesseltext
fehlerfrei empfangen haben [69]. Einzelne Uebertragungsfehler
koennen daher immer nur einen Teil der Nachricht unentzifferbar
machen; nach erfolgter Synchronisation arbeitet das Verfahren
dann von selbst wieder korrekt.

Die hier dargestellten Techniken zur Anwendung des
Schluessels auf den Klartext werden fuer den Fall der Verschluesselung gemaess dem DES-Standard im Abschnitt 9.3.2.2 noch ausfuehrlicher besprochen.

9.3.1.3 Sicherheit der Verfahren – Man unterscheidet bei der Wirkung des Schluessels auf die Transformation zwei grundsaetzlich
unterschiedliche Verschluesselungsverfahren:

- Bei "konventioneller Verschluesselung" werden bei der
  Verschluesselung und bei der Entschluesselung identische
  Schluessel verwendet; kennt man also den zur Verschluesselung verwendeten Schluessel, so kann man aus dem Schluesseltext den Klartext zurueckgewinnen.

- Dagegen werden bei der sogenannten "Verschluesselung mit
  oeffentlichen Schluesseln" verschiedene Schluessel fuer Ver-
  und Entschluesselung verwendet; auf dieses Verfahren wird im
  Abschnitt 9.3.4 noch ausfuehrlicher eingegeangen.

Die meisten gaengigen Verschluesselungsverfahren verwenden
fuer die Verschluesselung und die Entschluesselung dieselbe Transformation; diese ist also bei konventioneller Verschluesselung
ihr eigenes Inverses, waehrend bei Verschluesselung mit oeffentlichen Schluesseln das Inverse durch die andere Parametrisierung
des Transformations-Algorithmus' gewonnen wird. Es ist allerdings
bei keinem dieser beiden Verfahren prinzipiell erforderlich, dass
fuer Ver- und Entschluesselung derselbe Algorithmus verwendet
wird. Insbesondere ist es auch denkbar, dass es neben dem eigentlichen Entschluesselungs-Algorithmus noch andere Moeglichkeiten
zur Rekonstruktion des Klartextes geben kann; solche alternativen
Moeglichkeiten der Entschluesselung sind vor allem dann sicherheitsrelevant, wenn sie ein Brechen der Verschluesselung durch
Kryptanalysis erlauben.

Um nun zu sehen, wie ein Verschluesselungsverfahren arbeiten
muss, um gegen Kryptanalysis sicher zu sein, ist es erforderlich,
die wesentlichen Verfahren zum Brechen einer Verschluesselung zu
kennen. Dabei sind vor allem drei verschiedene Formen des
Angriffs zu nennen:

- Hoert der Angreifer die Datenuebertragung nur ab, ohne Kenntnisse ueber die uebermittelten Daten zu haben und ohne die
  Uebertragung beeinflussen zu koennen, so spricht man von
  einem Angriff, der nur vom Schluesseltext ausgeht. Bei
  derartigen Ansaetzen werden die verschluesselten Daten meist
  geeigneten statistischen Analysen unterworfen, aus denen sich
  moeglicherweise der Schluessel oder der Klartext bestimmen
  lassen. Die hier verwendeten kryptanalytischen Verfahren
  werden bei der Beschreibung der gaengigen Verschluesselungs-
  Algorithmen im naechsten Abschnitt kurz genannt.

- Weiss der Angreifer dagegen aufgrund zusaetzlicher ihm
  verfuegbarer Informationen, dass bestimmte Zeichenfolgen im
  Klartext vorkommen, so hat er die Moeglichkeit, Klartext und
  Schluesseltext miteinander zu vergleichen und so den verwendeten Schluessel zu bestimmen, falls dieser aus dem Vergleich
  ableitbar ist. Mithilfe des Schluessels kann er dann den
  Rest der uebertragenen Nachrichten muehelos entschluesseln,
  also den vollstaendigen Klartext bestimmen. Derartige
  Angriffe mit bekanntem Klartext koennen zum Beispiel davon
  ausgehen, dass beim Dialogbeginn im Rahmen des Logon-Vorgangs
  bestimmte feste Texte uebertragen werden oder dass eine Nachricht an einen Benutzer moeglicherweise dessen Namen an einer
  bestimmten Stelle enthaelt.

- Noch staerker gefaehrdet wird die Sicherheit der Verschluesselung dann, wenn es dem Angreifer moeglich ist, eigene Nachrichten im Klartext aufzubauen, verschluesseln zu lassen und den Schluesseltext zu lesen. Durch gezielte Wahl dieser Klartexte laesst sich unter Umstaenden der Schluessel mit wesentlich niedrigerem Aufwand als bei den beiden anderen Verfahren bestimmen, so dass der Angriff mit ausgewaehltem Klartext die hoechsten Anforderungen an die Sicherheit des Verschluesselungsverfahrens stellt.

Man erkennt aus diesen Ueberlegungen, dass es erforderlich ist, dass nicht nur der Klartext aus dem Schluesseltext ohne Kenntnis des Schluessels nicht ableitbar ist, sondern dass auch umgekehrt der Schluessel aus keiner Kombination von Klartext und Schluesseltext bestimmt werden kann. Diese Forderung ist dann erfuellt, wenn die Aenderung jedes einzelnen Bits in Klartext, Schluessel oder Schluesseltext alle Bits in der zweiten dieser Variablen mit gleicher Wahrscheinlichkeit (idealerweise der Wahrscheinlichkeit 0.5) veraendert, wenn man die dritte Variable konstant haelt. Diese grobe Regel laesst sich unter Zuhilfenahme der klassischen Informationstheorie und unter Beruecksichtigung der Redundanz des Klartextes dahingehend verfeinern, dass man die Wahrscheinlichkeit, dass einem bestimmten Schluesseltext ein bestimmter Klartext und/oder Schluessel zugrundeliegt, explizit aus den Wahrscheinlichkeitsverteilungen dieser drei Variablen berechnet [17].

Ein Verschluesselungsverfahren ist dann "absolut sicher", wenn es prinzipiell nicht moeglich ist, ohne Kenntnis des Schluessels aus dem Schluesseltext den zugehoerigen Klartext zu bestimmen. Eine absolut sichere Verschluesselung laesst sich mit relativ einfachen Mitteln erreichen, etwa in dem man von einem Schluessel ausgeht, der genau so lang ist wie der zu uebermittelnde Klartext und der aus einer zufaelligen Folge von Bits besteht. Bildet man aus dem Klartext und dem Schluessel durch bitweise logische Antivalenz (XOR) den Schluesseltext ("Vernam-Verschluesselung"), so ist der Klartext ohne den Schluessel nicht mehr rekonstruierbar.

Fuer die Praxis sind solche Verfahren jedoch nicht verwendbar, da sie voraussetzen, dass ein Schluessel, der ebenso umfangreich ist wie der Nutztext, auf eine sichere, also nicht abhoerbare und nicht modifizierbare Weise an den Empfaenger uebermittelt wird. Ist dies jedoch moeglich, so haette man genau so gut den Klartext selbst uebermitteln koennen; das Problem der sicheren Datenuebertragung ist damit nur verschoben, aber nicht geloest.

Bei Verwendung kurzer Schluessel kann dagegen durch geeignete Verfahren zur Schluesselverteilung (siehe Abschnitt 9.3.5) erreicht werden, dass der Empfaenger in den Besitz des Schluessels kommt, ohne dass hierdurch die Sicherheit des Schluessels selbst zu stark gefaehrdet wird. Allerdings haben Verfahren, die mit kurzen Schluesseln arbeiten, den Nachteil, dass sie im allgemeinen keine absolute Sicherheit bieten; durch Ausprobieren aller moeglichen Schluessel der gegebenen Laenge koennte naemlich ein Angreifer das Verschluesselungsverfahren in jedem Fall brechen. Bei vielen Verfahren ist es sogar moeglich, durch geeignete Angriffe mit oder ohne bekanntem oder ausgewaehltem Klartext die

Verschluesselung mit einem definierten Aufwand zu brechen, so dass
man diese Verfahren als nur "rechnerisch sicher" bezeichnet.
Rechnerische Sicherheit ist jedoch im allgemeinen voellig ausreichend, sofern nur gewaehrleistet ist, dass der zum Brechen der
Verschluesselung noetige Rechenaufwand selbst im guenstigsten Fall
untragbar hoch ist; ob dies fuer ein bestimmtes Verfahren der
Fall ist, kann durch eine mathematische Analyse der Komplexitaet
der zum Brechen noetigen Algorithmen bestimmt werden [17].

9.3.1.4 Methoden - Eine relativ einfache Methode, einen Klartext
zu verschluesseln, besteht darin, nach einem bestimmten Schema
jedes Zeichen des Klartextes durch ein anderes, dem Klartext-
Zeichen fest zugeordnetes Zeichen zu ersetzen. Man spricht in
diesem Fall von einer Verschluesselung durch "monoalphabetische
Substitution". Verfahren dieser Art sind relativ leicht zu
brechen, indem man die fuer die natuerliche Sprache bekannten
Haeufigkeiten von einzelnen Zeichen und von Zeichenpaaren ("Di-
grammen"), -tripeln ("Trigrammen") und laengeren Kombinationen mit
der Wahrscheinlichkeitsverteilung dieser Zeichen(-kombinationen)
im Schluesseltext vergleicht.

Um diese Haeufigkeitsverteilungen staerker zu verschleiern,
kann man fuer die einzelnen Zeichen des Klartextes nach einer
vorgegebenen Regel das Schema auswaehlen, nach dem dieses Zeichen
zu ersetzen ist; man spricht in diesem Fall von einer "polyalpha-
betischen Substitution". Ein Beispiel dieses Verschluesselungsverfahrens ist die "Vignère-Verschluesselung", bei der man eine
Verschluesselungstabelle aus 26 verschieden angeordneten Alpha-
beten zugrundelegt. Der Schluessel besteht nun aus einer (relativ
kurzen) Zeichenfolge, von der jedes Zeichen eine bestimmte Zeile
der Verschluesselungstabelle auswaehlt. Umgekehrt waehlt jedes
Zeichen des Klartextes eine bestimmte Spalte der Tabelle aus, und
man erhaelt das zugehoerige Zeichen des Schluesseltextes als das
Zeichen im Kreuzungspunkt dieser Spalte und Zeile, wobei man den
Schluessel hinreichend oft wiederholt, wenn er kuerzer ist als der
Klartext.

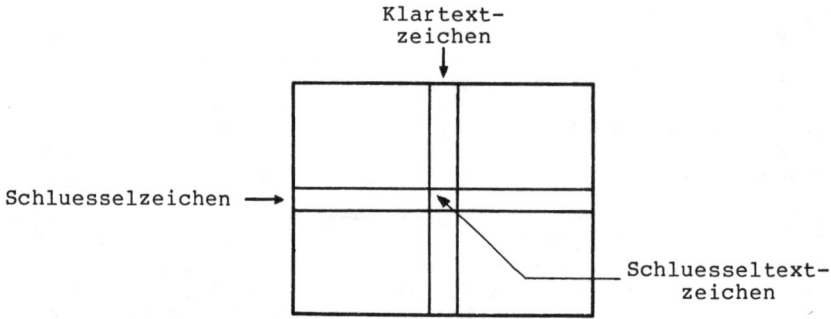

Fig. 9-2 Vignère-Verschluesselung

Auch polyalphabetische Substitutionen koennen durch - wenn auch im allgemeinen wesentlich aufwendigere - statistische Analysen gebrochen werden. Dies kann insbesondere dann geschehen, wenn der Klartext bestimmte Zeichenmuster enthaelt, die zufaellig genau so lang sind wie der Schluessel; fuer diese Muster wirkt eine polyalphabetische Substitution im wesentlichen wie eine monoalphabetische Substitution.

Wenn man bei Substitutionen von "Zeichen" spricht, so muessen diese nicht unbedingt durch einzelne Bytes von Klartext, Schluessel und Schluesseltext repraesentiert werden; es ist auch durchaus moeglich, als Basis fuer die Substitution kuerzere oder laengere Bitfolgen zu verwenden. Hier sind insbesondere zwei Verfahren zu nennen, die durch die Verwendung laengerer Substitutionsbloecke versuchen, moegliche Haeufigkeitsanalysen zu erschweren:

- Bei der "Porta-Verschluesselung" geht man von einer Tabelle wie bei der Vignère-Verschluesselung aus und verwendet die Zeichen des Klartextes jeweils abwechselnd zur Auswahl einer Zeile und Spalte, so dass jeweils zwei aufeinanderfolgende Zeichen des Klartextes durch das durch sie ausgewaehlte Zeichen aus der Tabelle gemeinsam verschluesselt werden; dies setzt jedoch voraus, dass die Anzahl der voneinander verschiedenen Tabellen-Elemente wenigstens ebenso hoch ist wie das Quadrat der Anzahl der moeglichen zu verschluesselnden Zeichen.

- Es ist auch moeglich, jeweils ein ganzes Wort des Klartextes mithilfe eines speziellen Woerterbuches, des sogenannten "Codebuches", durch eine beliebige Zeichenfolge zu verschluesseln. Der Hauptnachteil dieses Verfahrens besteht jedoch darin, dass Sender und Emfaenger ueber identische Kopien dieses Codebuches verfugen muessen, und das Codebuch ist im allgemeinen sehr umfangreich. Andererseits lassen sich durch diese Technik statistische Analysen des Schluesseltextes wesentlich erschweren, wenn

    1. die Verschluesselungen der einzelnen Woerter durch Zeichenfolgen gegeben sind, bei denen die einzelnen Zeichen einer Gleichverteilung unterliegen, und wenn

    2. die resultierende Folge von Codewoertern einer weiteren Verschluesselung durch eines der anderen Verfahren, also einer sogenannten "Ueberverschluesselung" unterzogen wird.

Auf diese Weise lassen sich ziemlich sichere Verschluesselungen erzielen, doch zeigt das Beispiel des japanischen Geheimcodes des 2. Weltkrieges, der auf diesem Verfahren basierte und dennoch von den Alliierten gebrochen wurde, dass auch solche Verschluesselungen keine absolute Sicherheit bieten [64]. Wegen des Aufwandes zur Fuehrung und Verteilung der Codebuecher hat dieses Verfahren fuer Datenuebertragung in Rechnernetzen keine Bedeutung erlangen koennen.

Eine andere Form der Verschluesselung besteht darin, die Zeichen der Nachricht, gesteuert durch einen Schluessel, zu permutieren. Man spricht in diesem Fall von einer Verschluesselung durch "Transposition". Hierbei bleiben zwar die Haeufigkeiten der einzelnen Zeichen erhalten, doch laesst sich aus diesen Haeufigkeiten selbst nicht der Klartext rekonstruieren, da hierzu die Kenntnis der verwendeten Permutation notwendig waere. Da die Anzahl der moeglichen Permutationen sehr hoch sein kann, wenn hinreichend viele Zeichen auf einmal vertauscht werden, laesst sich mit diesem Verfahren eine gewisse Sicherheit erreichen, die jedoch nicht allzu hoch ist, wenn der Klartext Zeichenmuster enthaelt, die gerade so lang sind wie der Bereich, innerhalb dessen jeweils eine Permutation stattfindet. Aus diesem Grund werden Verschluesselungen durch Transposition im allgemeinen zusammen mit anderen Verfahren, insbesondere mit Substitutionen eingesetzt.

9.3.2 Der Verschluesselungs-Standard DES

9.3.2.1 Das Verfahren - In Rechnernetzen ist es zweckmaessig, Verschluesselungsverfahren einzusetzen, bei denen relativ kurze und daher gut zu verteilende Schluessel (siehe Abschnitt 9.3.5) zum Einsatz kommen. Umgekehrt spielt, im Gegensatz zur klassischen Kryptographie, die Komplexitaet des zur Verschluesselung verwendeten Algorithmus' nur eine untergeordnete Rolle, vor allem wenn es moeglich ist, diesen Algorithmus in Hardware zu realisieren.

Eine Hardware-Verschluesselung bietet den Vorteil, dass sie fuer die Benutzer- und System-Software im wesentlichen transparent durch Zwischenschalten eines Ver- und eines Entschluesselungsgeraetes geschehen kann. Andererseits setzt sie voraus, dass sich der verwendete Algorithmus auf einfache Weise in Hardware-Strukturen uebertragen laesst. Dies ist vor allem dann der Fall, wenn der betreffende Algorithmus aus moeglichst einfachen, sich schematisch wiederholenden Bestandteilen aufgebaut ist.

Ausgehend von diesen Ueberlegungen wurde von IBM ein Verschluesselungsverfahren entwickelt, das im wesentlichen aus einer Iteration von Substitutionen und Permutationen besteht. Dieses Verfahren wurde nach einigen Modifikationen im Jahre 1977 als "Data Encryption Standard" ("DES") offiziell bekannt gegeben. Das Verfahren beruht darauf, dass jeweils 64 Bit des Klartextes unter Verwendung eines fuer die Verschluesselung des gesamten Klartextes gueltigen Schluessels von 56 Bit Laenge in 64 Bit Schluesseltext umgesetzt werden. Die Verschluesselung setzt sich im einzelnen aus den folgenden Schritten zusammen:

- Zunaechst erfolgt eine vom Schluessel unabhaengige Transposition des Klartextes.

- Anschliessend folgen 16 Iterationsschritte, bei denen jeweils die rechte Haelfte des teilweise verschluesselten Textes einer Stufe zur linken Haelfte der naechsten Stufe wird. Die linke Haelfte wird dagegen durch bitweise logische Antivalenz (XOR) mit dem Ergebnis einer aus Substitutionen und Transpositionen zusammengesetzten Funktion verknuepft, die von der rechten Haelfte und von einem 48 Bit langen Schluessel abhaengt; dieser Schluessel wird fuer jeden Iterationsschritt durch eine gesonderte Auswahlfunktion aus den 56 Bit des Gesamtschluessels berechnet. Das Ergebnis der Antivalenz wird die rechte Haelfte der Eingabe fuer die naechste Stufe.

- Nach der 16. Iteration werden die linke und die rechte Haelfte noch einmal vertauscht, ohne allerdings die schluesselabhaengige Funktion noch einmal anzuwenden.

- Schliesslich wird die zur Transposition des ersten Schrittes inverse Transposition auf den resultierenden String von 64 Bits angewendet.

Eine ausfuehrliche Beschreibung dieses Algorithmus' findet sich in [17], und in [64] ist eine Darstellung in Form eines Programms gegeben.

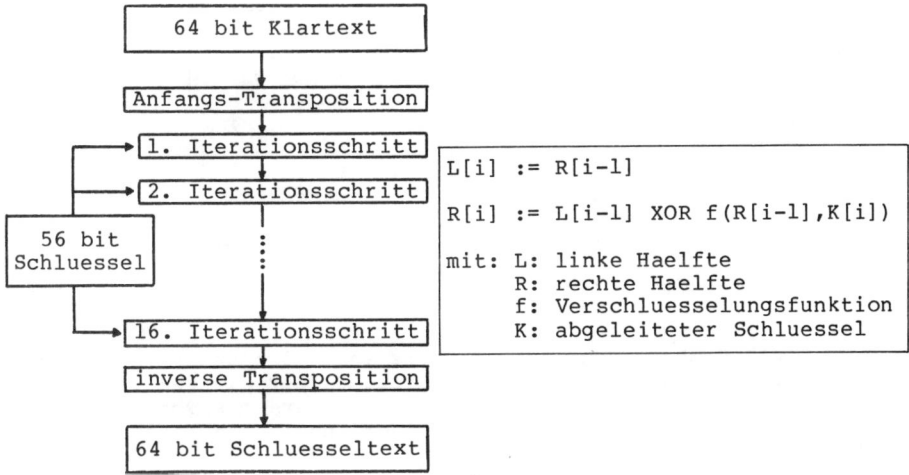

Fig. 9-3 Verschluesselung nach dem DES-Algorithmus

Verschluesselung nach dem DES-Standard ist symmetrisch; um einen Klartext, der mit einem bestimmten Schluessel verschluesselt wurde, wiederzugewinnen, genuegt es, den Schluesseltext einer erneuten Verschluesselung mit demselben 56 Bit langen Schluessel zu unterziehen, wobei jedoch bei den 16 Iterationen die Reihenfolge der Anwendung der abgeleiteten 48 Bit langen Schluessel umgekehrt wird [17].

9.3.2.2 Betriebsweisen - Verschluesselung nach dem DES-Standard kann in Rechnernetzen im wesentlichen auf drei verschiedene Arten durchgefuehrt werden, die unterschiedliche Sicherheit bieten, aber auch verschiedenen Aufwand erfordern.

Die einfachste Methode besteht darin, den Klartext in Bloecke von jeweils 64 Bit zu zerlegen und jeden Block einzeln mit demselben Schluessel zu verschluesseln; dieser Modus, bei dem also eine Block-Verschluesselung mithilfe des DES-Algorithmus erfolgt, wird als "ECB-Modus" ("electronic code book") bezeichnet. Wie bei allen Block-Verschluesselungen, so besteht auch hier die Gefahr, dass Muster im Klartext zu entsprechenden Mustern im Schluesseltext fuehren, die Angriffspunkte fuer Haeufigkeits-analysen bieten. Wegen der kurzen Laenge der einzelnen Bloecke (64 Bit entsprechen im allgemeinen 8 Zeichen) ist die hierdurch gegebene Gefahr so gross, dass dieser Modus nur in Spezialfaellen anzuwenden ist, etwa zur verschluesselten Uebermittlung von Schluesseln, die ja durch Uebertragung eines einzelnen Blocks geschehen kann.

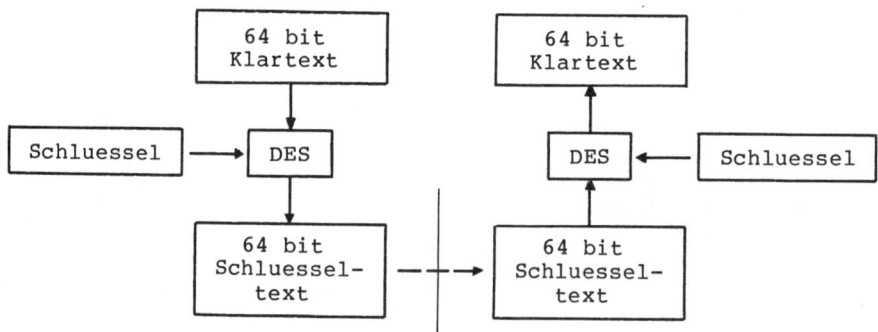

Fig. 9-4 ECB-Modus der DES-Verschluesselung

Um die Unabhaengigkeit der einzelnen Schluesseltext-Bloecke voneinander, die letztlich die Ursache fuer die relativ geringe Sicherheit des ECB-Modus ist, aufzuheben, ist es erforderlich, die Verschluesselung eines Blocks von dem Inhalt eines oder mehrerer anderer Bloecke abhaengig zu machen. So kann man etwa bei der Verschluesselung jeden Block des Klartextes durch bitweise logische Antivalenz mit dem Ergebnis der Verschluesselung des vorangehenden Blocks verknuepfen, ehe man ihn der Verschluesselung unterwirft; der erste Block wird vor seiner Verschluesselung mit einem (fuer diese Nachricht oder auch allgemein) festen 64 Bit langen "Initialisierungs-Vektor" IV verknuepft. Bei der Ent-schluesselung muss jeder Block, den der DES-Algorithmus als Ergebnis liefert, mit dem vorangegangenen Block des Schluessel-textes durch bitweise Antivalenz verknuepft werden, um den Klartext zu liefern; der erste Ergebnisblock ist wieder mit dem Initialisierungs-Vektor zu verknuepfen. Man bezeichnet diese Betriebsweise des DES-Standards als "CBC-Modus" ("cipher block chaining"); sie verschluesselt gleiche Bloecke auf verschiedene Weise, je nach dem bisher verschluesselten Text, ist jedoch selbstsynchronisierend, da jeder Fehler in einem Block maximal den naechsten Block beeinflussen kann [69].

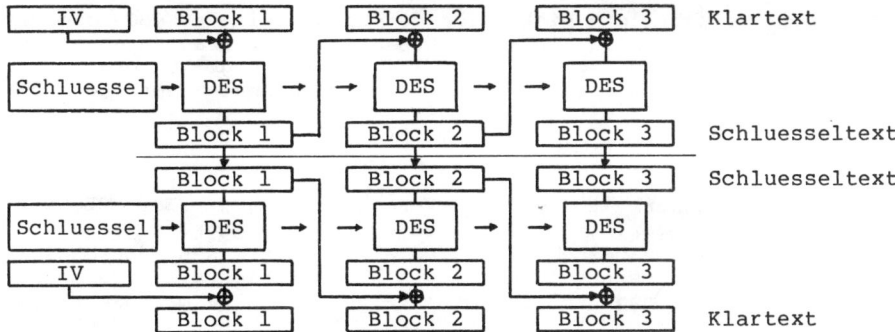

Fig. 9-5 CBC-Modus der DES-Verschluesselung

Eine dritte Moeglichkeit der Anwendung des DES-Standards besteht darin, die DES-Verschluesselung als Schluessel-Generator fuer einen CTAK-Schluesselstrom zu verwenden. Dabei wird zunaechst ein Initialisierungs-Vektor IV verschluesselt, um den Anfang des Schluesselstroms zu erzeugen. Ein Stueck des Klartextes wird mit dem entsprechenden Stueck des Schluesselstromes durch bitweise logische Antivalenz verknuepft, und das resultierende gleichlange Stueck Schluesseltext wird ueber ein Schieberegister auf den Eingang des Verschluesselungs-Algorithmus' zurueckgekoppelt. Anschliessend wird in derselben Weise mit dem naechsten Stueck des Klartextes verfahren. Die Entschluesselung erfolgt in analoger Weise ebenfalls unter Verwendung eines aus dem Schluesseltext und einem Initialisierungs-Vektor mithilfe eines Schieberegisters generierten Schluesselstroms. Man bezeichnet diese Betriebsweise als "CFB-Modus" ("cipher feedback"); sie ist umso sicherer, je kuerzer die in einem Schritt bearbeiteten Textstuecke sind, bis hin zu dem Extremfall, bei dem jeweils einzelne Bits zurueckgefuehrt werden - allerdings wird der DES-Algorithmus dann fuer je 64 Bits des Klartextes insgesamt 64-mal durchlaufen, was eine nicht unbetraechtliche Steigerung des Aufwandes und damit eine erhebliche Verlangsamung bedeutet.

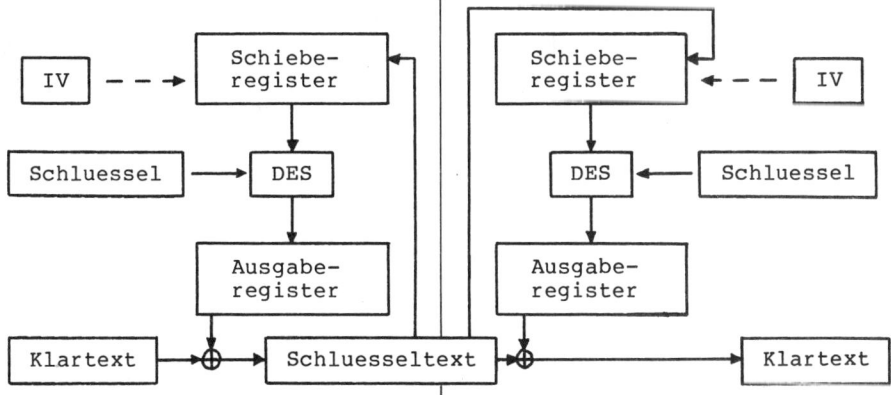

Fig. 9-6 CFB-Modus der DES-Verschluesselung

Eine ausfuehrliche Diskussion der Sicherheit des CBC- und des CFB-Modus findet sich in [69], zusammen mit Betrachtungen, wann und unter welchen Bedingungen neue Initialisierungs-Vektoren fuer diese beiden Modi zu waehlen sind, um eine optimale Sicherheit der Datenuebertragung in einem Netz zu gewaehrleisten.

9.3.2.3 Die Sicherheit der DES-Verschluesselung

Der DES-Verschluesselungs-Algorithmus erreicht eine Abhaengigkeit jedes einzelnen Bits des Schluesseltextes von allen Bits des Schluessels und von allen Bits des zugehoerigen Klartextblocks. Nach den im Abschnitt 9.3.1.3 angestellten Ueberlegungen sollte man daher eine hohe Sicherheit dieses Verfahrens erwarten, insbesondere wenn CBC- oder CFB-Modus verwendet werden. Es gibt jedoch eine Reihe von Moeglichkeiten, die DES-Verschluesselung mit relativ geringem Aufwand zu brechen, wenn sie in ungeeigneter Weise eingesetzt wird:

-   Durch die geringe Laenge des verwendeten Schluessels von nur 56 Bit ist die Anzahl der moeglichen Schluessel auf etwa 72 Billiarden beschraenkt. Diese Zahl ist zwar so hoch, dass ein Durchprobieren aller Schluessel kein realistisches Verfahren zum Brechen der Verschluesselung zu sein scheint. Weiss man jedoch, dass der in einem bestimmten Fall verwendete Schluessel keine zufaellige Folge von Bits, sondern ein Schluesselwort ist, so wird die Anzahl der Moeglichkeiten drastisch verringert.

    Insbesondere Schluesselwoerter, die von Benutzern direkt vergeben werden, sind in der Praxis oft Vornamen oder zumindest aussprechbare Zeichenfolgen, vor allem Woerter der natuerlichen Sprache. Da die Anzahl der Buchstaben im Schluessel durch die Schluessellaenge auf nur 7 begrenzt ist, gibt es hoechstens 10.5 Milliarden zufaelliger Buchstaben-Kombinationen und noch erheblich weniger in Frage kommende Schluesselwoerter, so dass ein Angriff durch Ausprobieren aller dieser Woerter in relativ kurzer Zeit zum Erfolg fuehrt.

    Die Konsequenz aus diesen Ueberlegungen ist, dass der DES-Standard nur dann gegen Durchprobieren aller Schluessel sicher ist, wenn zufaellige Bitfolgen als Schluessel verwendet werden, und dies laesst sich im allgemeinen nur dadurch erreichen, dass die Schluessel automatisch generiert werden.

-   Verschluesselungen nach dem DES-Standard koennen in Rechnernetzen Angriffen mit bekanntem oder ausgewaehltem Klartext ausgesetzt sein, etwa indem der Dialogbeginn abgefangen wird oder indem explizit Nachrichten mit dem Ziel uebertragen werden, die Verschluesselung zu brechen. Richten sich solche Angriffe gegen eine Verschluesselung mit einem Schluessel aus der natuerlichen Sprache, so besteht eine hohe Wahrscheinlichkeit dafuer, dass die Verschluesselung in kuerzester Zeit gebrochen werden kann.

-   Bei Anwendung des ECB-Modus und in bestimmten Faellen auch bei Verschluesselung nach dem CBC-Modus koennen Muster im Klartext zu entsprechenden Mustern im Schluesseltext fuehren, die dann einen Angriffspunkt fuer kryptanalytische Methoden bieten koennen.

Diese moeglichen Schwachstellen der DES-Verschluesselung kon-zentrieren sich im wesentlichen auf die zu geringe Laenge des Schluessels, die Angriffe durch Ausprobieren aller moeglichen Schluessel nicht mit hinreichender Zuverlaessigkeit ausschliesst. Seit der Veroeffentlichung des Standards ist ueber diesen Punkt eine heftige Kontroverse entbrannt, vor allem seit im Jahr 1980 Verfahren angegeben wurden, mit heutiger Technologie und mit end-lichen Kosten eine Maschine zu bauen, die den verwendeten Schluessel innerhalb endlicher Zeit finden kann [17,64].

Verschaerft wurde diese Kontroverse noch dadurch, dass der urspruengliche Entwurf von IBM von einer Schluessellaenge von 128 Bits ausging und daher gegen derartige Angriffe unempfindlich war. Hinzu kommt, dass keine Gruende dafuer angegeben wurden, weshalb von allen denkbaren Varianten gerade die Verschluesselungs-funktionen ausgewaehlt wurden, die im DES-Standard vorgeschrieben sind; es ist daher nicht auszuschliessen, dass fuer diese Funkti-onen Moeglichkeiten vorhanden sind, den verwendeten Schluessel wesentlich schneller zu finden und den Code auf diese Weise inner-halb kurzer Zeit zu brechen [64].

Sieht man von den hier genannten tatsaechlichen und moeg-lichen Schwachstellen der DES-Verschluesselung einmal ab, so bleibt immer noch das Problem, dass die Wahl und auch der Wechsel des Schluessels und, bei Verwendung des CBC- und des CFB-Modus, auch des Initialisierungs-Vektors mit grosser Sorgfalt geschehen muessen. Kriterien dafuer, wie und unter welchen Umstaenden dies im Kontext von Rechnernetzen zu geschehen hat, sind in [69] ausfuehrlich diskutierte; eine detaillierte Eroerterung an dieser Stelle wuerde erheblich zu weit fuehren, so dass hier dieser Hinweis auf weiterfuehrende Literatur genuegen mag.

9.3.3 Gueltigkeitsbereich der Verschluesselung

Beruecksichtigt man, dass Rechnernetze mit Fernverbindungen, insbesondere bei Zwischenschaltung oeffentlicher Netze, im allge-meinen mehrere in Serie geschaltete Uebertragungsstrecken zwischen den Kommunikationspartnern benutzen, so erhebt sich die Frage, ob es besser ist, die einzelnen Uebertragungsstrecken jeweils getrennt einer Verschluesselung zu unterziehen oder stattdessen die Daten beim Sender zu verschluesseln, in verschluesselter Form durch das ganze Netz zu transportieren und schliesslich beim Empfaenger zu entschluesseln. Diese beiden Alternativen lassen sich im Rahmen des ISO-7-Ebenen-Modells fuer Rechnernetze folgen-dermassen praezisieren:

- Verschluesselungen, die auf einer der drei unteren Ebenen dieses Kommunikationsmodells erfolgen, gelten jeweils nur fuer eine einzelne Uebertragungsstrecke. Man spricht hier von einer "Link-Verschluesselung"; fuer jede Uebertragungs-strecke kann eine von den anderen Strecken voellig unab-haengige Verschluesselung erfolgen.

Der Hauptvorteil solcher Verfahren liegt darin, dass die Verschluesselung direkt durch geeignete Hardware in den Kommunikations-Interfaces erfolgen und damit sehr effizient realisiert werden kann. Ausserdem sind hier die Adressen von Sender und Empfaenger waehrend ihres Transportes auf den Uebertragungsstrecken zusammen mit den Daten verschluesselt, so dass netzweite Verkehrsfluss-Analysen wesentlich erschwert werden.

Als gravierender Nachteil ist jedoch zu nennen, dass zur Gewaehrleistung einer geschuetzten Uebertragung sicherge- stellt sein muss, dass alle Zwischenrechner, die die Daten von einer Uebertragungsstrecke uebernehmen und an eine andere Strecke weitergeben, sicher sein muessen, da in ihnen die Daten im Klartext vorliegen. Wird einer dieser Zwischen- knoten im Netz unterwandert, so ist die Sicherheit aller Daten, die ueber diesen Knoten fliessen, gefaehrdet. Da insbesondere bei oeffentlichen Netzen kaum garantiert werden kann, dass alle Zwischenknoten den Sicherheits-Anforderungen der Netzbenutzer genuegen, scheidet Link-Verschluesselung in den meisten Faellen aus.

- Erfolgt die Verschluesselung auf einer der vier oberen Ebenen des Kommunikationsmodells, so gilt sie nicht fuer einzelne Uebertragungsstrecken, sondern fuer die zu uebertragenden Nachrichten selbst. In diesem Fall erfolgt die Verschlues- selung beim Sender der Daten und die Entschluesselung beim Empfaenger; man spricht hier von einer "End-to-End-Ver- schluesselung", da im Netz selbst die Nachrichten nicht weiter verschluesselt werden muessen.

Da die Adressierungs-Informationen von den unteren Ebenen der Kommunikations-Software den Nachrichten hinzu- gefuegt und auch wieder weggenommen werden, bleiben diese Informationen im Klartext (sofern nicht zusaetzlich Link- Verschluesselung eingesetzt wird); hierdurch kann die Gefahr von Verkehrsfluss-Analysen entstehen. Andererseits wird die Sicherheit der Nachrichten-Uebertragung unabhaengig von der Sicherheit der Zwischenknoten und damit von der Sicherheit des Netzes, was von den meisten Anwendern als grosser Vorteil betrachtet wird. Hinzu kommt, dass man fuer jede einzelne Nachricht getrennt waehlen kann, ob man sie verschluesselt oder nicht; auf diese Weise handelt man sich den Overhead der Ver- und Entschluesselung nur fuer diejenigen Nachrichten ein, die tatsaechlich einer Verschluesselung beduerfen.

- Man kann noch einen Schritt weiter gehen und die Verschlues- selung als eine globale Dienstleistung des Netzes auffassen, die den Uebertragungen zur Verfuegung gestellt wird, die diesen Dienst benoetigen. In diesem Fall ist die logische Ebene zur Einordnung der Verschluesselung die Ebene 6, die sogenannte Praesentations-Ebene des Kommunikationsmodells [64]. Daten, die von einer Anwendung ueber das Netz ueber- mittelt werden sollen, werden bei Inanspruchnahme des ent- sprechenden Praesentationsdienstes der Netz-Software auto- matisch ver- und entschluesselt, ohne dass der Benutzer dies explizit tun muesste.

Eine Verallgemeinerung der an eine bestimmte Ebene gebundenen Verschluesselung wird in [69] unter dem Namen "Assoziations-Verschluesselung" angegeben. Unter einer Assoziation wird dabei eine logische Verbindung zwischen zwei einander zugeordneten Protokoll-Einheiten auf einer der vier oberen Ebenen des Kommunikationsmodells bezeichnet. Je nach der Ebene, auf der die Verschluesselung stattfindet, ergeben sich unterschiedliche Auswirkungen auf die Sicherheit der Kommunikation. Erfolgt die Verschluesselung auf einer der unteren dieser vier Ebenen, so steht sie den hoeheren Ebenen als Dienstleistung zur Verfuegung; andererseits erlaubt eine Verschluesselung auf einer der hoeheren Ebenen die Verwendung unterschiedlicher Verfahren in Abhaengigkeit von der Protokoll-Einheit am Ende der Assoziation, also zum Beispiel von den miteinander kommunizierenden Prozessen oder Anwendungen.

Generell laesst sich zu dem Problem der Einordnung der Verschluesselung in die Struktur der Netz-Software bemerken, dass sich, je nach der konkreten Auspraegung des Komunikationsmodells in einem bestimmten Netz und je nach der Einordnung der Verschluesselung in dieses Modell, durchaus verschiedene Sicherheitsprobleme ergeben koennen. Eine ausfuehrliche Diskussion dieser Problematik findet sich in [69].

9.3.4 Oeffentliche Schluessel

9.3.4.1 Verfahren - Ein nicht zu vernachlaessigendes Problem stellt bei der konventionellen Verschluesselung die Tatsache dar, dass zur Verschluesselung und zur Entschluesselung derselbe Schluessel verwendet wird. Damit naemlich zwei Kommunikationspartner miteinander Nachrichten austauschen koennen, muessen beide ueber diesen Schluessel verfuegen; der Schluessel muss also von dem einen Partner an den anderen oder von einer dritten Stelle an beide uebermittelt werden. Es ist einleuchtend, dass diese Uebermittlung nicht im Klartext erfolgen kann, da sonst jeder, der sie abhoert, in den Besitz des Schluessels kommt und anschliessend alle mit diesem Schluessel verschluesselten Nachrichten entschluesseln kann. Man benoetigt somit eine sichere Methode, Schluessel an die Kommunikationspartner oder zwischen ihnen zu verteilen; im Extremfall kann dies die Ueberbringung durch einen Kurier bedeuten, wenn im Netz selbst keine sichere Schluesselverteilung moeglich ist.

Um dieses Problem der klassischen Kryptographie zu umgehen, wurden Verfahren entwickelt, die mit sogenannten "oeffentlichen Schluesseln" ("public keys") arbeiten. Man geht dabei von Verschluesselungen aus, bei denen zur Entschluesselung ein anderer Schluessel als zur Verschluesselung verwendet wird, wobei die zusaetzlichen Forderungen erhoben werden, dass

1. der Entschluesselungs-Schluessel **D** nicht aus dem Verschluesselungs-Schluessel **E** ableitbar ist und

2. die Verschluesselung mit dem Verschluesselungs-Schluessel **E** nicht einmal durch einen Angriff mit ausgewaehltem Klartext gebrochen werden kann.

Wenn diese beiden Bedingungen erfuellt sind, gibt es keinen Grund
mehr, den Verschluesselungs-Schluessel E geheimzuhalten; man kann
im Gegenteil sogar den fuer jeden Kommunikationsteilnehmer
gueltigen Schluessel E veroeffentlichen, woher dieses Verfahren
seinen Namen hat.

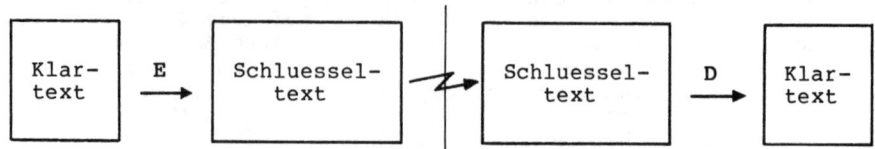

Fig. 9-7 Verschluesselung mit oeffentlichen Schluesseln

Will nun der eine Kommunikationspartner A eine Nachricht an
den Teilnehmer B senden, so entnimmt er den Verschluesselungs-
Schluessel E(B) dem oeffentlichen Verzeichnis, verschluesselt die
Nachricht damit und sendet sie an B. Da nur B den zugehoerigen
Entschluesselungs-Schluessel D(B) kennt und da dieser Schluessel
weder aus E(B) noch aus der verschluesselten Nachricht bestimmt
werden kann, ist B tatsaechlich der Einzige, der die Nachricht
wieder entschluesseln kann. Man hat hier also eine sichere
Kommunikation, ohne dass dazu vorher eine Uebermittlung eines
Schluessels von A an B oder von dritter Seite an beide notwendig
waere.

9.3.4.2 Algorithmen – Damit eine Verschluesselung mit oeffentlichen Schluesseln moeglich ist, muss man somit ueber Algorithmen
verfuegen, die eine Ver- und Entschluesselung mit unterschiedlichen, nicht auseinander ableitbaren Schluesseln ermoeglichen.
Ende der siebziger Jahre wurden solche Algorithmen entwickelt und
veroeffentlicht, wobei sich die Untersuchungen hauptsaechlich auf
zwei Verfahren konzentrieren, die hier kurz dargestellt werden
sollen.

Der am MIT von Rivest, Shamir und Adleman entwickelte Algorithmus ("RSA-Verfahren", [57]) basiert darauf, dass fuer sehr
grosse Zahlen (mit mehreren hundert Dezimalstellen) der Aufwand
zur Zerlegung in Primfaktoren so hoch wird, dass derartige Zahlen
selbst mit den schnellsten Rechnern nur in Zeitraeumen zerlegt
werden koennten, die das Alter des Universums bei weitem ueber-
steigen. Umgekehrt ist es jedoch auch fuer Zahlen dieser
Groessenordnung noch moeglich, in endlicher Zeit mit beliebig
hoher Gewissheit festzustellen, ob sie Primzahlen sind oder nicht.

Waehlt man nun zwei Primzahlen p und q mit jeweils mehr als
100 Dezimalstellen, so lassen sich aus diesen die gesuchten
Schluessel bestimmen. Dazu berechnet man die Zahlen

$$n = p * q \quad \text{und} \quad z = (p-1) * (q-1)$$

Waehlt man dann eine Zahl **d**, die zu **z** relativ prim ist, und eine
Zahl **e**, fuer die

$$e * d = 1 \bmod z$$

gilt, so hat man, zusammen mit der Zahl **n**, die gewuenschten Schluessel.

Zur Verschluesselung zerlegt man den Klartext in Bloecke, die als Binaerzahlen kleiner als n sind, und erhebt diese Binaerzahlen in die **e**-te Potenz, wobei man Arithmetik modulo n verwendet. Die Entschluesselung verlaeuft in analoger Weise, nur dass man die Bloecke des Schluesseltextes zur **d**-ten Potenz erhebt.

Um aus dem oeffentlichen Schluessel E = (**e,n**) den geheimen Schluessel D = (**d,n**) ableiten zu koennen, muesste man die Zahl **n** in Primfaktoren zerlegen, da nur so **z** und daraus unter Verwendung des Euklidischen Algorithmus' d berechnet werden koennte. Da jedoch diese Primfaktorzerlegung nicht in realistischen Zeit-raeumen durchfuehrbar ist, kann D effektiv nicht aus E bestimmt werden; damit sind die Voraussetzungen zur Anwendung dieses Verfahrens fuer eine oeffentliche Verschluesselung gegeben.

Von Merkle und Hellman [48] wurde ein anderer Algorithmus angegeben, der ebenfalls diese Voraussetzungen erfuellt, jedoch auf einem anderen Prinzip, dem sogenannten "Rucksack-Problem" beruht, weshalb dieser Algorithmus als "Rucksack-Algorithmus" ("knapsack algorithm") bezeichnet wird. Die Verwendbarkeit des Algorithmus' beruht auf der Tatsache, dass es zwar einfach ist, vorgegebene Zahlen (die Gewichte der einzelnen Objekte in einem Rucksack) aufzuaddieren, um so zur Gesamtsumme (dem Gewicht des Rucksacks) zu kommen, dass es aber extrem rechenaufwendig ist, eine vorgegebene Summe in einzelne Summanden zu zerlegen, wenn man nur eine Liste moeglicher Summanden und die Summe selbst kennt (also feststellen soll, welche der moeglichen Objekte in einem Rucksack vorgegebenen Gewichts stecken).

Eine ausfuehrliche Beschreibung der Algorithmen fuer oeffent-liche Schluessel, zusammen mit einer Darstellung der ihnen zugrundeliegenden zahlentheoretischen Prinzipien, ist in [17] gegeben.

9.3.4.3 Digitale Unterschriften

– Oeffentliche Schluessel haben eine interessante Anwendungsmoeglichkeit, die ueber ihren Einsatz nur zur Sicherung der Vertraulichkeit einer Datenuebertragung hinausgeht. Durch eine geeignete Kombination von Ver- und Ent-schluesselung ist es mit ihnen moeglich, dem Empfaenger einwand-frei zu beweisen, **wer** der Sender einer bestimmten Nachricht war; man hat hier also das Aequivalent zur Unterschrift unter einem Dokument, weshalb man hier von "digitalen Unterschriften" spricht.

Geht man von einem Algorithmus aus, bei dem die Operationen der Ver- und der Entschluesselung kommutativ sind, so ist es hier auch moeglich, eine Nachricht mit dem geheimen Schluessel D zu verschluesseln und mit dem oeffentlichen Schluessel E zu ent-schluesseln. Will also der Sender A einer Nachricht sicher-stellen, dass diese Nachricht nur von ihm und niemand anderem kommen kann, so muss er sie mit seinem geheimen Schluessel D(A) verschluesseln, ehe er sie an den Empfaenger B sendet. Da B den oeffentlichen Schluessel E(A) dem allgemeinen Schluesselver-

zeichnis entnehmen kann, ist er in der Lage, die Nachricht zu entschluesseln. Gleichzeitig weiss er jedoch, dass diese Nachricht
von A kommen muss, da nur A in der Lage sein konnte, sie mit dem
zugehoerigen Schluessel D(A) zu verschluesseln.

Allerdings ist bei diesem Vorgehen nicht gewaehrleistet, dass
die uebermittelte Nachricht abhoersicher ist, da ausser B ja auch
jede andere Person den oeffentlichen Schluessel E(A) kennt und
damit den Klartext bestimmen kann. Will man also die digitale
Unterschrift mit einer vertraulichen Uebermittlung kombinieren, so
ist es erforderlich, eine zusaetzliche Verschluesselung anzuwenden. Dazu verschluesselt A die Nachricht zunaechst mit seinem
geheimen Schluessel D(A), um sie zu authentizieren. Anschliessend
wendet er auf den resultierenden Schluesseltext eine weitere
Verschluesselung an, diesmal aber mit dem oeffentlichen Schluessel
E(B) des Empfaengers, so dass nur dieser die Nachricht entschluesseln kann. Der Empfaenger seinerseits kann durch Entschluesselung mit seinem geheimen Schluessel D(B) die Zwischen-
version des Textes und aus dieser mit dem oeffentlichen Schluessel
E(A) den Klartext wiederherstellen.

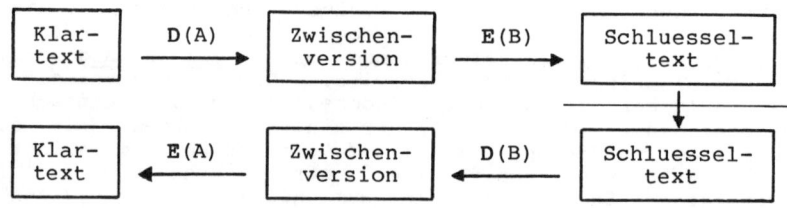

Fig. 9-8 Digitale Unterschriften

Auf diese Weise lassen sich sichere und authentische Nachrichten ueber ein unsicheres Netz uebertragen, so dass man meinen
sollte, hiermit das optimale Verschluesselungsverfahren gefunden
zu haben. Allerdings gibt es auch bei Anwendung oeffentlicher
Schluessel noch Probleme der Schluesselverteilung und der Authentikation der verteilten Schluessel; dies kann insbesondere dann
problematisch werden, wenn ein geheimer Schluessel kompromittiert
wird oder sein Eigentuemer dies behauptet. Protokolle zur
Schluesselverteilung oeffentlicher Schluessel und zur Abwicklung
von Dialogen in einer Form, die auch die Moeglichkeit der Kompromittierung oder der behaupteten Kompromittierung geheimer
Schluessel beinhaltet, werden in [17,64] besprochen.

Ein weiteres Problem der Verwendung oeffentlicher Schluessel
stellt heute noch der relativ hohe Rechenaufwand zur Ver- und Entschluesselung dar, doch ist zu hoffen, dass mit der Entwicklung
sehr schneller und sehr komplexer VLSI-Schaltkreise in absehbarer
Zeit hinreichend schnelle Hardware-Verschluesselungs-Einrichtungen
verfuegbar werden, die einen praktischen Einsatz der Verschluesselung mit oeffentlichen Schluesseln ermoeglichen.

9.3.5 Verwaltung von Schluesseln

Wie die Diskussionen der vorherigen Abschnitte gezeigt haben, haengt die Sicherheit aller Verschluesselungsverfahren in kritischer Weise davon ab, ob es moeglich ist, den Kommunikationspartnern ihre Schluessel auf zuverlaessige Weise zur Verfuegung zu stellen. Der benoetigte Grad an Zuverlaessigkeit beinhaltet dabei zweierlei:

- Es muss bei der Uebermittlung der Schluessel sichergestellt sein, dass keine dritte Person in der Lage ist, den Schluessel abzufangen und zu kopieren, da diese Person sonst alle mit dem uebermittelten Schluessel verschluesselten Nachrichten entschluesseln koennte.

- Zusaetzlich muessen die Empfaenger der Schluessel aber auch sicher sein koennen, dass die Schluessel, die sie erhalten haben, tatsaechlich die korrekten Schluessel sind, da andernfalls die Gefahr besteht, dass statt des korrekten Schluessels ein manipulierter, einem Angreifer bekannter und damit nutzloser Schluessel verwendet wird.

Diese Probleme stellen sich unabhaengig davon, ob jeweils der eine der Kommunikationspartner einen Schluessel generiert und dann an den anderen uebermittelt oder ob eine zentrale Instanz fuer alle Kommunikationsteilnehmer die Schluessel-Generierung uebernimmt und die Schluessel dann jeweils an beide Kommunikationspartner uebermittelt. Eine Reihe der anschliessend besprochenen Probleme der Schluesselverteilung ist ausserdem von der Art des verwendeten Verschluesselungsverfahrens (konventionell oder mit oeffentlichen Schluesseln) unabhaengig und trifft auf beide Arten gleichermassen zu; die folgende Darstellung bezieht sich jedoch weitgehend auf konventionelle Verschluesselung.

Will man fuer jede moegliche Kommunikation zwischen zwei Teilnehmern des Kommunikationsnetzes einen eigenen Schluessel verwenden, so waechst die Anzahl der benoetigten Schluessel quadratisch mit der Anzahl der Netzteilnehmer, was fuer groessere Netze zu untragbar hohen Anzahlen fuehrt und gleichzeitig jeden Wechsel eines Schluessels sehr aufwendig werden laesst, da alle davon betroffenen Kommunikationspartner von diesem Wechsel unterrichtet und mit dem neuen Schluessel ausgeruestet werden muessen.

Zur Loesung dieses Problems werden hierarchische Verfahren zur Schluesselverteilung vorgesehen, bei denen, ausgehend von einer geringen Anzahl von Hauptschluesseln, dynamisch die benoetigten Schluessel erzeugt und nur an die Teilnehmer uebermittelt werden, die aktuell einen Schluessel benoetigen. Man geht dabei so vor, dass man einen oder wenige Hauptschluessel zugrundelegt und den aktuell benoetigten Schluessel als zufaellige Bitfolge erzeugt. Die Verteilung des aktuellen Schluessels erfolgt dann ueber die normalen Kommunikationswege im Netz, doch wird der aktuelle Schluessel dabei einer Verschluesselung mit dem Hauptschluessel unterzogen. Wegen der Kuerze der verwendeten Schluessel und der Zufaelligkeit ihres Inhalts bietet eine solche Verteilung keinen Ansatz fuer einen kryptanalytischen Angriff. Gleichzeitig ist es auf diese Art moeglich, die zur Verschluesselung von Nutzdaten verwendeten Schluessel relativ haeufig zu

wechseln, da hierzu nur die Erzeugung einer neuen Zufallszahl und
deren verschluesselte Uebermittlung notwendig ist.

Bei genauerem Hinsehen zeigt sich allerdings, dass man auf
diese Art das Problem der Schluesselverteilung nur verschoben,
nicht aber geloest hat, da sich nun fuer die Verteilung der Hauptschluessel dieselben Probleme stellen wie zuvor fuer die Verteilung der aktuellen Schluessel. Wegen der wesentlich selteneren
Benutzung der Hauptschluessel und der Nicht-Analysierbarkeit der
mit ihnen verschluesselten Daten ist es jedoch nur relativ selten
notwendig, die Hauptschluessel zu wechseln, so dass zu ihrer
Verteilung ein groesserer Aufwand in Kauf genommen werden kann,
bis hin zur persoenlichen Ueberbringung der Hauptschluessel durch
einen Kurier.

Allerdings ist nach wie vor bei diesem Verteilungsmodell ein
erheblicher Aufwand zu erwarten, wenn es notwendig wird, einen
oder mehrere Hauptschluessel, etwa wegen Kompromittierung, zu
wechseln.   Dieser Aufwand laesst sich durch eine weitere Hierar-
chiebildung wesentlich reduzieren. Dazu fuehrt man im Netz eine
sogenannte "Schluesselverteilungszentrale" ("key distribution
center", KDC) ein. Diese Zentrale ist eine vertrauenswuerdige
Instanz, die die Hauptschluessel fuer alle Teilnehmer im Netz auf
Anforderung erzeugt und an die Kommunikationspartner versendet.
Wenn auf diese Art beide Kommunikationspartner mit identischen
Hauptschluesseln ausgeruestet wurden, so koennen sie mit diesen
die aktuell zu verwendenden Schluessel in sicherer Form austauschen, ohne dass sie zuerst die Hauptschluessel untereinander austauschen muessten.

Bei Verwendung dieses Schemas stellt sich natuerlich die
Frage, in welcher Weise die Hauptschluessel in sicherer Form von
der Zentrale an die Teilnehmer zu versenden sind.   Die Antwort
lautet natuerlich wieder Verschluesselung, diesmal mit einem in
der Hierarchie noch hoeher stehenden Schluessel. Der wesentliche
Unterschied zu den vorher besprochenen Modellen besteht jetzt
jedoch darin, dass nun die Anzahl der manuell zu verteilenden
Schluessel nicht mehr quadratisch mit der Anzahl der Netzteilnehmer waechst, sondern nur noch linear, da jetzt jeder Teilnehmer
nur noch den zwischen ihm und der Zentrale ausgemachten Hauptschluessel kennen muss, aber nicht mehr die Hauptschluessel fuer
die Kommunikation im Netz.

Wird einer der Hauptschluessel der Zentrale kompromittiert,
so genuegt es, genau diesen Schluessel auszutauschen, und ein
expliziter Austausch aller Hauptschluessel ist nur dann erforderlich, wenn die Zentrale selbst unterwandert wurde. Dieser
Austausch erfordert dann allerdings eine Verteilung der Hauptschluessel unter Verwendung anderer Verfahren, zum Beispiel durch
den schon mehrfach genannten Kurier. In [69] werden Protokolle
angegeben, die einen sicheren Aufbau eines solchen hierarchischen
Verteilungssystems gestatten, und zwar sowohl fuer den Fall
konventioneller Verschluesselung als auch bei Einsatz oeffentlicher Schluessel.

Um auch eine Moeglichkeit zu finden, die Hauptschluessel der
Zentrale ueber das Netz zu verteilen, sind noch komplizietere
Protokolle noetig, die jedes Abhoeren des Verteilungsvorgangs
wirkungslos machen. In [47] wird hierzu ein Verfahren angegeben,

das auf der Uebermittlung und dem Loesen von Raetseln beruht und
zum Abschluss dieser Diskussion noch kurz skizziert werden soll.
Dazu sendet der eine der beiden Teilnehmer dem anderen eine Reihe
von definierten Bitmustern, die aus folgenden Teilen bestehen:

- einem definierten, fuer alle Muster gleichen Klartext,

- einem Schluessel und

- einer eindeutigen Nummer.

Alle Muster werden mit einem Schluessel aus einer eingeschraenkten
Menge moeglicher Schluessel verschluesselt. Durch diese Einschraenkung ist es moeglich, jedes beliebige dieser Muster dadurch
zu entschluesseln, dass man alle moeglichen Schluessel aus dieser
Menge durchprobiert, bis man den definierten Klartext erkennt.
Der Empfaenger waehlt nun ein beliebiges der uebermittelten
Bitmuster aus, bricht die Verschluesselung durch Ausprobieren
aller moeglichen Schluessel und sendet seinem Kommunikationspartner die Nummer des ausgewaehlten Musters und damit die Identifikation des zu verwendenden Schluessels im Klartext.

Damit ein Angreifer in der Lage waere, den verwendeten
Schluessel aus den ausgetauschten Nachrichten zu bestimmen,
muesste er im Mittel die Haelfte aller Raetsel loesen, da er nur
so die Zuordnung von Nummer und Schluessel finden koennte. Ist
die Anzahl der Raetsel hinreichend hoch, so laesst sich auf diese
Weise der Angreifer so lange beschaeftigen, bis der verwendete
Schluessel laengst wieder ausgetauscht ist [64].

9.4 Zusammenfassung

In Rechnernetzen und bei Anschluss von Terminals ueber Datenfernuebertragung sind besondere Gefaehrdungen durch Abhoeren und/
oder Modifikation der uebertragenen Datenstroeme sowie durch
Stoerung der Verbindung(en) zu beruecksichtigen. Hierdurch
waechst insbesondere auch die Gefahr illegaler Zugriffe durch
Impersonation, also Vorspiegelung einer falschen Identitaet;
gerade bei Datenfernuebertragung ist Passwort-Diebstahl oft
wesentlich leichter durchzufuehren, zumal hierzu speziell program-
mierte Mikrocomputer eingesetzt werden koennen. Hinzu kommen
Probleme der Zuweisung netzweiter Zugriffsrechte auf Daten bzw.
nicht-lokale Dienstleistungen, die ihrerseits die haeufige Uebertragung von Passwoertern erfordern und damit deren erhoehte
Gefaehrdung nach sich ziehen koennen.

Gegen die meisten dieser Gefaehrdungen ist die Verschluesselung der uebertragenen Daten, eventuell im Zusammenhang mit
weiteren Massnahmen, ein guter Schutz. Dabei ist zu unterscheiden
zwischen Angriffen, bei denen dem Angreifer nur der uebertragene
Schluesseltext bekannt ist, und solchen, bei denen es dem Angreifer moeglich ist, den zugehoerigen Klartext aus anderen Quellen zu
erfahren oder sogar eigenen Klartext verschluesseln zu lassen.

Die wesentlichsten Verfahren zur Verschluesselung fuehren
Substitutionen und Transpositionen der zu verschluesselnden
Zeichen, gesteuert durch einen oder mehrere Schluessel, durch,

wobei zur Entschluesselung wieder dieser (oder auch ein definier-
ter anderer) Schluessel benoetigt wird. Ein wichtiger Vertreter
dieser Art von Verschluesselung ist der DES-Standard, der in
verschiedenen Modi als Block- und als Strom-Verschluesselung eingesetzt werden kann.

Bei Datenfernuebertragung ueber oeffentliche Netze ist zu
unterscheiden, ob sich der Gueltigkeitsbereich einer bestimmten
Verschluesselung nur auf jeweils einzelne Uebertragungsstrecken
oder auf den ganzen Uebertragungsweg erstreckt (Link- bzw. End-to-
End-Verschluesselung). Ferner spielt hier das Problem der
sicheren Verteilung der Schluessel eine nicht zu unterschaetzende
Rolle in Bezug auf die Sicherheit des Netzes; durch ein hierar-
chisches Verteilungsschema unter Verwendung einer (sicheren)
Schluesselverteilungszentrale laesst sich der hierfuer notwendige
Aufwand in Grenzen halten.

Durch die Verwendung oeffentlicher Schluessel laesst sich das
Problem der Schluesselverteilung entschaerfen und gleichzeitig die
Authentizitaet der uebertragenen Nachrichten durch digitale Unterschriften beweisen, doch sind die hierzu notwendigen Verfahren so
rechenaufwendig, dass sie zur Zeit noch nicht allgemein einsetzbar
sind.

Literatur

[1] M. Adkins, J. Beasley, M. Carullo, G. Mauler, A. Moorshead, A. Sorrell, E. Wilson: The Westinghouse Report; Pageswapper, Vol. 5, No 2, Marlborough MA, Aug. 1983

[2] C. G. Bell, J. C. Mudge, J. E. McNamara: Computer Engineering; Digital Press, Bedford MA, 1978

[3] D. E. Bell, J. La Padula: Secure Computer Systems: A Mathematical Model; MITRE Corp. MTR-2547, Vol. II, Bedford MA, Nov. 1973

[4] T. A. Berson, G. L. Barksdale: KSOS - Development Methodology for a Secure Operationg System; Proc. AFIPS NCC, Vol. 48, AFIPS Press, Montvale NJ, 1979

[5] K. J. Biba: Integrity Considerations for Secure Computer Systems; MITRE Corp. ESD-TR-76-372, Bedford MA, April 1977

[6] C. H. Bonneau: Secure Communications Processor Kernel Software, Detailed Specification, Part I, Rev. D; Honeywell Inc., Avionics Division, St. Petersburg FL, 1980

[7] D. H. Brandon: Employees; in: Computer Security Manual; Computer Security Institute, Northboro MA, 1982

[8] R. Broadbridge, J. Mekota: Secure Communications Processor Specification; ESD-TR-76-351, AD-A055164, Honeywell Information Systems, McLean VA, June 1976

[9] M. C. Carter, P. A. Karger, S. B. Lipner: Protecting Data and Information: A Workshop in Computer Security; Digital Equipment Corporation, Maynard MA, Oct. 1981

[10] M. H. Cheheyl, M. Gasser, G. A. Huff, J. K. Millen: Verifying Security; ACM Comp. Surv., Vol. 13, No 3, Sept. 1981

[11] D. R. Cheriton, M. A. Malcolm, L. S. Melen, G. R. Sager: Thoth, a Portable Real-Time Operating System; Comm. ACM, Vol. 22, No 2, Feb. 1979

[12] E. G. Coffman, P. J. Denning: Operating Systems Theory; Prentice Hall, Englewood Cliffs NJ, 1973

[13] F. J. Corbato, V. A. Vyssotsky: Introduction and Overview of the Multics System; Proc. AFIPS FJCC, Vol. 27, AFIPS Press, Montvale NJ, 1965

[14] C. J. Date: An Introduction to Database Systems; 3rd ed., Addison-Wesley Publ. Co, Reading MA, 1981

306   Literatur

[15]   C. J. Date: An Introduction to Database Systems; Vol. II,
Addison-Wesley Publ. Co, Reading MA, 1983

[16]   D. E. Denning: A Lattice Model of Secure Information Flow;
Comm. ACM, Vol. 19, No 5, May 1976

[17]   D. E. Denning: Cryptography and Data Security; Addison-
Wesley Publ. Co, Reading MA, 1982

[18]   D. E. Denning, P. J. Denning: Data Security; ACM Comp.
Surv., Vol. 11, No 3, Sept. 1979

[19]   D. E. Denning, J. Schloerer: A Fast Procedure for Finding a
Tracker in a Statistical Database; ACM Transactions on
Database Systems, Vol. 5, No 1, March 1980

[20]   P. J. Denning: Virtual Memory; ACM Comp. Surv., Vol. 2, No
3, Sept. 1970

[21]   R. J. Feiertag, K. N. Levitt, L. Robinson: Proving
Multilevel Security of a System Design; Proc. 6th ACM Symp.
Operating Systems Principles, ACM SIGOPS Operating Syst.
Rev., Vol. 11, No 5, Nov. 1977

[22]   R. J. Feiertag, P. G. Neumann: The Foundations of a
Provably Secure Operating System (PSOS); Proc. AFIPS NCC,
Vol. 48, AFIPS Press, Montvale NJ, 1979

[23]   A. R. Feuer, N. H. Gehani: A Comparison of the Programming
Languages C and PASCAL; ACM Comp. Surv., Vol. 14, No 1,
March 1982

[24]   P. Freeman: Software Systems Principles – A Survey; SRA,
Chicago, 1975

[25]   FIPS PUB 31: Guidelines for Automatic Data Processing
Physical Security and Risk Management; US Department of
Commerce, National Bureau of Standards, Washington DC, June
1974

[26]   FIPS PUB 65: Guideline for Automatic Data Processing Risk
Analysis; US Department of Commerce, National Bureau of
Standards, Washington DC, Aug. 1979

[27]   S. Gerhart, L. Yelowitz: Observations of Fallibility in
Applications of Modern Programming Methodologies; IEEE
Trans. Softw. Eng., Vol. 2, No 3, Sept. 1976

[28]   J. A. Goguen, J. Meseguer: Security Policies and Security
Models; Proc IEEE 1982 Sympos. on Security and Privacy,
Oakland CA, April 1982

[29]   B. D. Gold, R. R. Linde, R. J. Peeler, M. Schaefer, J. F.
Scheid, P. D. Ward: A Security Retrofit of VM/370; Proc.
AFIPS NCC, Vol. 48, AFIPS Press, Montvale NJ, 1979

[30]   J. Guttag: Abstract Data Types and the Development of Data
Structures; Comm. ACM, Vol. 20, No 6, June 1977

[31] E. A. Hauck, B. A. Dent: Burroughs' B6500/B7500 Stack Mechanism; Proc. AFIPS SJCC, Vol. 32, AFIPS Press, Montvale NJ, 1968

[32] Hewlett-Packard: HP 3000 Computer Systems General Information Manual; Hewlett-Packard Company, Part No 30000-90008 5953-0560 (47), Santa Clara CA, Feb. 1979

[33] D. K. Hsiao, D. S. Kerr, S. E. Madnick: Computer Security; Academic Press, ACM Monograph Series, New York, 1979

[34] L. J. Hoffman: Privacy Laws Affecting System Design; Computers and Society, Fall 1977, pp. 3-6

[35] IBM Corporation: OS/VS2 MVS Resource Access Control Facility (RACF) General Information Manual; IBM GC28-0722-5, 1980

[36] Infopac Associates: Guide to Database Security with On-line Systems; Infopac Ass. Inc., Lynbrook NY, 1979

[37] T. Kaehler: Virtual Memory for an Object-Oriented Language; BYTE, Aug. 1981

[38] H. Katzan jr.: Computer Systems Organization and Programming; SRA, Chicago, 1980

[39] J. A. Katzman: System Architecture for NonStop Computing; Compcon, pp. 77-80, 1977

[40] B. W. Kernighan, P. L. Plauger: Software Tools; Addison-Wesley Publ. Co, Reading MA, 1976

[41] B. W. Lampson: Protection; ACM Oper. Syst. Rev., Vol. 8, No 1, Jan. 1974

[42] C. E. Landwehr: Formal Models for Computer Security; ACM Comp. Surv., Vol. 13, No 3, Sept. 1981

[43] E. L. Leiss: Principles of Data Security; Plenum Press, New York NY, 1982

[44] H. M. Levy, R. H. Eckhouse jr: Computer Programming and Architecture - The VAX-11; Digital Press, Bedford MA, 1980

[45] S. B. Lipner: Non-Discretionary Controls for Commercial Applications; Proc IEEE 1982 Sympos. on Security and Privacy, Oakland CA, April 1982

[46] E. J. McCauley, P. J. Drongowski: KSOS - The Design of a Secure Operating System; Proc. AFIPS NCC, Vol. 48, AFIPS Press, Montvale NJ, 1979

[47] R. C. Merkle: Secure Communications Over Insecure Channels; Comm. ACM, Vol. 21, No 4, April 1978

[48] R. C. Merkle, M. E. Hellman: Hiding Information and Receipts in Trap-Door Knapsacks; IEEE Trans. Inf. Theory, Vol. IT-24, No 5, Sept. 1978

[49] **K. Moore:** The DBMS Monitor; Pageswapper, Vol. 5, No 3, Marlborough MA, Sept. 1983

[50] **R. Morris, K. Thompson:** Password Security: A Case History; Comm. ACM, Vol. 22, No 11, Nov. 1979

[51] **P. G. Neumann, R. S. Boyer, R. J. Feiertag, K. N. Levitt, L. Robinson:** A Provably Secure Operating System: The System, its Applications, and Proofs; SRI International, Menlo Park CA, Feb. 1977

[52] **P. G. Neumann:** Computer Security Evaluation; Proc. AFIPS NCC, Vol. 47, AFIPS Press, Montvale NJ, 1978

[53] **D. B. Parker:** Crime by Computer; Charles Scribner's Son, New York NY, 1976

[54] **K. W. Pinnow, J. G. Ranweiler, J. F. Miller:** System/38 Object-Oriented Architecture; IBM System/38 Tech. Dev., IBM GS80-0237, 1978

[55] **G. J. Popek, M. Kampe, C. S. Kline, A. Stoughton, M. Urban, E. Walton:** UCLA Secure UNIX; Proc. AFIPS NCC, Vol. 48, AFIPS Press, Montvale NJ, 1979

[56] **D. M. Ritchie, K. Thompson:** The UNIX Time-Sharing System; Comm. ACM, Vol. 17, No 7, July 1974 / Bell Syst. Tech. Journ., Vol. 57, No 6, Part 2, July-August 1978

[57] **R. L. Rivest, A. Shamir, L. Adleman:** A Method for Obtaining Digital Signatures and Public Key Cryptosystems; Comm. ACM, Vol. 21, No 2, Feb. 1978

[58] **R. M. Russell:** The CRAY-1 Computer System; Comm. ACM, Vol. 21, No 1, Jan. 1978

[59] **J. H. Saltzer, M. D. Schroeder:** The Protection of Information in Computer Systems; Proc IEEE, Vol. 63, No 9, Sept. 1975

[60] **H. Schecher:** Funktioneller Aufbau digitaler Rechenanlagen; Heidelberger Taschenbuecher - Sammlung Informatik, Bd. 127, Springer, Berlin, 1973

[61] **D. P. Siewiorek, C. G. Bell, A. Newell:** Computer Structures: Principles and Examples; McGraw-Hill, New York NY, 1982

[62] **A. J. Smith:** Cache Memories; ACM Comp. Surv., Vol. 14, No 3, Sept. 1982

[63] **H. S. Stone (ed.):** Introduction to Computer Architecture; 2nd ed., SRA, Chicago, 1980

[64] **A. S. Tanenbaum:** Computer Networks; Prentice Hall, Englewood Cliffs NJ, 1981

[65] **J. D. Tangney, P. S. Tasker:** <u>Safeguarding Today's Interactive Computer Systems</u> in: <u>Computer Security Manual</u>; Computer Security Institute, Northboro MA, 1982

[66] **R. Turn:** <u>Classification of Personal Information for Privacy Protection Purposes</u>; Proc. AFIPS NCC, Vol. 45, AFIPS Press, Montvale NJ, 1976

[67] **VAX/VMS:** <u>Internals and Data Structures</u>; Digital Equipment Corporation, Document No AA-K785A-TE, Maynard MA, April 1981

[68] **VAX/VMS:** <u>System Services Reference Manual</u>; Digital Equipment Corporation, Document No AA-D018C-TE, Maynard MA, May 1982

[69] **V. L. Voydock, S. L. Kent:** <u>Security Mechanisms in High-Level Network Protocols</u>; ACM Comp. Surv., Vol. 15, No 2, June 1983

[70] **G. Weck, B. Wiesner:** <u>Design and Implementation of a Portable Database System for Small Computers</u>; ACM SIGSMALL Newsletter, Vol. 7, No 2, Oct. 1981

[71] **G. Weck:** <u>Prinzipien und Realisierung von Betriebssystemen</u>; Teubner Studienbuecher Informatik, Bd. 56, Teubner, Stuttgart, 1982

[72] **E. West, R. Smith, M. Abramowitz, C. Andrasco, G. Balog, W. Boyes, R. Gibbons, T. Goonan, J. Morehart, R. Payne, R. Taylor, W. Hanbury:** <u>RP-1; Standard practice for the Fire Protection of Essential Electronic Equipment Operations</u>; US Department of Commerce, National Fire Prevention and Control Administration, Washington DC, Aug. 1978

Index

Teubner Studienbücher

Informatik

Berstel: **Transductions and Context-Free Languages**
278 Seiten. DM 38,– (LAMM)

Beth: **Verfahren der schnellen Fourier-Transformation**
316 Seiten. DM 34,– (LAMM)

Bolch/Akyildiz: **Analyse von Rechensystemen**
Analytische Methoden zur Leistungsbewertung und Leistungsvorhersage
269 Seiten. DM 29,80

Dal Cin: **Fehlertolerante Systeme**
206 Seiten. DM 24,80 (LAMM)

Ehrig et al.: **Universal Theory of Automata**
A Categorical Approach. 240 Seiten. DM 24,80

Giloi: **Principles of Continuous System Simulation**
Analog, Digital and Hybrid Simulation in a Computer Science Perspective
172 Seiten. DM 25,80 (LAMM)

Kandzia/Langmaack: **Informatik: Programmierung**
234 Seiten. DM 24,80 (LAMM)

Kupka/Wilsing: **Dialogsprachen**
168 Seiten. DM 21,80 (LAMM)

Maurer: **Datenstrukturen und Programmierverfahren**
222 Seiten. DM 26,80 (LAMM)

Oberschelp/Wille: **Mathematischer Einführungskurs für Informatiker**
Diskrete Strukturen. 236 Seiten. DM 24,80 (LAMM)

Paul: **Komplexitätstheorie**
247 Seiten. DM 26,80 (LAMM)

Richter: **Betriebssysteme**
Eine Einführung. 152 Seiten. DM 25,80 (LAMM)

Richter: **Logikkalküle**
232 Seiten. DM 24,80 (LAMM)

Schlageter/Stucky: **Datenbanksysteme: Konzepte und Modelle**
2. Aufl. 368 Seiten. DM 32,– (LAMM)

Schnorr: **Rekursive Funktionen und ihre Komplexität**
191 Seiten. DM 25,80 (LAMM)

Spaniol: **Arithmetik in Rechenanlagen**
Logik und Entwurf. 208 Seiten. DM 24,80 (LAMM)

Vollmar: **Algorithmen in Zellularautomaten**
Eine Einführung. 192 Seiten. DM 23,80 (LAMM)

Weck: **Prinzipien und Realisierung von Betriebssystemen**
299 Seiten. DM 32,– (LAMM)

Wirth: **Compilerbau**
Eine Einführung. 3. Aufl. 117 Seiten. DM 17,80 (LAMM)

Wirth: **Systematisches Programmieren**
Eine Einführung. 4. Aufl. 160 Seiten. DM 22,80 (LAMM)

Preisänderungen vorbehalten

Leitfäden der angewandten Informatik

Bauknecht / Zehnder: **Grundzüge der Datenverarbeitung**
Methoden und Konzepte für die Anwendungen
2. Aufl. 344 Seiten. Kart. DM 28,80

Beth / Heß / Wirl: **Kryptographie**
205 Seiten. Kart. DM 24,80

Hultzsch: **Prozeßdatenverarbeitung**
216 Seiten. Kart. DM 22,80

Kästner: **Architektur und Organisation digitaler Rechenanlagen**
224 Seiten. Kart. DM 23,80

Lausen / Schlageter / Stucky: **Datenbanksysteme: Eine Einführung**
In Vorbereitung

Mresse: **Information Retrieval — Eine Einführung**
280 Seiten. Kart. DM 36,—

Müller: **Entscheidungsunterstützende Endbenutzersysteme**
253 Seiten. Kart. DM 26,80

Mußtopf / Winter: **Mikroprozessor-Systeme**
Trends in Hardware und Software
302 Seiten. Kart. DM 29,80

Schicker: **Datenübertragung und Rechnernetze**
222 Seiten. Kart. DM 25,80

Schmidt et al.: **Digitalschaltungen mit Mikroprozessoren**
2. Aufl. 208 Seiten. Kart. DM 23,80

Schneider: **Problemorientierte Programmiersprachen**
226 Seiten. Kart. DM 23,80

Singer: **Programmieren in der Praxis**
2. Aufl. 176 Seiten. Kart. DM 24,—

Specht: **APL-Praxis**
192 Seiten. Kart. DM 22,80

Vetter: **Aufbau betrieblicher Informationssysteme**
300 Seiten. Kart. DM 29,80

Weck: **Datensicherheit**
326 Seiten. Geb. DM 42,—

Wingert: **Medizinische Informatik**
272 Seiten. Kart. DM 23,80

Wißkirchen et al.: **Informationstechnik und Bürosysteme**
255 Seiten. Kart. DM 26,80

Preisänderungen vorbehalten

 B. G. Teubner Stuttgart